高职高专公共基础课重点规划教材

高等数学基础教程

主编 杜红春 郑 烨 李 玲

参编 胡 林 陆彤彤 王开帅 周 茜

苏州大学出版社

图书在版编目(CIP)数据

高等数学基础教程 / 杜红春，郑烨，李玲主编．—苏州：苏州大学出版社，2020．8（2025.1 重印）
高职高专公共基础课重点规划教材
ISBN 978-7-5672-3231-0

Ⅰ．①高… Ⅱ．①杜… ②郑… ③李… Ⅲ．①高等数学－高等职业教育－教材 Ⅳ．①O13

中国版本图书馆 CIP 数据核字(2020)第 120911 号

高等数学基础教程
杜红春　郑　烨　李　玲　主编
责任编辑　肖　荣

苏州大学出版社出版发行
（地址：苏州市十梓街 1 号　邮编：215006）
广东虎彩云印刷有限公司印装
（地址：东莞市虎门镇黄村社区厚虎路20号C幢一楼　邮编：523898）

开本 787 mm×1 092 mm　1/16　印张 18.25　字数 408 千
2020 年 8 月第 1 版　2025 年 1 月第 6 次印刷
ISBN 978-7-5672-3231-0　定价：48.00 元

若有印装错误，本社负责调换
苏州大学出版社营销部　电话：0512-67481020
苏州大学出版社网址　http://www.sudapress.com
苏州大学出版社邮箱　sdcbs@suda.edu.cn

Preface

前 言

为适应新的高职高专教育人才培养要求，依据《国家教育事业发展"十三五"规划》精神，针对高职高专学生数学基础较薄弱的实际情况以及高职高专学生学习、考核的特点，结合地方和学校的特色，在认真总结近年来高职高专数学教学改革经验的基础上，我们参考国内同类教材的发展趋势编写了本教材.

本教材具有以下特点：

1. 教材力求依据"以应用为目的，以必需、够用为度"的原则，在保证数学体系基本完整的前提下，强调讲清概念，减少数理论证，强化培养学生的基本运算能力、分析能力和解决实际问题的能力，注重理论联系实际.

2. 在教材内容的安排上，编入了与高等数学学习密切相关的函数部分的内容，便于初等数学与高等数学的衔接. 本教材内容包括：初等函数、函数的极限与连续、导数与微分、导数的应用、一元函数积分学、定积分的应用. 其中标"*"内容较难，供学生选学. 本教材本着"打好基础，够用为度，结合实际"的原则，淡化了逻辑论证和烦琐的推理过程，侧重于解题思路的引导与数学思想的培养. 为学生用数学的思想和方法分析与解决实际问题打好基础，使学生具备解决问题的能力，特别是专业中的问题，进一步提高学生的自学能力和逻辑推理能力.

3. 教材中每章都设置了"本章导引"，遵循实际—理论—实际的认知过程. 教材增加了数学文化元素，涉及数学概念的由来和发展、数学知识的运用、数学家的故事等，让学生了解数学知识的学习不仅仅是局限于书本的理论学习，还要具备一定的数学知识背景，这样既能提升学生的数学素养，激发学生对数学学习的兴趣，也能使学生学习数学家们勇于探索、不怕困难、坚持不懈等精神.

4. 教材中渗透了简单的数学模型和数学应用方面的内容.数学建模是培养和锻炼学生解决实际问题能力最有效的途径.目前,各高职院校对学生数学建模能力的培养较以前有所重视,但还有待进一步普及提高.为此本教材在相关章节后面,根据教材的重点内容和主要思想方法,安排了数学建模专题,引导学生开展研究性学习,突出数学的应用性、拓展性和研究性,让学生深切感受数学的价值和魅力,明白数学不仅是思维模式,也是一种工具,一种技能.

5. 教材每节后配有习题,每章后配有本章内容小结与知识拓展,书末附有详细的习题参考答案,学生在课后可以比较高效地对所学知识进行复习、巩固和提高.另外,考虑到积分部分的内容对学生来说难度较大,特编写了不定积分与定积分专项训练,供学生加强练习.

6. 教材的附录部分列出了初等数学中的常用公式,供学生需要时查阅.

7. 为了满足学生后续学习和发展的需要,本教材增设了一些拓展内容,使教学内容更具系统性和全面性.高职院校不同专业可根据对数学知识的不同需求,进行模块化选择,这体现了数学为专业服务的针对性和实用性.

本教材由杜红春、郑烨、李玲担任主编,由杜红春统稿,参加编写的还有王开帅、胡林、周茜、陆彤彤.在编写过程中,得到了江苏食品药品职业技术学院基础教学部的刘晓娟教授、马林教授的指导和帮助,特此表示感谢!

由于编者水平有限,书中的错误与不当之处在所难免,恳请读者和同行批评指正.

编　者

2020 年 5 月

Contents

目 录

第一章 函 数 …… 1

§1-1 函数的概念与性质 …… 3
§1-2 幂函数 …… 10
§1-3 指数函数 …… 16
§1-4 对数函数 …… 20
§1-5 三角函数 …… 25
§1-6 反三角函数 …… 32
§1-7 初等函数 …… 37
§1-8 函数模型及其应用 …… 40
总结·拓展 …… 44

第二章 极 限 …… 53

§2-1 数列极限 …… 55
§2-2 函数的极限 …… 58
§2-3 极限的运算法则 …… 62
§2-4 两个重要极限 …… 66
§2-5 无穷小量与无穷大量 …… 70
§2-6 函数的连续性 …… 75
§2-7 极限模型及其应用 …… 81
总结·拓展 …… 82

第三章 导数和微分 …… 91

§3-1 导数的概念 …… 92

§3-2　基本导数公式和求导四则运算法则 …… 99
§3-3　反函数与复合函数的导数 …… 102
§3-4　隐函数和参数式函数的导数 …… 107
§3-5　高阶导数 …… 111
§3-6　微分 …… 115
§3-7　利用导数建模 …… 121
总结・拓展 …… 124

第四章　导数的应用 …… 130

§4-1　微分中值定理 …… 131
§4-2　罗必塔法则 …… 135
§4-3　函数的单调性与极值 …… 140
§4-4　函数的最值问题 …… 146
§4-5　曲线的凹凸性、拐点与函数的分析作图法 …… 149
*§4-6　曲线的曲率 …… 154
*§4-7　导数在经济中的应用 …… 159
总结・拓展 …… 162

第五章　不定积分 …… 168

§5-1　原函数与不定积分 …… 169
§5-2　直接积分法 …… 173
§5-3　第一类换元积分法 …… 177
§5-4　第二类换元积分法 …… 182
§5-5　分部积分法 …… 186
§5-6　比例分析模型 …… 190
总结・拓展 …… 191
不定积分专项训练 …… 197

第六章　定积分 …… 199

§6-1　定积分的概念和性质 …… 200
§6-2　定积分的性质 …… 205
§6-3　微积分基本公式 …… 208
§6-4　定积分的换元积分法和分部积分法 …… 211

§6-5　广义积分 …… 216
§6-6　定积分在几何中的应用 …… 221
§6-7　简单优化模型 …… 225
总结·拓展 …… 227
定积分专项训练 …… 233

附录　初等数学中的常用公式 …… 236

课后习题参考答案 …… 239

第一章 函 数

本章导引

函数概念是数学中最重要的概念之一，标志着常量数学向变量数学的迈进，它几乎渗透到每一个数学分支，其核心思想是反映变量之间的依赖关系. 这种关系需要学生将原本静止的数的观念迁移成运动的思维状态. 因此，数形结合的思想不可或缺. 本章内容可让读者在细微处充分理解变量间的关系.

函数的前世今生

函数有着悠久的历史. 1637 年法国数学家笛卡儿引入变量后，随之产生了函数的概念. 他指出 y 是未知量，也注意到 y 依赖于 x 而变. 这正是函数思想的萌芽. 但是他没有使用“函数”这个词.“函数”作为数学术语是由微积分的另一位创立者——德国数学家莱布尼茨于 1673 年引入的，他用“函数”一词表示任何一个随着曲线上的点变动的量. 1755 年，瑞士数学家欧拉给出了非常形象、一直沿用至今的函数符号. 欧拉把函数定义为：如果某些变量以某一种方式依赖于另一些变量，即当后面这些变量变化时，前面这些变量也随着变化，我们把前面的变量称为后面变量的函数. 由此可以看到，由莱布尼茨到欧拉所引入的函数概念，都还是和解析表达式、曲线表达式等概念联系在一起.

首屈一指的法国数学家柯西引入了函数的新定义：在某些变数间存在着一定的关系，当一经给定其中某一变数的值，其他变数的值也可随之而确定时，则将最初的变数称为“自变数”，其他各变数称为“函数”. 在柯西给出的定义中，首先出现了“自变数”一词.

1834 年，俄国数学家罗巴契夫斯基进一步提出函数的定义：x 的函数是这样一个数，它对于每一个 x 都有确定的值，并且随着 x 一起变化. 函数值可以由解析式给出，也可以由一个条件给出，这个条件提供了一种寻求全部对应值的方法. 函数的这种依赖关系可以存在，但仍然是未知的. 这个定义指出了对应关系即条件的必要性，利用这个关系可以求出每一个 x 的对应值.

1837 年，德国数学家狄利克雷认为怎样去建立 x 与 y 之间的对应关系是无关紧要的，所以他给出的定义是：如果对于 x 的每一个值，y 总有一个完全确定的值与之对应，则 y 是 x 的函数.

德国数学家黎曼引入了函数的新定义：对于 x 的每一个值，y 总有完全确定的值与之对应，而不论建立 x,y 之间的对应方法如何，均将 y 称为 x 的函数.

从上述函数概念的演变过程中，我们可以知道，函数的定义必须抓住函数的本质属性，变量 y 称为 x 的函数，只需有一个法则存在，使得这个函数取值范围中的每一个值有一个确定的 y 值和它对应就行了，不管这个法则是公式、图象、表格还是其他形式.

函数是描述客观世界变化规律的重要数学工具.

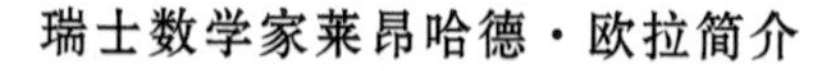

瑞士数学家莱昂哈德·欧拉简介

莱昂哈德·欧拉(Leonhard Euler,1707 年 4 月 15 日—1783 年 9 月 18 日)，瑞士数学家和物理学家，近代数学先驱之一.1707 年欧拉生于瑞士的巴塞尔，13 岁时入读巴塞尔大学，15 岁大学毕业，16 岁获硕士学位.平均每年写出八百多页的论文，还写了大量的力学、分析学、几何学等方面的课本，《无穷小分析引论》《微分学原理》《积分学原理》等都是数学中的经典著作.欧拉对数学的研究如此广泛，因此在许多数学的分支中也可经常见到以他的名字命名的重要常数、公式和定理.欧拉提出函数的概念，创立分析力学，解决了柯尼斯堡七桥问题，给出欧拉公式.1783 年 9 月 18 日欧拉于俄国圣彼得堡去世.

法国数学家奥古斯丁·路易·柯西简介

奥古斯丁·路易·柯西(Augustin Louis Cauchy)是世界著名数学家.他是第一个认识到无穷级数理论并非多项式理论的平凡推广，而应当以极限为基础建立其完整理论的数学家，其著作成就很多.19 世纪微积分学的准则并不严格，他拒绝当时微积分学的说法，并定义了一系列的微积分学准则.他一生共发表 800 多篇论文，其中较为著名的是《分析教程》《无穷小分析教程概论》《微积分在几何上的应用》.1823 年他在其中一篇论文中提出，弹性体平衡和运动的一般方程可分别用六个分量表示.他和麦克劳林重新发现了积分检验这个用来测试无限级数是否收敛的方法.柯西一生中最重要的贡献主要是在微积分学、复变函数和微分方程这三个领域.他是数学分析严格化的开拓者，复变函数论的奠基者，也是弹性力学理论基础的建立者.他是仅次于欧拉的多产数学家，他的全集包括 789 篇论著，多达 24 卷，其中有大量的开创性工作.举世公认的事实是，即使经过了将近两个世纪，柯西的工作和现代数学的中心位置仍然相去不远.他引入的方法，以及无可比拟的创造力，开创了近代数学严密性的新纪元.

身边的函数

历史长河中，从星空到大地，从大地到山川，这一切都是运动的. 火山的喷发，地壳的运动，冰川的融化与推移，大河的奔流东去，全部都是随着时间的变化而变化的. 如果将时间看成是最原始的自变量，因其变化的量就是因变量，而它们之间的关系就是函数的关系.

在小学阶段，虽然没有明确学习函数内容，但是我们学会了正方形面积的大小是由其边长决定的，这就是潜在的函数知识；中学阶段，我们学习了一次函数、二次函数，也学习了路程与时间之间的函数关系，通过幂函数、指数函数、三角函数的图象，我们能直观地辨析出函数的特征，同时也有最基础的函数模型的概念；待到大学期间，函数作为研究对象，将数学知识延伸到其他学科领域，以日常生活为背景，提高了数学的可应用性. 所以，研究实际问题还需学习函数，要重视函数的作用.

§1-1 函数的概念与性质

函数是中学阶段特别是高中阶段数学学习的重要内容. 本节对中学阶段的函数知识进行复习，并补充一些必要的内容，为进一步学习打下基础.

一、数集与区间

1. 常用数集

自然数集(记为 $\mathbf{N}$)、整数集(记为 $\mathbf{Z}$)、有理数集(记为 $\mathbf{Q}$)与实数集(记为 $\mathbf{R}$).

2. 区间

区间是高等数学中常用的实数集，包括四种有限区间和五种无限区间.

(1) 有限区间.

设 a,b 为两个实数，且 $a<b$，数集 $\{x|a<x<b\}$ 称为开区间，记为 (a,b)，即

$$(a,b)=\{x|a<x<b\}.$$

类似地，有闭区间：$[a,b]=\{x|a\leqslant x\leqslant b\}$；

左开右闭区间：$(a,b]=\{x|a<x\leqslant b\}$；

左闭右开区间：$[a,b)=\{x|a\leqslant x<b\}$.

(2) 无限区间.

$(a,+\infty)=\{x|x>a\}$，$[a,+\infty)=\{x|x\geqslant a\}$，

$(-\infty,b)=\{x|x<b\}$，$(-\infty,b]=\{x|x\leqslant b\}$.

特别地，全体实数 $\mathbf{R}$ 也可表示为无限区间 $(-\infty,+\infty)$.

注 $-\infty$ 和 $+\infty$ 分别读作“负无穷大”和“正无穷大”，它们不是数，仅仅是一个记号.

二、邻域

定义 1 设 a 与 δ 是两个实数，且 $\delta>0$，数集 $\{x|a-\delta<x<a+\delta\}$ 称为点 a 的邻域，

记为

$$U(a,\delta)=\{x\mid a-\delta<x<a+\delta\},$$

其中,点 a 叫作该邻域的中心,δ 叫作该邻域的半径.

若把邻域 $U(a,\delta)$ 的中心去掉,所得的邻域称为点 a 的空心 δ 邻域,记为 $\mathring{U}(a,\delta)$,即

$$\mathring{U}(a,\delta)=\{x\mid 0<|x-a|<\delta\}.$$

三、函数的概念

在现实生活中我们会遇到下列问题:

问题 1 估计人口数量变化趋势是我们制定一系列相关政策的依据. 从人口统计年鉴中可以查得我国从 1949 到 1999 年人口数据资料如表 1-1 所示,你能根据这个表说出我国人口的变化情况吗?

表 1-1

年份	1949	1954	1959	1964	1969	1974	1979	1984	1989	1994	1999
人口数/百万	542	603	672	705	807	909	975	1 035	1 107	1 177	1 246

分析:当年份确定时,相应的人口数就唯一确定了,即人口数是年份的函数.

问题 2 一物体从静止开始下落,下落的距离 y(m)与下落时间 x(s)之间近似地满足关系式 $y=4.9x^2(x\geqslant 0)$. 若一物体下落 2 s,你能求出它下落的距离吗?

分析:时间 x 确定时,下落距离 y 也随之唯一确定,即下落距离 y 是物体下落时间 x 的函数.

问题 3 图 1-1 为某市一天 24 小时内的气温变化图.

(1) 上午 4 时的气温约是多少? 全天的最高、最低气温分别是多少?

(2) 在什么时刻,气温为 0 ℃?

(3) 在什么时段内,气温在 0 ℃以上?

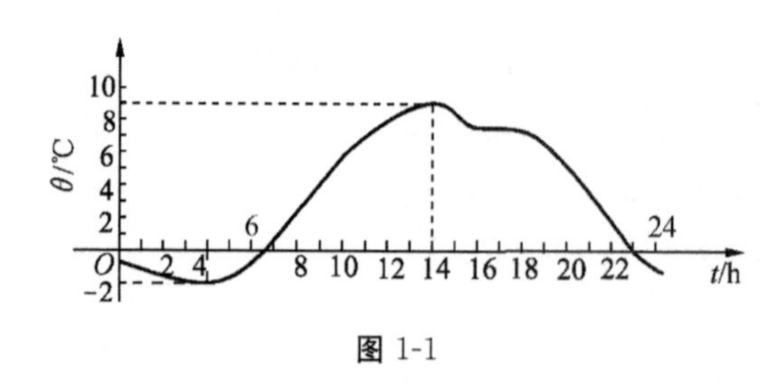

图 1-1

分析:当时间确定了,温度也就确定了.

上述三个问题有什么共同特征?

(1) 上述三个问题的表达形式分别是表格、关系式和图象,但它们有一个共同点:当一个变量的取值确定后,另一个变量的值也随之确定,即它们都是函数.

(2) 我们换个角度来看这个问题,学习了集合后,从集合的观点来看,每个问题中都涉及两个变量,可以用两个非空数集来表示,即上述三个问题都是两个非空数集的一种

对应.

1. 函数的定义

定义 2 一般地,设 D,M 是两个非空数集,如果按某种对应法则 f,对于集合 D 中的每一个元素 x,在集合 M 中都有唯一的元素 y 和它对应,则称 y 是 x 的函数,记作

$$y=f(x),x\in D,$$

其中,x 称为自变量,x 的取值范围 D 叫作函数 $y=f(x)$的定义域;y 称为因变量,与 x 值对应的 y 值或者是 $f(x)$的值叫作函数值,当自变量 x 取遍 D 中的所有数值时,对应的函数值 $f(x)$的全体构成的集合称为函数 $f(x)$的值域,即集合$\{y|y=f(x),x\in D\}\subseteq M$ 是函数$y=f(x)$的值域.

注意 (1)“$y=f(x)$”是函数符号,可以用任意的符号表示,比如“$y=g(x)$”.

(2) 函数符号“$y=f(x)$”中的 $f(x)$表示与 x 对应的数值,函数 $y=f(x)$当 $x=a$ 时的对应值,叫作当 $x=a$ 时的函数值,用记号 $f(a)$或 $y|_{x=a}$表示.

(3) 构成函数的两个要素:定义域和对应法则.

2. 函数的定义域及函数值的求法

在实际问题中,函数的定义域是根据问题的实际意义而确定的.当不考虑函数的实际意义时,函数的定义域就取使函数表达式有意义的自变量的集合.这种定义域称为函数的自然定义域.

常见函数解析式的定义域的求法须考虑以下几点:

(1) 分母不能为零;

(2) 偶次根号下的被开方数非负;

(3) 对数式中的真数恒为正;

(4) 三角函数考虑自身定义域,反三角函数考虑主值区间;

(5) 代数和的情况下取各式定义域的交集.

例 1 已知 $f(x)=\dfrac{x-1}{x+1}$,求 $f(0)$,$f(2)$,$f(a)$,$f(-x)$,$f(x+1)$,$f[f(x)]$.

解 $f(0)=\dfrac{0-1}{0+1}=-1$,

$f(2)=\dfrac{2-1}{2+1}=\dfrac{1}{3}$,

$f(a)=\dfrac{a-1}{a+1}$,

$f(-x)=\dfrac{-x-1}{-x+1}=\dfrac{x+1}{x-1}$,

$f(x+1)=\dfrac{x}{x+2}$,

$$f[f(x)]=\frac{f(x)-1}{f(x)+1}=\frac{\frac{x-1}{x+1}-1}{\frac{x-1}{x+1}+1}=-\frac{1}{x}.$$

例 2 求下列函数的定义域.

(1) $f(x)=\dfrac{2}{x^2-4}$;

(2) $f(x)=\sqrt{9-x^2}+\dfrac{2}{x}$;

(3) $f(x)=\ln(4x+5)$.

解 (1) 因为分式的分母不能为 0,所以 $x^2-4\neq 0\Rightarrow x\neq\pm 2$,故函数的定义域为 $(-\infty,-2)\cup(-2,2)\cup(2,+\infty)$.

(2) 因为二次根号下被开方数非负,所以 $9-x^2\geqslant 0\Rightarrow -3\leqslant x\leqslant 3$;因为分式的分母不能为零,所以 $x\neq 0$. 故函数的定义域为 $[-3,0)\cup(0,3]$.

(3) 因为对数的真数大于 0,所以 $4x+5>0\Rightarrow x>-\dfrac{5}{4}$,故函数的定义域为 $\left(-\dfrac{5}{4},+\infty\right)$.

例 3 判断下列函数是否为同一函数.

(1) $y=\ln x^2$ 与 $y=2\ln x$; (2) $y=2x-3$ 与 $s=2t-3$.

解 (1) 因为 $y=\ln x^2$ 的定义域是 $\{x\mid x\neq 0\}$,而 $y=2\ln x$ 的定义域是 $\{x\mid x>0\}$,它们的定义域不同,所以不是同一函数.

(2) 因为函数 $y=2x-3$ 的定义域是 **R**,对应法则是自变量的 2 倍减 3,$s=2t-3$ 的定义域也是 **R**,对应法则也是自变量的 2 倍减 3. 所以,它们是同一函数.

3. 函数的表示方法

(1) 列表法:用列表的方法来表示两个变量之间函数关系的方法叫作列表法. 例如,问题 1 中的人口数据表. 这种表示方法的优点是通过表格中已知自变量的值,可以直接读出与之对应的函数值;缺点是只能列出部分对应值,难以反映函数的全貌.

(2) 解析式法:用含有数学关系的等式来表示两个变量之间的函数关系的方法叫作解析式法. 例如,问题 2 中的 $y=4.9x^2(x\geqslant 0)$. 这种表示方法的优点是能简明、准确、清楚地表示出函数与自变量之间的数量关系;缺点是求对应值时往往要经过较复杂的运算,而且在实际问题中有的函数关系不一定能用表达式表示出来.

(3) 图象法:把一个函数的自变量 x 与对应的因变量 y 的值分别作为点的横坐标和纵坐标,在直角坐标系内描出它的对应点,所有这些点组成的图形叫作该函数的图象. 例如,问题 3 中的气温变化图. 这种表示方法的优点是通过函数图象可以直观、形象地把函数关系表示出来;缺点是从图象观察得到的数量关系是近似的.

四、分段函数

在解决实际问题时,应根据问题的特点选用适当的表示法或者三种表示方法结合使用,在理论研究中主要用解析法表示函数,在实际应用中会用表格法和图象法表示函数. 需要注意的是,有时用一个式子不能准确表达函数,当自变量在不同的范围内变化时,函数具有不

同的对应法则. 例如，

$$f(x)=\begin{cases}x^2-3, & x\leqslant 1,\\ 4x+5, & x>1,\end{cases}$$ 其中 $x=1$ 是分段点.

$$f(x)=\begin{cases}x\sin\dfrac{1}{x}, & x\neq 0,\\ 0, & x=0,\end{cases}$$ 其中 $x=0$ 是分段点.

像这样，对于自变量 x 的不同的取值范围，有着不同的解析式的函数叫作分段函数. 它是一个函数，而不是几个函数. 分段函数的定义域是各段函数定义域的并集，值域也是各段函数值域的并集.

例 4　某商店卖西瓜，一个西瓜的质量若在 4 千克以下，则销售价格为 0.6 元/千克；若在 4 千克或 4 千克以上，则销售价格为 0.8 元/千克. 求一个西瓜的销售收入 y 元与质量 x 千克的函数关系.

解　根据题意，有

当 $0<x<4$ 时，$y=0.6x$；当 $x\geqslant 4$ 时，$y=0.8x$.

所以

$$y=\begin{cases}0.6x, & 0<x<4,\\ 0.8x, & x\geqslant 4.\end{cases}$$

五、函数的几种特性

1. 函数的有界性

设函数 $f(x)$ 的定义域为 D，数集 $X\subset D$，若存在一个正数 M，使得对一切 $x\in X$ 都有

$$|f(x)|\leqslant M,$$

则称函数 $f(x)$ 在 X 上有界，或称 $f(x)$ 是 X 上的有界函数，否则称 $f(x)$ 在 X 上无界，或称 $f(x)$ 是 X 上的无界函数.

例如，函数 $y=\sin x$ 在 $(-\infty,+\infty)$ 上的值域为 $[-1,1]$，所以 $y=\sin x$ 在 $(-\infty,+\infty)$ 上有界；函数 $y=\dfrac{1}{x}$ 在 $(0,+\infty)$ 上的值域为 $(0,+\infty)$，所以 $y=\dfrac{1}{x}$ 在 $(0,+\infty)$ 上无界.

2. 函数的单调性

设函数 $f(x)$ 的定义域为 D，区间 $I\subset D$.

如果对于区间 I 上任意两点 x_1 和 x_2，当 $x_1<x_2$ 时，都有

$$f(x_1)<f(x_2),$$

则称函数 $f(x)$ 在区间 I 上是单调增函数，I 称为 $y=f(x)$ 的单调增区间.

如果对于区间 I 上任意两点 x_1 和 x_2，当 $x_1<x_2$ 时，都有

$$f(x_1)>f(x_2),$$

则称函数 $f(x)$ 在区间 I 上是单调减函数，I 称为 $y=f(x)$ 的单调减区间.

如果函数 $y=f(x)$ 在区间 I 上是单调增函数或是单调减函数，那么就说函数 $y=f(x)$ 在区间 I 上具有单调性. 单调增区间、单调减区间统称为单调区间.

3. 函数的奇偶性

设函数 $y=f(x)$ 的定义域 D 关于原点对称.

如果对于函数 $f(x)$ 的定义域 D 内任意一个 x,都有

$$f(-x)=f(x),$$

那么函数 $y=f(x)$ 就是偶函数.

如果对于函数 $f(x)$ 的定义域 D 内任意一个 x,都有

$$f(-x)=-f(x),$$

那么函数 $y=f(x)$ 就是奇函数.

例如,$\sin x$ 是奇函数,$\cos x$ 是偶函数.

如果函数 $f(x)$ 是奇函数或是偶函数,我们就说函数 $f(x)$ 具有奇偶性.既不是奇函数也不是偶函数的函数称为非奇非偶函数.

根据函数奇偶性的定义可以知道,偶函数的图象关于 y 轴对称,奇函数的图象关于原点对称.

注 定义域关于原点对称是一个函数为奇函数或偶函数的必要条件.

例如,$y=x^2-\cos x, x\in[-1,2]$ 是非奇非偶函数.

4. 函数的周期性

设函数 $f(x)$ 的定义域为 D,若存在常数 $T>0$,对于定义域 D 内的任意 x,都有 $x+T\in D$,且使 $f(x)=f(x+T)$ 恒成立,则称 $f(x)$ 为周期函数,T 叫作这个函数的一个周期.

注 我们所说的周期函数的周期是指最小正周期,若 T 是 $f(x)$ 的一个周期,则 $\pm 2T, \pm 3T$ 等都是它的周期.

例如,$y=\sin x$,$y=\cos x$ 是以 2π 为周期的函数,$y=\tan x$ 是以 π 为周期的函数.

六、反函数的概念

1. 反函数的定义

定义3 设函数 $y=f(x)$ 的定义域为 D,值域为 W.对于值域 W 中的任一数值 y,在定义域 D 上唯一确定一个数值 x 与 y 对应,且满足关系式

$$f(x)=y.$$

如果把 y 作为自变量,x 作为函数,则上述关系式可确定一个新函数

$$x=\varphi(y)[\text{或 } x=f^{-1}(y)].$$

这个新函数称为函数 $y=f(x)$ 的反函数,相对于反函数,函数 $y=f(x)$ 称为直接函数.显然,反函数的定义域为其直接函数的值域 W,反函数的值域为其直接函数的定义域 D.

习惯上,总是用 x 表示自变量,y 表示因变量,因此,$y=f(x)$ 的反函数 $x=\varphi(y)$ 常改写为

$$y=\varphi(x) \text{或} y=f^{-1}(x).$$

求解反函数的步骤如下：

(1) 由 $y=f(x)$ 解出 x 关于 y 的函数，即用 y 表示 x 的函数；

(2) 交换上述函数中的字母 x 和 y，即得 $y=f(x)$ 的反函数的表达式 $y=f^{-1}(x)$.

2. 反函数的性质

反函数其实就是 $y=f(x)$ 中，x 和 y 互换了角色.

性质 1 在同一坐标平面内，直接函数 $y=f(x)$ 和反函数 $y=f^{-1}(x)$ 的图形关于直线 $y=x$ 是对称的(图 1-2).

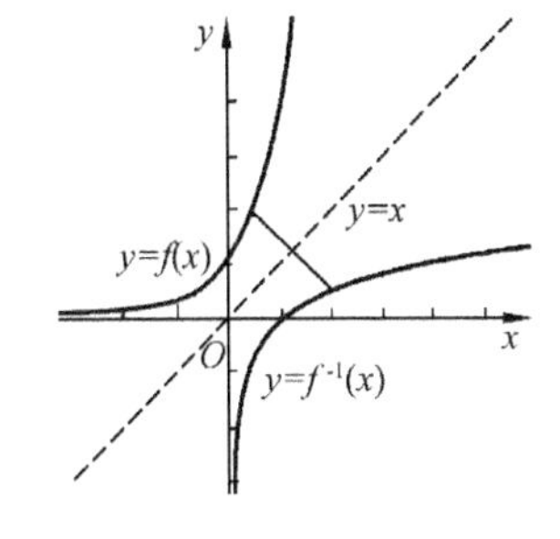

图 1-2

性质 2 函数存在反函数的重要条件是，函数的定义域与值域一一对应.

性质 3 一个函数与它的反函数在相应区间上单调性一致.

性质 4 反函数是相互的且具有唯一性.

例 5 求函数 $y=\dfrac{x}{1+x}$ 的反函数.

解 由 $y=\dfrac{x}{1+x}$ 解得 $x=\dfrac{y}{1-y}$.

互换 x,y，得到

$$y=\frac{x}{1-x}.$$

这就是所求的反函数.

练习 1-1

1. 已知函数 $f(x)=x^3-3x-4$，求 $f(0),f(1),f(-1),f(a),f(-x),f[f(2)]$ 的值.

2. 设函数 $f(x)=\begin{cases}2x^2+1, & x<1,\\ 0, & x=1,\\ x-1, & x>1,\end{cases}$ 求 $f(-1),f(0),f(1),f(2)$.

3. 求下列函数的定义域.

(1) $f(x)=\sqrt{-2x+5}+\dfrac{x+3}{x-2}$； (2) $f(x)=\sqrt{4-x}+\dfrac{1}{\sqrt{x}}$；

(3) $f(x)=\sqrt[3]{x-1}+\log_2(1-x^2)$.

4. 判断下列函数 $f(x)$ 与 $g(x)$ 是否表示同一个函数，并说明理由.

(1) $f(x)=(x-1)^0,g(x)=1$； (2) $f(x)=x,g(x)=\sqrt{x^2}$；

(3) $f(x)=x^2,g(x)=(x+1)^2$； (4) $f(x)=|x|,g(x)=\sqrt{x^2}$.

5. 判断下列函数的奇偶性.

(1) $y=x^4+2\cos x$;　　(2) $y=x^3-2\sin x$;

(3) $y=2x\tan x$;　　(4) $y=x^2\cos x, x\in(0,+\infty)$;

(5) $y=\dfrac{3^x+3^{-x}}{3^x-3^{-x}}$;　　(6) $y=\ln\dfrac{1-x}{1+x}$.

6. 已知 $f(x+1)=x^2-x+1$,求 $f(2x-1)$.

7. 求函数 $y=\dfrac{1-x}{1+2x}$ 的反函数.

§1-2　幂函数

一、实数指数幂及其运算法则

1. 正整数指数幂的运算

正整数指数幂:一个数 a 的 n 次幂等于 n 个 a 的连乘积,即

$$\underbrace{a\cdot a\cdot a\cdot\cdots\cdot a}_{n\text{个}a}$$

表示为 a^n.

正整数指数幂的运算法则:

(1) $a^m\cdot a^n=a^{m+n}$;

(2) $a^m\div a^n=a^{m-n}$;

(3) $(a^m)^n=a^{mn}$;

(4) $(ab)^n=a^nb^n$;

(5) $\left(\dfrac{a}{b}\right)^n=\dfrac{a^n}{b^n}(b\neq0)$.

另外,我们规定:

$$a^0=1(a\neq0);$$

$$a^{-n}=\frac{1}{a^n}(a\neq0).$$

2. 根式

我们知道,如果 $x^2=a$,那么 x 叫作 a 的平方根.例如,±2 就是 4 的平方根.如果 $x^3=a$,那么 x 叫作 a 的立方根.例如,2 就是 8 的立方根.

定义 1　一般地,如果一个实数 x 满足 $x^n=a(n>1$ 且 $n\in\mathbf{N}^*)$,那么 x 叫作 a 的 n 次实数方根.

当 n 为奇数时,正数的 n 次实数方根是一个正数,负数的 n 次实数方根是一个负数.这时,a 的 n 次实数方根只有一个,记为 $\sqrt[n]{a}$.例如,

$$2^3=8\Rightarrow2=\sqrt[3]{8},$$

$$(-3)^3=-27\Rightarrow-3=\sqrt[3]{-27}.$$

当 n 为偶数时，正数的 n 次实数方根有两个，它们互为相反数. 这时，正数 a 的正的 n 次实数方根用符号$\sqrt[n]{a}$表示，负的 n 次实数方根用符号$-\sqrt[n]{a}$表示，它们可以合并写成$\pm\sqrt[n]{a}(a>0)$的形式. 例如，

$$x^6=9\Rightarrow x=\pm\sqrt[6]{9},$$

$$x^4=10\Rightarrow x=\pm\sqrt[4]{10}.$$

需要注意的是，负数没有偶次方根，0 的 n 次实数方根等于 0.

式子$\sqrt[n]{a}$叫作根式，其中 n 叫作根指数，a 叫作被开方数.

通过探究可以得到：

当 n 为奇数时，$\sqrt[n]{a^n}=a$；

当 n 为偶数时，$\sqrt[n]{a^n}=|a|=\begin{cases}a, & a\geqslant 0.\\ -a, & a<0.\end{cases}$

例 1 求下列各式的值.

(1) $(\sqrt{4})^2$；　(2) $\sqrt[3]{(-3)^3}$；　(3) $\sqrt{(-10)^2}$；

(4) $(\sqrt[5]{-4})^5$；　(5) $\sqrt[4]{3^4}$；　(6) $\sqrt[4]{64^2}$.

解 (1) $(\sqrt{4})^2=4$.　(2) $\sqrt[3]{(-3)^3}=-3$.

(3) $\sqrt{(-10)^2}=|-10|=10$.　(4) $(\sqrt[5]{-4})^5=-4$.

(5) $\sqrt[4]{3^4}=3$.　(6) $\sqrt[4]{64^2}=\sqrt[4]{8^4}=8$.

3. 分数指数幂

一般地，规定正数 a 的正分数指数幂的意义是：

$$a^{\frac{m}{n}}=\sqrt[n]{a^m}(a>0,m,n\text{ 均为正整数}).$$

正数的负分数指数幂的意义是：

$$a^{-\frac{m}{n}}=\frac{1}{a^{\frac{m}{n}}}=\frac{1}{\sqrt[n]{a^m}}(a>0,m,n\text{ 均为正整数}),$$

且 0 的正分数指数幂为 0，0 的负分数指数幂没有意义.

例如，$5^{-\frac{4}{3}}=\frac{1}{5^{\frac{4}{3}}}=\frac{1}{\sqrt[3]{5^4}}$.

规定了分数指数幂的意义后，指数的概念就从整数推广到了有理数. 同样指数的概念也可以推广到无理指数，如 $5^{\sqrt{2}}$.

整数指数幂的运算性质对于有理指数幂和无理指数幂同样适用，即对于任意实数 x，y，均有下面的运算性质.

实数指数幂的运算法则：

(1) $a^xa^y=a^{x+y}(a>0,x,y\in\mathbf{R})$；

(2) $(a^x)^y=a^{xy}(a>0,x,y\in\mathbf{R})$；

(3) $(ab)^x=a^xb^x(a>0,b>0,x\in\mathbf{R})$.

例 2 求下列各式的值.

(1) $4^{\frac{1}{2}}$；　(2) $8^{\frac{2}{3}}$；　(3) $32^{\frac{2}{5}}$；

(4) $3^{\frac{2}{3}}\cdot 3^{\frac{4}{3}}$；　(5) $4^{\frac{8}{3}}\div 4^{\frac{2}{3}}$；　(6) $(a^{\frac{3}{4}}b^{\frac{1}{3}})^{12}$；

(7) $\sqrt{3}\cdot\sqrt{3}\cdot\sqrt{3}$；　(8) $\sqrt{2}\cdot\sqrt[3]{2}\cdot\sqrt[4]{2}$.

解 (1) $4^{\frac{1}{2}}=2$.

(2) $8^{\frac{2}{3}}=4$.

(3) $32^{\frac{2}{5}}=4$.

(4) $3^{\frac{2}{3}}\cdot 3^{\frac{4}{3}}=3^{\frac{2}{3}+\frac{4}{3}}=9$.

(5) $4^{\frac{8}{3}}\div 4^{\frac{2}{3}}=4^{\frac{8}{3}-\frac{2}{3}}=16$.

(6) $(a^{\frac{3}{4}}b^{\frac{1}{3}})^{12}=a^{\frac{3}{4}\times 12}b^{\frac{1}{3}\times 12}=a^9b^4$.

(7) $\sqrt{3}\cdot\sqrt{3}\cdot\sqrt{3}=3^{\frac{3}{2}}$.

(8) $\sqrt{2}\cdot\sqrt[3]{2}\cdot\sqrt[4]{2}=2^{\frac{1}{2}+\frac{1}{3}+\frac{1}{4}}=2^{\frac{13}{12}}$.

例 3 用分数指数幂的形式表示下列各式($a>0$).

(1) $a^3\cdot\sqrt{a}$；　(2) $a^2\cdot\sqrt[3]{a^2}$.

解 (1) $a^3\cdot\sqrt{a}=a^3\cdot a^{\frac{1}{2}}=a^{3+\frac{1}{2}}=a^{\frac{7}{2}}$.

(2) $a^2\cdot\sqrt[3]{a^2}=a^2\cdot a^{\frac{2}{3}}=a^{2+\frac{2}{3}}=a^{\frac{8}{3}}$.

二、幂函数的定义

问题：分析以下五个函数，它们有什么共同特征？

(1) 边长为 a 的正方形面积 $S=a^2$，S 是 a 的函数；

(2) 面积为 S 的正方形边长 $a=S^{\frac{1}{2}}$，a 是 S 的函数；

(3) 边长为 a 的立方体体积 $V=a^3$，V 是 a 的函数；

(4) 某人 t s 内骑车行进了 1 km，则他骑车的平均速度 $v=t^{-1}$ km/s，这里 v 是 t 的函数；

(5) 购买每本 1 元的练习本 w 本，则需支付 $p=w$ 元，这里 p 是 w 的函数.

若将它们的自变量全部用 x 来表示，函数值用 y 来表示，则它们的函数关系式是

$$y=x^\alpha.$$

定义 2 一般地，形如 $y=x^\alpha(\alpha\in\mathbf{R})$ 的函数称为**幂函数**，其中 x 是自变量，α 为常数.

注意 $y=x^\alpha$ 中 x^α 前面的系数是 1，后面没有其他项，且 α 可以为任意实数.

例 4 判断下列函数哪些是幂函数.

(1) $y=2^x$；　(2) $y=x^{-4}$；　(3) $y=3x^2$；

(4) $y=x^2+x$；　(5) $y=\dfrac{1}{\sqrt{x}}$.

解 (2) $y=x^{-4}$ 和(5) $y=\dfrac{1}{\sqrt{x}}$ 是幂函数，其余几个函数都不是幂函数.

例 5 已知幂函数 $y=f(x)$ 的图象经过点 $(5,\sqrt{5})$，求这个函数的解析式.

解 设所求幂函数的解析式为 $y=x^{\alpha}$.

因为点 $(5,\sqrt{5})$ 在函数图象上，所以代入解析式得 $\sqrt{5}=5^{\alpha}$，解得 $\alpha=\frac{1}{2}$.

所以，所求的函数解析式为 $y=x^{\frac{1}{2}}$.

三、五种常用幂函数的图象与性质

1. $y=x$

(1) 图象(图 1-3)：

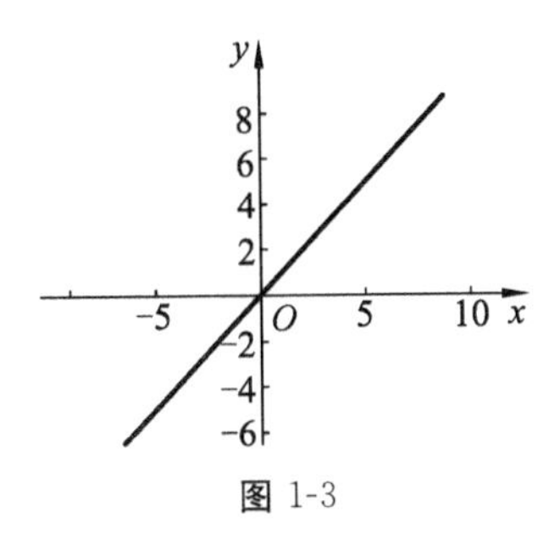

图 1-3

(2) 性质：

定义域：**R**.

值域：**R**.

奇偶性：奇函数.

单调性：在 **R** 上单调递增.

过 $(0,0)$，$(1,1)$ 点.

2. $y=x^2$

(1) 图象(图 1-4)：

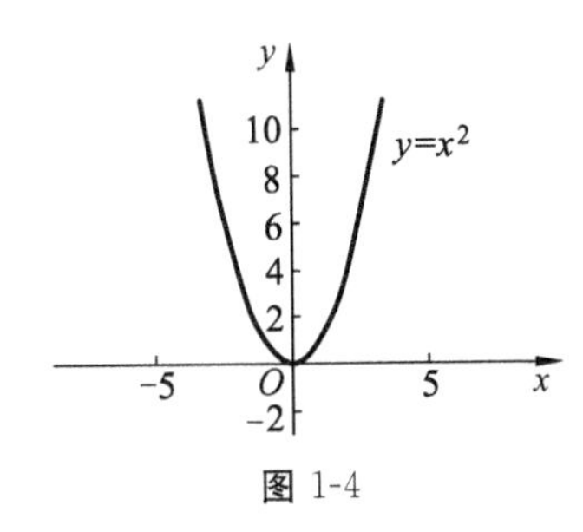

图 1-4

(2) 性质：

定义域：**R**.

值域：$[0,+\infty)$.

奇偶性：偶函数.

单调性：在 $[0,+\infty)$ 上单调递增，在 $(-\infty,0]$ 上单调递减.

过 $(0,0)$，$(1,1)$ 点.

3. $y=x^3$

(1) 图象(图 1-5)：

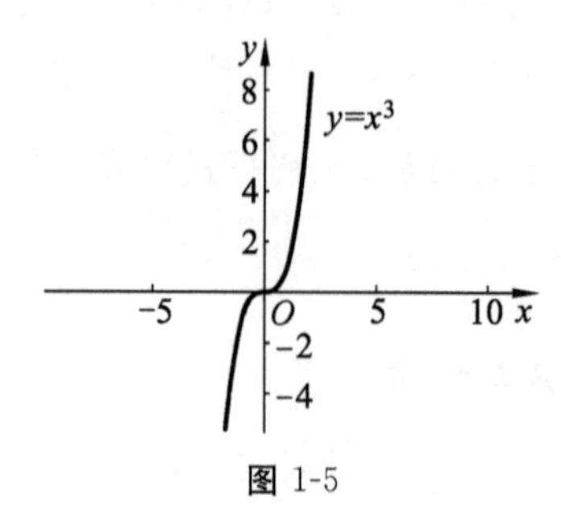

图 1-5

(2) 性质：

定义域：**R**.

值域：**R**.

奇偶性：奇函数.

单调性：在 **R** 上单调递增.

过(0,0),(1,1)点.

4. $y=x^{\frac{1}{2}}$

(1) 图象(图 1-6)：

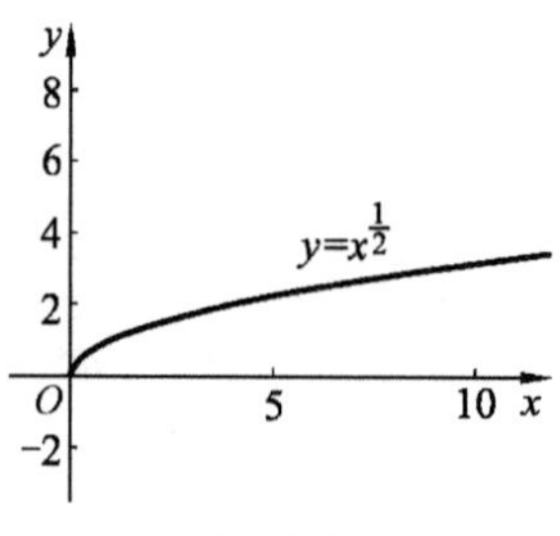

图 1-6

(2) 性质：

定义域：$[0,+\infty)$.

值域：$[0,+\infty)$.

奇偶性：非奇非偶函数.

单调性：在$[0,+\infty)$上单调递增.

过(0,0),(1,1)点.

5. $y=x^{-1}$

(1) 图象(图 1-7)：

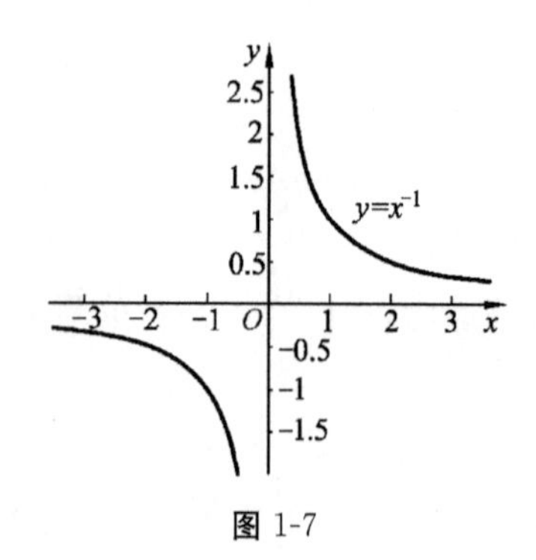

图 1-7

(2) 性质：

定义域：$\{x|x\neq 0\}$.

值域：$\{y|y\neq 0\}$.

奇偶性：在$\{x|x\neq 0\}$上是奇函数.

单调性：在$(0,+\infty)$和$(-\infty,0)$上单调递减.

过$(1,1)$,$(-1,-1)$点.

从以上几个幂函数可以看出幂函数的性质：

(1) 幂函数的定义域、值域、奇偶性和单调性，随常数α取值的不同而不同.

(2) 所有幂函数的图象都通过点$(1,1)$.

(3) 当α为奇数时，幂函数为奇函数；当α为偶数时，幂函数为偶函数.

(4) 若$\alpha>0$，则幂函数$y=x^{\alpha}$在$(0,+\infty)$上为增函数；若$\alpha<0$，则幂函数$y=x^{\alpha}$在$(0,+\infty)$上为减函数.

例 6 利用单调性判断下列各值的大小.

(1) $5^{\frac{1}{2}}$与$5^{\frac{1}{3}}$； (2) $(4+a^2)^{-\frac{1}{3}}$与$4^{-\frac{1}{3}}$； (3) $0.9^{1.1}$与$1.2^{0.8}$.

分析 关于指数式大小的比较，主要有：

(1) 同底异指，用指数函数的单调性比较；

(2) 异底同指，用幂函数的单调性比较；

(3) 异底异指，构造中间量(同底或同指)进行比较.

解 (1) $5^{\frac{1}{2}}>5^{\frac{1}{3}}$.

(2) 因为$4+a^2\geqslant 4$，$-\dfrac{1}{3}<0$，而$y=x^{-\frac{1}{3}}$在$(0,+\infty)$上为减函数，所以$(4+a^2)^{-\frac{1}{3}}\leqslant 4^{-\frac{1}{3}}$.

(3) 因为$0.9^{1.1}<1^{1.1}=1$，$1.2^{0.8}>1^{0.8}=1$，则$0.9^{1.1}<1.2^{0.8}$.

例 7 求下列函数的定义域，并指出它们的奇偶性.

(1) $y=x^{\frac{2}{3}}$； (2) $y=x^{-\frac{5}{2}}$； (3) $y=x^{-\frac{2}{3}}$.

解 (1) $y=x^{\frac{2}{3}}=\sqrt[3]{x^2}$，所以定义域为$\mathbf{R}$，是偶函数.

(2) $y=x^{-\frac{5}{2}}=\dfrac{1}{\sqrt{x^5}}$，所以定义域为$(0,+\infty)$，是非奇非偶函数.

(3) $y=x^{-\frac{2}{3}}=\dfrac{1}{\sqrt[3]{x^2}}$，故定义域为$(-\infty,0)\cup(0,+\infty)$，是偶函数.

练习 1-2

1. 求下列各式的值.

(1) $\sqrt[4]{10^4}$； (2) $\sqrt[6]{(-0.2)^6}$；

(3) $\sqrt{(\pi+3)^2}$； (4) $\sqrt[3]{\dfrac{27}{8}}$；

(5) $27^{\frac{1}{3}}$.

2. 用分数指数幂表示下列各式(其中字母均为正数).

(1) $\sqrt{a\sqrt{a\sqrt{a}}}$；　　(2) $\dfrac{\sqrt{m}\cdot\sqrt[4]{m}\cdot\sqrt[8]{m}}{(\sqrt[5]{m})^5\cdot m^{\frac{1}{2}}}$.

3. 化简下列各式(其中字母均为正数).

(1) $a^{\frac{1}{3}}a^{\frac{3}{4}}a^{\frac{7}{12}}$；　　(2) $a^{\frac{2}{3}}a^{\frac{3}{4}}\div a^{\frac{1}{4}}$；

(3) $(x^{\frac{1}{3}}y^{-\frac{3}{4}})^{12}$；　　(4) $4a^{\frac{2}{3}}b^{-\frac{1}{3}}\div\left(-\dfrac{2}{3}a^{-\frac{1}{3}}b^{-\frac{1}{3}}\right)$.

4. 下列函数为幂函数的是(　　).

A. $y=2x^{\frac{1}{2}}$　　B. $y=\sqrt[3]{x}+1$　　C. $y=x^3-x$　　D. $y=x^{-2}$

5. 下列幂函数为奇函数的是(　　).

A. $y=x^{\frac{3}{5}}$　　B. $y=\sqrt[3]{x^4}$

C. $y=x^2$　　D. $y=x^{-6}$

6. 若 $a<0$,则 $0.3^a,3^a,3^{-a}$ 的大小关系是(　　).

A. $3^{-a}<3^a<0.3^a$　　B. $3^a<0.3^a<3^{-a}$

C. $0.3^a<3^{-a}<3^a$　　D. $3^a<3^{-a}<0.3^a$

7. 已知幂函数 $f(x)$的图象经过点$\left(3,\dfrac{\sqrt{3}}{3}\right)$,求 $f(9)$的值.

8. 把$\left(\dfrac{2}{3}\right)^{-\frac{1}{3}},\left(\dfrac{1}{5}\right)^{\frac{1}{2}},\left(\dfrac{2}{5}\right)^{\frac{1}{2}},\left(\dfrac{5}{3}\right)^0$ 按从小到大的顺序排列.

§1-3　指数函数

18 世纪,几个欧洲人带来五只兔子并将这些兔子放生到澳大利亚的草原上.由于澳大利亚的环境非常适合兔子生存和繁衍,随着时间的推移,这里兔子的数量呈爆炸式增长.不到 100 年,兔子们占领了整个澳大利亚,数量达 100 亿只,比地球上的人都多,并且还在增长.因此,澳大利亚人只有绞尽脑汁想办法来消灭泛滥成灾的兔子.想一想为什么兔子会这么多呢?

想象一下生物学中细胞分裂的情形:一个细胞一分为二,第二次分裂每个细胞再一分为二,即第二次分裂后产生 4 个细胞.依此类推,仅第 10 次分裂后就有 1 024 个细胞了.因此,第 x 次分裂后有 2^x 个细胞,得到的细胞个数 y 与 x 的函数关系式是 $y=2^x$.

一、指数函数图象及其性质

定义 1　一般地,函数 $y=a^x(a>0,a\neq1)$叫作指数函数,其中 x 是自变量,函数的定义域是 **R**.

例 1　下列函数中哪些是指数函数?

(1) $y=x^3$；　(2) $y=3^x$；　(3) $y=3^{2x}$；　(4) $y=2^{-x}$；　(5) $y=(-5)^x$.

解　(2)(4)是指数函数.

下面我们来研究指数函数的图象与性质.

先用描点法画函数 $y=2^x$ 的图象(表 1-2、图 1-8).

表 1-2

x	y
-2	0.25
-1	0.5
0	1
1	2
2	4

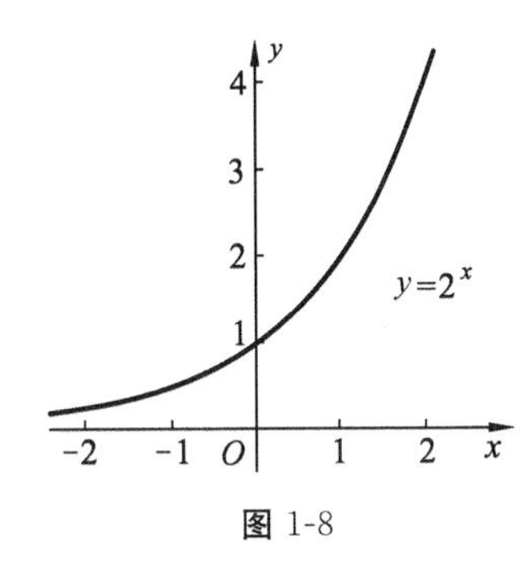

图 1-8

再画函数 $y=\left(\frac{1}{2}\right)^x$ 的图象(表 1-3、图 1-9).

表 1-3

x	y
-2	4
-1	2
0	1
1	0.5
2	0.25

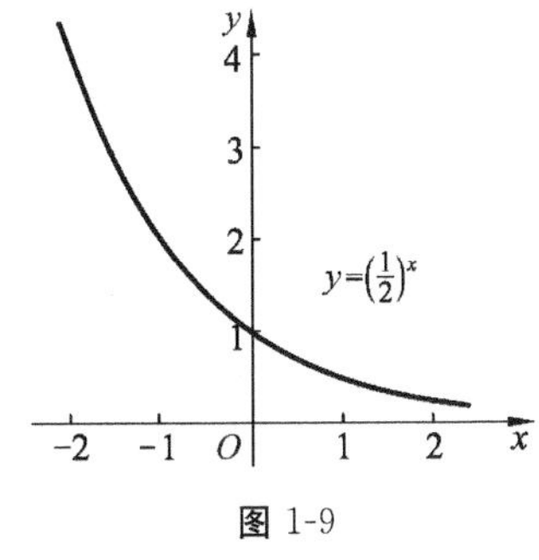

图 1-9

由表 1-2 和表 1-3 以及图 1-8 和图 1-9 可以发现,我们可以通过函数 $y=2^x$ 的图象得到函数 $y=\left(\frac{1}{2}\right)^x$ 的图象. 如图 1-10 所示,因为 $y=\left(\frac{1}{2}\right)^x=2^{-x}$,点$(x,y)$与点$(-x,y)$关于 y 轴对称,所以 $y=2^x$ 图象上任意一点 $P(x,y)$ 关于 y 轴的对称点 $P_1(x,y)$都在 $y=\left(\frac{1}{2}\right)^x$ 的图象上,反之亦然.

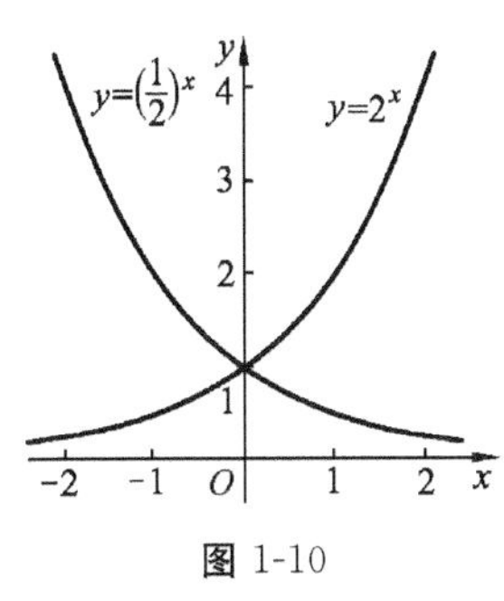

图 1-10

一般地,指数函数 $y=a^x(a>0,a\neq1)$的图象和性质如表 1-4 所示.

表 1-4

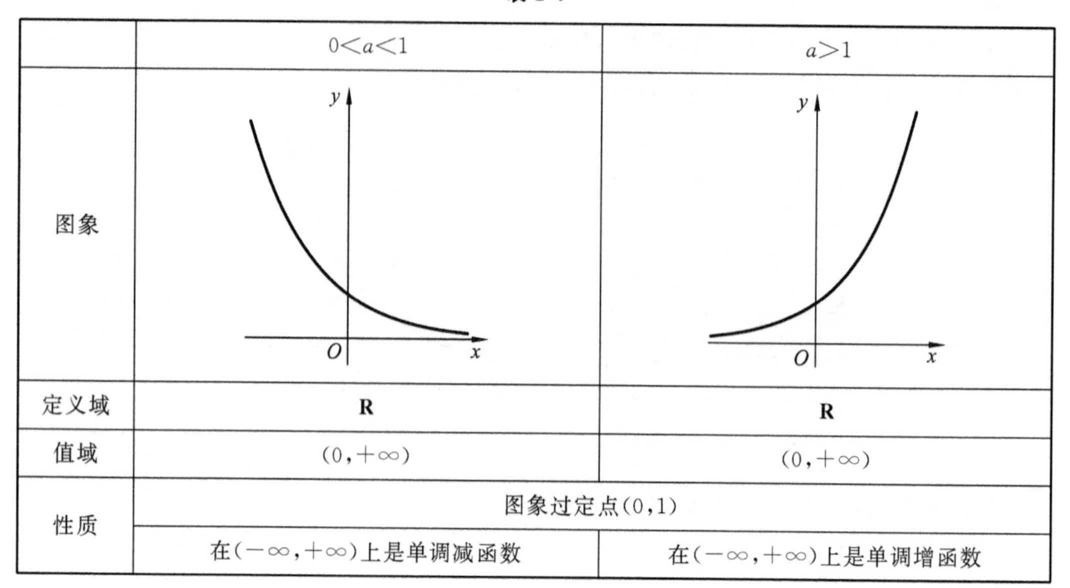

	$0<a<1$	$a>1$
图象		
定义域	$\mathbf{R}$	$\mathbf{R}$
值域	$(0,+\infty)$	$(0,+\infty)$
性质	图象过定点$(0,1)$	
	在$(-\infty,+\infty)$上是单调减函数	在$(-\infty,+\infty)$上是单调增函数

例 2 已知指数函数 $f(x)=a^x(a>0,a\neq1)$的图象过点$(2,16)$,求 $f(0)$,$f(1)$,$f(-2)$的值.

解 因为 $f(x)=a^x(a>0,a\neq1)$过点$(2,16)$,所以 $f(2)=a^2=16$.

$\because a>0$,$\therefore a=4$. 于是 $f(x)=4^x$.

所以 $f(0)=4^0=1$,$f(1)=4^1=4$,$f(-2)=4^{-2}=\dfrac{1}{16}$.

例 3 比较下列各题中两个值的大小.

(1) $1.8^4,1.8^3$; (2) $0.8^{-0.2},0.8^{-0.5}$.

解 (1) 考察指数函数 $y=1.8^x$. 因为 $1.8>1$,所以 $y=1.8^x$ 在 $\mathbf{R}$ 上是单调增函数. 又因为 $4>3$,所以 $1.8^4>1.8^3$.

(2) 考察指数函数 $y=0.8^x$. 因为 $0<0.8<1$,所以 $y=0.8^x$ 在 $\mathbf{R}$ 上是单调减函数. 又因为$-0.2>-0.5$,所以 $0.8^{-0.2}<0.8^{-0.5}$.

例 4 (1) 已知 $3^x\geqslant3^{0.5}$,求实数 x 的取值范围;

(2) 已知$0.2^x<25$,求实数 x 的取值范围.

解 (1) 因为 $3>1$,所以指数函数 $f(x)=3^x$ 在 $\mathbf{R}$ 上是单调增函数. 由 $3^x\geqslant3^{0.5}$,可得 $x\geqslant0.5$,即 x 的取值范围为$[0.5,+\infty)$.

(2) 因为 $0<0.2<1$,所以指数函数 $f(x)=0.2^x$ 在 $\mathbf{R}$ 上是单调减函数. 因为$25=\left(\dfrac{1}{5}\right)^{-2}$,所以 $0.2^x<0.2^{-2}$.

由此可得 $x>-2$,即 x 的取值范围为$(-2,+\infty)$.

二、指数函数在生活中的应用

例 5 按复利计算利息,设本金为 a 元,每期利率为 r,存期为 $x(x\in\mathbf{N}^*)$,本利和(本金加上利息)为 y 元.

(1) 写出本利和 y 随存期 x 变化的函数关系式;

(2) 如果存入本金 1 000 元,每期利率为 2.25%,试计算 5 期后的本利和是多少.(精确到 0.01 元)

分析 复利是一种计算利息的方法,即把前一期的利息和本金加在一起做本金,再计算下一期的利息.

已知本金是 a 元,1 期后的本利和为 $y_1=a+ar=a(1+r)$;

2 期后的本利和为 $y_2=y_1+y_1r=y_1(1+r)=a(1+r)(1+r)=a(1+r)^2$;

3 期后的本利和为 $y_3=y_2+y_2r=y_2(1+r)=a(1+r)^3$;

……

x 期后的本利和为 $y=a(1+r)^x$.

解 将 $a=1\,000$ 元,$r=2.25\%$,$x=5$ 代入上式得 $y=1\,000(1+2.25\%)^5\approx1\,117.68$.(利用计算器算出)

则复利函数式为 $y=a(1+r)^x$,5 期后得本利和为 1 117.68 元.

点评 在实际问题中,常常遇到有关平均增长率的问题,如果原产值为 N,平均增长率为 p,则关于时间 x 的总产值或总产量 y 就可以用公式 $y=N(1+p)^x$ 表示.解决平均增长率问题,就需要用这个函数式.

例 6 设在海拔 x m 处的大气压强是 y Pa,y 与 x 之间的函数关系是 $y=ce^{kx}$,其中 c,k 是常数.测得某地某天海平面的大气压强为 1.01×10^5 Pa,1 000 m 高空的大气压强为 0.90×10^5 Pa,求 600 m 高空的大气压强.(保留 3 位有效数字)

解 由题意,得

$$\begin{cases}1.01\times10^5=c\cdot e^{k\times0} & ①,\\0.90\times10^5=c\cdot e^{k\times1\,000} & ②.\end{cases}$$

由①得 $c=1.01\times10^5$,代入②得

$$e^{1\,000\,k}=\frac{90}{101}\Rightarrow1\,000\,k=\ln\frac{90}{101}.$$

利用计算器得 $1\,000\,k=-0.115$,所以 $k=-1.15\times10^{-4}$.

从而函数关系是 $y=1.01\times10^5e^{-1.15\times10^{-4}x}$.再将 $x=600$ 代入上述函数式得 $y=1.01\times10^5e^{-1.15\times10^{-4}\times600}$,利用计算器得 $y\approx9.42\times10^4$.

则在 600 m 高空的大气压强约为 9.42×10^4 Pa.

练习 1-3

1. 在函数① $y=2^x$,② $y=x^2$,③ $y=x$,④ $y=x^{-2}$,⑤ $y=\left(\frac{1}{3}\right)^x$ 中,哪些是指数函数?

2. 指出下列函数的单调性.

(1) $y=5^x$;　　(2) $y=0.5^x$;　　(3) $y=\left(\frac{5}{3}\right)^x$;

(4) $y=-2^x$;　　(5) $y=\left(\frac{2}{3}\right)^x$.

3. 如果指数函数 $f(x)=(a-1)^x$ 是 $\mathbf{R}$ 上的单调减函数,那么 a 的取值范围是(　　).

A. $(-\infty,2)$　　B. $(2,+\infty)$

C. $(1,2)$　　D. $(0,1)$

4. 比较下列各组数中两个值的大小.

(1) $3.2^{0.8}, 3.2^{0.7}$;　　(2) $0.75^{-0.1}, 0.75^{0.1}$;

(3) $1.01^{2.7}, 1.01^{3.5}$;　　(4) $0.99^{3.3}, 0.99^{4.5}$.

5. 求满足下列条件的实数 x 的取值范围.

(1) $2^x>8$;　　(2) $3^x<\frac{1}{27}$;

(3) $0.5^x>\sqrt{2}$;　　(4) $5^x<0.2$.

6. 用清水漂洗衣服,已知每次能洗去污垢的 $\frac{3}{4}$,设漂洗前衣服上的污垢量为 1,写出衣服上存留的污垢量 y 与漂洗次数 x 之间的函数关系式. 若要使存留的污垢不超过原有的 1%,则至少要漂洗几次?

§1-4　对数函数

2 的多少次幂等于 8? 3 的多少次幂等于 9? 4 的多少次幂等于 0.5? 已知底和幂,如何求出指数呢? 为了解决这类问题,我们引入一个新的概念——对数.

一、对数

1. 对数的概念

一般地,如果 $a^b=N(a>0,a\neq1)$,那么就称 b 是以 a 为底 N 的对数,记作

$$\log_a N=b,$$

其中,a 叫作对数的底数,N 叫作真数.

由对数的定义可知,$a^b=N$ 与 $\log_a N=b$ 两个等式所表示的是 a,b,N 这三个量之间的同一关系. 例如,

$$2^3=8\Leftrightarrow\log_2 8=3;$$

$$\log_3 9=2\Leftrightarrow3^2=9.$$

根据对数的定义,就可解决本节开头提出的问题.

例 1　将下列指数式改写为对数式.

(1) $2^4=16$;　　(2) $3^a=20$.

解 (1) $\log_2 16=4$.

(2) $\log_3 20=a$.

例 2 将下列对数式改写为指数式.

(1) $\log_5 125=3$; (2) $\log_{\frac{1}{\sqrt{3}}} 3=-2$.

解 (1) $5^3=125$.

(2) $\left(\frac{1}{\sqrt{3}}\right)^{-2}=3$.

例 3 求下列各式的值.

(1) $\log_2 64$; (2) $\log_7 \sqrt{7}$.

解 (1) 由 $2^6=64$,得$\log_2 64=6$.

(2) 由 $7^{\frac{1}{2}}=\sqrt{7}$,得$\log_7 \sqrt{7}=\frac{1}{2}$.

通常我们将以 10 为底的对数叫作常用对数,如 $\log_{10} 2$,$\log_{10} 15$ 等. 为了方便起见,对数 $\log_{10} N$ 简记为 $\lg N$,如 $\lg 2$,$\lg 15$ 等.

在科学技术中,常常使用以 e 为底的对数,这种对数称为自然对数. e=2.718 28…是一个无理数,正整数 N 的自然对数 $\log_e N$ 一般简记为 $\ln N$,如 $\log_e 3$ 记为 $\ln 3$.

2. 对数的运算性质

对数运算有如下性质:

(1) $\log_a (MN)=\log_a M+\log_a N$;

(2) $\log_a \frac{M}{N}=\log_a M-\log_a N$;

(3) $\log_a M^n=n\log_a M$.

其中,$a>0$,$a\neq 1$,$M>0$,$N>0$,$n\in \mathbf{R}$.

现在我们来证明性质(1).

证 设$\log_a M=p$,$\log_a N=q$. 由对数的定义得 $M=a^p$,$N=a^q$,所以 $MN=a^p a^q=a^{p+q}$. 故$\log_a (MN)=\log_a a^{p+q}=p+q=\log_a M+\log_a N$,即$\log_a (MN)=\log_a M+\log_a N$.

类似地,可以证明性质(2)和性质(3).

例 4 求下列各式的值.

(1) $\log_2 (2^3\times 4^5)$; (2) $\log_5 125$; (3) $\log_3 45-\log_3 5$.

解 (1) $\log_2 (2^3\times 4^5)=\log_2 2^3+\log_2 4^5=3+5\log_2 4=3+5\times 2=13$.

(2) $\log_5 125=\log_5 5^3=3\log_5 5=3$.

(3) $\log_3 45-\log_3 5=\log_3 \frac{45}{5}=\log_3 9=2$.

例 5 试用常用对数表示$\log_3 5$.

解 设 $t=\log_3 5$,则 $3^t=5$. 两边取常用对数,得 $\lg 3^t=\lg 5$,即 $t\lg 3=\lg 5$. 所以 $t=\frac{\lg 5}{\lg 3}$,故$\log_3 5=\frac{\lg 5}{\lg 3}$.

一般地，我们有

$$\log_a N=\frac{\log_c N}{\log_c a},$$

其中，$a>0,a\neq 1,N>0,c>0,c\neq 1$.

该公式称为对数的换底公式.

例 6 求$\log_8 9\times\log_3 32$的值.

解 $\log_8 9\times\log_3 32=\frac{\lg 9}{\lg 8}\times\frac{\lg 32}{\lg 3}=\frac{2\lg 3}{3\lg 2}\times\frac{5\lg 2}{\lg 3}=\frac{10}{3}$.

综上可得对数的基本知识：

① $\log_a 1=0$；

② $\log_a a=1$；

③ 零与负数无对数；

④ 对数恒等式：$a^{\log_a N}=N$；

⑤ $\log_a b\times\log_b a=1$.

其中，$a>0,a\neq 1,b>0,b\neq 1,N>0$.

二、对数函数

我们知道某细胞的分裂过程中，细胞个数 y 是分裂次数 x 的指数函数 $y=2^x$，因此，知道 x 的值(输入值是分裂次数)，就能求出 y 的值(输出值是细胞个数). 现在，我们来研究相反的问题：知道了细胞个数 y，如何确定分裂次数 x?

1. 对数函数的概念

为了求 $y=2^x$ 中的 x，我们将 $y=2^x$ 改写成对数式

$$x=\log_2 y.$$

对于每一个给定的 y 值，都有唯一的 x 值与之对应. 把 y 看作自变量，x 就是 y 的函数. 这样就得到了一个新的函数.

习惯上，仍用 x 表示自变量，用 y 表示它的函数. 这样，上面的函数就写成 $y=\log_2 x$.

定义 一般地，函数

$$y=\log_a x\,(a>0,a\neq 1)$$

叫作对数函数，它的定义域是$(0,+\infty)$.

2. 对数函数的图象与性质

画出下列两组函数的图象，分别如图 1-11 和图 1-12 所示，并观察各组函数的图象，寻找它们之间的关系.

(1) $y=2^x,y=\log_2 x$； (2) $y=\left(\frac{1}{2}\right)^x,y=\log_{\frac{1}{2}} x$.

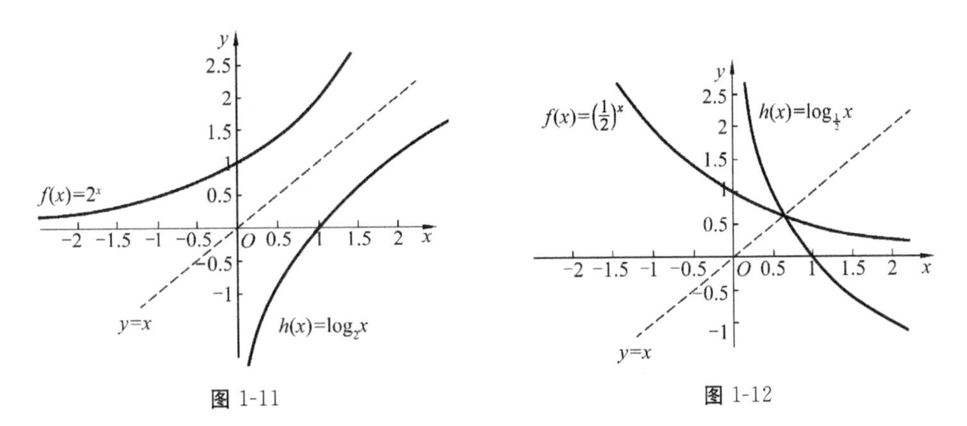

图 1-11　　　　图 1-12

由上图可以看出，函数 $y=2^x$ 与 $y=\log_2 x$ 的图象关于直线 $y=x$ 对称，函数 $y=\left(\frac{1}{2}\right)^x$ 与 $y=\log_{\frac{1}{2}} x$ 的图象也关于直线 $y=x$ 对称.

观察图 1-13 中函数的图象，你发现对数函数 $y=\log_a x$ 有哪些性质？

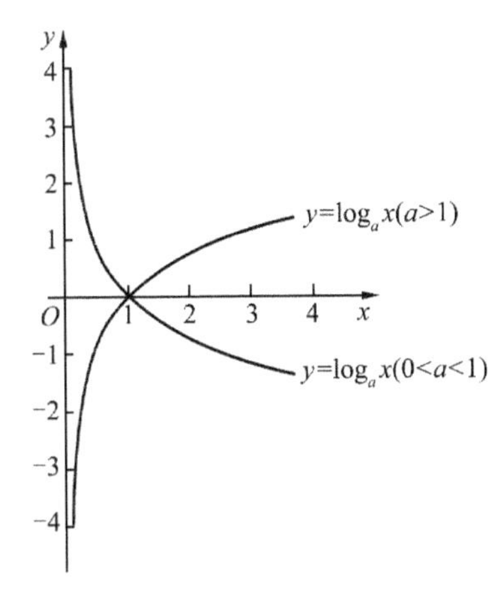

图 1-13

对数函数 $y=\log_a x$ 的图象与性质如表 1-5 所示.

表 1-5

	$a>1$	$0<a<1$
图象	$x=1$, O, x, y	$x=1$, O, x, y
性质	定义域：$(0,+\infty)$	
	值域：**R**	
	图象过点$(1,0)$	
	在$(0,+\infty)$上是单调增函数	在$(0,+\infty)$上是单调减函数

$y=a^x$ 称为 $y=\log_a x$ 的反函数，反之，$y=\log_a x$ 也称为 $y=a^x$ 的反函数.

例 7 求下列函数的定义域.

(1) $y=\log_{0.4}(5-x)$；

(2) $y=\log_a\sqrt{x-2}(a>0,a\neq1)$.

解 (1) 当 $5-x>0$，即 $x<5$ 时，$\log_{0.4}(5-x)$ 有意义；当 $x\geqslant5$ 时，$\log_{0.4}(5-x)$ 没有意义. 因此，函数 $y=\log_{0.4}(5-x)$ 的定义域是 $(-\infty,5)$.

(2) 当 $x-2>0$，即 $x>2$ 时，$\log_a\sqrt{x-2}$ 有意义；当 $x\leqslant2$ 时，$\log_a\sqrt{x-2}$ 没有意义. 因此，函数 $y=\log_a\sqrt{x-2}(a>0,a\neq1)$ 的定义域是 $(2,+\infty)$.

例 8 比较下列各组数中两个值的大小.

(1) $\log_2 3.5,\log_2 4.3$；

(2) $\log_{0.2}1.5,\log_{0.2}2.3$；

(3) $\log_7 5,\log_6 7$.

解 (1) 考察对数函数 $y=\log_2 x$. 因为 $2>1$，所以 $y=\log_2 x$ 在 $(0,+\infty)$ 上是单调增函数. 又因为 $0<3.5<4.3$，所以 $\log_2 3.5<\log_2 4.3$.

(2) 考察对数函数 $y=\log_{0.2}x$. 因为 $0<0.2<1$，所以 $y=\log_{0.2}x$ 在 $(0,+\infty)$ 上是单调减函数. 又因为 $0<1.5<2.3$，所以 $\log_{0.2}1.5>\log_{0.2}2.3$.

(3) 考察对数函数 $y=\log_7 x$. 因为 $7>1$，所以 $y=\log_7 x$ 在 $(0,+\infty)$ 上是单调增函数. 又因为 $0<5<7$，所以 $\log_7 5<\log_7 7=1$.

同理，$\log_6 7>\log_6 6=1$.

所以，$\log_7 5<\log_6 7$.

例 9 2000 年我国国内生产总值(GDP)为 89 442 亿元. 如果我国 GDP 的年均增长率为7.8%，那么按照这个增长速度，在 2000 年的基础上，经过多少年以后，我国 GDP 才能实现比 2000 年翻两番的目标?

解 假设经过 x 年实现 GDP 比 2000 年翻两番的目标. 根据题意，得

$$89\,442\times(1+7.8\%)^x=89\,442\times4,$$

$$1.078^x=4,$$

所以，$x=\log_{1.078}4=\dfrac{\lg4}{\lg1.078}\approx18.5$.

答 约经过 19 年以后，我国 GDP 才能实现比 2000 年翻两番的目标.

练习 1-4

1. 将下列指数式改写为对数式.

(1) $3^2=9$；　(2) $7^{-2}=\dfrac{1}{49}$；　(3) $4^n=9$；　(4) $4^{\frac{5}{2}}=32$.

2. 将下列对数式改写为指数式.

(1) $\log_2 8=3$；　　(2) $\log_{49}\frac{1}{7}=-\frac{1}{2}$；

(3) $\lg 6=0.778\,2$；　　(4) $\ln 10=2.302\,6$.

3. 求下列各式的值.

(1) $\log_3 27$；　　(2) $\log_{49} 1$；

(3) $\log_{3.5} 3.5$；　　(4) $\lg 125+\lg 16-\lg 2$；

(5) $\log_3(9\times 27)$；　　(6) $\log_{\frac{1}{3}} 27-\log_{\frac{1}{3}} 9$.

4. 求下列函数的定义域.

(1) $y=\log_4(5-2x)$；　　(2) $y=\log_{0.5}(3x-2)$；

(3) $y=\log_{\frac{1}{2}}(5+2x)$；　　(4) $y=\lg\frac{1}{x-1}$.

5. 判断下列函数的单调性.

(1) $y=\log_4 x$；　　(2) $y=\log_{0.34} x$；

(3) $y=\lg x$；　　(4) $y=\ln x$.

6. 比较下列各组数中两个值的大小.

(1) $\log_5 3.2, \log_5 2.3$；　　(2) $\log_{0.65} 5, \log_{0.65} 7$；

(3) $\lg 0.2, \lg 2$；　　(4) $\ln 0.52, \ln 0.45$.

7. 解下列方程.

(1) $\log_2(3x)=\log_2(2x+1)$；　　(2) $\log_5(2x+1)=\log_5(x^2-2)$.

§1-5　三角函数

一、任意角的概念

1. 正角、负角和零角

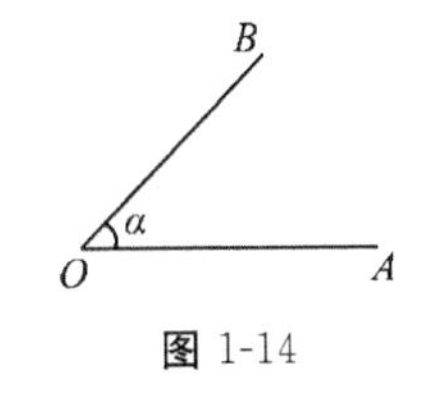

图 1-14

定义 1　如图 1-14 所示，一条射线由位置 OA 绕着它的端点 O，按逆时针(或顺时针)方向旋转到另一位置 OB 形成的图形叫作角. 旋转开始位置的射线 OA 叫作角的始边，终止位置的射线 OB 叫作角的终边，端点 O 叫作角的顶点.

规定：按逆时针方向旋转所形成的角叫作正角，按顺时针方向旋转所形成的角叫作负角. 当射线没有作任何旋转时，也认为形成了一个角，这个角叫作零角.

2. 象限角

将这些角置于直角坐标系中，使角的顶点与坐标原点重合，角的始边与 x 轴正半轴重合，那么角的终边(除端点外)在第几象限，则这个角就是此象限的角. 若终边落在坐标轴上，由于坐标轴不属于任何象限，这时的角也不属于任何象限，则这个角称为轴线角.

3. 与角 α 终边相同的角的表示方法

终边相同的角不一定相等，它们应相差 360°的整数倍，因此这种角有无数个，但角的终边是相同的. 所以锐角一定是第一象限的角，而第一象限角不一定是锐角；钝角一定是第二象限的角，第二象限角不一定是钝角；直角一定是轴线角，轴线角不一定是直角.

所有与角 α 终边相同的角，连同角 α 在内可构成一个集合：

$$\{\beta|\beta=\alpha+2k\pi, k\in\mathbf{Z}\}.$$

4. 弧度制

定义 2 角的大小是由角的两条边旋转的程度决定的，和象限是没有关系的. 用度作单位来衡量角的单位制，叫作角度制. 将长度等于半径长的弧所对的圆心角叫作 1 弧度角. 以弧度作为单位来度量角的单位制，叫作弧度制.

用弧度表示角的时候，以 rad 作为单位，也可以省略. 因此有 $360°=2\pi$，$180°=\pi$ 以及 $1°=\frac{\pi}{180}$. 表 1-6 列出了特殊角的角度制与弧度制的转换.

表 1-6

角度制	0°	30°	45°	60°	90°	120°	135°	150°	180°	270°	360°
弧度制	0	$\frac{\pi}{6}$	$\frac{\pi}{4}$	$\frac{\pi}{3}$	$\frac{\pi}{2}$	$\frac{2\pi}{3}$	$\frac{3\pi}{4}$	$\frac{5\pi}{6}$	π	$\frac{3\pi}{2}$	2π

圆半径为 R，圆弧长为 l，则圆心角为 α 的弧度数的绝对值为 $|\alpha|=\frac{l}{R}$.

弧长公式：$l=|\alpha|R=\frac{n\pi R}{180}$ （n 表示角度）.

扇形面积公式：$S=\frac{n\pi R^2}{360}=\frac{1}{2}lR$.

例 1 求如图 1-15 所示的公路弯道部分 $\overset{\frown}{AB}$ 的长.（单位：m，精确到 0.1 m）

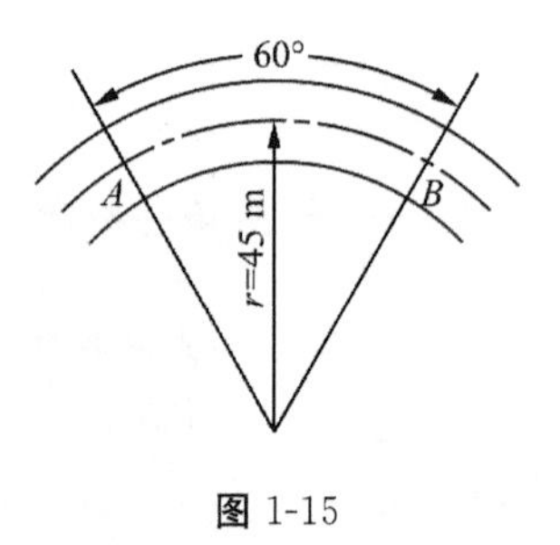

图 1-15

分析 由弧长公式可得 $l=|\alpha|r$. 因此只要知道圆心角（用弧度表示）和半径，就可以方便地求出弧长.

解 将 60°转换为 $\frac{\pi}{3}$ 弧度，因此

$$l=|\alpha|r=\frac{\pi}{3}\times 45\approx 47.1(\text{m}).$$

答 弯道部分 $\overset{\frown}{AB}$ 的长约为 47.1 m.

二、任意角的三角函数

1. 任意角的三角函数的定义

在初中阶段，我们利用直角三角形定义了锐角 α 的三角函数，具体如下：

$$\sin\alpha=\frac{对边}{斜边}, \cos\alpha=\frac{邻边}{斜边}, \tan\alpha=\frac{对边}{邻边}, \cot\alpha=\frac{邻边}{对边}.$$

怎样将锐角的三角函数推广到任意角的三角函数？

一般地，设 α 是一个任意角，点 $A(x,y)$ 为角 α 终边上任意一点（图 1-16），$r=\sqrt{x^2+y^2}$.

我们规定：

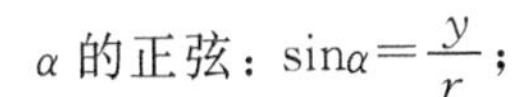

α 的正弦：$\sin\alpha=\dfrac{y}{r}$；

α 的余弦：$\cos\alpha=\dfrac{x}{r}$；

α 的正切：$\tan\alpha=\dfrac{y}{x}$；

α 的余切：$\cot\alpha=\dfrac{x}{y}$；

α 的正割：$\sec\alpha=\dfrac{r}{x}=\dfrac{1}{\cos\alpha}$；

α 的余割：$\csc\alpha=\dfrac{r}{y}=\dfrac{1}{\sin\alpha}$.

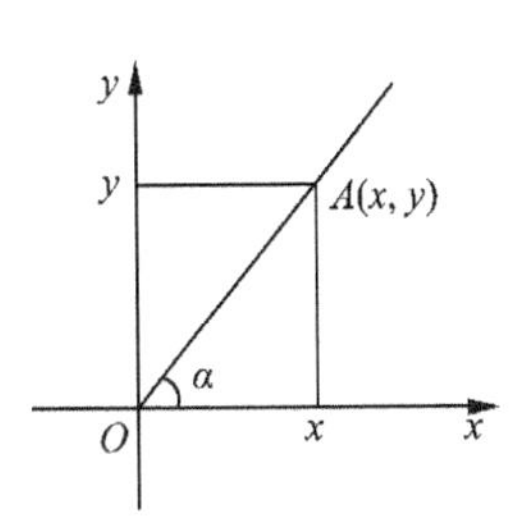

图 1-16

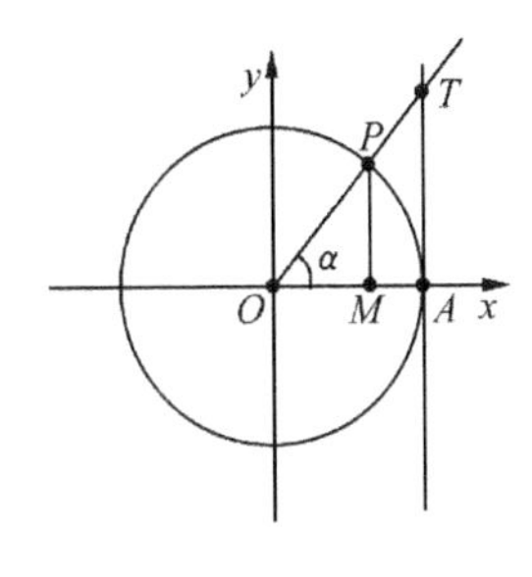

图 1-17

2. 三角函数线的画法（图 1-17）

正弦线：MP；

余弦线：OM；

正切线：AT.

3. 特殊角 0°,30°,45°,60°,90°的三角函数值（表 1-7）

表 1-7

α	0	$\frac{\pi}{6}$	$\frac{\pi}{4}$	$\frac{\pi}{3}$	$\frac{\pi}{2}$
$\sin\alpha$	0	$\frac{1}{2}$	$\frac{\sqrt{2}}{2}$	$\frac{\sqrt{3}}{2}$	1
$\cos\alpha$	1	$\frac{\sqrt{3}}{2}$	$\frac{\sqrt{2}}{2}$	$\frac{1}{2}$	0
$\tan\alpha$	0	$\frac{\sqrt{3}}{3}$	1	$\sqrt{3}$	不存在
$\cot\alpha$	不存在	$\sqrt{3}$	1	$\frac{\sqrt{3}}{3}$	0

4. 同角三角函数的基本关系式

平方关系：

$$\sin^2\alpha+\cos^2\alpha=1$$
$$\sec^2\alpha=1+\tan^2\alpha$$
$$\csc^2\alpha=1+\cot^2\alpha$$

商数关系：

$$\tan\alpha=\frac{\sin\alpha}{\cos\alpha}$$
$$\cot\alpha=\frac{\cos\alpha}{\sin\alpha}$$

倒数关系：

$$\tan\alpha=\frac{1}{\cot\alpha}$$
$$\sec\alpha=\frac{1}{\cos\alpha}$$
$$\csc\alpha=\frac{1}{\sin\alpha}$$

5. 各象限角的三角函数值的符号

概括为“一全正，二正弦，三双切，四余弦”.

6. 三角函数的诱导公式（表 1-8）

表 1-8

诱导公式一	诱导公式二
$\sin(\alpha+2k\pi)=\sin\alpha$， $\cos(\alpha+2k\pi)=\cos\alpha$，（其中 $k\in\mathbf{Z}$） $\tan(\alpha+2k\pi)=\tan\alpha$.	$\sin(\pi+\alpha)=-\sin\alpha$， $\cos(\pi+\alpha)=-\cos\alpha$， $\tan(\pi+\alpha)=\tan\alpha$.
诱导公式三 $\sin(-\alpha)=-\sin\alpha$， $\cos(-\alpha)=\cos\alpha$， $\tan(-\alpha)=-\tan\alpha$.	诱导公式四 $\sin(\pi-\alpha)=\sin\alpha$， $\cos(\pi-\alpha)=-\cos\alpha$， $\tan(\pi-\alpha)=-\tan\alpha$.
诱导公式五 $\sin\left(\frac{\pi}{2}-\alpha\right)=\cos\alpha$， $\cos\left(\frac{\pi}{2}-\alpha\right)=\sin\alpha$.	诱导公式六 $\sin\left(\frac{\pi}{2}+\alpha\right)=\cos\alpha$， $\cos\left(\frac{\pi}{2}+\alpha\right)=-\sin\alpha$.

注：概括为“正负看象限，纵变横不变”.

7. 三角函数的图象（图 1-18）

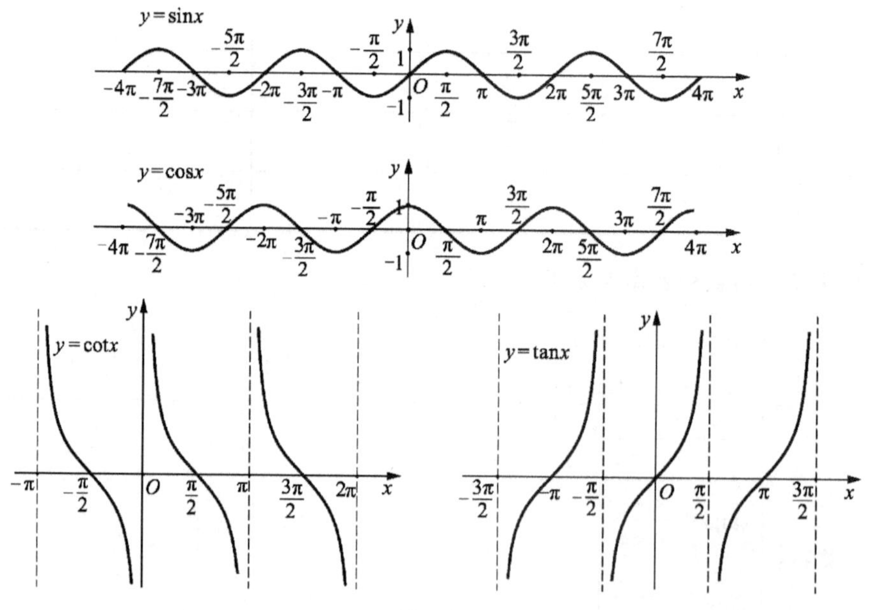

图 1-18

正弦、余弦、正切函数的图象及其性质可用表格归纳如下(表 1-9).

表 1-9

	$y=\sin x$	$y=\cos x$	$y=\tan x$
图象			
定义域	**R**	**R**	$\left\{x \middle\vert x\neq\frac{\pi}{2}+k\pi,k\in\mathbf{Z}\right\}$
值域	$[-1,1]$	$[-1,1]$	**R**
最值	$x=2k\pi+\frac{\pi}{2},k\in\mathbf{Z}$ 时,$y_{\max}=1$ $x=2k\pi-\frac{\pi}{2},k\in\mathbf{Z}$ 时,$y_{\min}=-1$	$x=2k\pi,k\in\mathbf{Z}$ 时,$y_{\max}=1$ $x=2k\pi+\pi,k\in\mathbf{Z}$ 时,$y_{\min}=-1$	—
周期性	$T=2\pi$	$T=2\pi$	$T=\pi$
奇偶性	奇	偶	奇
单调性($k\in\mathbf{Z}$)	在 $\left[2k\pi-\frac{\pi}{2},2k\pi+\frac{\pi}{2}\right]$ 上单调递增 在 $\left[2k\pi+\frac{\pi}{2},2k\pi+\frac{3\pi}{2}\right]$ 上单调递减	在$[2k\pi-\pi,2k\pi]$上单调递增 在$[2k\pi,2k\pi+\pi]$上单调递减	在 $\left(k\pi-\frac{\pi}{2},k\pi+\frac{\pi}{2}\right)$ 上单调递增
对称性($k\in\mathbf{Z}$)	对称轴方程:$x=k\pi+\frac{\pi}{2}$ 对称中心$(k\pi,0)$	对称轴方程:$x=k\pi$ 对称中心$\left(k\pi+\frac{\pi}{2},0\right)$	无对称轴 对称中心$\left(\frac{k\pi}{2},0\right)$

8. 两角和与差的正弦、余弦、正切公式

$\sin(\alpha+\beta)=\sin\alpha\cos\beta+\cos\alpha\sin\beta$.

$\sin(\alpha-\beta)=\sin\alpha\cos\beta-\cos\alpha\sin\beta$.

$\cos(\alpha+\beta)=\cos\alpha\cos\beta-\sin\alpha\sin\beta$.

$\cos(\alpha-\beta)=\cos\alpha\cos\beta+\sin\alpha\sin\beta$.

$\tan(\alpha+\beta)=\dfrac{\tan\alpha+\tan\beta}{1-\tan\alpha\tan\beta}$.

$\tan(\alpha-\beta)=\dfrac{\tan\alpha-\tan\beta}{1+\tan\alpha\tan\beta}$.

9. 二倍角的正弦、余弦、正切公式

(1) $\sin2\alpha=2\sin\alpha\cos\alpha$.

变形:$\sin\alpha\cos\alpha=\dfrac{1}{2}\sin2\alpha$.

(2) $\cos 2\alpha=\cos^2\alpha-\sin^2\alpha=2\cos^2\alpha-1=1-2\sin^2\alpha$.

升幂公式：$\begin{cases}1+\cos 2\alpha=2\cos^2\alpha,\\ 1-\cos 2\alpha=2\sin^2\alpha.\end{cases}$

降幂公式：$\begin{cases}\cos^2\alpha=\dfrac{1}{2}(1+\cos 2\alpha),\\ \sin^2\alpha=\dfrac{1}{2}(1-\cos 2\alpha).\end{cases}$

(3) $\tan 2\alpha=\dfrac{2\tan\alpha}{1-\tan^2\alpha}$.

(4) $\tan\alpha=\dfrac{\sin 2\alpha}{1+\cos 2\alpha}=\dfrac{1-\cos 2\alpha}{\sin 2\alpha}$.

10. 积化和差公式

(1) $\sin\alpha\cos\beta=\dfrac{1}{2}[\sin(\alpha+\beta)+\sin(\alpha-\beta)]$.

(2) $\cos\alpha\sin\beta=\dfrac{1}{2}[\sin(\alpha+\beta)-\sin(\alpha-\beta)]$.

(3) $\cos\alpha\cos\beta=\dfrac{1}{2}[\cos(\alpha+\beta)+\cos(\alpha-\beta)]$.

(4) $\sin\alpha\sin\beta=-\dfrac{1}{2}[\cos(\alpha+\beta)-\cos(\alpha-\beta)]$.

11. 和差化积公式

(1) $\sin\alpha+\sin\beta=2\sin\dfrac{\alpha+\beta}{2}\cos\dfrac{\alpha-\beta}{2}$.

(2) $\sin\alpha-\sin\beta=2\cos\dfrac{\alpha+\beta}{2}\sin\dfrac{\alpha-\beta}{2}$.

(3) $\cos\alpha+\cos\beta=2\cos\dfrac{\alpha+\beta}{2}\cos\dfrac{\alpha-\beta}{2}$.

(4) $\cos\alpha-\cos\beta=-2\sin\dfrac{\alpha+\beta}{2}\sin\dfrac{\alpha-\beta}{2}$.

例 2 计算下列三角函数值.

(1) $\sin\dfrac{4\pi}{3}\cdot\cos\dfrac{13\pi}{6}\cdot\tan\dfrac{5\pi}{4}$.

(2) $\sin\dfrac{\pi}{6}+\cos\dfrac{\pi}{3}-\tan\dfrac{\pi}{4}-\tan\dfrac{\pi}{6}\cdot\tan\dfrac{\pi}{3}$.

解 (1) $\sin\dfrac{4\pi}{3}\cdot\cos\dfrac{13\pi}{6}\cdot\tan\dfrac{5\pi}{4}$

$$=\sin\left(\pi+\frac{\pi}{3}\right)\cdot\cos\left(2\pi+\frac{\pi}{6}\right)\cdot\tan\left(\pi+\frac{\pi}{4}\right)$$

$$=-\sin\frac{\pi}{3}\cdot\cos\frac{\pi}{6}\cdot\tan\frac{\pi}{4}$$

$$=-\frac{\sqrt{3}}{2}\cdot\frac{\sqrt{3}}{2}\cdot 1=-\frac{3}{4}.$$

(2) $\sin\frac{\pi}{6}+\cos\frac{\pi}{3}-\tan\frac{\pi}{4}-\tan\frac{\pi}{6}\cdot\tan\frac{\pi}{3}$

$=\frac{1}{2}+\frac{1}{2}-1-\frac{\sqrt{3}}{3}\cdot\sqrt{3}=-1.$

例 3 化简：$\sqrt{1+2\sin(\pi-2)\cos(\pi-2)}$.

解 $\sqrt{1+2\sin(\pi-2)\cos(\pi-2)}$

$=\sqrt{\sin^2(\pi-2)+2\sin(\pi-2)\cos(\pi-2)+\cos^2(\pi-2)}$

$=\sqrt{[\sin(\pi-2)+\cos(\pi-2)]^2}=|\sin2-\cos2|=\sin2-\cos2.$

例 4 已知 $\sin\alpha=\frac{4}{5}$，且 $\alpha\in\left(\frac{\pi}{2},\frac{3\pi}{2}\right)$，求 $\sin\left(2\alpha+\frac{\pi}{3}\right)$的值.

解 因为 $\sin\alpha=\frac{4}{5}$，且 $\alpha\in\left(\frac{\pi}{2},\frac{3\pi}{2}\right)$，所以 $\alpha\in\left(\frac{\pi}{2},\pi\right)$. 所以 $\cos\alpha=-\sqrt{1-\sin^2\alpha}=-\frac{3}{5}$，所以 $\sin2\alpha=2\sin\alpha\cos\alpha=-\frac{24}{25}$，$\cos2\alpha=2\cos^2\alpha-1=-\frac{7}{25}$，所以 $\sin\left(2\alpha+\frac{\pi}{3}\right)=\sin2\alpha\cos\frac{\pi}{3}+\cos2\alpha\sin\frac{\pi}{3}=-\frac{24+7\sqrt{3}}{50}$.

练习 1-5

1. 判断下列说法是否正确.

(1) 若 $\alpha=k\pi-\frac{\pi}{4}$，$k\in\mathbf{Z}$，则 α 有可能在第四象限；

(2) 若 $0<|\alpha|<\frac{\pi}{4}$，则一定有 $\cos2\alpha<\cos\alpha$ 成立；

(3) 设 θ 是第四象限角，则 $\sin2\theta>0$；

(4) $\sin210°=\frac{1}{2}$.

2. 已知角 α 的终边在直线 $5x+12y=0$ 上，求 $\sin\alpha$，$\cos\alpha$，$\tan\alpha$ 的值.

3. 已知直线经过点$(-1,1)$，倾斜角是$\frac{\pi}{4}$，求该直线的方程.

4. 已知(1) $\tan\alpha=2$，(2) $\tan2\alpha=2$，分别求$\frac{2\sin^2\alpha-1}{\sin2\alpha}$的值.

5. 已知 $\alpha\in\left[\frac{5\pi}{2},\frac{7\pi}{2}\right]$，化简 $\sqrt{1+\sin\alpha}-\sqrt{1-\sin\alpha}$.

6. 求下列三角函数的值.

(1) $3\cos^2\frac{\pi}{8}+\sin^2\frac{\pi}{8}-2$；　　(2) $\cos^4\alpha-\sin^4\alpha$.

7. 若$\frac{\sin\alpha+\cos\alpha}{2\sin\alpha-\cos\alpha}=2$，求 $\tan\alpha$ 的值.

§1-6　反三角函数

前面我们学习了反函数的有关知识，了解了指数函数和对数函数互为反函数，那么三角函数有反函数吗？

引例　已知一个角的正弦值为$\frac{1}{2}$，且这个角是锐角，问这个角是多大？

解　设这个角为α，由题意可知$\sin\alpha=\frac{1}{2}$，$\alpha\in\left(0,\frac{\pi}{2}\right)$，所以$\alpha=\frac{\pi}{6}$.

问题　如果将题目中的条件“这个角是锐角”去掉，这个角是多大呢？答案唯一吗？解题过程又该如何表达呢？

由对正弦函数的认识，在其定义域$\mathbf{R}$内，对应于正弦值为$\frac{1}{2}$的角有无数个，按反函数的定义，正弦函数在定义域内不存在反函数，但是通过上面的问题可知，在一定的条件下，正弦函数是存在反函数的.

一、反正弦函数

正弦函数$y=\sin x$，$x\in(-\infty,+\infty)$，$y\in[-1,1]$的函数图象(图1-19)为

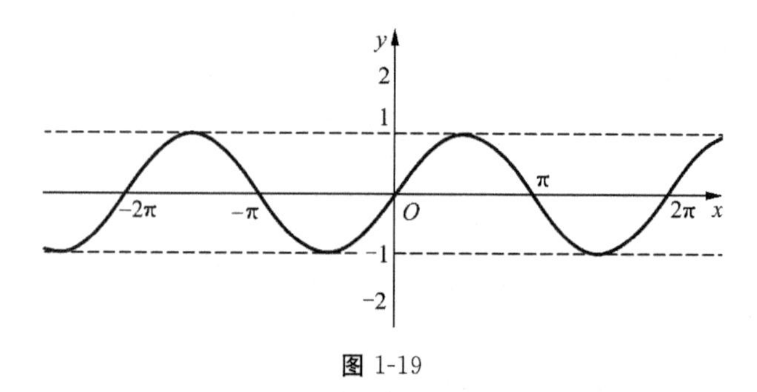

图1-19

将正弦函数的定义域限制在$\left[-\frac{\pi}{2},\frac{\pi}{2}\right]$上，则$y=\sin x$为一一对应函数，那么，在该区间上，一个因变量对应唯一一个自变量，所以，正弦函数就有了反函数.

定义1　正弦函数$y=\sin x$，$x\in\left[-\frac{\pi}{2},\frac{\pi}{2}\right]$的反函数称为反正弦函数，记作$y=\arcsin x$，$x\in[-1,1]$.

说明　(1)“arcsin”是反正弦函数的函数名，是一个整体记号，不可分割.

(2)“$\arcsin x$”表示在$\left[-\frac{\pi}{2},\frac{\pi}{2}\right]$上的角.

(3)“$\arcsin x$”这个角的正弦值为x，即$\sin(\arcsin x)=x$，$x\in[-1,1]$.

(4) $\arcsin(\sin x)=x$，$x\in\left[-\frac{\pi}{2},\frac{\pi}{2}\right]$.

反正弦函数 $y=\arcsin x, x\in[-1,1]$的图象(图 1-20)如下：

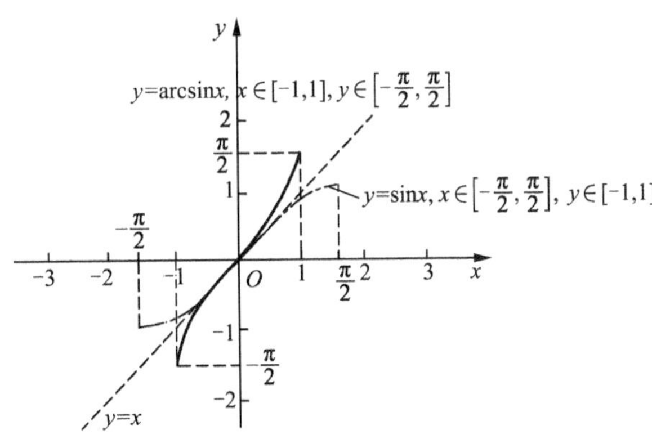

图 1-20

从图 1-20 容易看出反正弦函数有如下主要性质：

(1) 定义域：$[-1,1]$.

(2) 值域：$\left[-\frac{\pi}{2},\frac{\pi}{2}\right]$.

(3) 奇偶性：奇函数.

(4) 单调性：增函数.

(5) 最值：当 $x=-1$ 时，$y_{\min}=-\frac{\pi}{2}$；当 $x=1$ 时，$y_{\max}=\frac{\pi}{2}$.

例 1 下列四个式子中，哪些有意义？

(1) $\arcsin\sqrt{0.8}$； (2) $\arcsin\frac{\pi}{2}$； (3) $\sin(\arcsin 3)$； (4) $\arcsin(\sin 2)$.

解 (1) 因为$\sqrt{0.8}<1$，所以 $\arcsin\sqrt{0.8}$有意义；

(2) 因为$\frac{\pi}{2}>1$，所以 $\arcsin\frac{\pi}{2}$没有意义；

(3) 因为 $3>1$，所以 $\sin(\arcsin 3)$没有意义；

(4) 因为 $0<\sin 2<1$，所以 $\arcsin(\sin 2)$有意义.

例 2 求下列各式的值.

(1) $\arcsin\frac{1}{2}$； (2) $\sin(\arcsin 1)$；

(3) $\arcsin\left(-\frac{\sqrt{2}}{2}\right)$； (4) $\arcsin 0$.

解 (1) $\arcsin\frac{1}{2}=\frac{\pi}{6}$.

(2) $\sin(\arcsin 1)=1$.

(3) $\arcsin\left(-\frac{\sqrt{2}}{2}\right)=-\frac{\pi}{4}$.

(4) $\arcsin 0=0$.

例 3 求函数 $y=4\arcsin(2x-3)$ 的定义域和值域.

解 由 $-1\leqslant 2x-3\leqslant 1$，得 $x\in[1,2]$；

由 $\arcsin(2x-3)\in\left[-\frac{\pi}{2},\frac{\pi}{2}\right]$，得 $y\in[-2\pi,2\pi]$.

仿照反正弦函数的定义，可以定义其他反三角函数.

二、反余弦函数

余弦函数 $y=\cos x$，$x\in(-\infty,+\infty)$，$y\in[-1,1]$，在 $\mathbf{R}$ 上没有反函数，但在 $[0,\pi]$ 上存在反函数.

定义 2 余弦函数 $y=\cos x$，$x\in[0,\pi]$ 的反函数称为反余弦函数，记作 $y=\arccos x$，$x\in[-1,1]$，它表示 $[0,\pi]$ 上的一个角.

反余弦函数的图象(图 1-21)如下：

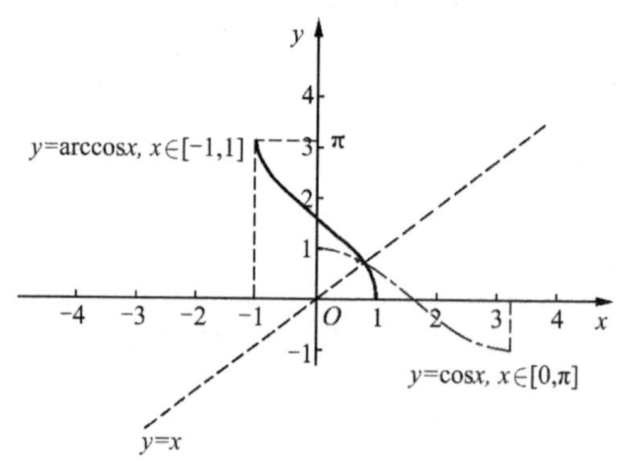

图 1-21

从图 1-21 可以看出反余弦函数具有以下性质：

(1) 定义域：$[-1,1]$.

(2) 值域：$[0,\pi]$.

(3) 奇偶性：非奇非偶函数.

(4) 单调性：减函数.

(5) 最值：当 $x=-1$ 时，$y_{\max}=\pi$；当 $x=1$ 时，$y_{\min}=0$.

例 4 求下列反三角函数的值.

(1) $\arccos 0$； (2) $\arccos\left(-\frac{\sqrt{3}}{2}\right)$.

解 (1) $\arccos 0=\frac{\pi}{2}$.

(2) $\arccos\left(-\frac{\sqrt{3}}{2}\right)=\frac{5\pi}{6}$.

三、反正切函数

正切函数 $y=\tan x, x\in\left\{x \middle| x\neq k\pi+\dfrac{\pi}{2},k\in\mathbf{Z}\right\}, y\in(-\infty,+\infty)$，在整个定义域内不存在反函数，但在 $\left(-\dfrac{\pi}{2},\dfrac{\pi}{2}\right)$ 内存在反函数.

定义 3 正切函数 $y=\tan x, x\in\left(-\dfrac{\pi}{2},\dfrac{\pi}{2}\right)$ 的反函数称为反正切函数，记作 $y=\arctan x$，$x\in(-\infty,+\infty)$.

反正切函数 $y=\arctan x$ 的定义域为 $(-\infty,+\infty)$，值域为 $\left(-\dfrac{\pi}{2},\dfrac{\pi}{2}\right)$，图象（图 1-22）如下：

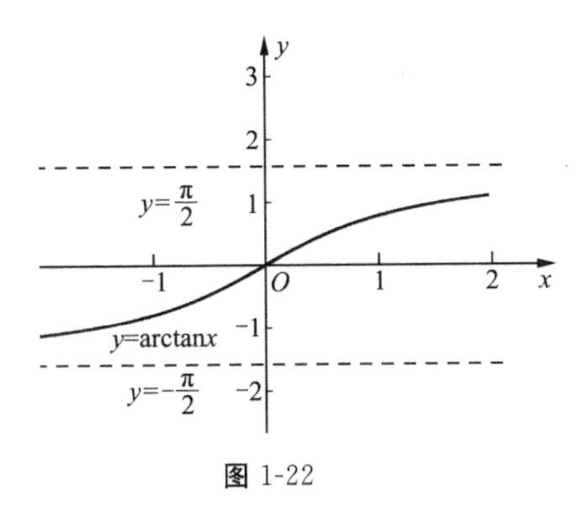

图 1-22

四、反余切函数

余切函数 $y=\cot x, x\in\{x \mid x\neq k\pi,k\in\mathbf{Z}\}, y\in(-\infty,+\infty)$，

定义 4 余切函数 $y=\cot x, x\in(0,\pi)$ 的反函数称为反余切函数，记作 $y=\operatorname{arccot} x$，$x\in(-\infty,+\infty)$.

反余切函数 $y=\operatorname{arccot} x$ 的定义域为 $(-\infty,+\infty)$，值域为 $(0,\pi)$，图象（图 1-23）如下：

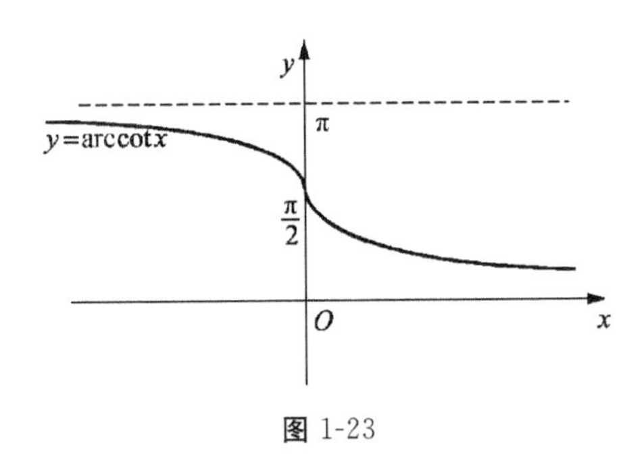

图 1-23

例 5 求下列反三角函数的值.

(1) $\arctan\sqrt{3}$；　　(2) $\operatorname{arccot}0$；

(3) $\arccos 1+\arctan 1$；　　　　(3) $\arctan\left(\tan\dfrac{2\pi}{3}\right)$；

(5) $\arcsin\left(\dfrac{1}{2}\right)+\arccos\left(-\dfrac{1}{2}\right)$.

解　(1) $\arctan\sqrt{3}=\dfrac{\pi}{3}$.

(2) $\operatorname{arccot}0=\dfrac{\pi}{2}$.

(3) $\arccos 1+\arctan 1=0+\dfrac{\pi}{4}=\dfrac{\pi}{4}$.

(4) $\arctan\left(\tan\dfrac{2\pi}{3}\right)=-\dfrac{\pi}{3}$.

(5) $\arcsin\left(\dfrac{1}{2}\right)+\arccos\left(-\dfrac{1}{2}\right)=\dfrac{\pi}{6}+\dfrac{2\pi}{3}=\dfrac{5\pi}{6}$.

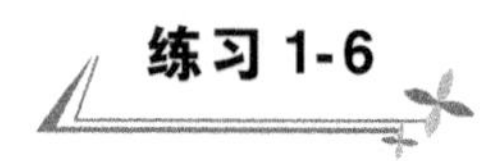

练习 1-6

1. 填空题.

(1) 已知下列等式：

A. $\arcsin\dfrac{\pi}{3}=\dfrac{\sqrt{3}}{2}$；　B. $\arcsin 1=2k\pi(k\in\mathbf{Z})$；　C. $\arcsin\left(-\dfrac{\pi}{3}\right)=-\arcsin\dfrac{\pi}{3}$；

D. $\arccos 0=1$；　E. $\arctan\dfrac{\pi}{6}=\dfrac{\sqrt{3}}{3}$；　F. $\cos\left[\arccos\left(-\dfrac{1}{2}\right)\right]=-\dfrac{1}{2}$.

其中成立的有________个.

(2) $\arctan\sqrt{3}+\operatorname{arccot}\sqrt{3}$的值是________.

(3) 函数 $y=(\arcsin x)^{\frac{1}{2}}\cdot(\arctan x)^{\frac{1}{3}}$的定义域是________.

(4) 方程$|\sin x|=1$ 的解集是________.

2. 求函数 $y=2\arcsin\dfrac{x}{3}$的定义域与值域.

3. 求函数 $y=\dfrac{1}{3}\arcsin 3x+\arctan\sqrt{3}x$ 的值域.

4. 比较下列各组反三角函数值的大小.

(1) $\arccos\left(-\dfrac{1}{4}\right)$与 $\arccos\dfrac{1}{3}$；

(2) $\arctan(-4)$与 $\arctan(-\pi)$；

(3) $\arcsin\dfrac{1}{4}$与 $\arccos\dfrac{1}{4}$.

5. 求下列反三角函数的值.

(1) $\arctan 1$；　(2) $\operatorname{arccot}(-1)$；　(3) $\arcsin\left(-\dfrac{\sqrt{2}}{2}\right)$；

(4) $\arccos\left(-\frac{\sqrt{3}}{2}\right)$；(5) $\arcsin\frac{1}{2}+\arccos\left(-\frac{1}{2}\right)$；

(6) $\arctan\frac{\sqrt{3}}{3}+\operatorname{arccot}\left(-\frac{\sqrt{3}}{3}\right)$.

§1-7　初等函数

一、基本初等函数

我们把幂函数 $y=x^{\alpha}$ ($\alpha\in\mathbf{R}$)、指数函数 $y=a^{x}$ ($a>0$ 且 $a\neq1$)、对数函数 $y=\log_a x$ ($a>0$ 且 $a\neq1$)、三角函数 $y=\sin x$，$y=\cos x$，$y=\tan x$，$y=\cot x$，$y=\sec x$，$y=\csc x$ 和反三角函数 $y=\arcsin x$，$y=\arccos x$，$y=\arctan x$，$y=\operatorname{arccot} x$ 统称为基本初等函数. 其性质如表 1-10 所示.

表 1-10

函数类型	函数	定义域与值域	特性
幂函数	$y=x$	$x\in(-\infty,+\infty)$，$y\in(-\infty,+\infty)$	奇函数，单调增加
	$y=x^2$	$x\in(-\infty,+\infty)$，$y\in[0,+\infty)$	偶函数，在 $(-\infty,0)$ 内单调减少，在 $(0,+\infty)$ 内单调增加
	$y=x^3$	$x\in(-\infty,+\infty)$，$y\in(-\infty,+\infty)$	奇函数，单调增加
	$y=x^{-1}$	$x\in(-\infty,0)\cup(0,+\infty)$ $y\in(-\infty,0)\cup(0,+\infty)$	奇函数，单调减少
	$y=x^{\frac{1}{2}}$	$x\in[0,+\infty)$，$y\in[0,+\infty)$	单调增加
指数函数	$y=a^x$ $(0<a<1)$	$x\in(-\infty,+\infty)$，$y\in(0,+\infty)$	单调减少
	$y=a^x$ $(a>1)$	$x\in(-\infty,+\infty)$，$y\in(0,+\infty)$	单调增加
对数函数	$y=\log_a x$ $(0<a<1)$	$x\in(0,+\infty)$，$y\in(-\infty,+\infty)$	单调减少
	$y=\log_a x$ $(a>1)$	$x\in(0,+\infty)$，$y\in(-\infty,+\infty)$	单调增加
三角函数	$y=\sin x$	$x\in(-\infty,+\infty)$，$y\in[-1,1]$	奇函数，周期为 2π，有界，在 $\left(2k\pi-\frac{\pi}{2},2k\pi+\frac{\pi}{2}\right)$ 内单调增加，在 $\left(2k\pi+\frac{\pi}{2},2k\pi+\frac{3\pi}{2}\right)$ $(k\in\mathbf{Z})$ 内单调减少
	$y=\cos x$	$x\in(-\infty,+\infty)$，$y\in[-1,1]$	偶函数，周期为 2π，有界，在 $(2k\pi,2k\pi+\pi)$ 内单调减少，在 $(2k\pi+\pi,2k\pi+2\pi)$ 内单调增加 $(k\in\mathbf{Z})$

续表

函数类型	函数	定义域与值域	特性
三角函数	$y=\tan x$	$x\neq k\pi+\frac{\pi}{2}, y\in(-\infty,+\infty)$	奇函数,周期为 π,在 $\left(k\pi-\frac{\pi}{2}, k\pi+\frac{\pi}{2}\right)(k\in\mathbf{Z})$ 内单调增加
	$y=\cot x$	$x\neq k\pi, y\in(-\infty,+\infty)$	奇函数,周期为 π,在 $(k\pi,k\pi+\pi)(k\in\mathbf{Z})$ 内单调减少
反三角函数	$y=\arcsin x$	$x\in[-1,1], y\in\left[-\frac{\pi}{2},\frac{\pi}{2}\right]$	奇函数,单调增加,有界
	$y=\arccos x$	$x\in[-1,1], y\in[0,\pi]$	单调减少,有界
	$y=\arctan x$	$x\in(-\infty,+\infty), y\in\left(-\frac{\pi}{2},\frac{\pi}{2}\right)$	奇函数,单调增加,有界
	$y=\operatorname{arccot} x$	$x\in(-\infty,+\infty), y\in(0,\pi)$	单调减少,有界

二、复合函数

在同一现象中,两个变量的关系有时不是直接的,而是通过另一变量间接联系起来的.例如,在自由落体运动中,物体的动能 E 是速度 v 的函数:

$$E=f(v)=\frac{1}{2}mv^2\text{(}m\text{ 为物体的质量)},$$

而速度 v 又是时间 t 的函数:

$$v=\varphi(t)=gt,$$

这样通过中间变量速度 v,动能 E 也成为时间 t 的函数:

$$E=f[\varphi(t)]=\frac{1}{2}m(gt)^2=\frac{1}{2}mg^2t^2.$$

这个函数称为由 $E=f(v)$ 和 $v=\varphi(t)$ 复合而成的复合函数.

定义 1 如果 y 是 u 的函数 $y=f(u)$,而 u 又是 x 的函数 $u=\varphi(x)$,且 $u=\varphi(x)$ 的值域与 $y=f(u)$ 的定义域的交集非空,那么 y 通过中间变量 u 的联系成为 x 的函数,我们把这个函数称为由函数 $y=f(u)$ 与 $u=\varphi(x)$ 复合而成的复合函数,记作 $y=f[\varphi(x)]$,其中 x 为自变量,y 为因变量,u 为中间变量.

注意 (1) 并非任何两个函数都可以复合,必须满足内函数的值域与外函数的定义域的交集非空才行.例如,$y=\arcsin u$ 和 $u=2+x^2$ 不能复合;$y=\sqrt{u}$ 和 $u=-1-x^4$ 也不能复合.

(2) 复合函数的概念可推广到两个以上函数复合的情形,如由 $y=\tan u, u=v^2, v=\ln x$ 构成的复合函数是 $y=\tan(\ln x)^2$.

(3) 分析一个复合函数的复合过程时,每个层次都应是基本初等函数或简单函数(即常数与基本初等函数的四则运算式),即分解复合函数时应分解到基本初等函数或简单函数为止.

学习复合函数有两个方面的要求:一方面,会把几个作为中间变量的函数复合成一个函数,这个复合过程实际上是把中间变量依次代入的过程;另一方面,利用复合函数的概念,将较复杂的函数通过分解表示成若干个基本初等函数或简单函数的复合.

例 1 已知函数 $y=\sqrt{u}$ 与函数 $u=x^2-1$,求它们的复合函数.

解 将 $u=x^2-1$ 代入 $y=\sqrt{u}$ 中,得复合函数

$$y=\sqrt{x^2-1},x\in(-\infty,-1]\cup[1,+\infty).$$

例 2 已知函数 $y=u^3$ 与函数 $u=\sin x$,求它们的复合函数.

解 将 $u=\sin x$ 代入 $y=u^3$ 中,得复合函数

$$y=\sin^3 x,x\in(-\infty,+\infty).$$

例 3 已知函数 $y=u^4,u=\tan v,v=\frac{x}{3}$,求它们的复合函数.

解 将 $v=\frac{x}{3}$ 代入 $u=\tan v$ 中,得 $u=\tan\frac{x}{3}$.

将 $u=\tan\frac{x}{3}$,代入 $y=u^4$ 中,得复合函数

$$y=\tan^4\frac{x}{3}.$$

例 4 函数 $y=e^{\cos x}$ 是由哪些简单函数复合而成的?

解 令 $u=\cos x$,则 $y=e^u$,故 $y=e^{\cos x}$ 是由 $y=e^u$ 与 $u=\cos x$ 复合而成的.

例 5 函数 $y=\tan^3(2x-5)$ 是由哪些初等函数复合而成的?

解 令 $u=\tan(2x-5)$,则 $y=u^3$;再令 $v=2x-5$,则 $u=\tan v$.

故 $y=\tan^3(2x-5)$ 是由 $y=u^3,u=\tan v,v=2x-5$ 复合而成的.

例 6 函数 $y=\ln^2(x^2+2)$ 是由哪些简单函数复合而成的?

解 函数 $y=\ln^2(x^2+2)$ 由 $y=u^2,u=\ln v,v=x^2+2$ 复合而成的.

分解原则:由外向内、逐层分解、一层不落、一分到底.

三、初等函数

定义 2 由常数和基本初等函数,经过有限次四则运算和有限次复合而成的,并且能用一个式子表示的函数,称为初等函数.例如,

$$y=4\log_a(x+\sqrt{1+x^2}),y=\frac{a^{2x}+a^{-2x}}{2},y=\sqrt{\ln 4x-2^x+\tan x},y=\frac{\sqrt[3]{x+4}}{2x+\cos 3x}$$

等都是初等函数.

而函数

$$f(x)=\begin{cases}x-1, & x<0,\\0, & x=0,\\x+1, & x>0\end{cases}$$
就不是初等函数.

分段函数一般不是初等函数.

练习 1-7

1. 判断下列说法是否正确.

(1) 复合函数 $y=f[\varphi(x)]$ 的定义域即为 $u=\varphi(x)$ 的定义域.(　　)

(2) 若 $y=f(u)$ 为偶函数,$u=\varphi(x)$ 为奇函数,则 $y=f[\varphi(x)]$ 为偶函数.(　　)

(3) 设 $f(x)=\begin{cases} x^2, & x\geqslant 0, \\ x-1 & x<0, \end{cases}$ 由于 $y=x^2$ 和 $y=x-1$ 都是初等函数,所以 $f(x)$ 是初等函数.(　　)

(4) 设 $y=\arcsin x$,$u=x^2+3$,这两个函数可以复合成一个函数 $y=\arcsin(x^2+3)$.(　　)

2. 求函数 $y=\dfrac{1}{\sqrt{x^2-4}}+\lg(x+3)$ 的定义域.

3. 设 $f(1-2x)=1-\dfrac{1}{2x}$,求 $f(x)$.

4. 判断下列函数的奇偶性.

(1) $y=x^5-\sin x+\tan x$;　　(2) $y=f(x)+f(-x)$;

(3) $y=\dfrac{\cos x(e^x-1)}{e^x+1}$;　　(4) $y=x^4+2^x-3$.

5. 下列函数是由哪些简单函数复合而成的?

(1) $y=\lg(\cos x^2)$;　　(2) $y=\arccos\sqrt{x^2-1}$;

6. 将下列函数复合成一个函数.

(1) $y=\sin u$,$u=\ln v$,$v=x+1$.　　(2) $y=u^2$,$u=1-2v$,$v=\tan x$.

§1-8　函数模型及其应用

研究数学模型,借鉴数学模型,进而建立数学模型,对提高学生解决实际问题的能力以及提高学生的数学素养都是十分重要的.

一、数学模型的概念

所谓数学模型,是指对于现实世界中的某一特定研究对象,为了某个特定的目的,根据特有的内在规律,做出一些必要的简化和假设,运用适当的数学工具,并通过数学语言表述出来的一种数学结构.例如,欧几里得几何、牛顿的万有引力公式、欧拉解决七桥问题以及牛顿、莱布尼茨发明的微积分等,都是很好的数学模型.可以说,有了数学并要用数学去解决实际问题时就一定要使用数学的语言、方法去近似地刻画这个实际问题,这就是数学模型. 在数学应用的各个领域都可以找到数学模型的影子.

数学模型不是原型的复制品，而是一种抽象模拟，它用数学符号、数学式子、程序及图表等刻画客观事物的本质属性与内在联系. 数学模型源于现实，又高于现实. 数学模型或者能解释特定事物和现象的现实性态，或者能预测特定对象将来的性态，或者能提供处理特定对象的最优决策或控制方法等，最终达到解决具体的实际问题的目的.

例如，力学中著名的牛顿第二定律：

$$F=m\frac{\mathrm{d}^2x(t)}{\mathrm{d}t^2}.$$

使用这个公式来描述受力物体的运动规律就是一个成功的数学模型，其中 $x(t)$ 表示运动物体在时刻 t 的位置，m 为物体的质量，而 F 表示运动期间物体所受的外力，模型忽略了物体的形状和大小，抓住了物体受力运动的主要因素，大大简化了力与物体运动规律的研究工作.

二、数学模型的作用

数学模型的根本作用在于把客观原型化繁为简、化难为易，便于人们采用定量的方法分析和解决问题. 数学模型在科学发展、科学管理、科学预测、科学决策、经济调控甚至提高个人工作效率、提高个人生活品质等诸多方面都发挥着重要的作用.

建立数学模型的过程称为数学建模. 数学是在实际应用的需求中产生的，要利用数学解决实际问题就必须建立数学模型，从这个意义上讲，数学建模具有和数学一样悠久的历史. 例如，欧几里得几何就是一个古老的数学模型，牛顿万有引力定律也是数学建模的一个典范. 数学正以空前的广度和深度向其他科学技术领域渗透，许多过去很少应用数学的领域正在迅速地走向定量化、数量化，需建立大量的数学模型. 特别是随着新技术、新工艺的蓬勃兴起，计算机得到普及和广泛应用，数学在许多高新技术领域起着越来越关键的作用. 因此，数学建模被时代赋了更为重要的意义.

三、数学模型建立的过程

用数学方法解决现实问题的第一步就是建立数学模型，通过对现实问题的探求，经简化、抽象，建立初步的数学模型，再通过各种检验和评价，发现模型的不足之处，然后做出改进，得到新的模型. 这样的过程通常要重复多次才能得到理想的数学模型.

一般而言，数学建模的全过程可归纳为表述、求解、解释、验证几个阶段，通过这些阶段可以完成从实际问题到数学模型，再从数学模型到实际问题的循环，如图 1-24 所示.

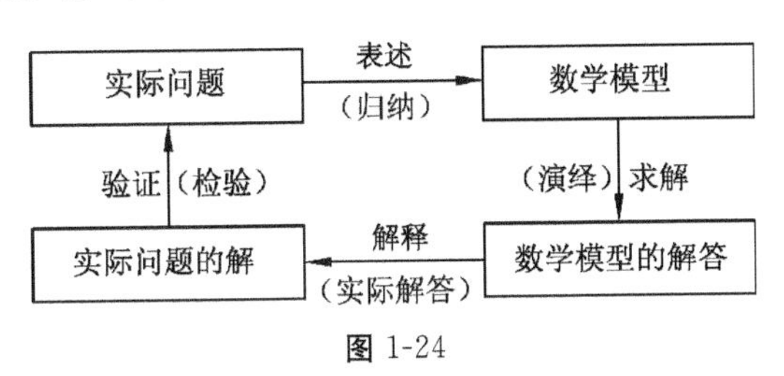

图 1-24

“表述”是把实际问题“译”成抽象的数学问题，属于归纳法；“求解”是选择适当的方法，求出数学模型的解答，属于演绎法；“解释”是把数学模型的解答“翻译”回到现实问题，给出分析、预报、决策或者控制的结果，同时对这些结果进行验证.

函数是描述客观世界变化规律的基本数学模型，是研究变量之间依赖关系的有效工具. 利用函数模型可以处理生产、生活中的许多实际问题. 下面举一些具体的例子.

例 1 某计算机集团公司生产某种型号计算机的固定成本为 200 万元，生产每台计算机的可变成本为 3 000 元，每台计算机的售价为 5 000 元，分别写出总成本 C(单位：万元)、单位成本 P(单位：万元)、销售收入 R(单位：万元)以及利润 L(单位：万元)关于总产量 x(单位：台)的函数关系式.

解 总成本与总产量的关系为

$$C=200+0.3x, x\in\mathbf{N}^*.$$

单位成本与总产量的关系为

$$P=\frac{200}{x}+0.3, x\in\mathbf{N}^*.$$

销售收入与总产量的关系为

$$R=0.5x, x\in\mathbf{N}^*.$$

利润与总产量的关系为

$$L=R-C=0.2x-200, x\in\mathbf{N}^*.$$

例 2 物体在常温下的温度变化可以用牛顿冷却规律来描述：设物体的初始温度是 T_0，经过一段时间 t 后的温度是 T，则 $T-T_a=(T_0-T_a)\cdot\left(\frac{1}{2}\right)^{\frac{t}{h}}$，其中 T_a 表示环境温度，h 称为半衰期. 现有一杯用 88 ℃热水冲的速溶咖啡，放在 24 ℃的房间中，如果咖啡温度降到40 ℃需要 20 min，那么温度降到 35 ℃，需要多长时间？(结果精确到 0.1)

解 由题意知

$$40-24=(88-24)\cdot\left(\frac{1}{2}\right)^{\frac{20}{h}},$$

即

$$\frac{1}{4}=\left(\frac{1}{2}\right)^{\frac{20}{h}},$$

解得 $h=10$，所以

$$T-24=(88-24)\cdot\left(\frac{1}{2}\right)^{\frac{t}{10}}.$$

当 $T=35$ 时，代入上式，得

$$35-24=(88-24)\cdot\left(\frac{1}{2}\right)^{\frac{t}{10}},$$

即

$$\left(\frac{1}{2}\right)^{\frac{t}{10}}=\frac{11}{64}.$$

两边取对数，用计算器求得 $t\approx25.4$.

因此，约需要 25.4 min，温度可降至 35 ℃.

例 3 在经济学中，函数 $f(x)$ 的边际函数 $Mf(x)$ 定义为 $Mf(x)=f(x+1)-f(x)$. 某公司每月最多生产 100 台报警系统装置，生产 $x(x\in \mathbf{N}^*)$ 台的收入函数为 $R(x)=3\,000x-20x^2$（单位：元），其成本函数为 $C(x)=500x+4000$（单位：元），利润是收入与成本之差.

(1) 求利润函数 $P(x)$ 及边际利润函数 $MP(x)$；

(2) 利润函数 $P(x)$ 与边际利润函数 $MP(x)$ 是否具有相同的最大值？

解 由题意知 $x\in[1,100]$，且 $x\in \mathbf{N}^*$.

(1)
$$\begin{aligned}P(x)&=R(x)-C(x)=3\,000x-20x^2-(500x+4\,000)\\&=-20x^2+2\,500x-4\,000,\end{aligned}$$

$$\begin{aligned}MP(x)&=P(x+1)-P(x)\\&=-20(x+1)^2+2\,500(x+1)-4\,000-(-20x^2+2\,500x-4\,000)\\&=-40x+2480.\end{aligned}$$

(2) $P(x)=-20\left(x-\dfrac{125}{2}\right)^2+74\,125$，当 $x=62$ 或 $x=63$ 时，$P(x)$ 的最大值为 74 120（元）.

因为 $MP(x)=-40x+2\,480$ 是减函数，所以，当 $x=1$ 时，$MP(x)$ 的最大值为 2 440 元.

因此，利润函数 $P(x)$ 与边际利润函数 $MP(x)$ 不具有相同的最大值.

例 3 中边际利润函数 $MP(x)$ 当 $x=1$ 时取最大值，说明生产第二台与生产第一台的总利润差最大，即生产第二台报警系统利润最大. $MP(x)=-40x+2\,480$ 是减函数，说明随着产量的增加，生产每台的利润与前一台利润相比在减少.

练习 1-8

1. 某地高山上温度从山脚起每升高 100 m 降低 0.6 ℃. 已知山顶的温度是 14.6 ℃，山脚的温度是 26 ℃，问此山有多高？

2. 某车站有快、慢两种车，始发站距终点站 7.2 km，慢车到终点站需 16 min，快车比慢车晚发车 3 min，且行驶 10 min 后到达终点站，试分别写出两车所行驶路程关于慢车行驶时间的函数关系式，两车在何时相遇？相遇时距始发站多远？

3. 经市场调查，某商品在过去 100 天内的销售量（单位：件）和价格（单位：元）均为时间（单位：天）的函数，且销售量近似地满足 $g(t)=-\dfrac{1}{3}t+\dfrac{109}{3}(1\leqslant t\leqslant 100, t\in \mathbf{N})$. 前 40 天价格为 $f(t)=\dfrac{1}{4}t+22(1\leqslant t\leqslant 40, t\in \mathbf{N})$，后 60 天价格为 $f(t)=-\dfrac{1}{2}t+52(41\leqslant t\leqslant 100, t\in \mathbf{N})$. 试写出该种商品的日销售额 S 与时间 t 的函数关系.

4. 某店从水果批发市场购得椰子两筐，连同运费总共花了 300 元，回来后发现有 12 个是坏的，不能将它们出售，余下的椰子按每个高出成本价 1 元售出，售完后共赚得 78 元. 问：这两筐椰子原来共有多少个？

总结·拓展

一、知识小结

1. 函数概念

(1) 函数的两个要素.

函数的定义域和对应法则称为函数的两个要素.要判断两个函数是否相同,就是看这两个要素是否相同.

(2) 函数的定义域.

函数的定义域是指使函数有意义的全体自变量构成的集合.

(3) 函数的特性.

单调性、奇偶性、周期性、有界性.

(4) 分段函数.

分段函数的定义域是各段函数定义域的并集.求分段函数的函数值时,自变量属于哪一个定义区间,就用该区间相对应的解析表达式来求函数值.

2. 幂函数

(1) 分数指数幂.

① 方根:如果一个实数 x 满足 $x^n=a$($n>1$,且 $n\in\mathbf{N}^*$),那么 x 叫作 a 的 n 次实数方根.

② 分数指数幂:$a^{\frac{m}{n}}=\sqrt[n]{a^m}$;$a^{-\frac{m}{n}}=\dfrac{1}{\sqrt[n]{a^m}}$($a>0$,$m$,$n$ 均为正整数).

③ 幂的运算性质:$a^xa^y=a^{x+y}$;$(a^x)^y=a^{xy}$;$(ab)^x=a^xb^x$($a>0$,$b>0$,$x\in\mathbf{R}$).

(2) 幂函数的定义:形如 $y=x^\alpha$($\alpha\in\mathbf{R}$)的函数称为幂函数,其中 x 是自变量,α 为常数.

(3) 幂函数的性质:

① 幂函数的定义域、值域、奇偶性和单调性,随常数 α 取值的不同而不同.

② 所有幂函数的图象都通过点(1,1).

③ 当 α 为奇数时,幂函数为奇函数;当 α 为偶数时,幂函数为偶函数.

④ 若 $\alpha>0$,则幂函数在 $(0,+\infty)$ 上为增函数;若 $\alpha<0$,则幂函数在 $(0,+\infty)$ 上为减函数.

3. 指数函数

函数 $y=a^x$($a>0$,$a\neq1$)叫作指数函数,其中 x 是自变量,函数的定义域是 $\mathbf{R}$,值域是 $(0,+\infty)$,指数函数的图象恒过定点(0,1).

当 $a>1$ 时,函数 $y=a^x$ 在 $(-\infty,+\infty)$ 上是单调增函数;当 $0<a<1$ 时,函数 $y=a^x$

在$(-\infty,+\infty)$上是单调减函数.

4. 对数函数

(1) 对数的定义.

如果 $a^b=N(a>0,a\neq1)$,那么就称 b 是以 a 为底 N 的对数,记作$\log_a N=b$,其中,a 叫作对数的底数,N 叫作真数.

(2) 对数的基本知识:

① $\log_a 1=0$;② $\log_a a=1$;③ 零与负数无对数;④ 对数恒等式 $a^{\log_a N}=N$;⑤ $\log_a b\times\log_b a=1$.其中,$a>0,a\neq1,b>0,b\neq1,N>0$.

(3) 对数的运算性质.

(4) 对数换底公式:

$$\log_a N=\frac{\log_c N}{\log_c a},$$

其中,$a>0,a\neq1,N>0,c>0,c\neq1$.

(5) 对数函数的定义和性质.

函数 $y=\log_a x(a>0,a\neq1)$叫作对数函数,其定义域是$(0,+\infty)$,值域是 $\mathbf{R}$,对数函数的图象恒过定点$(1,0)$.

当 $a>1$ 时,函数 $y=\log_a x$ 在$(0,+\infty)$上是单调增函数;当 $0<a<1$ 时,函数 $y=\log_a x$ 在$(0,+\infty)$上是单调减函数.

5. 三角公式

(1) 同角三角函数的基本关系式;

(2) 诱导公式;

(3) 两角和与差的正弦、余弦、正切公式;

(4) 倍角公式、半角公式;

(5) 积化和差、和差化积公式.

6. 复合函数

(1) 构成复合函数 $y=f[\varphi(x)]$,要求外函数 $y=f(u)$的定义域与内函数 $u=\varphi(x)$的值域的交集非空.

(2) 复合函数的复合过程有两层意义:一是将简单函数用"代入"的方法构成复合函数;二是能将复合函数分解成基本初等函数或由其和、差、积、商构成的简单函数.

7. 初等函数

由常数和基本初等函数,经过有限次四则运算和有限次复合而成的,并且能用一个式子表示的函数,称为初等函数.通常分段函数不是初等函数.

二、要点解析

1. 求函数的定义域

求函数的定义域要考虑以下几个方面:

(1) 分式的分母不能为零;

(2) 偶次根式的被开方数不能为负值；

(3) 零和负数没有对数；

(4) 三角函数考虑自身定义域，反三角函数要考虑主值区间；

(5) 代数和的情况下取各式定义域的交集.

例 1 求函数 $y=\frac{1}{2x-3}+\sqrt{4-x^2}+\ln(3x+1)+3\arcsin\frac{x-2}{3}$ 的定义域.

解 要使函数有意义，则

$$\begin{cases}2x-3\neq 0,\\4-x^2\geqslant 0,\\3x+1>0,\\-1\leqslant\frac{x-2}{3}\leqslant 1,\end{cases}$$

解得 $-\frac{1}{3}<x\leqslant 2$，且 $x\neq\frac{3}{2}$.

所以，所求的定义域为 $\left(-\frac{1}{3},\frac{3}{2}\right)\cup\left(\frac{3}{2},2\right]$.

2. 求函数值

(1) 对于 $y=f(x)$，求 x_0 处的函数值 $f(x_0)$ 时，要把函数式中的每一个 x 都换成 x_0，再计算其值.

(2) 对于分段函数，自变量在不同的范围内变化时，对应法则可能会随之改变，所以要分清自变量所对应的法则后再代入.

例 2 已知 $x=2$ 是函数 $f(x)=\begin{cases}\log_2(x+m), & x\geqslant 2,\\2^x, & x<2\end{cases}$ 的一个零点，求 $f[f(4)]$ 的值.

解 因为 $x=2$ 是 $f(x)$ 的零点，所以 $f(2)=0$，即 $\log_2(2+m)=0$，所以 $m=-1$.

所以 $f[f(4)]=f(\log_2 3)=2^{\log_2 3}=3$.

3. 比较大小

熟记基本初等函数的图象与性质，根据函数的性质进行比较.

(1) 同底异指，用指数函数的单调性比较；

(2) 异底同指，用幂函数的单调性比较；

(3) 异底异指，构造中间量(同底或同指)进行比较.

例 3 已知 $a=0.9^{0.2}$，$b=0.9^{0.3}$，$c=0.8^{0.3}$，$d=1.1^{0.1}$，试比较 a,b,c,d 的大小.

解 因为指数函数 $y=0.9^x$ 在 $\mathbf{R}$ 上单调递减，$0.2<0.3$，所以 $0.9^{0.2}>0.9^{0.3}$，即 $a>b$. 因为幂函数 $y=x^{0.3}$ 在 $(0,+\infty)$ 上单调递增，$0.9>0.8$，所以 $0.9^{0.3}>0.8^{0.3}$，即 $b>c$.

又因为 $0.1<0.2$，所以 $0.9^{0.1}>0.9^{0.2}$，而 $1.1>0.9$，所以 $1.1^{0.1}>0.9^{0.1}$，即 $d>a$.

综上所述，$d>a>b>c$.

4. 幂、指数、对数的运算

(1) 实数指数幂的运算法则：

① $a^x a^y = a^{x+y}$；② $(a^x)^y = a^{xy}$；③ $(ab)^x = a^x b^x$.

其中$a>0, b>0, x, y\in \mathbf{R}$.

(2) 对数的运算性质：

① $\log_a(MN) = \log_a M + \log_a N$；

② $\log_a \dfrac{M}{N} = \log_a M - \log_a N$；

③ $\log_a M^n = n\log_a M$.

其中，$a>0, a\neq 1, M>0, N>0, n\in \mathbf{R}$.

例 4　已知 $b>0, \log_5 b = a, \lg b = c, 5^d = 10$，则 a, c, d 之间满足什么关系？

解　因为 $\log_5 b = a, \lg b = c$，所以 $5^a = b, b = 10^c$.

又 $5^d = 10$，所以 $5^a = b = 10^c = (5^d)^c = 5^{cd}$，所以 $a = cd$.

例 5　求下列各式的值.

(1) $\log_3 27 + \lg 25 + \lg 4 + 3^{\log_3 2}$；

(2) $(\sqrt{2\sqrt{2}})^{\frac{4}{3}} + (\sqrt[3]{2}\times\sqrt{3})^6 - \left(\dfrac{1}{2}\right)^{-2} - (2\ 020)^0$.

解　(1) $\log_3 27 + \lg 25 + \lg 4 + 3^{\log_3 2} = 3 + \lg(25\times 4) + 2 = 3 + 2 + 2 = 7$；

(2) $(\sqrt{2\sqrt{2}})^{\frac{4}{3}} + (\sqrt[3]{2}\times\sqrt{3})^6 - \left(\dfrac{1}{2}\right)^{-2} - (2\ 020)^0$

$= 2^{\frac{3}{4}\times\frac{4}{3}} + 2^{\frac{1}{3}\times 6}\times 3^{\frac{1}{2}\times 6} - 4 - 1$

$= 2 + 4\times 27 - 5$

$= 105$.

5. 三角函数

(1) 利用同角三角函数之间的关系求解；

(2) 利用诱导公式求解；

(3) 利用两角和与差的正弦、余弦、正切公式求解；

(4) 利用倍角公式、半角公式求解；

(5) 利用积化和差、和差化积公式求解；

(6) 利用三角函数性质求解.

例 6　已知角 α 的终边经过点 $P(-x, -6)$，且 $\cos\alpha = -\dfrac{5}{13}$，求$\dfrac{1}{\sin\alpha} + \dfrac{1}{\tan\alpha}$.

解　因为角 α 的终边经过点 $P(-x, -6)$，且 $\cos\alpha = -\dfrac{5}{13}$，所以 $\cos\alpha = \dfrac{-x}{\sqrt{x^2+36}} = -\dfrac{5}{13}$，解得 $x = \dfrac{5}{2}$或 $x = -\dfrac{5}{2}$(舍去)，所以 $P\left(-\dfrac{5}{2}, -6\right)$，所以 $\sin\alpha = -\dfrac{12}{13}$.

所以 $\tan\alpha = \dfrac{\sin\alpha}{\cos\alpha} = \dfrac{12}{5}$，则$\dfrac{1}{\sin\alpha} + \dfrac{1}{\tan\alpha} = -\dfrac{13}{12} + \dfrac{5}{12} = -\dfrac{2}{3}$.

例 7 若$\dfrac{\sin(\pi-\theta)+\cos(\theta-2\pi)}{\sin\theta+\cos(\pi+\theta)}=\dfrac{1}{2}$,求 $\tan\theta$ 的值.

解 因为$\dfrac{\sin(\pi-\theta)+\cos(\theta-2\pi)}{\sin\theta+\cos(\pi+\theta)}=\dfrac{\sin\theta+\cos\theta}{\sin\theta-\cos\theta}=\dfrac{1}{2}$,

所以 $2(\sin\theta+\cos\theta)=\sin\theta-\cos\theta$,化简得 $\sin\theta=-3\cos\theta$,所以 $\tan\theta=-3$.

例 8 已知 $\cos\alpha=\dfrac{12}{13}$,$\alpha\in\left(0,\dfrac{\pi}{2}\right)$,求 $\cos\left(\alpha-\dfrac{\pi}{4}\right)$的值.

解 因为 $\cos\alpha=\dfrac{12}{13}$,$\alpha\in\left(0,\dfrac{\pi}{2}\right)$,所以 $\sin\alpha=\sqrt{1-\cos^2\alpha}=\dfrac{5}{13}$.

所以 $\cos\left(\alpha-\dfrac{\pi}{4}\right)=\cos\alpha\cos\dfrac{\pi}{4}+\sin\alpha\sin\dfrac{\pi}{4}=\dfrac{12}{13}\times\dfrac{\sqrt{2}}{2}+\dfrac{5}{13}\times\dfrac{\sqrt{2}}{2}=\dfrac{17\sqrt{2}}{26}$.

例 9 已知 α,β 为锐角,$\tan\alpha=\dfrac{4}{3}$,$\cos(\alpha+\beta)=-\dfrac{\sqrt{5}}{5}$.

(1) 求 $\cos2\alpha$ 的值;

(2) 求 $\tan(\alpha-\beta)$的值.

解 (1) 因为 $\tan\alpha=\dfrac{4}{3}$,$\tan\alpha=\dfrac{\sin\alpha}{\cos\alpha}$,所以 $\sin\alpha=\dfrac{4}{3}\cos\alpha$.

因为 $\sin^2\alpha+\cos^2\alpha=1$,所以 $\cos^2\alpha=\dfrac{9}{25}$.

所以 $\cos2\alpha=2\cos^2\alpha-1=-\dfrac{7}{25}$.

(2) 因为 α,β 为锐角,所以 $\alpha+\beta\in(0,\pi)$.

又因为 $\cos(\alpha+\beta)=-\dfrac{\sqrt{5}}{5}$,所以 $\alpha+\beta\in\left(\dfrac{\pi}{2},\pi\right)$.

所以 $\sin(\alpha+\beta)=\sqrt{1-\cos^2(\alpha+\beta)}=\dfrac{2\sqrt{5}}{5}$.

所以 $\tan(\alpha+\beta)=-2$.

因为 $\tan\alpha=\dfrac{4}{3}$,所以 $\tan2\alpha=\dfrac{2\tan\alpha}{1-\tan^2\alpha}=-\dfrac{24}{7}$.

所以
$$\tan(\alpha-\beta)=\tan[2\alpha-(\alpha+\beta)]=\dfrac{\tan2\alpha-\tan(\alpha+\beta)}{1+\tan2\alpha\tan(\alpha+\beta)}=-\dfrac{2}{11}.$$

三、拓展提高

1. 特殊函数

(1) 对勾函数(因其图象类似于耐克标志,所以也称耐克函数).

一般式:$y=ax+\dfrac{b}{x}(x\neq0)(a,b>0)$.

性质:

① 定义域:$x\in\mathbf{R}$,$x\neq0$;

② 奇偶性：奇函数；

③ 单调区间：单调递增区间为$\left(-\infty,-\sqrt{\frac{b}{a}}\right)\cup\left(\sqrt{\frac{b}{a}},+\infty\right)$，单调递减区间为$\left(-\sqrt{\frac{b}{a}},0\right)\cup\left(0,\sqrt{\frac{b}{a}}\right)$；

④ 值域：$(-\infty,-2\sqrt{ab}]\cup[2\sqrt{ab},+\infty)$，当且仅当$ax=\frac{b}{x}$，即$x=\pm\sqrt{\frac{b}{a}}$时取到最值.

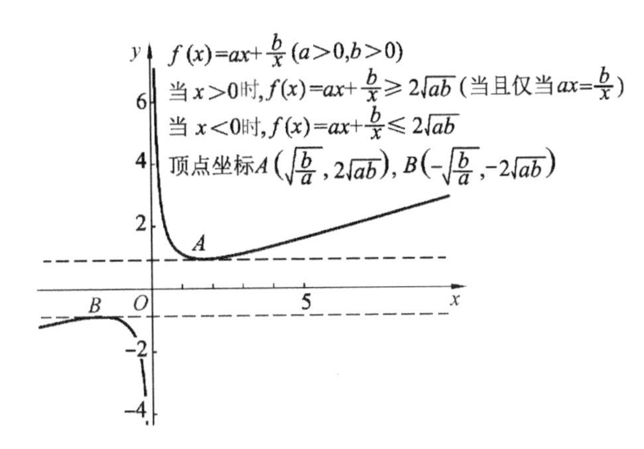

(2) 取整函数与小数函数.

Ⅰ. 取整函数：$y=[x]$，表示不超过x的最大整数.

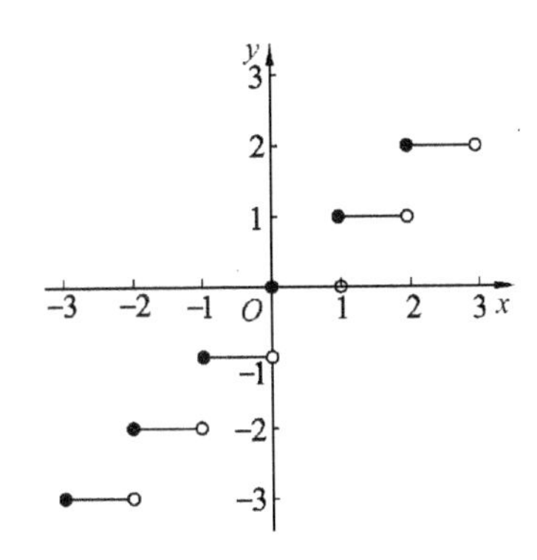

性质：

① 定义域：$x\in\mathbf{R}$；

② 值域：$y\in\mathbf{Z}$；

③ 图象：台阶型线段；

④ 图象与直线$y=x-1$的交点个数：0个；

⑤ 应用：纳税、电话资费、出租车费用等.

Ⅱ. 小数函数：$y=\{x\}$，表示x的小数部分.

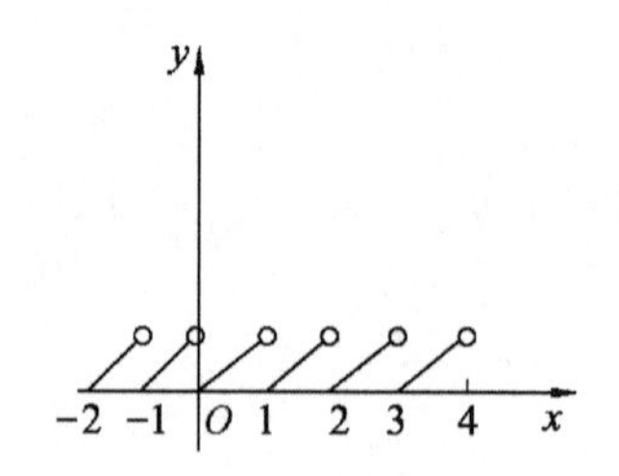

性质：

① 定义域：$x\in\mathbf{R}$；

② 值域：$[0,1)$；

③ 周期性：$T=1$.

$x,[x],\{x\}$三者之间的关系：$x=[x]+\{x\}$.

(3) 狄利克雷函数：$D(x)=\begin{cases}1, & x\text{ 为有理数},\\0, & x\text{ 为无理数}.\end{cases}$

性质：

① 定义域：$x\in\mathbf{R}$；

② 值域：$\{0,1\}$；

③ 周期性：周期函数，但没有最小正周期；

④ 非单调函数；

⑤ 偶函数.

(4) 符号函数：$\operatorname{sgn}x=\begin{cases}1, & x>0,\\0, & x=0,\\-1, & x<0.\end{cases}$

性质：

① 定义域：$x\in\mathbf{R}$；

② 值域：$\{-1,0,1\}$；

③ 周期性：非周期函数；

④ 非单调函数；

⑤ 奇函数.

2. 思考・运用・探究

例 10 已知函数 $f(x)=\sqrt{2}a\sin\left(x+\frac{\pi}{4}\right)+a+b$.

(1) 若 $a=-1$，求函数 $f(x)$的单调增区间；

(2) 若 $x\in[0,\pi]$，函数 $f(x)$的值域是$[5,8]$，求实数 a,b 的值.

解 (1) 当 $a=-1$ 时，$f(x)=-\sqrt{2}\sin\left(x+\frac{\pi}{4}\right)+b-1$.

因为$-\sqrt{2}<0$，所以 $2k\pi+\frac{\pi}{2}\leqslant x+\frac{\pi}{4}\leqslant 2k\pi+\frac{3\pi}{2}(k\in\mathbf{Z})$.

即 $2k\pi+\frac{\pi}{4}\leqslant x\leqslant 2k\pi+\frac{5\pi}{4}(k\in\mathbf{Z})$.

所以函数 $f(x)$ 的单调增区间为 $\left[2k\pi+\frac{\pi}{4},2k\pi+\frac{5\pi}{4}\right](k\in\mathbf{Z})$.

(2) 因为 $0\leqslant x\leqslant\pi$,所以 $\frac{\pi}{4}\leqslant x+\frac{\pi}{4}\leqslant\frac{5\pi}{4}$.

所以 $-\frac{\sqrt{2}}{2}\leqslant\sin\left(x+\frac{\pi}{4}\right)\leqslant 1$,依题意知 $a\neq 0$.

① 当 $a>0$ 时,解得 $a=3\sqrt{2}-3,b=5$;

② 当 $a<0$ 时,解得 $a=3-3\sqrt{2},b=8$.

综上所述,$a=3\sqrt{2}-3,b=5$ 或 $a=3-3\sqrt{2},b=8$.

例 11 国庆期间,某旅行社组团去旅游. 若每团人数在 30 人或 30 人以下,飞机票每张收费 900 元. 若每团人数多于 30 人,则给予优惠:每多 1 人,机票每张优惠 10 元,直到达到规定人数 75 人为止. 某团乘飞机,旅行社需付给航空公司包机费 15 000 元.

(1) 写出每张飞机票的价格关于人数的函数;

(2) 该团人数为多少时,旅行社可获得最大利润?

解 (1) 设每团人数为 x,由题意得 $0<x\leqslant 75(x\in\mathbf{N}^*)$,每张飞机票价格为 y 元,则

$$y=\begin{cases}900, & 0<x\leqslant 30,\\ 900-10(x-30), & 30<x\leqslant 75.\end{cases}$$

即 $y=\begin{cases}900, & 0<x\leqslant 30,\\ 1\,200-10x, & 30<x\leqslant 75.\end{cases}$

(2) 设旅行社获利 S 元,则

$$S=\begin{cases}900x-15\,000, & 0<x\leqslant 30,\\ 1\,200x-10x^2-15\,000, & 30<x\leqslant 75.\end{cases}$$

即 $S=\begin{cases}900x-15\,000, & 0<x\leqslant 30,\\ -10(x-60)^2+21\,000, & 30<x\leqslant 75.\end{cases}$

因为 $S=900x-15\,000$ 在区间 $(0,30]$ 上为增函数,故当 $x=30$ 时,S 取得区间最大值为 12 000.

又 $S=-10(x-60)^2+21\,000,x\in(30,75]$,所以当 $x=60$ 时,S 取得最大值 21 000.

故当每团人数为 60 时,旅行社可获得最大利润.

例 12 A,B 两城相距 100 km,在两城之间距 A 城 x km 处建一核电站给 A,B 两城供电. 为保证城市安全,核电站距城市的距离不得小于 10 km. 已知供电费用等于供电距离(单位:km)的平方与供电量(单位:亿千瓦·时)之积的 $\frac{1}{4}$. 若 A 城供电量为每月 20 亿千瓦·时,B 城供电量为每月 10 亿千瓦·时.

(1) 求 x 的取值范围;

(2) 将月供电总费用 y 表示成 x 的函数;

(3) 核电站建在距 A 城多远处，才能使月供电总费用 y 最少？

解 (1) 由题意知 x 的取值范围为$[10,90]$.

(2) 由题意，得
$$\begin{aligned} y &= x^2\times 20\times\frac{1}{4}+(100-x)^2\times 10\times\frac{1}{4}\\ &=5x^2+\frac{5}{2}(100-x)^2\\ &=\frac{15}{2}x^2-500x+25\,000\\ &=\frac{15}{2}\left(x-\frac{100}{3}\right)^2+\frac{50\,000}{3}\quad(10\leqslant x\leqslant 90). \end{aligned}$$

(3) 当 $x=\dfrac{100}{3}$时，$y_{\min}=\dfrac{50\,000}{3}$.

故核电站建在距 A 城$\dfrac{100}{3}$ km 处，能使月供电总费用 y 最少.

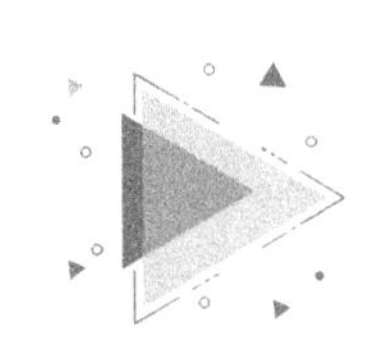

第二章 极 限

极限是微积分学的核心概念之一，它指的是变量在一定的变化过程中，总体上逐渐稳定的一种变化趋势以及所趋向的值(极限值). 极限的概念最终由柯西和魏尔斯特拉斯等人进行了严格阐述. 在现代的数学分析教科书中，几乎所有基本概念(连续、微分、积分)都建立在极限概念的基础之上.

极限的前世今生

割圆术是我国古代数学家刘徽(约公元 225—295)创造的一种求圆周长和面积的方法：如下图所示，随着圆内接正多边形边数的增加，它的周长和面积越来越接近圆周长和圆面积，“割之弥细，所失弥少，割之又割，以至于不可割，则与圆周合体而无所失矣”. 刘徽大胆地应用了以直代曲、无限逼近的思想方法求出了圆周率的近似值. 刘徽的“割圆术”在人类历史上首次将极限和无穷小分割引入数学证明，成为人类文明史中不朽的篇章.

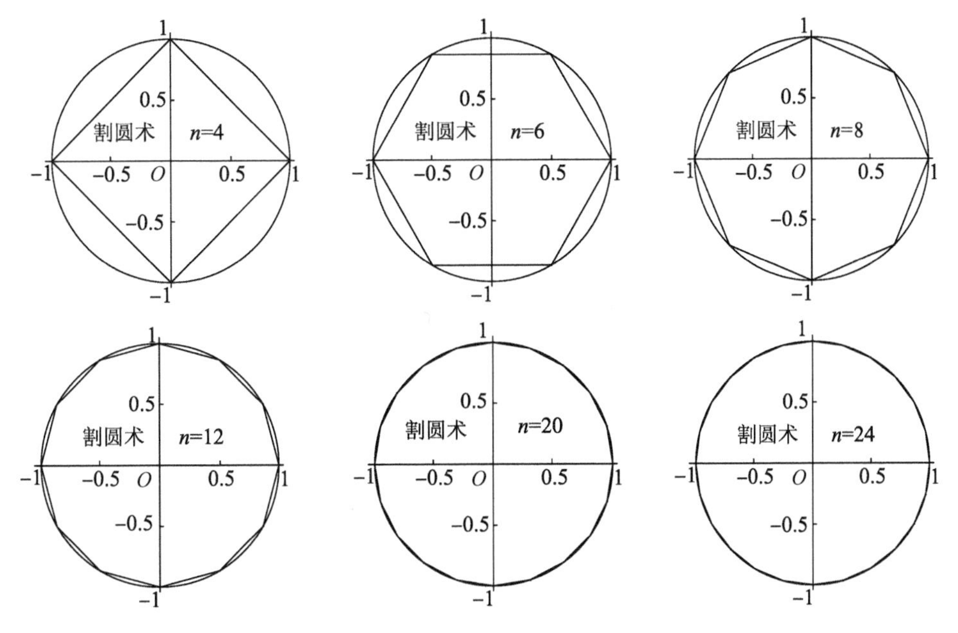

极限思想的萌芽

极限思想的萌芽以古希腊的阿基米德，中国的惠施、刘徽、祖冲之等为代表.

公元前5世纪，古希腊数学家安蒂丰提出了“穷竭法”；之后，古希腊数学家欧多克斯进一步完善，使其成为一种合格的几何方法；再经过100多年，阿基米德做了进一步发展，在其著作《论球和圆柱》中运用了“穷竭法”建立命题：只要边数足够多，圆外切正多边形的面积与内接正多边形的面积之差可以任意小.

据《庄子·天下篇》记载，春秋战国时期的名家学派创始人惠施提出“一尺之棰，日取其半，万世不竭”，意思是说，一尺的东西今天取其一半，明天取其一半的一半，后天再取其一半的一半的一半，总有一半留下，所以永远也取不尽，这形象地表达了数列极限的概念.

到了魏晋南北朝时期，数学家刘徽和祖冲之，为计算圆周率 π，采用了“割圆术”，即用圆内接正多边形的面积去无限逼近圆面积，继而以此求取圆周率 π，这是应用了极限的思想.

极限思想的大发展大致是在16、17世纪.在这一阶段，真正意义上的极限得以产生.达朗贝尔定性地给出了极限的定义，并将它作为微积分的基础；欧拉提出了关于无穷小的不同阶零的理论；拉格朗日也承认微积分可以在极限理论的基础上建立起来.从这个时期开始，极限和微积分开始形成了密不可分的关系，并且最终成为微积分的直接基础.尽管极限概念被明确提出，但是它仍然过于直观，与数学追求的严密性相抵触.

19世纪，严格化分析的倡导者有德国数学家高斯、捷克数学家波尔查诺、法国数学家柯西、挪威数学家阿贝尔、德国数学家狄利克雷等.1812年，高斯对一类具体级数——超几何级数，进行了严密研究，这是历史上第一项有关级数收敛性的重要工作.1817年，波尔查诺首先抛弃无穷小量的概念，用极限概念给出了导数和连续性的定义，并且得到了判别级数收敛的一般准则——柯西准则.但是由于他的工作被长期埋没，对当时数学的发展没有产生影响，成为数学史上的一件憾事.

柯西是对分析理论严格化影响最大的学者.1821年他发表了《分析教程》，除了独立得到波尔查诺之前证明的基本结果外，还用极限概念定义了连续函数的定积分，这是建立分析严格化理论的第一部重要著作.柯西以极限为基础，定义无穷小和微积分学中的基本概念，建立了级数收敛性的一般理论.但是，必须注意的是，柯西的分析理论基本上是基于几何直观的，按照现代标准衡量，还是不够严密的.阿贝尔一直强调分析中定理的严格证明.1826年，阿贝尔最早正确证明了“以连续函数为项的一个一致收敛级数的和，在收敛域内是连续的”，可惜阿贝尔当时没有能从中把一致收敛的性质抽象出来，没有形成普遍的概念.

极限概念

在这些数学家所做工作的基础上，魏尔斯特拉斯定量地给出了极限思想的定义，即现在通用的 ϵ-δ 的极限、连续定义，并把导数、积分等概念都严格地建立在极限的基础上，从而克服了数学发展过程中的危机和矛盾.基于魏尔斯特拉斯在分析严格化方面的贡献，在数学史上，魏尔斯特拉斯获得了“现代分析之父”的称号.

魏尔斯特拉斯在数学分析领域中的最大贡献，是在柯西、阿贝尔等开创的数学分析的严格化潮流中，以 ε-δ 语言，系统地建立了实分析和复分析的基础，基本上完成了分析的算术化. 他引入了一致收敛的概念，并由此阐明了函数项级数的逐项微分和逐项积分定理. 在建立分析基础的过程中，引入了实数轴和 n 维欧氏空间中一系列的拓扑概念，并将黎曼积分推广到在一个可数集上的不连续函数. 1872 年，魏尔斯特拉斯给出了第一个处处连续但处处不可微函数的例子，使人们意识到连续性与可微性的差异，由此引出了一系列诸如皮亚诺曲线等反常性态的函数的研究. 希尔伯特对他的评价是：“魏尔斯特拉斯以其酷爱批判的精神和深邃的洞察力，为数学分析建立了坚实的基础. 通过澄清极小、极大、函数、导数等概念，他排除了微积分中仍在出现的各种错误提法，扫清了关于无穷大、无穷小等各种混乱观念，决定性地克服了源于无穷大、无穷小朦胧思想的困难.”

今天，我们能相对容易地理解微积分，也是因为我们站在柯西等“巨人”的肩膀上学习微积分，真心感谢他们对数学的贡献.

§2-1　数列极限

上文中说道：“一尺之棰，日取其半，万世不竭”，即每天取的木棰的长度分别为 $\frac{1}{2}$，$\frac{1}{4}$，$\frac{1}{8}$，…，$\frac{1}{2^n}$，…，这就构成了数列.

一、数列

1. 数列的定义

定义 1　按一定的顺序排成的一列数，或可简单地记为 $a_1, a_2, a_3, \cdots, a_n, \cdots$，称为数列，记为 $\{a_n\}$. 数列中的每一个数都叫作这个数列的项. 排在第一位的数称为这个数列的第 1 项（通常也叫作首项），排在第二位的数称为这个数列的第 2 项，依此类推，排在第 n 位的数称为这个数列的第 n 项，通常用 a_n 表示，a_n 称为该数列的通项.

例如，数列 $\{2^n\}$ 表示这样一列数：$2, 4, 8, \cdots, 2^n, \cdots$；

数列 $\left\{\frac{1}{2^n}\right\}$ 表示这样一列数：$\frac{1}{2}, \frac{1}{4}, \frac{1}{8}, \cdots, \frac{1}{2^n}, \cdots$.

2. 数列的理解

（1）从代数角度看，数列是一种特殊的函数. 其特殊性主要表现在其定义域和值域上. 数列可以看作一个定义域为正整数集 $\mathbf{N}^*$ 的函数.

（2）从几何角度看，数列对应着数轴上的一个点列. 如图 2-1，可看作一动点在数轴上依次取 $a_1, a_2, a_3, \cdots, a_n, \cdots$.

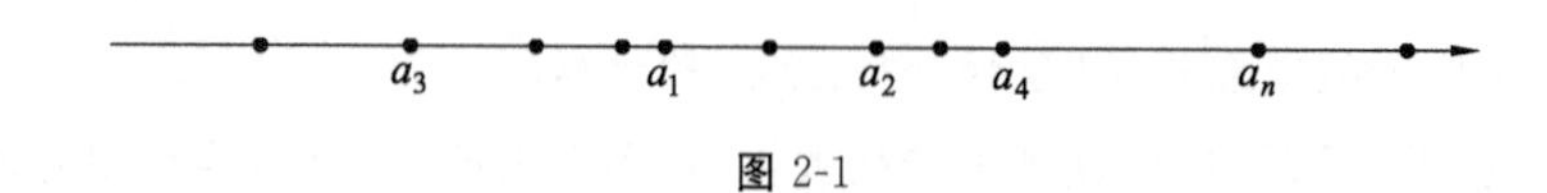

图 2-1

二、数列的极限

1. 引例

当 n 无限增大时,分析下列数列的项 a_n 的变化趋势及共同特征.

(1) $\frac{1}{2},\frac{1}{4},\frac{1}{8},\cdots,\frac{1}{2^n},\cdots$递减趋近于 0;

(2) $0.9,0.99,0.999,\cdots,1-\frac{1}{10^n},\cdots$递增趋近于 1;

(3) $-1,\frac{1}{2},-\frac{1}{3},\frac{1}{4},\cdots,\frac{(-1)^n}{n},\cdots$摆动趋近于 0;

(4) $2,4,6,8,\cdots,2n,\cdots$递增不趋于任何常数;

(5) $-3,3,-3,3,-3,\cdots$摆动不趋于任何常数.

特征:

对于数列(1)(2)(3),随着项数 n 无限增大,数列的通项 a_n 无限地趋近于某常数 a.

对于数列(4)(5),随着项数 n 无限增大,数列的通项 a_n 不趋近于任何常数 a.

2. 数列极限的定义

定义 2 如果当项数 n 无限增大时,无穷数列 $\{a_n\}$ 的项 a_n 无限地趋近于某个确定的常数 a,那么就称数列 $\{a_n\}$ 以 a 为极限,或者说 a 是数列 $\{a_n\}$ 的极限.

记作:$\lim\limits_{n\to\infty}a_n=a$.

读作:当 n 趋于无穷大时,a_n 趋于 a.

如果一个数列有极限,就称该数列是收敛的;如果一个数列没有极限,就称该数列是发散的. 例如,$\lim\limits_{n\to\infty}\frac{1}{2^n}=0$,$\lim\limits_{n\to\infty}\left(1-\frac{1}{10^n}\right)=1$,$\lim\limits_{n\to\infty}\frac{(-1)^n}{n}=0$,所以数列 $\left\{\frac{1}{2^n}\right\}$,$\left\{1-\frac{1}{10^n}\right\}$,$\left\{\frac{(-1)^n}{n}\right\}$收敛,而数列 $\{2n\}$,$\{(-1)^n\cdot 3\}$发散.

3. 性质

(1) 存在性准则:单调有界数列 $\{a_n\}$ 必有极限.

(2) 唯一性:若数列 $\{a_n\}$ 收敛,则它只有一个极限.

(3) 有界性:若数列 $\{a_n\}$ 收敛,则 $\{a_n\}$ 为有界数列,即存在正数 M,使得对一切正整数 n,总有 $|a_n|\leqslant M$.

4. 常用数列的极限

$\lim\limits_{n\to\infty}C=C$;

$\lim\limits_{n\to\infty}\frac{1}{n}=0$,$\lim\limits_{n\to\infty}\frac{1}{n^p}=0(p>0)$;

$\lim\limits_{n\to\infty}\frac{1}{2^n}=0$,$\lim\limits_{n\to\infty}\frac{1}{q^n}=0(|q|>1)$.

例 1　下列各数列是否收敛？若收敛，指出收敛于何值.

(1) $\{2^n\}$；　(2) $\left\{\frac{1}{n}\right\}$；　(3) $\{(-1)^{n+1}\}$；　(4) $\left\{\frac{n-1}{n}\right\}$.

解　(1) 当 n 无限增大时，2^n 也是无限增大的，故数列 $\{2^n\}$ 发散.

(2) 当 n 无限增大时，$\frac{1}{n}$ 无限趋近于 0，故数列 $\left\{\frac{1}{n}\right\}$ 收敛于 0，记作 $\lim\limits_{n\to\infty}\frac{1}{n}=0$.

(3) 当 n 无限增大时，$(-1)^{n+1}$ 始终在 1，-1 两数之间摆动，故数列 $\{(-1)^{n+1}\}$ 发散.

(4) 当 n 无限增大时，$\frac{n-1}{n}$ 无限趋近于 1，故数列 $\left\{\frac{n-1}{n}\right\}$ 收敛于 1，记作 $\lim\limits_{n\to\infty}\frac{n-1}{n}=1$.

三、数列极限的四则运算法则

若 $\{a_n\}$，$\{b_n\}$ 为收敛数列，则 $\{a_n+b_n\}$，$\{a_n-b_n\}$，$\{a_n\cdot b_n\}$ 也都是收敛数列，且有

$$\lim_{n\to\infty}(a_n\pm b_n)=\lim_{n\to\infty}a_n\pm\lim_{n\to\infty}b_n,$$

$$\lim_{n\to\infty}(a_n\cdot b_n)=\lim_{n\to\infty}a_n\cdot\lim_{n\to\infty}b_n.$$

若假设 $b_n\neq 0$ 及 $\lim\limits_{n\to\infty}b_n\neq 0$，则 $\left\{\frac{a_n}{b_n}\right\}$ 也是收敛数列，且有

$$\lim_{n\to\infty}\frac{a_n}{b_n}=\frac{\lim\limits_{n\to\infty}a_n}{\lim\limits_{n\to\infty}b_n}.$$

例 2　求下列极限.

(1) $\lim\limits_{n\to\infty}\left(\frac{1}{n^2}+\frac{2}{n}\right)$；　(2) $\lim\limits_{n\to\infty}\left(\frac{3n-2}{n}\right)$；　(3) $\lim\limits_{n\to\infty}\left(\frac{2n^2-n}{3n^2+2}\right)$.

解　(1) 原式 $=\lim\limits_{n\to\infty}\frac{1}{n^2}+\lim\limits_{n\to\infty}\frac{2}{n}=0$.

(2) 原式 $=\lim\limits_{n\to\infty}\left(3-\frac{2}{n}\right)=\lim\limits_{n\to\infty}3-\lim\limits_{n\to\infty}\frac{2}{n}=3$.

(3) 原式 $=\lim\limits_{n\to\infty}\left(\dfrac{2-\frac{1}{n}}{3+\frac{2}{n^2}}\right)=\dfrac{\lim\limits_{n\to\infty}\left(2-\frac{1}{n}\right)}{\lim\limits_{n\to\infty}\left(3+\frac{2}{n^2}\right)}=\frac{2}{3}$.

练习 2-1

1. 观察下列数列当 $n\to\infty$ 时的变化趋势，判断其敛散性.

(1) $a_n=\frac{1}{5^n}$；　(2) $a_n=(-1)^n n$；　(3) $a_n=5+\frac{1}{n^3}$；

(4) $a_n=\frac{n}{n+2}$；　(5) $a_n=\cos n\pi$；　(6) $a_n=\sin n\pi$.

2. 求下列极限.

(1) $\lim\limits_{n\to\infty}\left(\frac{1}{3}\right)^n$；　(2) $\lim\limits_{n\to\infty}\frac{2n-3}{n}$；　(3) $\lim\limits_{n\to\infty}\left(\frac{1}{n^2}-\frac{2}{3^n}\right)$；

(4) $\lim\limits_{n\to\infty}\dfrac{2n^2+3}{n^2}$；　　(5) $\lim\limits_{n\to\infty}\dfrac{2n^3+n^2}{4n^3-2}$.

§2-2　函数的极限

类似于数列的极限，函数的极限是研究在自变量的某个变化过程中，相应函数值的变化趋势. 数列的自变量变化趋势只有一种，即 n 取正整数且无限增大，而函数的自变量变化趋势有多种可能，一般可分为如下两类：

(1) 自变量趋于无穷大(即 $x\to\infty$)；

(2) 自变量趋于定值 x_0(即 $x\to x_0$).

一、当 $x\to\infty$(包含 $x\to\pm\infty$)时，函数 $f(x)$ 的极限

引例 1　考察函数 $f(x)=\dfrac{1}{x}$.

从图 2-2 中可以看出，当 $x\to+\infty$时，$f(x)=\dfrac{1}{x}$无限趋近于常数 0，此时，我们称 0 为 $f(x)=\dfrac{1}{x}$当 $x\to+\infty$时的极限. 当$x\to-\infty$时，$f(x)=\dfrac{1}{x}$无限趋近于常数 0，此时，我们称 0 为 $f(x)=\dfrac{1}{x}$当 $x\to-\infty$时的极限.

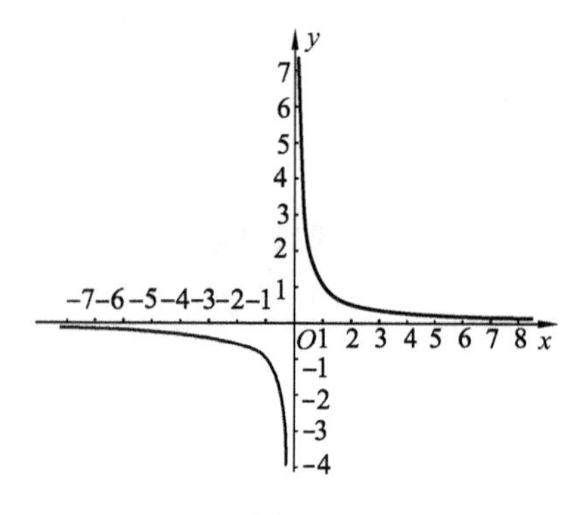

图 2-2

定义 1　设函数 $f(x)$当$|x|$大于某正数 M 时有定义，如果当 $x\to+\infty$(或 $x\to-\infty$)时，函数 $f(x)$无限趋近于某个确定的常数 A，则称常数 A 为函数$f(x)$当 $x\to+\infty$(或 $x\to-\infty$)时的极限，记作

$$\lim_{x\to+\infty}f(x)=A\text{(或}\lim_{x\to-\infty}f(x)=A\text{)}$$

或

$$f(x)\to A(x\to+\infty\text{或 }x\to-\infty).$$

由定义 1 可知 $\lim\limits_{x\to+\infty}\dfrac{1}{x}=0$，$\lim\limits_{x\to-\infty}\dfrac{1}{x}=0$.

定义 2　如果当 $x\to+\infty$时函数 $f(x)$的极限是 A，且当 $x\to-\infty$时函数 $f(x)$的极限也是 A，则称常数 A 为函数 $f(x)$当 $x\to\infty$时的极限，记作

$$\lim_{x\to\infty}f(x)=A\quad\text{或}\quad f(x)\to A(x\to\infty).$$

由定义 2 可知$\lim\limits_{x\to\infty}\dfrac{1}{x}=0$.

定理 1　极限$\lim\limits_{x\to\infty}f(x)=A$ 的充分必要条件是 $\lim\limits_{x\to+\infty}f(x)=\lim\limits_{x\to-\infty}f(x)=A$.

例 1　根据函数极限的定义并结合图象分别考察下列函数当 $x\to\infty$时的极限：

(1) $f(x)=e^x$；　　(2) $f(x)=\arctan x$.

解　(1) 观察函数 $y=e^x$ 的图象(图 2-3)，当 x 无限增大，即 $x\to+\infty$ 时，e^x 无限增大；当 x 无限减小，即 $x\to-\infty$ 时，e^x 无限趋近于 0. 所以$\lim\limits_{x\to\infty}e^x$不存在.

(2) 观察函数 $y=\arctan x$ 的图象(图 2-4)，当 x 无限增大，即 $x\to+\infty$ 时，$\arctan x$ 无限趋近于 $\frac{\pi}{2}$；当 x 无限减小，即 $x\to-\infty$ 时，$\arctan x$ 无限趋近于 $-\frac{\pi}{2}$. 所以 $\lim\limits_{x\to\infty}\arctan x$ 不存在.

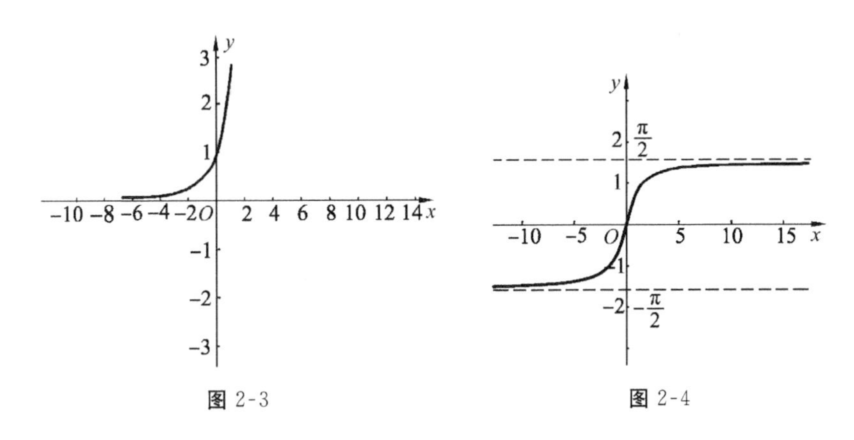

图 2-3　　　　图 2-4

二、当 $x\to x_0$ 时，函数 $f(x)$ 的极限

引例 2　考察函数 $f(x)=\dfrac{x^2-1}{x-1}$.

从图 2-5 中可以看出，当 $x\to1$ 时，$f(x)=\dfrac{x^2-1}{x-1}$ 无限趋近于常数 2，此时，我们称 2 为 $f(x)=\dfrac{x^2-1}{x-1}$ 当 $x\to1$ 时的极限.

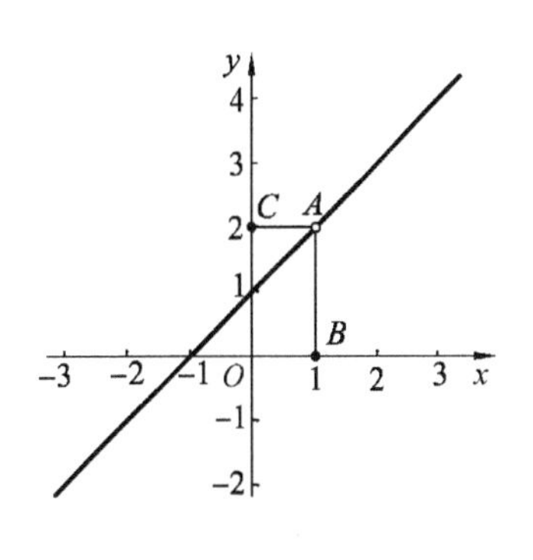

图 2-5

定义 3　设函数 $f(x)$ 在点 x_0 的某一空心邻域内有定义，如果当 $x\to x_0(x\neq x_0)$ 时，函数 $f(x)$ 无限趋近于常数 A，则称常数 A 为函数 $f(x)$ 当 $x\to x_0$ 时的极限，记作

$$\lim_{x\to x_0}f(x)=A \text{ 或 } f(x)\to A(x\to x_0).$$

由此可知$\lim\limits_{x\to1}\dfrac{x^2-1}{x-1}=2$.

注　由引例 2 可以看出，研究当 $x\to x_0$ 时函数 $f(x)$ 的极限，是指 x 无限趋近于 x_0 时函数 $f(x)$ 的变化趋势，而不是求函数 $f(x)$ 在点 x_0 处的函数值. 函数 $f(x)$ 在点 x_0 处的极限与函数 $f(x)$ 在点 x_0 处是否有定义无关.

例 2　根据函数极限的定义并结合图象考察下列极限.

(1) $\lim\limits_{x\to x_0}C$；　　(2) $\lim\limits_{x\to x_0}x$；　　(3) $\lim\limits_{x\to0}\sin x$；　　(4) $\lim\limits_{x\to0}\cos x$.

解 (1) 如图 2-6 所示，设 $f(x)=C$，因为无论自变量 x 取何值，$f(x)$ 的值恒等于 C，所以当 $x\to x_0$ 时，恒有 $f(x)=C$，故 $\lim\limits_{x\to x_0}C=C$.

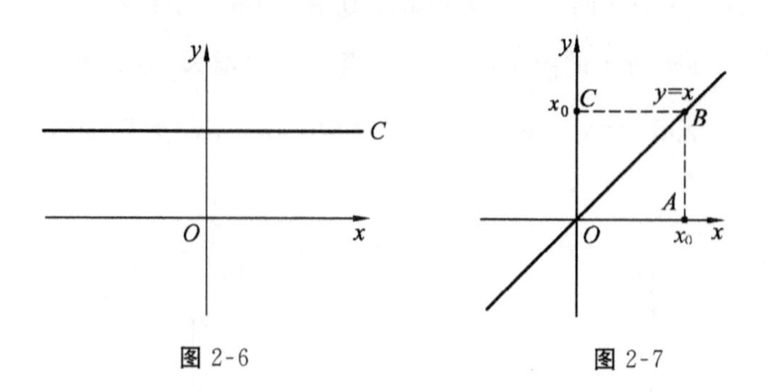

图 2-6　　图 2-7

(2) 如图 2-7 所示，设 $y=x$，因为无论自变量 x 取何值，对应的 y 值与 x 相等，所以当 $x\to x_0$ 时，$y\to x_0$，故 $\lim\limits_{x\to x_0}x=x_0$.

由此得出重要结论：(1) $\lim\limits_{x\to x_0}C=C$；(2) $\lim\limits_{x\to x_0}x=x_0$.

(3) 由图 2-8 可知，当 $x\to 0$ 时，$\sin x$ 的值无限趋近于 0，故 $\lim\limits_{x\to 0}\sin x=0$.

(4) 由图 2-9 可知，当 $x\to 0$ 时，$\cos x$ 的值无限趋近于 1，故 $\lim\limits_{x\to 0}\cos x=1$.

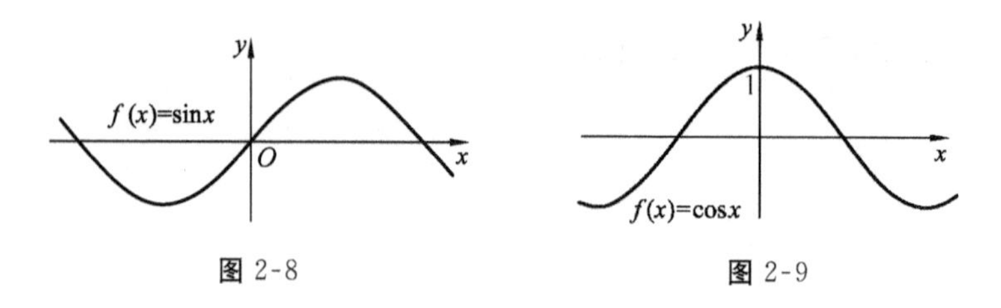

图 2-8　　图 2-9

定义 4 当自变量 x 从 x_0 的左侧(或右侧)趋近于 x_0 时，$f(x)$ 无限趋近于常数 A，则称 A 为 $f(x)$ 在点 x_0 处的左极限(或右极限)，记作

$$\lim_{x\to x_0^-}f(x)=A(\text{或}\lim_{x\to x_0^+}f(x)=A).$$

显然，只有当函数在某点的左、右极限都存在且相等时，函数在该点的极限才存在，即有下面的定理：

定理 2 极限 $\lim\limits_{x\to x_0}f(x)=A$ 存在的充分必要条件为 $\lim\limits_{x\to x_0^-}f(x)=\lim\limits_{x\to x_0^+}f(x)=A$.

例 3 判断函数 $f(x)=\begin{cases}2x, & x\geqslant 1,\\ x+1, & x<1\end{cases}$ 在 $x=1$ 处是否有极限.

解 计算函数 $f(x)$ 在 $x=1$ 处的左、右极限.

$\lim\limits_{x\to 1^+}f(x)=\lim\limits_{x\to 1^+}2x=2$,

$\lim\limits_{x\to 1^-}f(x)=\lim\limits_{x\to 1^-}(x+1)=2$.

因为 $\lim\limits_{x\to 1^+}f(x)=\lim\limits_{x\to 1^-}f(x)$，所以 $\lim\limits_{x\to 1}f(x)=2$.

例 4 判断函数 $f(x)=\begin{cases} e^x, & x>0, \\ 1-\cos x, & x\leqslant 0 \end{cases}$ 在 $x=0$ 处是否有极限.

解 $\lim\limits_{x\to 0^+} f(x)=\lim\limits_{x\to 0^+} e^x=1$,

$\lim\limits_{x\to 0^-} f(x)=\lim\limits_{x\to 0^-}(1-\cos x)=0$.

因为 $\lim\limits_{x\to 0^+} f(x)\neq\lim\limits_{x\to 0^-} f(x)$,所以 $\lim\limits_{x\to 0} f(x)$ 没有极限.

例 5 设函数 $f(x)=\begin{cases} a+x, & x\leqslant 1, \\ 1+2x^2, & x>1, \end{cases}$ 试问 a 为何值时,$\lim\limits_{x\to 1} f(x)$ 存在?

解 因为 $\lim\limits_{x\to 1^+} f(x)=\lim\limits_{x\to 1^+}(1+2x^2)=3$,

$\lim\limits_{x\to 1^-} f(x)=\lim\limits_{x\to 1^-}(a+x)=a+1$.

要使极限 $\lim\limits_{x\to 1} f(x)$ 存在,则必有 $\lim\limits_{x\to 1^+} f(x)=\lim\limits_{x\to 1^-} f(x)$.

即 $a+1=3$,得 $a=2$.

故当 $a=2$ 时,极限 $\lim\limits_{x\to 1} f(x)$ 存在.

三、极限的性质

定理 3(唯一性定理) 若函数 $f(x)$ 在某一变化过程中有极限,则其极限是唯一的.

定理 4(有界性定理) 若函数 $f(x)$ 当 $x\to x_0$ 时极限存在,则必存在 x_0 的某一邻域,使得函数 $f(x)$ 在该邻域内有界.

定理 5(夹逼定理) 若对于 x_0 的某邻域内的一切 x(x 可以除外),有 $h(x)\leqslant f(x)\leqslant g(x)$,且 $\lim\limits_{x\to x_0} h(x)=\lim\limits_{x\to x_0} g(x)=A$,则 $\lim\limits_{x\to x_0} f(x)=A$.

练习 2-2

1. 求下列函数的极限.

(1) $\lim\limits_{x\to\infty}\dfrac{2}{1+x}$;　　(2) $\lim\limits_{x\to\infty}\cos x$;　　(3) $\lim\limits_{x\to 2}(x^2+x-3)$;

(4) $\lim\limits_{x\to\infty}\left(\dfrac{2}{7}\right)^x$;　　(5) $\lim\limits_{x\to 1}\ln x$;　　(6) $\lim\limits_{x\to 0}(3x^2+2\sin x-3\tan x+2)$.

2. 讨论函数 $f(x)=\dfrac{|x|}{x}$ 当 $x\to 0$ 时的极限.

3. 设函数 $f(x)=\begin{cases} 2^x, & x<0, \\ 2, & 0\leqslant x<1, \\ -x+3, & x\geqslant 1, \end{cases}$ 讨论当 $x\to 0$,$x\to 1$ 时的极限是否存在.

4. 设函数 $f(x)=\begin{cases} 2+x, & x\leqslant 1, \\ a-x^2, & x>1, \end{cases}$ 试问 a 为何值时,$\lim\limits_{x\to 1} f(x)$ 存在?

§2-3 极限的运算法则

根据极限的定义，通过观察和分析我们可求出一些简单函数的极限，而实际问题中的函数却复杂得多，如何求其极限呢？本节主要介绍极限的四则运算法则，并运用这些法则求一些较复杂函数的极限问题. 在下面的讨论中，记号“lim”下面没有标明自变量的变化过程，是指对 $x\to x_0$ 和 $x\to\infty$ 以及单侧极限均成立.

一、极限的四则运算法则

定理 1 在自变量的同一变化过程中，若 $\lim f(x)=A$，$\lim g(x)=B$，则

(1) $\lim[f(x)\pm g(x)]=\lim f(x)\pm\lim g(x)=A\pm B$；

(2) $\lim[f(x)\cdot g(x)]=\lim f(x)\cdot\lim g(x)=A\cdot B$；

(3) $\lim\dfrac{f(x)}{g(x)}=\dfrac{\lim f(x)}{\lim g(x)}=\dfrac{A}{B}(B\neq 0)$.

上述法则(1)(2)均可推广到有限个函数的情形. 例如，若 $\lim f(x)$，$\lim g(x)$，$\lim h(x)$ 都存在，则有

$\lim[f(x)+g(x)+h(x)]=\lim f(x)+\lim g(x)+\lim h(x)$，

$\lim[f(x)g(x)h(x)]=\lim f(x)\cdot\lim g(x)\cdot\lim h(x)$.

定理 1 有以下推论：

推论 1 $\lim kf(x)=k\lim f(x)$（k 为常数）；

推论 2 $\lim[f(x)]^n=[\lim f(x)]^n$（$n$ 为正整数）.

例 1 求 $\lim\limits_{x\to 1}(2x^4-3x-1)$.

解
$$\begin{aligned}\lim_{x\to 1}(2x^4-3x-1)&=\lim_{x\to 1}(2x^4)-\lim_{x\to 1}(3x)-\lim_{x\to 1}1\\&=2\,(\lim_{x\to 1}x)^4-3\lim_{x\to 1}x-1\\&=2\times 1^4-3\times 1-1\\&=-2.\end{aligned}$$

例 2 求 $\lim\limits_{x\to\infty}\left[\left(3-\dfrac{5}{x^2}\right)\left(2+\dfrac{6}{x}\right)\right]$.

解 $\lim\limits_{x\to\infty}\left[\left(3-\dfrac{5}{x^2}\right)\left(2+\dfrac{6}{x}\right)\right]=\lim\limits_{x\to\infty}\left(3-\dfrac{5}{x^2}\right)\cdot\lim\limits_{x\to\infty}\left(2+\dfrac{6}{x}\right)=3\times 2=6$.

例 3 求 $\lim\limits_{x\to 0}\dfrac{2x^3-5}{x^2+2x-3}$.

解 因为 $\lim\limits_{x\to 0}(x^2+2x-3)=0+0-3=-3\neq 0$，所以可以直接用极限的运算法则(3)，有

$$\lim_{x \to 0}\frac{2x^3-5}{x^2+2x-3}=\frac{\lim\limits_{x \to 0}(2x^3-5)}{\lim\limits_{x \to 0}(x^2+2x-3)}=\frac{2\times 0^3-5}{0+0-3}=\frac{5}{3}.$$

注　例1、例2、例3这种求极限的方法叫作直接代入法.

例4　求 $\lim\limits_{x \to 2}\frac{x^2-4}{x-2}$.

解　因为所给函数分母的极限为零,所以不可以直接用极限的四则运算法则.但是分子的极限也为零,且它们都有趋向于零的公因子"$x-2$",由于当 $x\to 2$ 时,$x-2\neq 0$,故可约去这个不为零的公因式.所以

$$\lim_{x \to 2}\frac{x^2-4}{x-2}=\lim_{x \to 2}\frac{(x+2)(x-2)}{x-2}=\lim_{x \to 2}(x+2)=4.$$

注　这种求极限的方法称为因式分解法.

例5　求 $\lim\limits_{x \to 1}\frac{x-1}{\sqrt{x+3}-2}$.

解　因为 $\lim\limits_{x \to 1}(\sqrt{x+3}-2)=0$,所以不可以直接用极限的四则运算法则.但是分子的极限也为零,可以通过根式有理化将零因子约去,因此

$$\lim_{x \to 1}\frac{x-1}{\sqrt{x+3}-2}=\lim_{x \to 1}\frac{(x-1)(\sqrt{x+3}+2)}{(\sqrt{x+3}-2)(\sqrt{x+3}+2)}=\lim_{x \to 1}\frac{(x-1)(\sqrt{x+3}+2)}{x-1}=\lim_{x \to 1}(\sqrt{x+3}+2)=\sqrt{1+3}+2=4.$$

注　例4、例5均为"$\frac{0}{0}$"型极限,可通过因式分解、根式有理化消去分子和分母上相同的零因子.例5这种求极限的方法叫分子或分母有理化法.

例6　求 $\lim\limits_{x \to \infty}\frac{x^3-2x^2-3x+1}{3x^3+x-2}$.

解　因为当 $x\to\infty$ 时,分子、分母同时趋于无穷大(这类极限常称为"$\frac{\infty}{\infty}$"型极限),不能直接用极限的运算法则,但若分子、分母同除以分母的最高次幂 x^3,就可将分子、分母转化为极限为零或其他常数的和与差,这样就可以用极限的运算法则了,即

$$\lim_{x\to\infty}\frac{x^3-2x^2-3x+1}{3x^3+x-2}=\lim_{x\to\infty}\frac{1-\frac{2}{x}-\frac{3}{x^2}+\frac{1}{x^3}}{3+\frac{1}{x^2}-\frac{2}{x^3}}$$

$$=\frac{\lim\limits_{x\to\infty}\left(1-\frac{2}{x}-\frac{3}{x^2}+\frac{1}{x^3}\right)}{\lim\limits_{x\to\infty}\left(3+\frac{1}{x^2}-\frac{2}{x^3}\right)}=\frac{1}{3}.$$

同理可得 $$\lim_{x\to\infty}\frac{x^2-3x+1}{3x^3+x-2}=\lim_{x\to\infty}\frac{\frac{1}{x}-\frac{3}{x^2}+\frac{1}{x^3}}{3+\frac{1}{x^2}-\frac{2}{x^3}}$$

$$=\frac{\lim\limits_{x\to\infty}\left(\frac{1}{x}-\frac{3}{x^2}+\frac{1}{x^3}\right)}{\lim\limits_{x\to\infty}\left(3+\frac{1}{x^2}-\frac{2}{x^3}\right)}=\frac{0}{3}=0.$$

$$\lim_{x\to\infty}\frac{x^3-2x^2-3x+1}{3x^2+x-2}=\lim_{x\to\infty}\frac{x-2-\frac{3}{x}+\frac{1}{x^2}}{3+\frac{1}{x}-\frac{2}{x^2}}$$

$$=\frac{\lim\limits_{x\to\infty}\left(x-2-\frac{3}{x}+\frac{1}{x^2}\right)}{\lim\limits_{x\to\infty}\left(3+\frac{1}{x}-\frac{2}{x^2}\right)}=\infty$$

一般地，当 $x\to\infty$ 时，对于“$\frac{\infty}{\infty}$”型有理分式函数($a_0\neq0,b_0\neq0$)，有如下结论：

$$\lim_{x\to\infty}\frac{a_0x^n+a_1x^{n-1}+\cdots+a_n}{b_0x^m+b_1x^{m-1}+\cdots+b_m}=\begin{cases}0, & n<m,\\ \frac{a_0}{b_0}, & n=m,\\ \infty, & n>m.\end{cases}$$

利用这个结果求有理分式函数当 $x\to\infty$ 时的极限非常方便.

例 7 求 $\lim\limits_{x\to+\infty}\frac{2^x-5^x}{2^x+5^x}$.

解 分子、分母同除以 5^x，得

$$原式=\lim_{x\to+\infty}\frac{\left(\frac{2}{5}\right)^x-1}{\left(\frac{2}{5}\right)^x+1}=\frac{-1}{1}=-1.$$

注意 例 6、例 7 这种求极限的方法称为化无穷大为无穷小法，分子、分母是同除以 x 的分母最高次幂(或同除以 x 的分子、分母最高次幂，或同除以分子、分母中较大的一项).

例 8 已知 $\lim\limits_{x\to2}\frac{x^2+ax+b}{x-2}=3$，求 a,b 的值.

解 由题意可知，当 $x\to2$ 时，x^2+ax+b 有 $x-2$ 零因子，因此，令

$$x^2+ax+b=(x-2)(x+m),$$

则
$$\lim_{x\to 2}\frac{x^2+ax+b}{x-2}=\lim_{x\to 2}\frac{(x-2)(x+m)}{x-2}=3,$$

所以 $m=1$.

由于$(x-2)(x+1)=x^2-x-2$,所以 $a=-1,b=-2$.

二、复合函数的极限运算法则

定理 2 设函数 $y=f[g(x)]$由函数 $y=f(u)$与 $u=g(x)$复合而成,若

$$\lim_{x\to x_0}g(x)=u_0,\lim_{u\to u_0}f(u)=A,$$

则
$$\lim_{x\to x_0}f[g(x)]=\lim_{u\to u_0}f(u)=A.$$

注 函数符号"f"与极限符号"lim"可以调换位置.

例 9 求$\lim\limits_{x\to\frac{\pi}{2}}\mathrm{e}^{\sin x}$.

解 $\lim\limits_{x\to\frac{\pi}{2}}\mathrm{e}^{\sin x}=\mathrm{e}^{\lim\limits_{x\to\frac{\pi}{2}}\sin x}=\mathrm{e}^1=\mathrm{e}$.

例 10 求$\lim\limits_{x\to 0}\arcsin(2x+1)$.

解 $\lim\limits_{x\to 0}\arcsin(2x+1)=\arcsin\lim\limits_{x\to 0}\left(2x+\frac{1}{2}\right)=\arcsin\frac{1}{2}=\frac{\pi}{6}$.

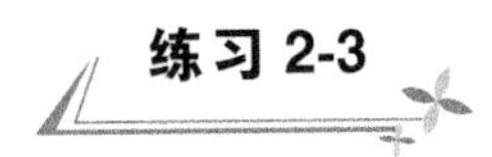

练习 2-3

1. 下列计算对吗?

(1) $\lim\limits_{x\to 2}\frac{x-2}{x^3-8}=\frac{\lim\limits_{x\to 2}(x-2)}{\lim\limits_{x\to 2}(x^3-8)}=\frac{0}{0}=1$;

(2) $\lim\limits_{x\to 3}\frac{x^2-4}{x-3}=\frac{\lim\limits_{x\to 3}(x^2-4)}{\lim\limits_{x\to 3}(x-3)}=\frac{5}{0}=\infty$.

2. 求下列极限.

(1) $\lim\limits_{x\to 0}\frac{x^3+5x}{x^2-3}$;

(2) $\lim\limits_{x\to 3}\frac{x-3}{x^2-9}$;

(3) $\lim\limits_{x\to 1}\frac{x^2+3x+2}{x^2-3x-4}$;

(4) $\lim\limits_{x\to 2}\frac{x^2-x-2}{x^2-3x+2}$;

(5) $\lim\limits_{x\to 2}\frac{\sqrt{x+2}-2}{x-2}$;

(6) $\lim\limits_{x\to\infty}\frac{3-x^2}{2x^2-3}$;

(7) $\lim\limits_{x\to\infty}\frac{5x^2+3x-5}{2x^3+x^2-3}$;

(8) $\lim\limits_{x\to\infty}\frac{x^4+1}{5x^3-3x+2}$;

(9) $\lim\limits_{x\to\infty}\left(1-\frac{3}{x}\right)\left(2+\frac{7}{x^2}\right)$;

(10) $\lim\limits_{x\to 1}\left(\frac{1}{1-x}-\frac{3}{1-x^3}\right)$;

(11) $\lim\limits_{x\to\infty}(\sqrt{x^2+2x}-x)$；　　(12) $\lim\limits_{x\to+\infty}(\sqrt{9x+1}-3\sqrt{x})$；

(13) $\lim\limits_{x\to\infty}\dfrac{(2x-1)^{10}(3x-2)^6}{(2x+1)^{16}}$；　　(14) $\lim\limits_{n\to\infty}\dfrac{1+2+3+\cdots+(n-1)}{n^2}$；

(15) $\lim\limits_{x\to\frac{\pi}{4}}\ln\tan x$；　　(16) $\lim\limits_{x\to1}\arctan(2x^2-1)$.

3\. 已知$\lim\limits_{x\to1}\dfrac{x^2+ax+b}{x^2-3x+2}=2$，求 a,b 的值.

§2-4　两个重要极限

上一节已经学习了一些求极限的方法：直接代入法、约零因子法、分子或分母有理化法、化无穷大为无穷小法等. 事实上，还有许多求极限的方法，本节介绍两个重要极限.

1. $\lim\limits_{x\to0}\dfrac{\sin x}{x}=1$

证　当 $x\to0$ 时，分子、分母的极限都是零，是"$\dfrac{0}{0}$"型，所以 $f(x)=\dfrac{\sin x}{x}$ 当 $x\to0$ 时的极限不能用商的极限运算法则或"约零因子"来计算. 为了证明这个极限，先设 $0<x<\dfrac{\pi}{2}$，在第一象限作一单位圆(图 2-10)，令 $\angle AOB=x$，过点 A 作切线 AC，那么 $\triangle AOC$ 的面积为$\dfrac{1}{2}\tan x$，扇形 OAB 的面积为$\dfrac{1}{2}x$，$\triangle AOB$ 的面积为$\dfrac{1}{2}\sin x$. 因为扇形 OAB 的面积介于$\triangle AOB$ 与$\triangle AOC$ 的面积之间，所以

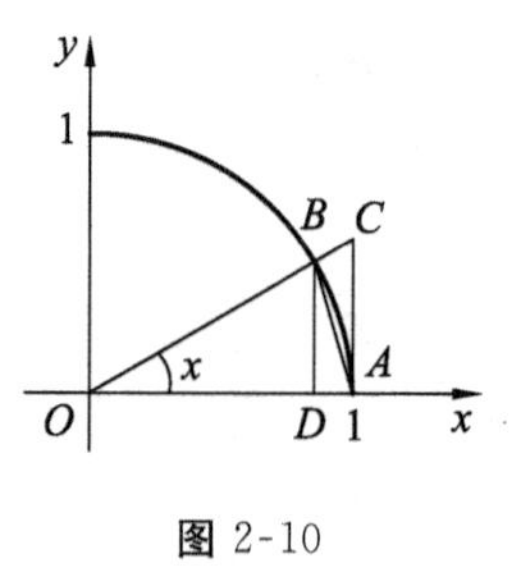

图 2-10

$$\frac{1}{2}\sin x<\frac{1}{2}x<\frac{1}{2}\tan x,$$

即
$$\sin x<x<\tan x.$$

因为 $\sin x>0$，上式同除以 $\sin x$ 得

$$1<\frac{x}{\sin x}<\frac{1}{\cos x}\text{ 或 }\cos x<\frac{\sin x}{x}<1.$$

因为$\dfrac{\sin x}{x}$与 $\cos x$ 都是偶函数，所以当 x 取负值时上式也成立，因而当 $0<|x|<\dfrac{\pi}{2}$ 时有

$$\cos x<\frac{\sin x}{x}<1.$$

由图 2-10 容易看出，$x\to0$，$\cos x=OD\to OA=1$，于是由极限的夹逼定理有

$$\lim_{x\to0}\frac{\sin x}{x}=1.$$

该公式的特点：

$$\lim_{\square\to 0}\frac{\sin\square}{\square}=1\text{（式中的“}\square\text{”代表同一个变量）}.$$

sin 后面的实数与分母相同且极限为 0.

第一个重要极限可推广为：$\lim\limits_{\varphi(x)\to 0}\frac{\sin[\varphi(x)]}{\varphi(x)}=1$.

例 1 求$\lim\limits_{x\to 0}\frac{\sin 5x}{x}$.

解 令 $5x=t$，则当 $x\to 0$ 时，$t\to 0$，因此$\lim\limits_{x\to 0}\frac{\sin 5x}{x}=\lim\limits_{x\to 0}\frac{\sin 5x}{5x}\cdot 5=5\lim\limits_{t\to 0}\frac{\sin t}{t}=5$.

一般地，$\lim\limits_{x\to 0}\frac{\sin ax}{x}=a$.

例 2 求$\lim\limits_{x\to 0}\frac{\tan x}{x}$.

解 $\lim\limits_{x\to 0}\frac{\tan x}{x}=\lim\limits_{x\to 0}\left(\frac{\sin x}{x}\times\frac{1}{\cos x}\right)=\lim\limits_{x\to 0}\frac{\sin x}{x}\times\lim\limits_{x\to 0}\frac{1}{\cos x}=1\times 1=1$.

例 3 $\lim\limits_{x\to 1}\frac{\sin(x-1)}{x^2+x-2}$.

解 $\lim\limits_{x\to 1}\frac{\sin(x-1)}{x^2+x-2}=\lim\limits_{x\to 1}\frac{\sin(x-1)}{(x-1)(x+2)}=\lim\limits_{x\to 1}\frac{\sin(x-1)}{x-1}\cdot\lim\limits_{x\to 1}\frac{1}{x+2}=\frac{1}{3}$.

例 4 求$\lim\limits_{x\to 0}\frac{1-\cos x}{x^2}$.

解
$$\lim_{x\to 0}\frac{1-\cos x}{x^2}=\lim_{x\to 0}\frac{2\sin^2\frac{x}{2}}{x^2}=\lim_{x\to 0}\frac{\sin^2\frac{x}{2}}{2\left(\frac{x}{2}\right)^2}$$

$$=\frac{1}{2}\lim_{x\to 0}\left(\frac{\sin\frac{x}{2}}{\frac{x}{2}}\times\frac{\sin\frac{x}{2}}{\frac{x}{2}}\right)=\frac{1}{2}\times 1\times 1=\frac{1}{2}.$$

例 5 求$\lim\limits_{x\to\infty}\left(x\cdot\sin\frac{1}{x}\right)$.

解 $\lim\limits_{x\to\infty}\left(x\cdot\sin\frac{1}{x}\right)=\lim\limits_{x\to\infty}\frac{\sin\frac{1}{x}}{\frac{1}{x}}=1$.

2. $\lim\limits_{x\to\infty}\left(1+\frac{1}{x}\right)^x=\mathrm{e}$.

先观察，当 $x\to\infty$时，$\left(1+\frac{1}{x}\right)\to 1$，而指数 $x\to\infty$，那么，$\lim\limits_{x\to\infty}\left(1+\frac{1}{x}\right)^x$ 的极限是否为 1 呢？如果我们把$1+\frac{1}{x}$换成 1，求$\lim\limits_{x\to\infty}1^x$ 的极限，那么极限的确为 1，但是$\lim\limits_{x\to\infty}\left(1+\frac{1}{x}\right)^x$ 的极限值不为 1.

我们来观察当$|x|$取值越来越大时，$\left(1+\frac{1}{x}\right)^x$ 的函数值的变化情况(表 2-1、表 2-2).

表 2-1

x	10	100	1 000	10 000	100 000	…
$\left(1+\frac{1}{x}\right)^x$	2.594	2.705	2.717	2.718 1	2.718 2	…

表 2-2

x	−10	−100	−1 000	−10 000	−100 000	…
$\left(1+\frac{1}{x}\right)^x$	2.88	2.732	2.720	2.718 3	2.718 28	…

我们发现$\left(1+\frac{1}{x}\right)^x$ 的函数值超过 1 且越来越大，显然极限不可能为 1. 我们可以证明$\lim\limits_{x\to\infty}\left(1+\frac{1}{x}\right)^x$ 存在，且极限值为一个无理数. 设此无理数为 e，e=2.718 281 828…，即

$$\lim_{x\to\infty}\left(1+\frac{1}{x}\right)^x=\mathrm{e}.$$

令$\frac{1}{x}=t$，当 $x\to\infty$时，$t\to 0$，利用变量替换，从而有$\lim\limits_{x\to 0}(1+x)^{\frac{1}{x}}=\mathrm{e}$.

该公式的特点：

$$\lim_{\square\to\infty}\left(1+\frac{1}{\square}\right)^{\square}=\mathrm{e}\text{ 或}\lim_{\square\to 0}(1+\square)^{\frac{1}{\square}}=\mathrm{e}(\text{式中的“}\square\text{”代表同一个变量}).$$

(1) 函数的底是 1 与“无穷小”的和；

(2) 指数与这个“无穷小”互为倒数关系.

一般地，第二个重要极限可以推广为

$$\lim_{\varphi(x)\to\infty}\left[1+\frac{1}{\varphi(x)}\right]^{\varphi(x)}=\mathrm{e}$$

或

$$\lim_{\varphi(x)\to 0}[1+\varphi(x)]^{\frac{1}{\varphi(x)}}=\mathrm{e}.$$

例 6 求$\lim\limits_{x\to\infty}\left(1+\frac{2}{x}\right)^x$.

解 $\lim\limits_{x\to\infty}\left(1+\frac{2}{x}\right)^x=\lim\limits_{x\to\infty}\left(1+\frac{2}{x}\right)^{\frac{x}{2}\cdot 2}=\left[\lim\limits_{x\to\infty}\left(1+\frac{2}{x}\right)^{\frac{x}{2}}\right]^2=\mathrm{e}^2$.

例 7 求 $\lim\limits_{x\to 0}(1-3x)^{\frac{2}{x}}$.

解 $\lim\limits_{x\to 0}(1-3x)^{\frac{2}{x}}=\lim\limits_{x\to 0}[1+(-3x)]^{\frac{1}{-3x}\cdot(-6)}=\{\lim\limits_{x\to 0}[1+(-3x)]^{\frac{1}{-3x}}\}^{-6}=\mathrm{e}^{-6}$.

由例 6、例 7 可以看出$\lim\limits_{x\to\infty}\left(1+\frac{k}{x}\right)^x=\mathrm{e}^k$.

例 8 求$\lim\limits_{x\to\infty}\left(1-\frac{1}{2x}\right)^{4x+3}$.

解 $\lim\limits_{x\to\infty}\left(1-\dfrac{1}{2x}\right)^{4x+3}=\lim\limits_{x\to\infty}\left(1+\dfrac{1}{-2x}\right)^{-2x\cdot(-2)+3}$

$$=\left[\lim_{x\to\infty}\left(1+\frac{1}{-2x}\right)^{-2x}\right]^{-2}\cdot\lim_{x\to\infty}\left(1+\frac{1}{-2x}\right)^{3}=\mathrm{e}^{-2}.$$

例 9 求$\lim\limits_{x\to\infty}\left(\dfrac{1+x}{2+x}\right)^{x}$.

解法一 $\lim\limits_{x\to\infty}\left(\dfrac{1+x}{2+x}\right)^{x}=\lim\limits_{x\to\infty}\dfrac{\left(1+\dfrac{1}{x}\right)^{x}}{\left(1+\dfrac{2}{x}\right)^{x}}=\dfrac{\lim\limits_{x\to\infty}\left(1+\dfrac{1}{x}\right)^{x}}{\lim\limits_{x\to\infty}\left(1+\dfrac{2}{x}\right)^{x}}=\dfrac{\mathrm{e}^{1}}{\mathrm{e}^{2}}=\mathrm{e}^{-1}$.

解法二 $\lim\limits_{x\to\infty}\left(\dfrac{1+x}{2+x}\right)^{x}=\lim\limits_{x\to\infty}\left[\left(1-\dfrac{1}{2+x}\right)^{-(2+x)}\right]^{-\frac{x}{2+x}}$

$$=\lim_{x\to\infty}\left[\left(1-\frac{1}{2+x}\right)^{-(2+x)}\right]^{\lim\limits_{x\to\infty}\left(-\frac{x}{2+x}\right)}=\mathrm{e}^{-1}.$$

例 10 已知$\lim\limits_{x\to\infty}\left(\dfrac{x+c}{x-c}\right)^{x}=\mathrm{e}^{2}$,求常数 c 的值.

解 $\lim\limits_{x\to\infty}\left(\dfrac{x+c}{x-c}\right)^{x}=\lim\limits_{x\to\infty}\left(1+\dfrac{2c}{x-c}\right)^{\frac{x-c}{2c}\cdot\frac{2c}{x-c}\cdot x}=\left[\lim\limits_{x\to\infty}\left(1+\dfrac{2c}{x-c}\right)^{\frac{x-c}{2c}}\right]^{\lim\limits_{x\to\infty}\left(\frac{2c}{x-c}\cdot x\right)}=\mathrm{e}^{2c}$.

又因为$\lim\limits_{x\to\infty}\left(\dfrac{x+c}{x-c}\right)^{x}=\mathrm{e}^{2}$,所以 $c=1$.

注意 在利用上述两个重要极限求极限时,一定要根据两个重要极限的特点,不能“疑似”即用.例如,$\lim\limits_{x\to\infty}\dfrac{\sin x}{x}=1$,$\lim\limits_{x\to 1}\left(1+\dfrac{1}{x}\right)^{x}=\mathrm{e}$ 和$\lim\limits_{x\to 0}\left(1+\dfrac{1}{x}\right)^{x}=\mathrm{e}$ 都是错的.正确的结果是

$$\lim_{x\to\infty}\frac{\sin x}{x}=0,\lim_{x\to 1}\left(1+\frac{1}{x}\right)^{x}=2,\lim_{x\to\infty}\left(1+\frac{1}{x}\right)^{x}=\mathrm{e}.$$

可以看出,利用两个重要极限可以解决许多极限计算问题.

练习 2-4

1. 判断下列算式哪些是正确的.

(1) $\lim\limits_{x\to\infty}\dfrac{\sin 2x}{x}=2$;　(2) $\lim\limits_{x\to\infty}\dfrac{\sin x}{x+1}=0$;　(3) $\lim\limits_{x\to 0}\left(1+\dfrac{1}{x}\right)^{x}=\mathrm{e}$;

(4) $\lim\limits_{x\to 0}(1+x)^{x}=\mathrm{e}$;　(5) $\lim\limits_{x\to 0}(1-x)^{x}=\mathrm{e}^{-1}$;　(6) $\lim\limits_{x\to\infty}(1+x)^{\frac{1}{x}}=\mathrm{e}$.

2. 求下列极限.

(1) $\lim\limits_{x\to 0}\dfrac{\sin 5x}{x}$;　(2) $\lim\limits_{x\to -1}\dfrac{\sin(x^{2}-1)}{x+1}$;

(3) $\lim\limits_{x\to 0}\dfrac{x}{\arcsin x}$;　(4) $\lim\limits_{x\to 0}\dfrac{\sin 3x}{\sin 2x}$;

(5) $\lim\limits_{x\to\infty}\left[(x+1)\sin\dfrac{1}{x}\right]$;　(6) $\lim\limits_{x\to 0}\dfrac{2x-\sin x}{3x+\sin x}$;

(7) $\lim\limits_{x\to\frac{\pi}{2}}(1+\cos x)^{3\sec x}$；　　(8) $\lim\limits_{x\to\infty}\left(1-\frac{3}{x}\right)^{x}$；

(9) $\lim\limits_{x\to 0}(1-2x)^{\frac{1}{x}}$；　　(10) $\lim\limits_{x\to\infty}\left(\frac{x+1}{x-1}\right)^{x}$；

(11) $\lim\limits_{x\to 2}(3-x)^{\frac{1}{2-x}}$；　　(12) $\lim\limits_{x\to\infty}\left(\frac{1-2x}{4-2x}\right)^{x}$.

3. 已知$\lim\limits_{x\to 0}(1-kx)^{\frac{1}{x}}=2$,求 k 的值.

§2-5　无穷小量与无穷大量

在极限存在的函数中,我们对以零为极限的函数特别关注.

一、无穷小量

1. 无穷小的概念

对无穷小的认识可以追溯到古希腊,当时阿基米德就曾用无限小量方法得到许多重要的数学结果,但他认为无限小量方法存在着不合理的地方. 直到 1821 年,柯西对这一概念给出了明确的定义. 而有关无穷小的理论就是在柯西的理论基础上发展起来的.

定义 1　如果当自变量 x 在某一变化趋势下(记为 $x\to *$),函数 $f(x)\to 0$(即$\lim\limits_{x\to *}f(x)=0$),则称函数 $f(x)$为当 $x\to *$ 时的无穷小量,简称无穷小.

例如,因为$\lim\limits_{x\to\infty}\frac{1}{x}=0$,所以$\frac{1}{x}$是当 $x\to\infty$时的无穷小量；

因为$\lim\limits_{x\to 3}(2x-6)=0$,所以 $2x-6$ 是当 $x\to 3$ 时的无穷小量；

当$\lim\limits_{x\to 0}\tan x=0$,所以 $\tan x$ 是当 $x\to 0$ 的无穷小量.

注意　(1) 无穷小是以 0 为极限的变量,不能理解为绝对值很小的数,如 0.000 1,10^{-10}等都是常数,而不是无穷小. 但零是唯一一个可以作为无穷小的常数.

(2) 无穷小是和自变量的变化趋势相对应的. 当 $x\to\infty$ 时,$\frac{1}{x}$是无穷小；但当 $x\to 2$ 时,$\frac{1}{x}$就不是无穷小.

2.无穷小的性质

根据无穷小的定义立即可以推出无穷小具有以下一些性质(在自变量的同一变化过程中).

(1) 有限个无穷小的和(差)仍为无穷小.

(2) 有限个无穷小的积仍为无穷小.

(3) 有界函数与无穷小的积仍为无穷小.

推论　常数与无穷小的乘积是无穷小.

例 1 求下列函数的极限.

(1) $\lim\limits_{x\to 0}(x^2-2x+\tan x)$；　　(2) $\lim\limits_{x\to 0}x^3(e^x-1)$；　　(3) $\lim\limits_{x\to\infty}\dfrac{\sin x}{x}$.

解 (1) 因为

$$\lim_{x\to 0}x^2=0,\lim_{x\to 0}2x=0,\lim_{x\to 0}\tan x=0,$$

所以当 $x\to 0$ 时，x^2，$2x$ 和 $\tan x$ 都是无穷小量.

根据无穷小的性质可知$\lim\limits_{x\to 0}(x^2-2x+\tan x)=0$.

(2) 因为

$$\lim_{x\to 0}x^3=0,\lim_{x\to 0}(e^x-1)=0,$$

所以当 $x\to 0$ 时，x^3 与 e^x-1 都是无穷小量.

根据无穷小的性质可知$\lim\limits_{x\to 0}x^3(e^x-1)=0$.

(3) 因为$\lim\limits_{x\to\infty}\dfrac{1}{x}=0$，所以$\dfrac{1}{x}$是 $x\to\infty$时的无穷小量. 又因为$|\sin x|\leqslant 1$，所以 $\sin x$ 是有界函数，所以$\lim\limits_{x\to\infty}\dfrac{\sin x}{x}=0$.

注意 无限个无穷小的和不一定为无穷小量.

例如，

$$\lim_{n\to\infty}(\overbrace{\frac{1}{n}+\frac{1}{n}+\cdots+\frac{1}{n}}^{n\text{个}})=1.$$

3. 无穷小与函数极限的关系

定理 1 函数 $f(x)$以 A 为极限的充分必要条件是：$f(x)$可以表示为 A 与一个无穷小量α 之和. 即

$$\lim f(x)=A\Leftrightarrow f(x)=A+\alpha,\text{其中}\lim\alpha=0.$$

证明 以 $x\to x_0$ 为例，对于其他情形，可以类似地证明.

必要性：设$\lim\limits_{x\to x_0}f(x)=A$，令 $\alpha=f(x)-A$，则

$f(x)=A+\alpha$，且$\lim\limits_{x\to x_0}\alpha=\lim\limits_{x\to x_0}[f(x)-A]=0$.

充分性：设 $f(x)=A+\alpha$，$\lim\limits_{x\to x_0}\alpha=0$，则$\lim\limits_{x\to x_0}f(x)=\lim\limits_{x\to x_0}(A+\alpha)=A$.

所以，$\lim f(x)=A\Leftrightarrow f(x)=A+\alpha$，其中$\lim\alpha=0$.

二、无穷大量

定义 2 如果当自变量 x 在某一变化趋势下(记为 $x\to *$)，函数 $f(x)$的绝对值无限增大，则称函数 $f(x)$为当 $x\to *$ 时的无穷大量，简称无穷大.

例如，当 $x\to 0$ 时，$\dfrac{1}{x^2}$是无穷大.

当 $x\to\dfrac{\pi}{2}$时，$\tan x$ 是无穷大.

当 $x\to+\infty$时，e^x是无穷大.

注意 (1) 根据函数极限的定义,此时函数 $f(x)$ 的极限是不存在的,但为了便于研究函数的这一趋势,我们也称"函数的极限是无穷大",并记作 $\lim\limits_{x\to *}f(x)=\infty$.

(2) 无穷大是变量,不能理解为绝对值很大的数. 例如,10^{10},$e^{1\,000}$ 等都是常数,而不是无穷大.

(3) 和无穷小一样,无穷大总是和自变量的变化趋势相对应的. 例如 $f(x)=\dfrac{1}{x}$,当 $x\to 0$ 时,$f(x)=\dfrac{1}{x}\to\infty$,而当 $x\to\infty$ 时,$f(x)=\dfrac{1}{x}\to 0$ 就不是无穷大了. 所以说一个函数 $f(x)$ 是无穷大(小),必须指明自变量 x 的变化趋势.

三、无穷小与无穷大的关系

从无穷小量与无穷大量的定义,可以得出如下关系:

(1) 无穷大量的倒数是无穷小量;

(2) 恒不为零的无穷小量的倒数是无穷大量.

还需要指出,无穷小量与无穷大量是指量的变化趋势,不是指量的大小,并且这里的关系也是在自变量的同一变化趋势下.

例如,当 $x\to 0$ 时,$2x\to 0$,$2x$ 为 $x\to 0$ 时的无穷小量,所以 $\dfrac{1}{2x}$ 为 $x\to 0$ 时的无穷大量;当 $x\to 1$ 时,$\dfrac{1}{x-1}\to\infty$,$\dfrac{1}{x-1}$ 为 $x\to 1$ 时的无穷大量,所以 $x-1$ 为 $x\to 1$ 时的无穷小量.

例 2 求 $\lim\limits_{x\to 1}\dfrac{3x+1}{x^2+4x-5}$.

解 因为 $\lim\limits_{x\to 1}(x^2+4x-5)=0$,又 $\lim\limits_{x\to 1}(3x+1)=4\neq 0$,故

$$\lim_{x\to 1}\frac{x^2+4x-5}{3x+1}=\frac{0}{4}=0.$$

由无穷小和无穷大的关系,得

$$\lim_{x\to 1}\frac{3x+1}{x^2+4x-5}=\infty.$$

四、无穷小比较

我们知道,当 $x\to 0$ 时,x,x^2,$4x$ 都是无穷小量,但

$$\lim_{x\to 0}\frac{x^2}{x}=0,\ \lim_{x\to 0}\frac{x}{x^2}=\infty,\ \lim_{x\to 0}\frac{4x}{x}=4.$$

由此可见,两个无穷小之商的极限存在很大差异,这种情况反映了不同的无穷小趋于零的"快慢"程度不同. 为了准确地描述这种性质,我们引入"无穷小的阶"的概念.

定义 3 设 α 与 β 是自变量同一变化过程中的无穷小量.

(1) 若 $\lim\dfrac{\alpha}{\beta}=0$,则称 α 是比 β 高阶的无穷小量,记作 $\alpha=o(\beta)$,亦称 β 是比 α 低阶的

无穷小量.

(2) 若$\lim\frac{\alpha}{\beta}=\infty$,则称$\alpha$是比$\beta$低阶的无穷小量.

(3) 若$\lim\frac{\alpha}{\beta}=k$($k\neq0$ 为常数),则称α与β是同阶无穷小量.特别地,当$k=1$时,则称α与β是等价无穷小量,记作$\alpha\sim\beta$.

例如,因为$\lim\limits_{x\to0}\frac{x^2}{x}=\lim\limits_{x\to0}x=0$,所以,当$x\to0$时,$x^2$是比$x$高阶的无穷小量.

而$\lim\limits_{x\to0}\frac{x^2}{5x^2}=\frac{1}{5}$,所以当$x\to0$时,$x^2$与$5x^2$是同阶无穷小量.

因为$\lim\limits_{x\to0}\frac{\sin x}{5x^2}=\infty$,所以当$x\to0$时,$\sin x$是比$5x^2$低阶的无穷小量.

上述定义中,lim下面没有标明自变量的变化情况,实际上,上述定义对$x\to x_0$或$x\to\infty$都适用,以后不再说明.

例 3 证明:当$x\to0$时,$\arcsin x$与x是等价无穷小.

证 令$\arcsin x=t$,则$x=\sin t$.当$x\to0$时,$t\to0$,于是

$$\lim_{x\to0}\frac{\arcsin x}{x}=\lim_{t\to0}\frac{t}{\sin t}=1,$$

故当$x\to0$时,$\arcsin x\sim x$.

根据等价无穷小的定义,可以证明,当$x\to0$时,有下列常用等价无穷小关系:

$\sin x\sim x$; $\tan x\sim x$; $\arcsin x\sim x$; $\arctan x\sim x$;

$\ln(1+x)\sim x$; $e^x-1\sim x$; $1-\cos x\sim\frac{1}{2}x^2$; $\sqrt[n]{1+x}-1\sim\frac{1}{n}x$.

这些等价无穷小关系可以推广.例如,当$x\to0$时,有$x^2\sim\sin x^2$,$e^{\frac{x^2}{3}}-1\sim\frac{x^2}{3}$等.

等价无穷小的一个重要作用就是求函数的极限,下述定理就显示了等价无穷小在求极限过程中的作用.

定理 2 若$F(x)\sim f(x)$,$G(x)\sim g(x)$,且$\lim\frac{f(x)}{g(x)}=A$(或为无穷大量),则

$$\lim\frac{F(x)}{G(x)}=\lim\frac{f(x)}{g(x)}=A\text{(或为无穷大量)}.$$

定理 2 表明,在求两个无穷小之比的极限时,分子及分母都可以用等价无穷小替换,因此,如果无穷小的替换运用得当,则可以简化求极限的运算过程.

例 4 求$\lim\limits_{x\to0}\frac{\arcsin x}{\sin2x}$.

解 当$x\to0$时,$\arcsin x\sim x$,$\sin2x\sim2x$,故

$$\lim_{x\to0}\frac{\arcsin x}{\sin2x}=\lim_{x\to0}\frac{x}{2x}=\frac{1}{2}.$$

例 5 求$\lim\limits_{x\to0}\frac{(e^x-1)\ln(1+2x)}{\tan x\sin3x}$.

解 当 $x\to 0$ 时，$e^x-1\sim x$，$\ln(1+2x)\sim 2x$，$\tan x\sim x$，$\sin 3x\sim 3x$，故

$$\lim_{x\to 0}\frac{(e^x-1)\ln(1+2x)}{\tan x\sin 3x}=\lim_{x\to 0}\frac{x\cdot 2x}{x\cdot 3x}=\frac{2}{3}.$$

例 6 $\lim\limits_{x\to 0}\dfrac{\tan x-\sin x}{x^3}$.

解 当 $x\to 0$ 时，$\tan x-\sin x=\tan x(1-\cos x)\sim\frac{1}{2}x^3$，故

$$\lim_{x\to 0}\frac{\tan x-\sin x}{x^3}=\lim_{x\to 0}\frac{\frac{1}{2}x^3}{x^3}=\frac{1}{2}.$$

或

$$\lim_{x\to 0}\frac{\tan x-\sin x}{x^3}=\lim_{x\to 0}\frac{\frac{\sin x}{\cos x}-\sin x}{x^3}$$

$$=\lim_{x\to 0}\frac{\sin x\frac{1-\cos x}{\cos x}}{x^3}=\lim_{x\to 0}\frac{\sin x}{x}\cdot\frac{1}{\cos x}\cdot\frac{1-\cos x}{x^2}$$

$$=\lim_{x\to 0}\frac{\sin x}{x}\cdot\lim_{x\to 0}\frac{1}{\cos x}\cdot\lim_{x\to 0}\frac{1-\cos x}{x^2}=\frac{1}{2}.$$

错解 当 $x\to 0$ 时，$\tan x\sim x$，$\sin x\sim x$，所以

$$\lim_{x\to 0}\frac{\tan x-\sin x}{x^3}=\lim_{x\to 0}\frac{x-x}{x^3}=0.$$

注意 在积、商的极限运算中，等价的无穷小因子才可以等价代换.

例 7 求 $\lim\limits_{x\to 0}\dfrac{\ln(1+2x)}{\arcsin 3x}$.

解 当 $x\to 0$ 时，$\ln(1+2x)\sim 2x$，$\arcsin 3x\sim 3x$，故

$$\lim_{x\to 0}\frac{\ln(1+2x)}{\arcsin 3x}=\lim_{x\to 0}\frac{2x}{3x}=\frac{2}{3}.$$

例 8 比较下列无穷小.

(1) 当 $x\to 1$ 时，$1-x$ 与 $3(1-x^2)$； (2) 当 $x\to 0$ 时，$\sqrt{x^3+1}-1$ 与 $\sin x$.

解 (1) 因为 $\lim\limits_{x\to 1}\dfrac{1-x}{3(1-x^2)}=\dfrac{1}{3}\lim\limits_{x\to 1}\dfrac{1-x}{(1-x)(1+x)}=\dfrac{1}{6}$，所以当 $x\to 1$ 时 $1-x$ 与 $3(1-x^2)$ 是同阶无穷小.

(2) 因为 $\lim\limits_{x\to 0}\dfrac{\sqrt{x^3+1}-1}{\sin x}=\lim\limits_{x\to 0}\dfrac{\frac{1}{2}x^3}{x}=0$，所以当 $x\to 0$ 时 $\sqrt{x^3+1}-1$ 是比 $\sin x$ 高阶的无穷小.

练习 2-5

1. 判断题.

(1) 无穷小是一个很小很小的数；

(2) 零是无穷小；

(3) 无穷大是一个变量；

(4) 两个无穷小的积是无穷小；

(5) 两个无穷小的商是无穷小；

(6) 两个无穷大的和一定是无穷大.

2. 指出下列函数在自变量相应的变化过程中哪些是无穷小，哪些是无穷大.

(1) $y=2x-3\left(x\to\frac{3}{2}\right)$；　　(2) $y=\frac{1}{x^2-1}(x\to 1)$；

(3) $y=\ln(x-3)(x\to 4)$；　　(4) $y=e^x(x\to -\infty)$；

(5) $y=\frac{1}{x}(x\to\infty)$；　　(6) $y=\frac{\arcsin x}{1+\cos x}(x\to 0)$.

3. 计算下列极限.

(1) $\lim\limits_{x\to 0}x^2\sin\frac{10}{x}$；　　(2) $\lim\limits_{x\to\infty}\frac{\arctan x}{x}$；

(3) $\lim\limits_{x\to\infty}\frac{1}{x}\cdot\sin x^2$；　　(4) $\lim\limits_{x\to 2}\frac{x-1}{x-2}$.

4. 比较下列无穷小.

(1) 当 $x\to 1$ 时，x^3-1 与 $x-1$；(2) 当 $x\to 0$ 时，$e^{x^3}-1$ 与 x.

5. 利用等价无穷小的性质求下列极限.

(1) $\lim\limits_{x\to 0}\frac{\arcsin 3x}{5x}$；　　(2) $\lim\limits_{x\to 0}\frac{\ln(x+1)}{x}$；

(3) $\lim\limits_{x\to 0}\frac{e^{5x}-1}{\tan x}$；　　(4) $\lim\limits_{x\to 0}\frac{\sqrt{1+x\sin x}-1}{x\arctan x}$.

6. 已知当 $x\to 0$ 时，$\ln(1+x^4)$ 是 $\sin^n x$ 的高阶无穷小，而 $\sin^n x$ 是 $1-\cos x$ 的高阶无穷小，则正整数 n 是多少？

§ 2-6 函数的连续性

我们在研究函数时，不仅关心变量在一个变化过程中的变化趋势，同时也十分关注变量是以怎样的方式变化的：从函数的图形上看，它可能呈现出一种“连绵不断”的样子，还可能是断断续续、呈跳跃式的，甚至可能是无法用语言描述的变化. 为进一步研究这种不同类别的变化，我们将在本节介绍连续函数与间断的概念.

一、连续函数的概念

要讨论函数在整个定义域内的图象是否“连绵不断”，必须讨论其在定义区间内的任一点 x 处是否与其邻近点“紧密相连”，即自变量的微小变化是否会导致函数的“突变”. 为了刻画函数自变量的这种“细微”变化，我们首先引入函数增量的概念.

1. 函数的增量（或改变量）

如图 2-11 所示，设函数 $y=f(x)$ 在点 x_0 的某一邻域内有定义，当自变量 x 由初值 x_0 变化到终值 x 时，终值与初值之差 $x-x_0$ 称为自变量的增量(或改变量)，记为 Δx，即 $\Delta x=x-x_0$；相应地，函数 $f(x)$ 的终值(x 处的函数值)与初值(x_0 处的函数值)之差称为函数的增量(或改变量)，记为 Δy，即

$$\Delta y=f(x)-f(x_0)=f(x_0+\Delta x)-f(x_0).$$

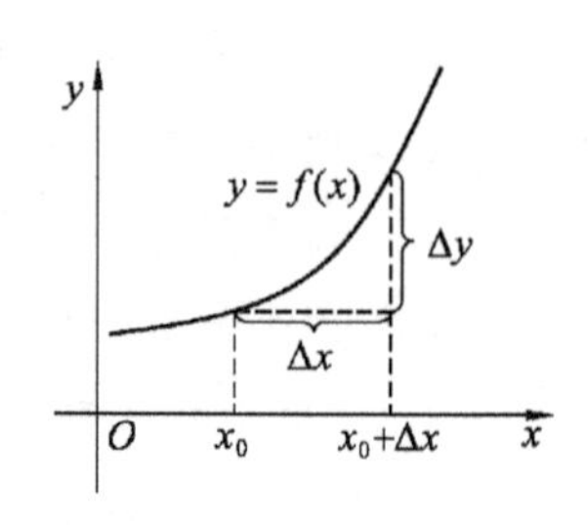

图 2-11

几何上，函数的增量表示当自变量从 x_0 变到 $x_0+\Delta x$ 时，曲线上对应点的纵坐标的增量.

注 增量也称为改变量，它可以是正数，也可以是负数或零.

函数在点 x_0 处连续，在几何上表示为函数图形在 x_0 附近为一条连续不断的曲线：从图 2-11 可以看出，其特点是当自变量增量 Δx 变化很小时，函数的增量 Δy 也变化很小，即有下述定义.

2. 函数在某点连续的定义

定义 1 设函数 $y=f(x)$ 在点 x_0 的某一邻域内有定义，如果当自变量 x 在点 x_0 处有增量 Δx 且趋于零时，函数 $y=f(x)$ 对应的增量 Δy 也趋于零，即

$$\lim_{\Delta x\to 0}\Delta y=0 \quad 或 \quad \lim_{\Delta x\to 0}[f(x_0+\Delta x)-f(x_0)]=0,$$

则称函数 $y=f(x)$ 在点 x_0 处连续，x_0 称为 $y=f(x)$ 的连续点.

定义 1 表明，函数在一点连续的本质特征是：当自变量的变化量趋于 0 时，对应的函数值的变化量也趋于 0.

例如，函数 $y=x^2$ 在点 $x_0=1$ 处是连续的，所以

$$\lim_{\Delta x\to 0}\Delta y=\lim_{\Delta x\to 0}[f(1+\Delta x)-f(1)]=\lim_{\Delta x\to 0}[(1+\Delta x)^2-1^2]=0.$$

在定义 1 中，若令 $x=x_0+\Delta x$，即 $\Delta x=x-x_0$，则当 $\Delta x\to 0$，即 $x\to x_0$ 时，有

$$\Delta y=f(x_0+\Delta x)-f(x_0)=f(x)-f(x_0).$$

因而，函数在点 x_0 处连续的定义又可叙述如下.

定义 2 设函数 $y=f(x)$ 在点 x_0 的某一邻域内有定义，如果当 $x\to x_0$ 时函数 $y=f(x)$ 的极限存在，且等于它在点 x_0 处的函数值 $f(x_0)$，即

$$\lim_{x\to x_0}f(x)=f(x_0),$$

则称函数 $y=f(x)$ 在点 x_0 处连续.

注 由定义 2 可知，$y=f(x)$ 在点 x_0 处连续必须同时满足下面三个条件：

(1) $f(x)$在点 x_0 处及 x_0 的附近有定义；

(2) $\lim\limits_{x \to x_0} f(x)$存在；

(3) $\lim\limits_{x \to x_0} f(x) = f(x_0)$.

例 1 证明：函数 $f(x) = \begin{cases} \dfrac{1-\cos x}{x^2}, & x \neq 0, \\ \dfrac{1}{2}, & x = 0 \end{cases}$ 在 $x=0$ 处连续.

证明 显然，函数 $f(x)$ 在点 $x=0$ 的邻域内有定义，且 $f(0)=\dfrac{1}{2}$. 又因为

$$\lim_{x \to 0} \frac{1-\cos x}{x^2} = \lim_{x \to 0} \frac{\frac{1}{2}x^2}{x^2} = \frac{1}{2}, \text{所以} \lim_{x \to 0} f(x) = f(0).$$

由定义 2 可知，函数 $f(x)$在 $x=0$ 处连续.

二、左连续与右连续

定义 3 若函数 $y=f(x)$在$(a,x_0]$内有定义，且 $\lim\limits_{x \to x_0^-} f(x) = f(x_0)$，则称 $y=f(x)$在点 x_0 处左连续；若函数 $y=f(x)$在$[x_0,b)$内有定义，且 $\lim\limits_{x \to x_0^+} f(x) = f(x_0)$，则称 $y=f(x)$在点 x_0 处右连续.

定理 1 函数 $f(x)$在 x_0 处连续的充分必要条件是函数 $f(x)$在 x_0 处既左连续又右连续.

例 2 已知函数 $f(x) = \begin{cases} x^2+1, & x \leqslant 1, \\ b-x, & x > 1 \end{cases}$ 在点 $x=1$ 处连续，求 b 的值.

解 $\lim\limits_{x \to 1^-} f(x) = \lim\limits_{x \to 1^-} (x^2+1) = 2$，$\lim\limits_{x \to 1^+} f(x) = \lim\limits_{x \to 1^+} (b-x) = b-1$，因为 $f(x)$在点 $x=1$ 处连续，故 $\lim\limits_{x \to 1^-} f(x) = \lim\limits_{x \to 1^+} f(x)$，即 $b-1=2$，所以 $b=3$.

三、连续函数及其运算

1. 连续函数

定义 4 如果函数 $y=f(x)$在开区间(a,b)内每一点都连续，则称 $y=f(x)$在区间(a,b)内连续，或称 $y=f(x)$为区间(a,b)内的连续函数，区间(a,b)称为函数 $y=f(x)$的连续区间.

如果函数 $y=f(x)$在开区间(a,b)内连续，并且在左端点 $x=a$ 处右连续$[\lim\limits_{x \to a^+} f(x) = f(a)]$，在右端点 $x=b$ 处左连续$[\lim\limits_{x \to b^-} f(x) = f(b)]$，则称函数 $f(x)$在闭区间$[a,b]$上连续.

在几何上，连续函数的图形是一条连续不间断的曲线，而基本初等函数的图象在定义域内都是连续不间断的曲线，所以有以下结论：

基本初等函数在其定义域内都是连续的.

例3 证明函数 $y=\sin x$ 在区间 $(-\infty,+\infty)$ 内连续.

证明 任取 $x\in(-\infty,+\infty)$，则

$$\Delta y=\sin(x+\Delta x)-\sin x=2\sin\frac{\Delta x}{2}\cdot\cos\left(x+\frac{\Delta x}{2}\right).$$

由 $\left|\cos\left(x+\frac{\Delta x}{2}\right)\right|\leqslant 1$，得 $|\Delta y|\leqslant 2\left|\sin\frac{\Delta x}{2}\right|<|\Delta x|$.

所以，当 $\Delta x\to 0$ 时，$\Delta y\to 0$，即函数 $y=\sin x$ 在区间 $(-\infty,+\infty)$ 内连续.

类似地，可以证明其他基本初等函数在其定义域内是连续的.

2. 连续函数的运算

定理2 如果函数 $f(x)$ 和 $g(x)$ 在点 x_0 处连续，那么它们的和、差、积、商，即 $f(x)\pm g(x)$，$kf(x)$（k 为常数），$f(x)\cdot g(x)$，$\frac{f(x)}{g(x)}[g(x)\neq 0]$ 也都在点 x_0 处连续.

注 和、差、积的情况可以推广到有限个函数的情形.

3. 复合函数的连续性

定理3 如果函数 $u=\varphi(x)$ 在点 x_0 处连续，且 $\varphi(x_0)=u_0$，而函数 $y=f(u)$ 在点 u_0 处连续，那么复合函数 $y=f[\varphi(x)]$ 在点 x_0 处也连续.

4. 初等函数的连续性

根据初等函数的定义，由基本初等函数的连续性以及本节定理2和定理3可得下面的重要结论：

一切初等函数在其定义区间内都是连续的. 所谓定义区间，是指包括在定义域内的区间.

这个结论不仅给我们提供了判断一个函数是否连续的依据，而且为我们提供了计算初等函数极限的一种方法.

例4 求 $\lim\limits_{x\to 1}\frac{\ln(x^2+1)-2x}{e^{x+1}}$.

解 因为 $f(x)=\frac{\ln(x^2+1)-2x}{e^{x+1}}$ 是初等函数，且 $x_0=1$ 是其定义区间内的点，所以 $\frac{\ln(x^2+1)-2x}{e^{x+1}}$ 在点 $x_0=1$ 处连续，于是

$$\lim_{x\to 1}\frac{\ln(x^2+1)-2x}{e^{x+1}}=f(1)=\frac{\ln 2-2}{e^2}=e^{-2}(\ln 2-2).$$

注 初等函数的连续区间是其定义区间.

例如，$y=\frac{3\sin x}{(x+1)(x-2)}$ 的连续区间是 $(-\infty,-1)\cup(-1,2)\cup(2,+\infty)$.

而分段函数的连续区间不一定是其定义域. 例如，$f(x)=\begin{cases}x^3+2, & x\geqslant 2,\\ x-5, & x<2\end{cases}$ 的定义域是 $(-\infty,+\infty)$，而连续区间是 $(-\infty,2)\cup(2,+\infty)$.

四、函数的间断点

1. 函数间断点的概念

定义 5 如果函数 $y=f(x)$在点 x_0 处不连续，则称 $f(x)$在点 x_0 处间断，称点 x_0 为 $f(x)$的间断点.

由函数在某点连续的定义可知，如果 $f(x)$在点 x_0 处满足下列三个条件之一，则点 x_0 为 $f(x)$的间断点：

(1) $f(x)$在点 x_0 处没有定义；

(2) $\lim\limits_{x\to x_0}f(x)$不存在；

(3) $f(x)$在点 x_0 处有定义，$\lim\limits_{x\to x_0}f(x)$存在，但$\lim\limits_{x\to x_0}f(x)\neq f(x_0)$.

2. 函数间断点的分类

设点 x_0 为 $f(x)$的间断点，若函数 $f(x)$在点 x_0 处的左、右极限都存在，则称 x_0 为 $f(x)$的第一类间断点；若 $f(x)$在点 x_0 处的左、右极限至少有一个不存在，则称 x_0 为 $f(x)$的第二类间断点.

在第一类间断点中，如果左、右极限存在但不相等，那么这类间断点称为跳跃间断点；如果左、右极限存在且相等(即极限存在)，那么这类间断点称为可去间断点.

例如，$x=0$ 是函数$\dfrac{1}{x}$的第二类间断点；而 $x=0$ 是函数 $y=\dfrac{\sin x}{x}$的第一类间断点中的可去间断点.

例 5 讨论函数

$$f(x)=\begin{cases}x^3-2, & x\geqslant 0,\\ x+3, & x<0\end{cases}$$

在 $x=0$ 处的连续性. 若有间断点，指出其类型.

解 因为
$$\lim_{x\to 0^+}f(x)=\lim_{x\to 0^+}(x^3-2)=-2,$$
$$\lim_{x\to 0^-}f(x)=\lim_{x\to 0^-}(x+3)=3,$$
即 $f(x)$在 $x=0$ 处的左、右极限存在但不相等，所以函数 $f(x)$在 $x=0$ 处不连续且 $x=0$ 是第一类间断点中的跳跃间断点.

例 6 讨论函数 $f(x)=\dfrac{x-1}{x(x-1)}$的连续性. 若有间断点，指出其类型.

解 函数 $f(x)$的定义域为$(-\infty,0)\cup(0,1)\cup(1,+\infty)$，故 $x=0$ 与 $x=1$ 是它的两个间断点. 由于

$$\lim_{x\to 0}f(x)=\lim_{x\to 0}\frac{x-1}{x(x-1)}=\infty,$$

$$\lim_{x\to 1}f(x)=\lim_{x\to 1}\frac{x-1}{x(x-1)}=\lim_{x\to 1}\frac{1}{x}=1,$$

所以 $x=0$ 是 $f(x)$的第二类间断点，$x=1$ 是 $f(x)$的第一类间断点，且为可去间断点.

一般地,初等函数的间断点出现在没有定义的点处,而分段函数的间断点还可能出现在分段点处.

五、闭区间上连续函数的性质

闭区间上的连续函数有一些重要性质.这些性质在直观上比较明显,因此下面直接给出结论.

定义 6 设函数 $y=f(x)$ 在区间 I 上有定义,若存在 $x_0\in I$,使得对于任意 $x\in I$ 都有

$$f(x)\leqslant f(x_0)\ [\text{或}\ f(x)\geqslant f(x_0)],$$

则称 $f(x_0)$ 为函数 $f(x)$ 在区间 I 上的最大值(或最小值).

定理 4(最值定理) 若函数 $f(x)$ 在闭区间 $[a,b]$ 上连续,则函数 $f(x)$ 在 $[a,b]$ 上一定有最大值和最小值(即闭区间上的连续函数必有最大值和最小值).

推论 若函数 $f(x)$ 在闭区间 $[a,b]$ 上连续,则函数 $f(x)$ 在 $[a,b]$ 上有界.

注意 定理 4 中的条件缺一不可,即如果区间不是闭区间,或者函数在闭区间上不连续,那么结论可能不成立.

例如,函数 $y=5x$ 在开区间 $(-2,3)$ 上是连续的,但在该区间上既无最大值也无最小值.

函数 $y=\begin{cases}\sin x, & x\in\left[0,\dfrac{\pi}{2}\right)\cup\left(\dfrac{\pi}{2},\pi\right],\\ 0, & x=\dfrac{\pi}{2}\end{cases}$ 在闭区间 $[0,\pi]$ 上不是连续的,函数无最大值.

定义 7 对于函数 $f(x)$,若存在 x_0 使得 $f(x_0)=0$,则 x_0 称为 $f(x)$ 的零点.

定理 5(零点定理) 设函数 $f(x)$ 在闭区间 $[a,b]$ 上连续,且 $f(a)f(b)<0$,则在 (a,b) 内至少存在一点 ξ,使得 $f(\xi)=0$,也即方程 $f(x)=0$ 在 (a,b) 内至少有一个实数根.

定理 6(介值定理) 设函数 $f(x)$ 在闭区间 $[a,b]$ 上连续,m 和 M 分别是 $f(x)$ 在闭区间 $[a,b]$ 上的最小值和最大值,实数 μ 介于 m 和 M 之间,则在 $[a,b]$ 上至少存在一点 ξ,使得 $f(\xi)=\mu$.

例 7 证明:方程 $x^5-4x+1=0$ 在区间 $(0,1)$ 内至少有一个实根.

证明 作辅助函数 $f(x)=x^5-4x+1$,则 $f(x)=x^5-4x+1$ 在 $[0,1]$ 上连续,又

$$f(0)=1>0,f(1)=-2<0,$$

由零点定理得方程 $x^5-4x+1=0$ 在区间 $(0,1)$ 内至少有一个实根.

练习 2-6

1. 计算下列极限.

(1) $\lim\limits_{x\to0}\sqrt{x^3+3x^2+5x+4}$;　　(2) $\lim\limits_{x\to\frac{\pi}{3}}\ln\left(2\sin\dfrac{1}{2}x\right)$;

(3) $\lim\limits_{x\to 0}\ln\dfrac{\sin x}{x}$；　　　　(4) $\lim\limits_{x\to 0}\dfrac{\ln(1+x^2)}{a^x+1}$.

2. 已知函数 $f(x)=\begin{cases}1+2x^2, & x\leqslant 1,\\ 4-x, & x>1,\end{cases}$ 讨论函数 $f(x)$在 $x=1$ 处是否连续.

3. 求函数 $f(x)=\dfrac{x-2}{x^2+x-6}$的连续区间，并求$\lim\limits_{x\to 0}f(x)$，$\lim\limits_{x\to 2}f(x)$，$\lim\limits_{x\to -3}f(x)$的值.

4. 设 $f(x)=\begin{cases}3-e^x, & x<0,\\ a+x, & x\geqslant 0,\end{cases}$ 当 a 取何值时，函数 $f(x)$在$(-\infty,+\infty)$上连续？

5. 下列函数在指定点处间断，说明间断点的类型.

(1) $y=\dfrac{2}{(x-5)^3}$，$x=5$；　　　　(2) $y=\dfrac{x+2}{x^2-4}$，$x=2$；

(3) $y=\sin\dfrac{1}{x}$，$x=0$；　　　　(4) $y=\begin{cases}1, & |x|>1,\\ x, & |x|\leqslant 1,\end{cases}$ $x=-1$.

6. 证明：方程 $x^3-3x=1$ 在区间(0,2)内至少有一个根.

§2-7　极限模型及其应用

极限就是一种简单的数学模型，但是运用这种简单的模型得到的许多深刻的结论却令人震惊，很多结果都与我们的直观认识有冲突，用初等数学的思想和方法都难以解释和理解.

例 1　计算 $1+\dfrac{1}{2}+\dfrac{1}{3}+\cdots+\dfrac{1}{n}+\cdots=\sum\limits_{n=1}^{\infty}\dfrac{1}{n}$.

首先建立一个 m 文件，其方法是先单击“File”，然后单击“new”，最后单击“M-File”，即可建立 m 文件.

打开 m 文件窗口，在 m 文件窗口中输入如下程序.

```
n=input('n=')          *给 n 赋一个值
s=0                    *给 s 赋予初值 0
for i=1:n              *i 从 1 循环到 n
s=s+1/i                *把 i 从 1 到 n 代入计算
end                    *循环结束
disp(s)                *显示结果 s
```

以 thjs.m(调和级数)的文件名保存.

最后在命令窗口中调用 thjs 三次，分别输入 n=10 000，n=100 000，n=1 000 000，得到结果：9.787 6，12.090 1，14.392 7.

即 $\sum\limits_{n=1}^{10\,000}\dfrac{1}{n}=9.787\,6$，$\sum\limits_{n=1}^{100\,000}\dfrac{1}{n}=12.090\,1$，$\sum\limits_{n=1}^{1\,000\,000}\dfrac{1}{n}=14.392\,7$.

事实上，$\sum_{n=1}^{\infty}\frac{1}{n}$ 将以非常慢的速度向无穷大靠近，慢的速度有些令人不可思议.

通过上面的计算可知，前 10 000 项的和仅为 9.787 6，前 100 000 项的和仅为 12.090 1，前 1 000 000 项的和仅为 14.392 7. 这是历史上第一个发散级数（调和级数）的例子. 奥雷斯姆于 1350 年证明了调和级数的敛散性.

例 2 某收藏品今年的价值是 A_0（万元），据估计其价值的年化增长率是 r，求其经过 t 年后的价值 A.

解 将 t 年时间 n 等分成小的时间段 $\frac{t}{n}$，经过一个这样的小时间段后，该收藏品的价值变成 $A_t=A_0\left(1+\frac{t}{n}r\right)$，经过 t 年，实际上是经过 n 个这样的小时间段，所以该收藏品的价值变成 $A_n=A_0\left(1+\frac{rt}{n}\right)^n$.

因为时间是连续变化的，理论上讲收藏品的价值每时每刻都是在变化的，所以当 n 越大时，收藏品的价值就越准确，当 $n\to\infty$ 时，对 $A_n=A_0\left(1+\frac{rt}{n}\right)^n$ 取极限就可以得到 A，于是有

$$A=\lim_{n\to\infty}A_n=\lim_{n\to\infty}A_0\left(1+\frac{rt}{n}\right)^n=A_0\lim_{n\to\infty}\left(1+\frac{rt}{n}\right)^{\frac{n}{rt}\cdot rt}=A_0\mathrm{e}^{rt}.$$

总结 · 拓展

一、知识小结

极限是描述数列和函数的变化趋势的重要概念，是从近似认识精确、从有限认识无限、从量变认识质变的一种数学方法.

连续是函数的一种特性.

函数在点 x_0 处存在极限与在 x_0 处连续是有区别的，前者是描述函数在点 x_0 邻近的变化趋势，不考虑在 x_0 处有无定义或取值；而后者不仅要求函数在点 x_0 处有极限，而且极限存在且等于函数值.

一切初等函数在其定义区间内都是连续的.

1. 两个重要定理

(1) $\lim\limits_{x\to\infty}f(x)=A\Leftrightarrow\lim\limits_{x\to-\infty}f(x)=\lim\limits_{x\to+\infty}f(x)=A$；

(2) $\lim\limits_{x\to x_0}f(x)=A\Leftrightarrow\lim\limits_{x\to x_0^-}f(x)=\lim\limits_{x\to x_0^+}f(x)=A$.

$x\to\infty$ 的含义为 $x\to\begin{cases}-\infty,\\+\infty;\end{cases}$ $x\to x_0$ 的含义为 $x\to\begin{cases}x_0^-,\\x_0^+.\end{cases}$

2. 两个重要极限

(1) $\lim\limits_{x\to 0}\dfrac{\sin x}{x}=1$,可推广为 $\lim\limits_{\varphi(x)\to 0}\dfrac{\sin\varphi(x)}{\varphi(x)}=1$;

(2) $\lim\limits_{x\to\infty}\left(1+\dfrac{1}{x}\right)^{x}=\mathrm{e}$,可推广为 $\lim\limits_{f(x)\to\infty}\left[1+\dfrac{1}{f(x)}\right]^{f(x)}=\mathrm{e}$ 及 $\lim\limits_{\varphi(x)\to 0}[1+\varphi(x)]^{\frac{1}{\varphi(x)}}=\mathrm{e}$.

重要结论:① $\lim\limits_{x\to 0}\dfrac{\sin kx}{x}=k$; ② $\lim\limits_{x\to\infty}\left(1+\dfrac{k}{x}\right)^{x}=\mathrm{e}^{k}$.

3. 无穷大和无穷小

无穷大和无穷小(除常数 0 外)都不是一个数,而是两类具有特定变化趋势的函数,因此不指出自变量的变化过程,笼统地说某个函数是无穷大或无穷小是没有意义的.

(1) 几个重要结论.

① $\lim\limits_{x\to *}f(x)=A$($*$可以是有限数 x_0 或 $\pm\infty,\infty$) $\Leftrightarrow f(x)=A+\alpha,\alpha\to 0$ ($x\to *$);

② 若 y 是当 $x\to *$($*$可以是有限数 x_0 或 $\pm\infty,\infty$)时的无穷大(非零无穷小),则 $\dfrac{1}{y}$ 是当 $x\to *$ 时的无穷小(无穷大);

③ 无穷小与有界函数之积仍为无穷小.

(2) 无穷小的比较.

设 α,β 是 $x\to *$($*$可以是有限数 x_0 或 $\pm\infty,\infty$)时的无穷小,则

$$\lim_{x\to *}\frac{\alpha}{\beta}=\begin{cases}0, & \alpha\text{ 是 }\beta\text{ 的高阶无穷小;}\\ \infty, & \alpha\text{ 是 }\beta\text{ 的低阶无穷小;}\\ c(c\neq 0), & \alpha\text{ 与 }\beta\text{ 是同阶无穷小;若 }c=1\text{,则 }\alpha\text{ 与 }\beta\text{ 是等价无穷小.}\end{cases}$$

4. 函数的连续性

连续函数是高等数学的主要研究对象. 要弄清函数在一点处连续与极限存在的区别,在此基础上,了解初等函数在其定义域内连续的基本结论,掌握讨论初等函数与简单非初等函数连续性与间断点的方法,并会用根的存在定理讨论某些方程根的存在问题.

(1) 极限存在与连续的关系.

① $f(x)$在 x_0 处连续 $\Leftrightarrow \lim\limits_{x\to x_0^-}f(x)=\lim\limits_{x\to x_0^+}f(x)=f(x_0)$;

② $f(x)$在 x_0 处连续$\Rightarrow\lim\limits_{x\to x_0}f(x)$存在,但反过来不成立.

(2) 间断点的类型.

设点 x_0 为 $f(x)$的间断点,如果函数 $f(x)$在点 x_0 处的左、右极限都存在,则称 x_0 为 $f(x)$的第一类间断点;若 $f(x)$在点 x_0 处的左、右极限存在且相等,但不等于 x_0 处的函数值,则称 x_0 是 $f(x)$的第一类可去间断点;若 $f(x)$在点 x_0 处的左、右极限存在但不相等,则称 x_0 是 $f(x)$的第一类跳跃间断点. 若 $f(x)$在点 x_0 处的左、右极限至少有一个不存在,则称 x_0 为 $f(x)$的第二类间断点.

(3) 零点定理.

设函数 $f(x)$在闭区间$[a,b]$上连续,且 $f(a)f(b)<0$,则在(a,b)内至少存在一点 ξ,使得 $f(\xi)=0$,也即方程 $f(x)=0$ 在(a,b)内至少有一个实数根.

二、要点解析

1. 求极限的方法

求极限是本章的重点之一，也是微积分中三大基本运算之一.

求极限的主要方法：

(1) 直接代入法(利用初等函数的连续性).

若 $f(x)$ 在 x_0 处连续，则 $\lim\limits_{x\to x_0}f(x)=f(x_0)$；

若 $f(u)$ 在 $u=u_0$ 处连续，$\lim\limits_{x\to x_0}u(x)=u_0$，则 $\lim\limits_{x\to x_0}f[u(x)]=f[\lim\limits_{x\to x_0}u(x)]=f(u_0)$.

(2) 因式分解法(利用因式分解约去零因子).

(3) 分子或分母有理化法(利用分子或分母有理化，约去零因子).

(4) 化无穷大为无穷小法(分子、分母同除以不含系数的最大项；对于有理函数，分子、分母同除以 x 的最高次幂).

对有理函数有如下结论：

$$\lim_{x\to\infty}\frac{a_0x^n+a_1x^{n-1}+\cdots+a_n}{b_0x^m+b_1x^{m-1}+\cdots+b_m}=\begin{cases}0, & 当\ m>n,\\ \dfrac{a_0}{b_0}, & 当\ m=n,\\ \infty, & 当\ m<n.\end{cases}$$

(5) 利用两个重要极限(若分式中含有三角函数与自变量幂的乘积，或是 1^∞ 型未定式，考虑用两个重要极限).

两个重要极限给出了两个特殊的“$\frac{0}{0}$”“1^∞”型未定式的极限.

(6) 利用无穷小的性质.

(7) 利用无穷大与无穷小的关系.

(8) 利用无穷小的等价代换(注意等价代换的条件).

注 求极限的方法还有很多，今后还会继续介绍. 尤其是遇到包含“$\frac{0}{0}$”“$\frac{\infty}{\infty}$”型的未定式，常常使用罗必塔法则. 对于“1^∞”“$\infty-\infty$”“$0\cdot\infty$” “∞^0” “0^0”等几种形式的极限计算，常常先恒等变形，变成“$\frac{0}{0}$”“$\frac{\infty}{\infty}$”型未定式，再用罗必塔法则. 有许多求极限的题目，多种方法混合使用，求解更简便.

例 1 求下列极限.

(1) $\lim\limits_{x\to 1}\dfrac{x^2+\ln(2-x)}{4\arctan x}$； (2) $\lim\limits_{x\to 4}\dfrac{\sqrt{2x+1}-3}{\sqrt{x-2}-\sqrt{2}}$； (3) $\lim\limits_{x\to\infty}\dfrac{3x^2-x\sin x}{x^2+\cos x+1}$；

(4) $\lim\limits_{x\to\infty}(\sqrt{4x^2+3x+1}-\sqrt{4x^2-3x-2})$； (5) $\lim\limits_{x\to 0}\dfrac{\tan x-\sin x}{x^2\ln(1-x)}$；

(6) $\lim\limits_{x\to 0}\left(\dfrac{1}{x\sin x}-\dfrac{1}{x\tan x}\right)$； (7) $\lim\limits_{x\to\infty}\left(\dfrac{x+3}{x-2}\right)^x$； (8) $\lim\limits_{x\to\infty}\left[(x-1)\sin\dfrac{1}{x-1}\right]$.

解 (1) $\lim\limits_{x\to1}\dfrac{x^2+\ln(2-x)}{4\arctan x}=\dfrac{1+\ln1}{4\arctan1}=\dfrac{1}{\pi}$;

(2) $\lim\limits_{x\to4}\dfrac{\sqrt{2x+1}-3}{\sqrt{x-2}-\sqrt{2}}=\lim\limits_{x\to4}\dfrac{(2x-8)(\sqrt{x-2}+\sqrt{2})}{(x-4)(\sqrt{2x+1}+3)}=\dfrac{2\sqrt{2}}{3}$;

(3) $\lim\limits_{x\to\infty}\dfrac{3x^2-x\sin x}{x^2+\cos x+1}=\lim\limits_{x\to\infty}\dfrac{3-\dfrac{\sin x}{x}}{1+\dfrac{\cos x}{x^2}+\dfrac{1}{x^2}}=3$;

(4) $\lim\limits_{x\to\infty}(\sqrt{4x^2+3x+1}-\sqrt{4x^2-3x-2})$

$=\lim\limits_{x\to\infty}\dfrac{6x+3}{\sqrt{4x^2+3x+1}+\sqrt{4x^2-3x-2}}$

$=\lim\limits_{x\to\infty}\dfrac{6+\dfrac{3}{x}}{\sqrt{4+\dfrac{3}{x}+\dfrac{1}{x^2}}+\sqrt{4-\dfrac{3}{x}-\dfrac{2}{x^2}}}=\dfrac{3}{2}$;

(5) $\lim\limits_{x\to0}\dfrac{\tan x-\sin x}{x^2\ln(1-x)}=\lim\limits_{x\to0}\dfrac{\tan x(1-\cos x)}{x^2\ln(1-x)}=\lim\limits_{x\to0}\dfrac{x\cdot\dfrac{1}{2}x^2}{x^2(-x)}=-\dfrac{1}{2}$;

(6) $\lim\limits_{x\to0}\left(\dfrac{1}{x\sin x}-\dfrac{1}{x\tan x}\right)=\lim\limits_{x\to0}\dfrac{1-\cos x}{x\sin x}=\lim\limits_{x\to0}\dfrac{1}{2}\cdot\dfrac{x^2}{x\cdot x}=\dfrac{1}{2}$;

(7) $\lim\limits_{x\to\infty}\left(\dfrac{x+3}{x-2}\right)^x=\lim\limits_{x\to\infty}\dfrac{\left(1+\dfrac{3}{x}\right)^x}{\left(1-\dfrac{2}{x}\right)^x}=\dfrac{\lim\limits_{x\to\infty}\left(1+\dfrac{3}{x}\right)^{\frac{x}{3}\cdot3}}{\lim\limits_{x\to\infty}\left(1-\dfrac{2}{x}\right)^{-\frac{x}{2}\cdot(-2)}}=\dfrac{e^3}{e^{-2}}=e^5$;

(8) $\lim\limits_{x\to\infty}\left[(x-1)\sin\dfrac{1}{x-1}\right]=\lim\limits_{x\to\infty}\dfrac{\sin\dfrac{1}{x-1}}{\dfrac{1}{x-1}}=1.$

2. 分段函数的极限与连续性

计算分段函数在分段点 x_0 处的极限,先分别求分段点 x_0 处的左、右极限(要分清当 $x\to x_0^+$ 与 $x\to x_0^-$ 时所对应的函数解析式),再依据其左、右极限是否相等来判定极限的存在性,并求出极限值,最后与分段点处的函数值比较得出连续与否的结论.

例 2 函数 $f(x)=\begin{cases}x^2-2, & x<0,\\ a-1, & x=0,\\ \dfrac{\ln(1+bx)}{x}, & x>0.\end{cases}$

(1) 当 a,b 为何值时,$f(x)$ 在 $x=0$ 处存在极限?

(2) 当 a,b 为何值时,$f(x)$ 在 $x=0$ 处连续?

解 (1) $\lim\limits_{x\to0^-}f(x)=\lim\limits_{x\to0^-}(x^2-2)=-2$;

$\lim\limits_{x\to0^+}f(x)=\lim\limits_{x\to0^+}\dfrac{\ln(1+bx)}{x}=\lim\limits_{x\to0^+}\dfrac{bx}{x}=b.$

$f(x)$在 $x=0$ 处存在极限$\Leftrightarrow \lim\limits_{x\to 0^-}f(x)=\lim\limits_{x\to 0^+}f(x)$，即

$$b=-2(a\text{ 任意}).$$

所以当 $b=-2$(a 任意)时，存在$\lim\limits_{x\to 0}f(x)=-2$.

(2) $f(x)$在 $x=0$ 处连续 $\Leftrightarrow \lim\limits_{x\to 0}f(x)=f(0)$，即$-2=a-1$，得 $a=-1$.

所以当 $a=-1,b=-2$ 时，$f(x)$在 $x=0$ 处连续.

3. 讨论函数的连续性及判定间断点的类型

例 3 讨论函数 $f(x)=\begin{cases}\dfrac{\sin x}{x}, & x<0,\\ 1, & x=0,\\ \dfrac{2(\sqrt{x+1}-1)}{x}, & x>0\end{cases}$ 的连续性.

解 当 $x\in(-\infty,0)\cup(0,+\infty)$时，$f(x)$是初等函数，所以函数 $f(x)$ 在 $(-\infty,0)$与$(0,+\infty)$内分别连续. 下面讨论 $f(x)$在 $x=0$ 处的连续性.

(1) $f(0)=1$.

(2) 因为

$$\lim_{x\to 0^-}f(x)=\lim_{x\to 0^-}\frac{\sin x}{x}=1;$$

$$\lim_{x\to 0^+}f(x)=\lim_{x\to 0^+}\frac{2(\sqrt{x+1}-1)}{x}=\lim_{x\to 0^+}\frac{2x}{x(\sqrt{x+1}+1)}=1,$$

$$\lim_{x\to 0^-}f(x)=\lim_{x\to 0^+}f(x),$$

所以

$$\lim_{x\to 0}f(x)=1.$$

(3) 因为$\lim\limits_{x\to 0}f(x)=f(0)$，所以 $f(x)$在 $x=0$ 处连续.

综上所述，$f(x)$在$(-\infty,+\infty)$内连续.

例 4 求函数 $f(x)=\dfrac{x}{|\sin x|}$的间断点，并确定间断点的类型.

解 因为当 $x=k\pi(k\in\mathbf{Z})$时，$\sin x=0$. 所以 $x=k\pi(k\in\mathbf{Z})$是 $f(x)$的间断点.

在 $x=k\pi(k\neq 0,k\in\mathbf{Z})$ 处，$\lim\limits_{x\to k\pi}f(x)=\lim\limits_{x\to k\pi}\dfrac{x}{|\sin x|}=\infty$，所以 $x=k\pi(k\neq 0,k\in\mathbf{Z})$为$f(x)$的第二类间断点.

在 $x=0$ 处，

$$\lim_{x\to 0^-}f(x)=\lim_{x\to 0^-}\frac{x}{|\sin x|}=\lim_{x\to 0^-}\frac{x}{-\sin x}=-1,$$

$$\lim_{x\to 0^+}f(x)=\lim_{x\to 0^+}\frac{x}{|\sin x|}=\lim_{x\to 0^+}\frac{x}{\sin x}=1,$$

因为$\lim\limits_{x\to 0^-}f(x)\neq\lim\limits_{x\to 0^+}f(x)$，所以 $x=0$ 是 $f(x)$的间断点，且为第一类跳跃间断点.

例 5 求下列函数的连续区间.

(1) $f(x)=\ln(2-x)$； (2) $g(x)=\begin{cases}\dfrac{\cos x}{x+2}, & x\geqslant 0,\\ \dfrac{\sqrt{2}-\sqrt{2-x}}{x}, & x<0.\end{cases}$

解 (1) $f(x)=\ln(2-x)$的定义域为$(-\infty,2)$,在定义域内$f(x)$是初等函数,因此$f(x)$是连续的.所以$f(x)$的连续区间为$(-\infty,2)$.

(2) 当$x>0$时,$g(x)=\dfrac{\cos x}{x+2}$为初等函数,且分母$x+2>0$,所以$g(x)$在$(0,+\infty)$内连续;

当$x<0$时,$g(x)=\dfrac{\sqrt{2}-\sqrt{2-x}}{x}$为初等函数,且分母$x<0$,所以$g(x)$在$(-\infty,0)$内连续.

因为

$$g(0)=\frac{1}{2},\lim_{x\to0^-}g(x)=\lim_{x\to0^-}\frac{\sqrt{2}-\sqrt{2-x}}{x}=\lim_{x\to0^-}\frac{x}{x(\sqrt{2}+\sqrt{2-x})}=\frac{1}{2\sqrt{2}}=\frac{\sqrt{2}}{4}\neq g(0),$$

所以$x=0$为$g(x)$的间断点.

综上所述,$g(x)$的连续区间为$(-\infty,0)\cup(0,+\infty)$.

4. 利用根的存在性定理讨论方程根的存在性

方程$f(x)=0$的根存在的条件:函数$f(x)$在闭区间上连续,在区间端点函数值异号.

例6 设$f(x)\in[0,1]$,$x\in[0,1]$,且在$[0,1]$上连续.证明:存在$\xi\in[0,1]$使$f(\xi)=\xi$.

证明 设$F(x)=f(x)-x$,由于$f(x)$在$[0,1]$上连续,所以$F(x)$也在$[0,1]$上连续.

因为$f(x)\in[0,1]$,即$0\leqslant f(x)\leqslant1$,所以

$$F(0)=f(0)-0\geqslant0,F(1)=f(1)-1\leqslant0.$$

(1) 若两个不等式中有一个等号成立,则$\xi\in[0,1]$的存在性已经得证;

(2) 若两个不等式中无一个等号成立,则$F(0)>0$,$F(1)<0$,据根的存在定理,必定存在$\xi\in(0,1)$,使$F(\xi)=0$,即$f(\xi)-\xi=0$.

综上所述,结论得证.

三、拓展提高

1. 双曲函数和反双曲函数

(1) 双曲函数的定义及主要性质(表2-3).

表 2-3

函数名称	定义及函数记号	定义域	奇偶性	增减性
双曲正弦	$\text{sh}x=\dfrac{e^x-e^{-x}}{2}$	$(-\infty,+\infty)$	奇函数	单调增加
双曲余弦	$\text{ch}x=\dfrac{e^x+e^{-x}}{2}$	$(-\infty,+\infty)$	偶函数	在$(-\infty,0)$内单调减小,在$(0,+\infty)$内单调增加
双曲正切	$\text{th}x=\dfrac{\text{sh}x}{\text{ch}x}=\dfrac{e^x-e^{-x}}{e^x+e^{-x}}$	$(-\infty,+\infty)$	奇函数	单调增加

上述三个函数统称为双曲函数，其图象如图 2-12 所示.

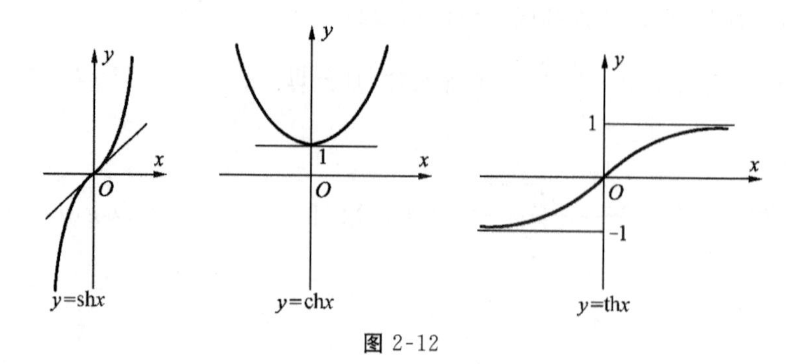

图 2-12

(2) 与双曲函数有关的恒等关系.

$(\mathrm{ch}x)^2-(\mathrm{sh}x)^2=1, \mathrm{sh}(x\pm y)=\mathrm{sh}x\cdot\mathrm{ch}y\pm\mathrm{ch}x\cdot\mathrm{sh}y,$

$\mathrm{ch}(x\pm y)=\mathrm{ch}x\cdot\mathrm{ch}y\pm\mathrm{sh}x\cdot\mathrm{sh}y,$

$\mathrm{sh}(2x)=2\mathrm{sh}x\mathrm{ch}x, \mathrm{ch}(2x)=(\mathrm{ch}x)^2+(\mathrm{sh}x)^2=2(\mathrm{ch}x)^2-1=1+2(\mathrm{sh}x)^2,$

$1-(\mathrm{th}x)^2=\dfrac{1}{(\mathrm{ch}x)^2}.$

证明

$$\begin{aligned}\mathrm{sh}x\mathrm{ch}y+\mathrm{ch}x\mathrm{sh}y&=\frac{e^x-e^{-x}}{2}\cdot\frac{e^y+e^{-y}}{2}+\frac{e^x+e^{-x}}{2}\cdot\frac{e^y-e^{-y}}{2}\\&=\frac{1}{4}[e^{x+y}-e^{-x+y}+e^{x-y}-e^{-(x+y)}+e^{x+y}+e^{-x+y}-e^{x-y}-e^{-(x+y)}]\\&=\frac{1}{2}[e^{(x+y)}-e^{-(x+y)}]=\mathrm{sh}(x+y).\end{aligned}$$

双曲函数在其单调区间内，也存在反函数，双曲函数的反函数中含有对数，有兴趣的读者不难从它们的定义式中推导出来.

2. 函数的极限

(1) 函数极限的重要性质.

了解函数极限的一些重要性质，能进一步认识函数的变化性态.

我们以记号“$\lim\limits_{x\to *}$”表示自变量的某个变化过程的极限，所谓“某个变化过程”，可以是 $x\to x_0$，$x\to x_0^+$，$x\to x_0^-$（x_0为有限数），$x\to-\infty$，$x\to+\infty$，$x\to\infty$等情况之一；如果把数列极限认为是函数极限的特例，那么也包含了 $n\to+\infty$的情况. 考虑函数 $f(x)$在这个变化过程中的变化性态，实际上是考虑当 x 充分接近 x_0（如果是单侧极限，则相应地从左侧或右侧充分接近 x_0）、x 充分小（若 $x\to-\infty$）、x 充分大（若 $x\to+\infty$）、$|x|$充分大（若 $x\to\infty$）时，函数的变化性态，并不反映上述范围之外 $f(x)$的变化性态.

当极限$\lim\limits_{x\to\infty}f(x)=A$ 存在，则有如下性质：

① 唯一性：若$\lim\limits_{x\to\infty}f(x)=B$，则 $A=B$；

② 有界性：在自变量的这个变化过程中，函数 $f(x)$是有界的；

③ 保号性：若极限 $A>0$（或 $A<0$），则在自变量的这个变化过程的某一小范围内，函数 $f(x)>0$（或 $f(x)<0$）.

推论：若在自变量的这个变化过程的某一小范围内，函数 $f(x)\geqslant 0$（或 $f(x)\leqslant 0$），则 $A\geqslant 0$（或 $A\leqslant 0$）.

(2) 极限存在性的两个判定方法.

在本章中，最初得到的一些极限，包括两个重要极限，都是基于图形直观或计算加估计得到的. 极限存在性判定，是指从函数变化性质得到其极限存在与否的结论.

判定方法Ⅰ（数列的单调有界准则）　若数列 $\{a_n\}$ 是单调有界的，即

$$a_1\leqslant a_2\leqslant a_3\leqslant\cdots\leqslant a_n\leqslant\cdots\leqslant M \text{（单调增加、上有界）}$$

或

$$a_1\geqslant a_2\geqslant a_3\geqslant\cdots\geqslant a_n\geqslant\cdots\geqslant N \text{（单调减少、下有界）},$$

则极限 $\lim\limits_{n\to\infty}a_n$ 必定存在.

判定方法Ⅱ（夹逼定理）　若在自变量 x 的某一变化过程中，有 $g(x)\leqslant f(x)\leqslant h(x)$，且存在极限 $\lim\limits_{x\to *}g(x)=\lim\limits_{x\to *}h(x)=A$，则极限 $\lim\limits_{x\to *}f(x)$ 存在，且 $\lim\limits_{x\to *}f(x)=A$.

(3) 第二个重要极限的证明.

有了极限存在性的判定方法，就可以来证明一些函数极限的存在性.

例 7　（第二个重要极限的证明）设 $f(x)=\left(1+\dfrac{1}{x}\right)^x$，证明极限 $\lim\limits_{x\to\infty}f(x)=\lim\limits_{x\to\infty}\left(1+\dfrac{1}{x}\right)^x$ 存在.

证明　引进取整函数

$$[x]=n,x\in[n,n+1),n=1,2,3,\cdots.$$

则

$$[x]\leqslant x<[x]+1,x\in[1,+\infty),$$

$$1+\frac{1}{[x]+1}<1+\frac{1}{x}\leqslant 1+\frac{1}{[x]},$$

因此

$$\left(1+\frac{1}{[x]+1}\right)^{[x]}<\left(1+\frac{1}{x}\right)^x\leqslant\left(1+\frac{1}{[x]}\right)^{[x]+1}. \quad (*)$$

记

$$g(x)=\left(1+\frac{1}{[x]+1}\right)^{[x]},\ h(x)=\left(1+\frac{1}{[x]}\right)^{[x]+1},$$

则（$*$）式可表示为 $g(x)<f(x)<h(x)$. 若能证明极限 $\lim\limits_{x\to+\infty}g(x)$，$\lim\limits_{x\to+\infty}h(x)$ 存在且极限相等为 e，则由夹逼定理可知 $\lim\limits_{x\to+\infty}\left(1+\dfrac{1}{x}\right)^x=\mathrm{e}$.

据函数 $[x]$ 的定义，有

$$g(x)=\left(1+\frac{1}{n+1}\right)^n,x\in[n,n+1),n=1,2,3,\cdots.$$

因此

$$\begin{aligned}\lim_{x\to+\infty}g(x)&=\lim_{n\to+\infty}\left(1+\frac{1}{n+1}\right)^n\\&=\lim_{n\to+\infty}\left(1+\frac{1}{n+1}\right)^{n+1}\cdot\lim_{n\to+\infty}\left(1+\frac{1}{n+1}\right)^{-1}\\&=\lim_{n\to+\infty}\left(1+\frac{1}{n}\right)^n.\end{aligned}$$

为了证明 $\lim\limits_{x\to+\infty}g(x)=\mathrm{e}$，只需证明 $\lim\limits_{n\to+\infty}\left(1+\dfrac{1}{n}\right)^n=\mathrm{e}$.

$\{a_n\}=\left\{\left(1+\frac{1}{n}\right)^n\right\}$是一个数列，据二项展开定理，有

$$a_n=1+C_n^1\frac{1}{n}+C_n^2\left(\frac{1}{n}\right)^2+\cdots+C_n^n\left(\frac{1}{n}\right)^n\text{（以组合数公式代入）}$$

$$=1+1+\frac{1}{2!}\left(1-\frac{1}{n}\right)+\cdots+\frac{1}{n!}\left(1-\frac{1}{n}\right)\left(1-\frac{2}{n}\right)\cdots\left(1-\frac{n-1}{n}\right).$$

同理 $$a_{n+1}=1+1+\frac{1}{2!}\left(1-\frac{1}{n+1}\right)+\cdots+\frac{1}{n!}\left(1-\frac{1}{n+1}\right)\left(1-\frac{2}{n+1}\right)\cdots\left(1-\frac{n-1}{n+1}\right)+\frac{1}{(1+n)!}\left(1-\frac{1}{n+1}\right)\left(1-\frac{2}{n+1}\right)\cdots\left(1-\frac{n}{n+1}\right).$$

比较 a_n 与 a_{n+1}，第 1 项和第 2 项相等；从第 3 项到第 $n+1$ 项，a_{n+1} 的项大于 a_n 的对应项；最后 a_{n+1} 还有一个正的第 $n+2$ 项，所以

$$a_{n+1}>a_n,n=1,2,3,\cdots,$$

即$\{a_n\}$是单调增加的数列. 又因为当 $k\geqslant2$ 时，$k!>2^{k-1}$，$\frac{1}{k!}<\frac{1}{2^{k-1}}$，所以

$$a_n<1+\left(\frac{1}{2^0}+\frac{1}{2^1}+\frac{1}{2^2}+\cdots+\frac{1}{2^{n-1}}\right)<1+\frac{1}{1-\frac{1}{2}}=3,n=1,2,3,\cdots,$$

即$\{a_n\}$是有界数列.

这样我们就证明了$\{a_n\}$是单调增加、上有界数列，据单调有界准则，$\{a_n\}$存在极限，以 e 表示这个极限，即得 $\lim\limits_{n\to+\infty}\left(1+\frac{1}{n}\right)^n=\mathrm{e}$. 据上述分析，$\lim\limits_{x\to+\infty}g(x)=\mathrm{e}$.

同理 $\lim\limits_{x\to+\infty}h(x)=\lim\limits_{n\to+\infty}\left(1+\frac{1}{n}\right)^{n+1}=\lim\limits_{n\to+\infty}\left(1+\frac{1}{n}\right)^n\cdot\lim\limits_{n\to+\infty}\left(1+\frac{1}{n}\right)=\lim\limits_{n\to+\infty}\left(1+\frac{1}{n}\right)^n=\mathrm{e}$.

由夹逼定理可得 $\lim\limits_{x\to+\infty}\left(1+\frac{1}{x}\right)^x=\mathrm{e}$.

类似可证 $\lim\limits_{x\to-\infty}\left(1+\frac{1}{x}\right)^x=\mathrm{e}$.

综上，即得 $\lim\limits_{x\to\infty}\left(1+\frac{1}{x}\right)^x=\mathrm{e}$.

从上述证明可见，e 是 $\lim\limits_{n\to+\infty}\left(1+\frac{1}{n}\right)^n$ 的极限的记号，并没有具体给出 e 是多少. 实际上，e 是一个无理数，仅能表示它的近似值，真正的 e 就是极限 $\lim\limits_{n\to+\infty}\left(1+\frac{1}{n}\right)^n$. 这也给出了以极限来定义一个(无理)数的例子.

例 8 证明方程 $x\ln x=3$ 在区间$[2,3]$内至少有一个实根.

证明 令 $F(x)=x\ln x-3$，则 $F(x)$在$[2,3]$上连续.

$F(2)=2\ln2-3=\ln4-\ln \mathrm{e}^3<0$，$F(3)=3\ln3-3>0$，

由零点定理可知，方程在$(2,3)$内至少有一个根.

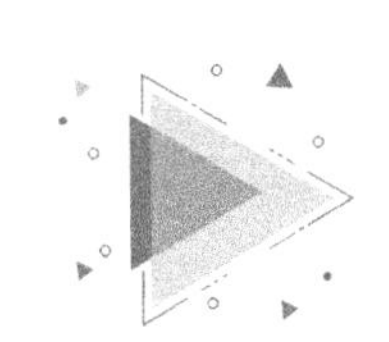

第三章 导数和微分

导数的概念和其他数学概念一样，也源于人类的实践.具体来讲，导数的思想最初是由法国数学家费马(Fermat)为研究极值问题而引入的，后经牛顿(Newton)、莱布尼茨(Leibniz)等数学家的努力，提炼出了导数的思想，给出了导数的精确定义.

本章将建立描述变量变化快慢程度的方法——导数与微分.导数与微分概念的确立是高等数学发展的一个里程碑，为当时的生产与技术领域解决了两个迫切需要解决的问题：一个是变速直线运动的速度问题；另一个是曲线的切线问题.

导数的前世今生

早期导数的概念——特殊的形式

大约在1629年，法国数学家费马研究了作曲线的切线和求函数极值的方法；1637年左右，他在一篇手稿《求最大值与最小值的方法》中，作切线时构造了差分 $f(A+E)-f(A)$，发现因子 E 就是我们现在所说的导数 $f'(A)$.

17世纪，广泛使用的“流数术”

17世纪生产力的发展推动了自然科学和技术的发展，在前人创造性研究的基础上，大数学家牛顿、莱布尼茨等从不同的角度开始系统地研究微积分.牛顿的微积分理论被称为“流数术”，他称变量为流量，称变量的变化率为流数，相当于现在我们所说的导数.牛顿的有关“流数术”的主要著作有《求曲边形面积》《运用无穷多项方程的计算法》《流数术和无穷级数》.流数理论的实质可概括为：它的重点在于一个变量的函数而不在于多变量的方程；在于自变量的变化与函数的变化的比的构成；最关键的在于决定这个比当自变量趋于零时的极限.

19世纪，逐渐成熟的导数理论

1750年达朗贝尔提出了关于导数的一种观点，导数可以用现代符号简单表示：$\frac{\mathrm{d}y}{\mathrm{d}x}=\lim\frac{\Delta y}{\Delta x}$.1823年柯西在他的《无穷小分析概论》中定义导数：如果函数 $y=f(x)$ 在变量 x 的两个给定的界限之间保持连续，并且我们为这样的变量指定一个包含在这两个不同界限之间的值，那么就使变量得到一个无穷小增量. 19 世纪 60 年代以后，魏尔斯特拉斯创造了 ε-δ 语言，对微积分中出现的各种类型的极限重新表达，导数的定义也就获得了现在我们常见的形式.

微积分学的创立，推动了数学的发展

随着极限、导数、微分、积分等概念的建立与理论研究的深入，一门新的数学学科——微积分学产生了. 微积分的创立极大地推动了数学的发展，过去很多初等数学无法解决的问题，运用微积分，往往能迎刃而解，这显示出微积分学的非凡作用.

当然任何一门学科的创立绝不是某一个人的业绩，这必定是经过很多人的努力后，在积累了大量成果的基础上，最后由某个人或几个人总结完成的. 微积分也是这样，但在提出谁是这门学科的创立者时，曾引起了一场轩然大波，造成了欧洲大陆的数学家和英国数学家的长期对立. 英国数学在一段时期里闭关锁国，囿于民族偏见，过于拘泥在牛顿的“流数术”中停步不前，因而数学发展整整落后了 100 年. 其中关于微积分学创立者牛顿与莱布尼茨之争尤其具有代表性，其实，牛顿和莱布尼茨分别是自己独立研究，在大体上相近的时间里先后完成. 事实上，牛顿创立微积分要比莱布尼茨早 10 年左右，但是正式公开发表微积分这一理论，莱布尼茨却要比牛顿早 3 年. 那时候，由于民族偏见，关于发明优先权的争论竟从 1699 年开始延续了 100 多年. 应该指出的是，这和历史上任何一个重大理论的创立都要经历一段时间一样，牛顿和莱布尼茨的工作也都是很不完善的. 他们在无穷和无穷小量这个问题上，说法不一，十分含糊. 牛顿的无穷小量，有时候是零，有时候不是零而是有限的小量；莱布尼茨也不能自圆其说. 这些基础方面的缺陷，最终导致了第二次数学危机的产生. 直到 19 世纪初，法国科学学院的科学家以柯西为首，对微积分的理论进行了认真研究，建立了极限理论，后来又经过德国数学家维尔斯特拉斯进一步的严格化，使极限理论成了微积分的坚实基础，微积分得到进一步发展.

欧氏几何也好，上古和中世纪的代数学也好，都是一种常量数学，微积分才是真正的变量数学，是数学中的大革命. 微积分是高等数学的主要分支，不只是局限在解决力学中的变速问题，它还驰骋在近代和现代科学技术园地里，建立了数不尽的丰功伟绩.

§3-1 导数的概念

17 世纪两个迫切需要解决的问题引出了导数与微分的概念，我们就从这两个典型例子入手，进入导数的学习.

一、两个实例

实例 1 瞬时速度

考察质点的自由落体运动. 真空中，质点在时刻 $t=0$ 到时刻 t 这一时间段内下落的路程 s 由公式 $s=\frac{1}{2}gt^2$ 来确定. 现在来求 $t=1(\mathrm{s})$ 这一时刻质点的速度.

当 Δt 很小时，从 1 到 $1+\Delta t$(s)这段时间内，质点运动的速度变化不大，可以用这段时间内的平均速度作为质点在 $t=1$ s 时速度的近似值.

表 3-1

Δt/s	Δs/m	$\frac{\Delta s}{\Delta t}$/(m/s)
0.1	1.029	10.29
0.01	0.098 49	9.849
0.001	0.009 804 9	9.804 9
0.000 1	0.000 980 049	9.800 49
0.000 01	0.000 098 000 49	9.800 049

从表 3-1 可看出，平均速度$\frac{\Delta s}{\Delta t}$随着 Δt 的变化而变化，当 Δt 越小时，$\frac{\Delta s}{\Delta t}$越接近于一个定值—9.8 m/s. 考察下列各式：

$$\Delta s=\frac{1}{2}g\cdot(1+\Delta t)^2-\frac{1}{2}g\cdot 1^2=\frac{1}{2}g[2\cdot\Delta t+(\Delta t)^2],$$

$$\frac{\Delta s}{\Delta t}=\frac{1}{2}g\cdot\frac{2\Delta t+(\Delta t)^2}{\Delta t}=\frac{1}{2}g(2+\Delta t).$$

当 Δt 越来越接近于 0 时，$\frac{\Delta s}{\Delta t}$越来越接近于 1 s 时的“速度”. 现在取 $\Delta t\to 0$ 的极限，得

$$\lim_{\Delta t\to 0}\frac{\Delta s}{\Delta t}=\lim_{\Delta t\to 0}\frac{1}{2}g(2+\Delta t)=9.8(\text{m/s})$$

为质点在 $t=1$ s 时的**瞬时速度**.

一般地，设质点的位移规律是 $s=f(t)$，在时刻 t 时，时间有改变量 Δt，s 相应的改变量为 $\Delta s=f(t+\Delta t)-f(t)$，在时间段 t 到 $t+\Delta t$ 内的平均速度为

$$\bar{v}=\frac{\Delta s}{\Delta t}=\frac{f(t+\Delta t)-f(t)}{\Delta t},$$

对平均速度取 $\Delta t\to 0$ 的极限，得

$$v(t)=\lim_{\Delta t\to 0}\frac{\Delta s}{\Delta t}=\lim_{\Delta t\to 0}\frac{f(t+\Delta t)-f(t)}{\Delta t},$$

称 $v(t)$为时刻 t 的**瞬时速度**.

实例 2　曲线的切线

如图 3-1，设曲线 L 的方程为 $y=f(x)$，L 上一点 A 的坐标为$(x_0,f(x_0))$，在曲线上点 A 附近另取一点 B，其坐标是$(x_0+\Delta x,f(x_0+\Delta x))$. 直线 AB 是曲线的割线，其倾斜角记作 β. 由 Rt$\triangle ACB$ 可知割线 AB 的斜率

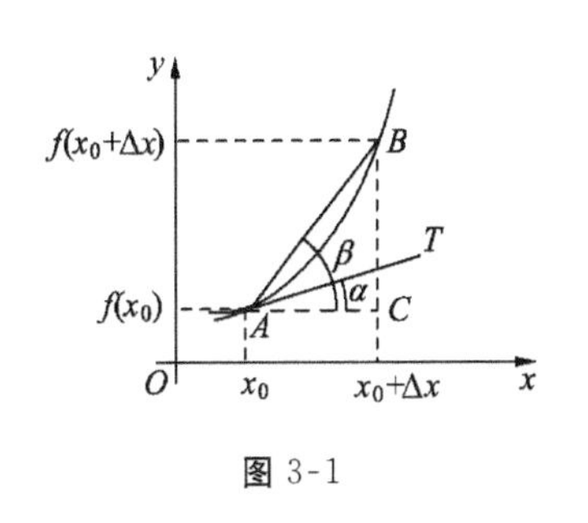

图 3-1

$$\tan\beta=\frac{CB}{AC}=\frac{\Delta y}{\Delta x}=\frac{f(x_0+\Delta x)-f(x_0)}{\Delta x}.$$

在数量上，它表示当自变量从 x 变到 $x+\Delta x$ 时函数 $f(x)$关

于变量 x 的平均变化率(增长率或减小率).

现在让点 B 沿着曲线 L 趋向于点 A,此时 $\Delta x \to 0$,如果过点 A 的割线 AB 也能趋向于一个极限位置——直线 AT,我们就称曲线 L 在点 A 处存在**切线** AT. 记 AT 的倾斜角为 α,则 α 为 β 的极限. 若 $\alpha \neq 90°$,得切线 AT 的斜率为

$$\tan\alpha = \lim_{\Delta x \to 0}\tan\beta = \lim_{\Delta x \to 0}\frac{\Delta y}{\Delta x} = \lim_{\Delta x \to 0}\frac{f(x_0+\Delta x)-f(x_0)}{\Delta x}.$$

在数量上,它表示函数 $f(x)$ 在点 x 处的变化率.

归纳 上述两个实例,虽然表达问题的函数形式 $y=f(x)$ 和自变量 x 的具体内容不同,但本质都是要求函数 y 关于自变量 x 在某一点 x 处的变化率.

(1) 自变量 x 有微小变化 Δx,求出函数在自变量的这个变化范围内的平均变化率 $\bar{y}=\frac{\Delta y}{\Delta x}$,作为点 x 处变化率的近似值;

(2) 对 $\bar{y}$ 求 $\Delta x \to 0$ 的极限 $\lim\limits_{\Delta x \to 0}\frac{\Delta y}{\Delta x}$,若它存在,则这个极限即为点 x 处变化率的精确值.

提炼 由此可见,虽然两个实例一个是物理问题——瞬时速度,一个是几何问题——切线的斜率,但都是函数改变量 Δy 与自变量改变量 Δx 比值的极限($\Delta x \to 0$),两者具有相同的数学结构,即 $\lim\limits_{\Delta x \to 0}\frac{\Delta y}{\Delta x} = \lim\limits_{\Delta x \to 0}\frac{f(x_0+\Delta x)-f(x_0)}{\Delta x}$.

我们把这种类型的极限抽象出来就是导数的概念.

二、导数的定义

1. 函数在一点处可导的概念

定义 设函数 $y=f(x)$ 在 x_0 的某个邻域内有定义. 对应于自变量 x 在 x_0 处有改变量 Δx,函数 $y=f(x)$ 相应的改变量为 $\Delta y = f(x_0+\Delta x)-f(x_0)$,若这两个改变量的比

$$\frac{\Delta y}{\Delta x} = \frac{f(x_0+\Delta x)-f(x_0)}{\Delta x}$$

当 $\Delta x \to 0$ 时存在极限,我们就称函数 $y=f(x)$ 在点 x_0 处**可导**,并把这一极限称为函数 $y=f(x)$ 在点 x_0 处的**导数(或变化率)**,记作 $y'|_{x=x_0}$, $f'(x_0)$, $\left.\frac{\mathrm{d}y}{\mathrm{d}x}\right|_{x=x_0}$ 或 $\left.\frac{\mathrm{d}f(x)}{\mathrm{d}x}\right|_{x=x_0}$. 即

$$y'|_{x=x_0} = f'(x_0) = \lim_{\Delta x \to 0}\frac{\Delta y}{\Delta x} = \lim_{\Delta x \to 0}\frac{f(x_0+\Delta x)-f(x_0)}{\Delta x}. \tag{3-1}$$

比值 $\frac{\Delta y}{\Delta x}$ 表示函数 $y=f(x)$ 在 x_0 到 $x_0+\Delta x$ 之间的平均变化率,导数 $y'|_{x=x_0}$ 则表示函数在点 x_0 处的变化率,它反映了函数 $y=f(x)$ 在点 x_0 处变化的快慢.

如果当 $\Delta x \to 0$ 时 $\frac{\Delta y}{\Delta x}$ 的极限不存在,我们就称函数 $y=f(x)$ 在点 x_0 处**不可导或导数不存在**.

在定义中,若设 $x=x_0+\Delta x$,则(3-1)式可写成

$$f'(x_0)=\lim_{x\to x_0}\frac{f(x)-f(x_0)}{x-x_0}. \tag{3-2}$$

特别地，当 $x_0=0$ 时，得 $f'(0)=\lim\limits_{x\to 0}\frac{f(x)-f(0)}{x}$.

根据导数的定义，求函数 $y=f(x)$ 在点 x_0 处的导数的步骤如下：

第一步　求函数的改变量 $\Delta y=f(x_0+\Delta x)-f(x_0)$；

第二步　求比值 $\frac{\Delta y}{\Delta x}=\frac{f(x_0+\Delta x)-f(x_0)}{\Delta x}$；

第三步　求极限 $f'(x_0)=\lim\limits_{\Delta x\to 0}\frac{\Delta y}{\Delta x}$.

例 1　求 $y=f(x)=x^2$ 在点 $x=2$ 处的导数.

解　因为 $\Delta y=f(2+\Delta x)-f(2)=(2+\Delta x)^2-2^2=4\Delta x+(\Delta x)^2$,

$$\frac{\Delta y}{\Delta x}=\frac{4\Delta x+(\Delta x)^2}{\Delta x}=4+\Delta x,$$

$$\lim_{\Delta x\to 0}\frac{\Delta y}{\Delta x}=\lim_{\Delta x\to 0}(4+\Delta x)=4,$$

所以 $y'|_{x=2}=4$.

当 $\lim\limits_{\Delta x\to 0^-}\frac{f(x_0+\Delta x)-f(x_0)}{\Delta x}$ 存在时，称其极限值为函数 $y=f(x)$ 在点 x_0 处的**左导数**，记作 $f'_-(x_0)$；当 $\lim\limits_{\Delta x\to 0^+}\frac{f(x_0+\Delta x)-f(x_0)}{\Delta x}$ 存在时，称其极限值为函数 $y=f(x)$ 在点 x_0 处的**右导数**，记作 $f'_+(x_0)$.

极限与左、右极限之间的关系为

$$f'(x_0)\text{存在}\Leftrightarrow f'_-(x_0),\ f'_+(x_0)\text{都存在，且 } f'_-(x_0)=f'_+(x_0)=f'(x_0).$$

2. 导函数的概念

如果函数 $y=f(x)$ 在开区间 (a,b) 内每一点处都可导，则称函数 $y=f(x)$ 在开区间 (a,b) 内可导. 这时，对开区间 (a,b) 内每一个确定的值 x 都对应着一个确定的导数 $f'(x)$，这样就在开区间 (a,b) 内构成一个新的函数，我们把这个新的函数称为 $f(x)$ 的导函数，记作 $f'(x)$, y', $\frac{dy}{dx}$ 或 $\frac{df(x)}{dx}$.

根据导数的定义，就可得出导函数

$$f'(x)=y'=\lim_{\Delta x\to 0}\frac{\Delta y}{\Delta x}=\lim_{\Delta x\to 0}\frac{f(x+\Delta x)-f(x)}{\Delta x}. \tag{3-3}$$

导函数也简称为导数.

注意　(1) $f'(x)$ 是 x 的函数，而 $f'(x_0)$ 是一个数值；

(2) $f(x)$ 在点 x_0 处的导数 $f'(x_0)$ 就是导函数 $f'(x)$ 在点 x_0 处的函数值.

例 2　求 $y=C$（C 为常数）的导数.

解　因为 $\Delta y=C-C=0$, $\frac{\Delta y}{\Delta x}=\frac{0}{\Delta x}=0$，所以 $y'=\lim\limits_{\Delta x\to 0}\frac{\Delta y}{\Delta x}=0$.

即$(C)'=0$(常数的导数恒等于零).

例 3 求 $y=x^n(n\in\mathbf{N},x\in\mathbf{R})$的导数.

解 因为 $\Delta y=(x+\Delta x)^n-x^n=nx^{n-1}\Delta x+C_n^2x^{n-2}(\Delta x)^2+\cdots+(\Delta x)^n$,

$$\frac{\Delta y}{\Delta x}=nx^{n-1}+C_n^2x^{n-2}\cdot\Delta x+\cdots+(\Delta x)^{n-1},$$

从而有
$$y'=\lim_{\Delta x\to 0}\frac{\Delta y}{\Delta x}=\lim_{\Delta x\to 0}[nx^{n-1}+C_n^2x^{n-2}\cdot\Delta x+\cdots+(\Delta x)^{n-1}]=nx^{n-1}.$$

即
$$(x^n)'=nx^{n-1}.$$

可以证明,一般的幂函数 $y=x^\alpha(\alpha\in\mathbf{R})$的导数为
$$(x^\alpha)'=\alpha x^{\alpha-1}.$$

例如,$(\sqrt{x})'=(x^{\frac{1}{2}})'=\frac{1}{2}x^{-\frac{1}{2}}=\frac{1}{2\sqrt{x}}$;$\left(\frac{1}{x}\right)'=(x^{-1})'=-x^{-2}=-\frac{1}{x^2}$.

例 4 求 $y=\sin x(x\in\mathbf{R})$的导数.

解 $$\frac{\Delta y}{\Delta x}=\frac{\sin(x+\Delta x)-\sin x}{\Delta x}=\frac{2\sin\left(\frac{\Delta x}{2}\right)\cos\left(x+\frac{\Delta x}{2}\right)}{\Delta x}=\frac{\sin\left(\frac{\Delta x}{2}\right)\cos\left(x+\frac{\Delta x}{2}\right)}{\frac{\Delta x}{2}},$$

$$\lim_{\Delta x\to 0}\frac{\Delta y}{\Delta x}=\cos x,$$

即
$$(\sin x)'=\cos x.$$

用类似的方法可以求得 $y=\cos x(x\in\mathbf{R})$的导数为
$$(\cos x)'=-\sin x.$$

例 5 求 $y=\log_a x$ 的导数$(a>0,a\neq 1,x>0)$.

解
$$y'=\lim_{\Delta x\to 0}\frac{\log_a(x+\Delta x)-\log_a x}{\Delta x}=\lim_{\Delta x\to 0}\frac{\log_a\left(1+\frac{\Delta x}{x}\right)}{\Delta x}$$
$$=\lim_{\Delta x\to 0}\frac{\ln\left(1+\frac{\Delta x}{x}\right)}{\Delta x\ln a}=\lim_{\Delta x\to 0}\frac{\frac{\Delta x}{x}}{\Delta x\ln a}=\frac{1}{x\ln a},$$

即$(\log_a x)'=\frac{1}{x\ln a}$. 特别地,$(\ln x)'=\frac{1}{x}$.

三、导数的几何意义

方程为 $y=f(x)$的曲线,在点 $A(x_0,f(x_0))$处存在非垂直切线 AB 的充分必要条件是$f(x)$在 x_0 处存在导数 $f'(x_0)$,且 AB 的斜率 $k=f'(x_0)$.

导数的几何意义 函数 $y=f(x)$在 x_0 处的导数 $f'(x_0)$,是函数图象在点$(x_0,f(x_0))$处切线的斜率. 可得切线的方程为

$$y-f(x_0)=f'(x_0)(x-x_0). \tag{3-4}$$

过切点 $A(x_0,f(x_0))$且垂直于切线的直线,称为曲线 $y=f(x)$在点 $A(x_0,f(x_0))$处的**法线**,则当切线非水平[即 $f'(x_0)\neq 0$]时的法线方程为

$$y-f(x_0)=-\frac{1}{f'(x_0)}(x-x_0). \tag{3-5}$$

例 6 求曲线 $y=\sin x$ 在点 $\left(\frac{\pi}{6},\frac{1}{2}\right)$ 处的切线和法线方程.

解 $(\sin x)'|_{x=\frac{\pi}{6}}=\cos x|_{x=\frac{\pi}{6}}=\frac{\sqrt{3}}{2}$.

所求切线方程为
$$y-\frac{1}{2}=\frac{\sqrt{3}}{2}\left(x-\frac{\pi}{6}\right),$$
即
$$y=\frac{\sqrt{3}}{2}x-\frac{\sqrt{3}\pi}{12}+\frac{1}{2}.$$
法线方程为
$$y-\frac{1}{2}=-\frac{2\sqrt{3}}{3}\left(x-\frac{\pi}{6}\right).$$
即
$$y=-\frac{2\sqrt{3}}{3}x+\frac{\sqrt{3}\pi}{9}+\frac{1}{2}.$$

例 7 求曲线 $y=\ln x$ 平行于直线 $y=2x$ 的切线方程.

解 设切点为 $A(x_0,y_0)$,则曲线在点 A 处的切线的斜率为 $y'(x_0)$,且
$$y'(x_0)=(\ln x)'|_{x=x_0}=\frac{1}{x_0}.$$
因为切线平行于直线 $y=2x$,所以$\frac{1}{x_0}=2$,即 $x_0=\frac{1}{2}$.

又切点位于曲线上,因而 $y_0=\ln\frac{1}{2}=-\ln 2$.

故所求切线方程为
$$y+\ln 2=2\left(x-\frac{1}{2}\right),$$
即
$$y=2x-1-\ln 2.$$

四、可导和连续的关系

定理 如果函数 $f(x)$在点 x_0 处可导,则函数 $f(x)$在点 x_0 处连续.

证明 如果函数 $y=f(x)$在点 x_0 处可导,则存在极限
$$\lim_{\Delta x\to 0}\frac{\Delta y}{\Delta x}=f'(x_0),$$
则
$$\frac{\Delta y}{\Delta x}=f'(x_0)+\alpha\ (\lim_{\Delta x\to 0}\alpha=0),$$
$$\Delta y=f'(x_0)\Delta x+\alpha\cdot\Delta x\ (\lim_{\Delta x\to 0}\alpha=0),$$
所以
$$\lim_{\Delta x\to 0}\Delta y=\lim_{\Delta x\to 0}[f'(x_0)\Delta x+\alpha\cdot\Delta x]=0.$$
这表明函数 $y=f(x)$在点 x_0 处连续.

但如果 $y=f(x)$在点 x_0 处连续,在 x_0 处却不一定是可导的. 不连续则一定不可导.

例如,(1) $y=|x|$(图 3-2)在 $x=0$ 处连续但不可导.

(2) $y=\sqrt[3]{x}$(图 3-3)在 $x=0$ 处连续但不可导. 注意在点(0,0)处还存在切线,只是切线垂直

于 x 轴.

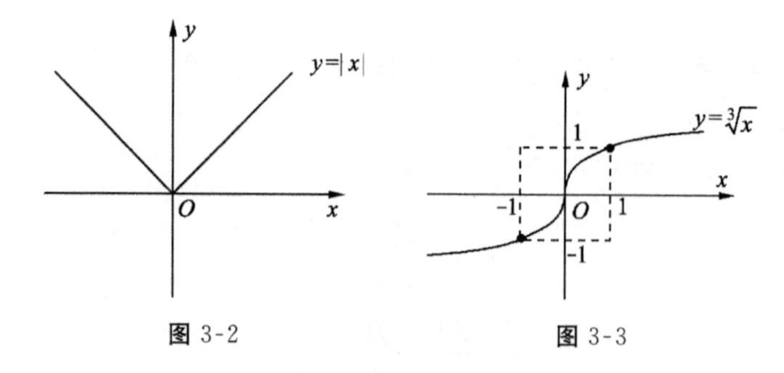

图 3-2　　　　图 3-3

例 8　设函数 $f(x)=\begin{cases}x^2+1, & x\geqslant 0,\\ x+1, & x<0,\end{cases}$ 讨论函数 $f(x)$ 在 $x=0$ 处的连续性和可导性.

解　因为

$$\lim_{x\to 0^-} f(x)=\lim_{x\to 0^-}(x+1)=1,$$

$$\lim_{x\to 0^+} f(x)=\lim_{x\to 0^+}(x^2+1)=1,$$

$$\lim_{x\to 0^-} f(x)=\lim_{x\to 0^+} f(x)=f(0)=1,$$

所以 $f(x)$ 在 $x=0$ 处连续.

$$\text{又 } f'_-(0)=\lim_{x\to 0^-}\frac{f(x)-f(0)}{x}=\lim_{x\to 0^-}\frac{x+1-1}{x}=1,$$

$$f'_+(0)=\lim_{x\to 0^+}\frac{f(x)-f(0)}{x}=\lim_{x\to 0^+}\frac{x^2+1-1}{x}=0,$$

由于 $f'_-(0)\neq f'_+(0)$,所以 $f(x)$ 在 $x=0$ 处不可导.

练习 3-1

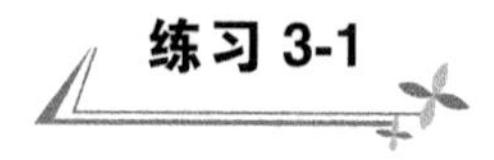

1. 思考并回答下列问题.

(1) $f'(x_0)=[f(x_0)]'$ 是否成立？为什么？

(2) 若函数 $y=f(x)$ 在点 x_0 处的导数不存在,则曲线 $y=f(x)$ 在点 $(x_0,f(x_0))$ 处的切线是否存在？

(3) 函数 $y=f(x)$ 在点 x_0 处可导与连续的关系是什么？

2. 物体做直线运动的方程为 $s=3t^2-5t$,求：

(1) 物体在 t_0 秒到 $t_0+\Delta t$ 秒的平均速度；

(2) 物体在 t_0 秒时的瞬时速度.

3. 根据导数的定义,求下列函数在指定点处的导数.

(1) $y=2x^2-3x+1, x=-1$；

(2) $y=\sqrt{x}-1, x=4$.

4. 设函数 $f(x)=\begin{cases}x+2, & 0\leqslant x<1,\\ 3x-1, & x\geqslant 1,\end{cases}$ $f(x)$ 在 $x=1$ 处是否可导？为什么？

§ 3-2　基本导数公式和求导四则运算法则

第一节根据导数的定义求出了一些简单函数的导数，但是对于比较复杂的函数，直接根据定义来求它们的导数往往很困难. 本节将介绍基本初等函数的导数公式和求导数的几个基本法则. 借助于这些公式和法则，就能比较方便地求出常见的函数——初等函数的导数.

下面给出基本初等函数的导数公式，希望同学们能熟记于心，加强应用.

一、导数的基本公式

(1) $(C)'=0$；

(2) $(x^{\alpha})'=\alpha x^{\alpha-1}$；

(3) $(a^{x})'=a^{x}\ln a$；

(4) $(e^{x})'=e^{x}$；

(5) $(\log_{a}x)'=\dfrac{1}{x\ln a}$；

(6) $(\ln x)'=\dfrac{1}{x}$；

(7) $(\sin x)'=\cos x$；

(8) $(\cos x)'=-\sin x$；

(9) $(\tan x)'=\sec^{2}x$；

(10) $(\cot x)'=-\csc^{2}x$；

(11) $(\sec x)'=\sec x\tan x$；

(12) $(\csc x)'=-\csc x\cot x$；

(13) $(\arcsin x)'=\dfrac{1}{\sqrt{1-x^{2}}}$；

(14) $(\arccos x)'=-\dfrac{1}{\sqrt{1-x^{2}}}$；

(15) $(\arctan x)'=\dfrac{1}{1+x^{2}}$；

(16) $(\operatorname{arccot} x)'=-\dfrac{1}{1+x^{2}}$.

注意　以上 16 个公式中，公式(1)—(8)可以直接用导数定义来证明，对于公式(9)—(16)的证明，将在后面的学习中陆续介绍.

例 1　求下列函数的导数.

(1) $y=\dfrac{1}{x}$；

(2) $y=\log_{2}x$；

(3) $y=2^{x}$；

(4) $y=\sqrt{x\sqrt{x}}$；

(5) $y=\sin\dfrac{\pi}{2}$.

解　(1) $y'=(x^{-1})'=-x^{-2}=-\dfrac{1}{x^{2}}$；

(2) $y'=(\log_{2}x)'=\dfrac{1}{x\ln 2}$；

(3) $y'=(2^{x})'=2^{x}\ln 2$；

(4) $y'=(x^{\frac{3}{4}})'=\dfrac{3}{4}x^{-\frac{1}{4}}=\dfrac{3}{4\sqrt[4]{x}}$；

(5) $y'=\left(\sin\frac{\pi}{2}\right)'=0$.(常数的导数为 0)

二、导数的四则运算法则

设 u,v 都是 x 的可导函数,则有

(1) 和差法则:$(u\pm v)'=u'\pm v'$;

(2) 乘法法则:$(u\cdot v)'=u'\cdot v+u\cdot v'$;特别地,$(c\cdot u)'=c\cdot u'$($c$ 是常数);

(3) 除法法则:$\left(\frac{u}{v}\right)'=\frac{u'\cdot v-u\cdot v'}{v^2}(v\neq 0)$.

注意 法则(1)(2)都可以推广到有限多个函数的情形,即若 $u_1,u_2,\cdots,u_n$ 均为可导函数,则

$(u_1\pm u_2\pm\cdots\pm u_n)'=u_1'\pm u_2'\pm\cdots\pm u_n'$;

$(u_1\cdot u_2\cdot\cdots\cdot u_n)'=u_1'\cdot u_2\cdot\cdots\cdot u_n+u_1\cdot u_2'\cdot\cdots\cdot u_n+\cdots+u_1\cdot u_2\cdot\cdots\cdot u_n'$.

以上法则都可以用导数的定义和极限的运算法则来证明,下面仅以法则(2)为例,其余可类似证明.

证明法则(2) 设 $\Delta u=u(x+\Delta x)-u(x)$,$\Delta v=v(x+\Delta x)-v(x)$,则

$$u(x+\Delta x)=u(x)+\Delta u,v(x+\Delta x)=v(x)+\Delta v.$$

于是

$$(u\cdot v)'=\lim_{\Delta x\to 0}\frac{u(x+\Delta x)\cdot v(x+\Delta x)-u(x)\cdot v(x)}{\Delta x}$$

$$=\lim_{\Delta x\to 0}\frac{[u(x)+\Delta u]\cdot[v(x)+\Delta v]-u(x)\cdot v(x)}{\Delta x},$$

即

$$(u\cdot v)'=\lim_{\Delta x\to 0}\left[\frac{\Delta u}{\Delta x}\cdot v(x)+u(x)\cdot\frac{\Delta v}{\Delta x}+\frac{\Delta u}{\Delta x}\cdot\Delta v\right].\tag{3-6}$$

由于 $v(x)$ 在 x 处可导,因此 $v(x)$ 在 x 处连续,当 $\Delta x\to 0$ 时有 $\Delta v\to 0$.又

$\lim\limits_{\Delta x\to 0}\left[\frac{\Delta u}{\Delta x}\cdot v(x)\right]=u'(x)\cdot v(x)$,$\lim\limits_{\Delta x\to 0}\left[u(x)\cdot\frac{\Delta v}{\Delta x}\right]=u(x)\cdot v'(x)$,$\lim\limits_{\Delta x\to 0}\left(\frac{\Delta u}{\Delta x}\cdot\Delta v\right)=0$,

代入(3-6)式即得证法则(2).

例 2 设 $f(x)=2x^2-3x+\sin\frac{\pi}{7}+\ln 2$,求 $f'(x)$,$f'(1)$.

解 $f'(x)=\left(2x^2-3x+\sin\frac{\pi}{7}+\ln 2\right)'=(2x^2)'-(3x)'+\left(\sin\frac{\pi}{7}\right)'+(\ln 2)'$

$=2(x^2)'-3(x)'+0+0=4x-3$,

$f'(1)=4\times 1-3=1$.

例 3 设 $y=\tan x$,求 y'.

解 $y'=(\tan x)'=\left(\frac{\sin x}{\cos x}\right)'=\frac{(\sin x)'\cos x-\sin x(\cos x)'}{\cos^2 x}=\frac{\cos^2 x+\sin^2 x}{\cos^2 x}=\frac{1}{\cos^2 x}$,

即

$$(\tan x)'=\sec^2 x.$$

同理可证

$$(\cot x)'=-\csc^2 x.$$

例 4 设 $y=\sec x$，求 y'.

解 $y'=(\sec x)'=\left(\dfrac{1}{\cos x}\right)'=\dfrac{0-1\cdot(\cos x)'}{\cos^2 x}=\dfrac{\sin x}{\cos^2 x}$，

即
$$(\sec x)'=\tan x\sec x.$$

同理可证
$$(\csc x)'=-\cot x\csc x.$$

例 5 设 $f(x)=x+x^2+x^3\sec x$，求 $f'(x)$.

解 $f'(x)=1+2x+(x^3)'\sec x+x^3(\sec x)'$

$=1+2x+3x^2\sec x+x^3\tan x\sec x.$

例 6 设 $y=\dfrac{1+\tan x}{\tan x}-2\log_2 x+x\sqrt{x}$，求 y'.

解
$$y=1+\cot x-2\log_2 x+x^{\frac{3}{2}},$$
$$y'=-\csc^2 x-\frac{2}{x\ln 2}+\frac{3}{2}\sqrt{x}.$$

例 7 设 $g(x)=\dfrac{(x^2-1)^2}{x^2}$，求 $g'(x)$.

解
$$g(x)=x^2-2+\frac{1}{x^2},$$
$$g'(x)=2x-2x^{-3}=\frac{2}{x^3}(x^4-1).$$

例 8 设 $f(x)=\dfrac{\arctan x}{1+\sin x}$，求 $f'(x)$.

解
$$f'(x)=\frac{(\arctan x)'\cdot(1+\sin x)-\arctan x\cdot(1+\sin x)'}{(1+\sin x)^2}$$
$$=\frac{\frac{1}{1+x^2}(1+\sin x)-\arctan x\cdot\cos x}{(1+\sin x)^2}$$
$$=\frac{(1+\sin x)-(1+x^2)\arctan x\cdot\cos x}{(1+x^2)(1+\sin x)^2}.$$

例 9 设 $y=x^2\ln x\cos x$，求 y'.

解 $y'=(x^2)'\ln x\cos x+x^2(\ln x)'\cos x+x^2\ln x(\cos x)'$

$=2x\ln x\cos x+x\cos x-x^2\ln x\sin x$

$=x(2\ln x\cos x+\cos x-x\ln x\sin x).$

例 10 求曲线 $y=x^3-2x$ 的垂直于直线 $x+y=0$ 的切线方程.

解 设所求切线切曲线于点 (x_0,y_0)，由于 $y'=3x^2-2$，直线 $x+y=0$ 的斜率为 -1，因此所求切线的斜率为 $3x_0^2-2$，且 $3x_0^2-2=1$，由此得两解：$x_0=1, y_0=-1$ 或 $x_0=-1$，$y_0=1$.

所以所求的切线方程有两条：$y+1=x-1$，$y-1=x+1$，即 $y=x\pm 2$.

练习 3-2

1. 判断下列等式或说法是否正确.

(1) $(u\cdot v)'=u'\cdot v'$.

(2) $\left(\dfrac{u}{v}\right)'=\dfrac{u'}{v'}$.

(3) 若 $f(x)$在 x_0处可导,$g(x)$在 x_0处不可导,则 $f(x)+g(x)$在 x_0处必不可导.

(4) 若 $f(x)$和 $g(x)$在 x_0处都不可导,则 $f(x)+g(x)$在 x_0处也不可导.

2. 求下列各函数的导数.

(1) $y=\ln x+3\cos x-5x$;

(2) $y=x^2(1+\sqrt[3]{x})$;

(3) $y=\dfrac{\sin x}{x}$;

(4) $y=x\cdot \arctan x\cdot \csc x$;

(5) $y=10^x\ln x$;

(6) $y=xe^x\arcsin x$;

(7) $y=\dfrac{4}{x^5}+\dfrac{7}{x^4}-\dfrac{3}{x}+\ln 2$;

(8) $y=2\cot x+1-2\log_3 x+\sqrt[3]{x^2}$.

3. 求 $y=\sin x\cos x$ 在 $x=\dfrac{\pi}{6}$和 $x=\dfrac{\pi}{4}$处的导数.

4. 求抛物线 $y=ax^2+bx+c$ 上具有水平切线的点.

§3-3 反函数与复合函数的导数

前面已经知道常数、幂函数、三角函数、指数函数及对数函数的导数公式可以用导数的定义来证明,本节要推导反三角函数的导数公式.由于反三角函数是三角函数的反函数,所以先给出反函数的求导法则,然后讨论用反函数的求导法则来推导反函数的导数公式,接下来讨论非常重要的复合函数的导数,最后解决一般初等函数的求导问题.

一、反函数的导数

反函数求导法则 如果单调连续函数 $x=\varphi(y)$在点 y 处可导,且 $\varphi'(y)\neq 0$,那么它的反函数 $y=f(x)$在对应点 x 处可导,且有

$$f'(x)=\frac{1}{\varphi'(y)}\text{或}\frac{\mathrm{d}y}{\mathrm{d}x}=\frac{1}{\dfrac{\mathrm{d}x}{\mathrm{d}y}}.$$

证明 由于 $x=\varphi(y)$单调连续,所以它的反函数 $y=f(x)$也单调连续,给 x 以增量 $\Delta x\neq 0$,由 $y=f(x)$的单调性可知

$$\Delta y=f(x+\Delta x)-f(x)\neq 0.$$

因而有$\dfrac{\Delta y}{\Delta x}=\dfrac{1}{\dfrac{\Delta x}{\Delta y}}$.根据 $y=f(x)$的连续性,当 $\Delta x\to 0$ 时,必有 $\Delta y\to 0$.由于 $x=\varphi(y)$可

导，则

$$f'(x)=\lim_{\Delta x\to 0}\frac{\Delta y}{\Delta x}=\lim_{\Delta x\to 0}\frac{1}{\frac{\Delta x}{\Delta y}}=\frac{1}{\lim\limits_{\Delta y\to 0}\frac{\Delta x}{\Delta y}}=\frac{1}{\varphi'(y)},$$

即反函数的导数等于原函数导数的倒数.

例 1 求反正切函数 $y=\arctan x$ 的导数.

解 $y=\arctan x$ 是 $x=\tan y$ 的反函数，$x=\tan y$ 在区间 $\left(-\frac{\pi}{2},\frac{\pi}{2}\right)$ 内单调、可导，且 $\frac{\mathrm{d}x}{\mathrm{d}y}=\sec^2 y\neq 0$，故

$$y'=\frac{1}{\frac{\mathrm{d}x}{\mathrm{d}y}}=\frac{1}{\sec^2 y}=\frac{1}{1+\tan^2 y}=\frac{1}{1+x^2},$$

即

$$(\arctan x)'=\frac{1}{1+x^2}.$$

类似可得

$$(\mathrm{arccot}\, x)'=-\frac{1}{1+x^2}.$$

例 2 求反正弦函数 $y=\arcsin x$ 的导数.

解 $y=\arcsin x$ 是 $x=\sin y$ 的反函数，$x=\sin y$ 在区间 $I_y=\left(-\frac{\pi}{2},\frac{\pi}{2}\right)$ 内单调、可导，且 $\frac{\mathrm{d}x}{\mathrm{d}y}=\cos y>0$，故在对应区间 $I_x=(-1,1)$ 内有

$$y'=\frac{1}{\frac{\mathrm{d}x}{\mathrm{d}y}}=\frac{1}{\cos y}=\frac{1}{\sqrt{1-\sin^2 y}}=\frac{1}{\sqrt{1-x^2}},$$

即

$$(\arcsin x)'=\frac{1}{\sqrt{1-x^2}}.$$

类似可得

$$(\arccos x)'=-\frac{1}{\sqrt{1-x^2}}.$$

二、复合函数的导数

先看一个例子，已知 $y=\sin 2x$，求 y'.

解

$$y'=(\sin 2x)'=\cos 2x.$$

这个结果对吗？

换一种方法：

$$y'=(\sin 2x)'=(2\sin x\cdot\cos x)'=2(\cos^2 x-\sin^2 x)=2\cos 2x.$$

显然，后者有把握是对的，前者肯定错了，那么错在哪儿了？

设函数 $u=\varphi(x)$ 在点 x_0 处可导，函数 $y=f(u)$ 在对应点 $u_0=\varphi(x_0)$ 处可导，求函数 $y=f[\varphi(x)]$ 在点 x_0 处的导数.

设 x 在 x_0 处有改变量 Δx，则对应的 u 有改变量 Δu，y 也有改变量 Δy. 因为 $u=\varphi(x)$ 在点 x_0 处可导，所以在 x_0 处连续，因此当 $\Delta x\to 0$ 时 $\Delta u\to 0$. 若 $\Delta u\neq 0$，由

$$\frac{\Delta y}{\Delta x}=\frac{\Delta y}{\Delta u}\cdot\frac{\Delta u}{\Delta x},\ \lim_{\Delta x\to 0}\frac{\Delta y}{\Delta u}=\lim_{\Delta u\to 0}\frac{\Delta y}{\Delta u}=f'(u_0),\ \lim_{\Delta x\to 0}\frac{\Delta u}{\Delta x}=\varphi'(x_0),$$

得
$$\{f[\varphi(x)]\}'=\lim_{\Delta x\to 0}\frac{\Delta y}{\Delta x}=\lim_{\Delta x\to 0}\frac{\Delta y}{\Delta u}\cdot\lim_{\Delta x\to 0}\frac{\Delta u}{\Delta x}=f'(u_0)\cdot\varphi'(x_0),$$

即
$$y'_x\big|_{x=x_0}=y'_u\big|_{u=u_0}\cdot u'_x\big|_{x=x_0}\text{或}\left.\frac{\mathrm{d}y}{\mathrm{d}x}\right|_{x=x_0}=\left.\frac{\mathrm{d}y}{\mathrm{d}u}\right|_{u=u_0}\cdot\left.\frac{\mathrm{d}u}{\mathrm{d}x}\right|_{x=x_0}.$$

可以证明当 $\Delta u=0$ 时,上述公式仍然成立.

复合函数的求导法则 设函数 $u=\varphi(x)$ 在 x 处有导数 $u'_x=\varphi'(x)$,函数 $y=f(u)$ 在点 x 处的对应点 u 处也有导数 $y'_u=f'(u)$,则复合函数 $y=f[\varphi(x)]$ 在点 x 处有导数,且

$$y'_x=y'_u\cdot u'_x\text{或}\frac{\mathrm{d}y}{\mathrm{d}x}=\frac{\mathrm{d}y}{\mathrm{d}u}\cdot\frac{\mathrm{d}u}{\mathrm{d}x}.$$

这个法则可以推广到含两个以上的中间变量的情形. 如果

$$y=y(u),u=u(v),v=v(x),$$

且在各对应点处的导数存在,则

$$y'_x=y'_u\cdot u'_v\cdot v'_x\text{或}\frac{\mathrm{d}y}{\mathrm{d}x}=\frac{\mathrm{d}y}{\mathrm{d}u}\cdot\frac{\mathrm{d}u}{\mathrm{d}v}\cdot\frac{\mathrm{d}v}{\mathrm{d}x}.$$

常称这个公式为复合函数求导的链式法则.

例 3 求 $y=\sin 2x$ 的导数.

解 令 $y=\sin u,u=2x$,则

$$y'_x=y'_u\cdot u'_x=\cos u\cdot 2=2\cos 2x.$$

例 4 求 $y=(3x+5)^2$ 的导数.

解 令 $y=u^2,u=3x+5$,则

$$y'_x=y'_u\cdot u'_x=2u\cdot 3=6(3x+5).$$

例 5 求 $y=\ln(\sin x)^2$ 的导数.

解 令 $y=\ln u,u=v^2,v=\sin x$,则

$$y'_x=y'_u\cdot u'_v\cdot v'_x=\frac{1}{u}\cdot 2v\cdot\cos x=\frac{1}{\sin^2 x}\cdot 2\sin x\cdot\cos x=2\cot x.$$

例 6 求 $y=\sqrt{a^2-x^2}$ 的导数.

解 把 a^2-x^2 看作中间变量,得

$$y'=[(a^2-x^2)^{\frac{1}{2}}]'=\frac{1}{2}(a^2-x^2)^{\frac{1}{2}-1}\cdot(a^2-x^2)'$$

$$=\frac{1}{2\sqrt{a^2-x^2}}\cdot(-2x)=-\frac{x}{\sqrt{a^2-x^2}}.$$

例 7 求 $y=\ln(1+x^2)$ 的导数.

解 $y'=[\ln(1+x^2)]'=\frac{1}{1+x^2}\cdot(1+x^2)'=\frac{2x}{1+x^2}.$

例 8 求 $y=\sin^2\left(2x+\frac{\pi}{3}\right)$ 的导数.

解 $y'=\left[\sin^2\left(2x+\frac{\pi}{3}\right)\right]'=2\sin\left(2x+\frac{\pi}{3}\right)\cdot\left[\sin\left(2x+\frac{\pi}{3}\right)\right]'$

$$=2\sin\left(2x+\frac{\pi}{3}\right)\cdot\cos\left(2x+\frac{\pi}{3}\right)\cdot\left(2x+\frac{\pi}{3}\right)'$$

$$=2\sin\left(2x+\frac{\pi}{3}\right)\cdot\cos\left(2x+\frac{\pi}{3}\right)\cdot 2=2\sin\left(4x+\frac{2\pi}{3}\right).$$

例 9　求 $y=\cos\sqrt{x^2+1}$的导数.

解　$y'=-\sin\sqrt{x^2+1}\cdot(\sqrt{x^2+1})'=-\sin\sqrt{x^2+1}\cdot\frac{1}{2}(x^2+1)^{\frac{1}{2}-1}\cdot(x^2+1)'$

$$=-\frac{\sin\sqrt{x^2+1}}{2\sqrt{x^2+1}}\cdot 2x=-\frac{x\cdot\sin\sqrt{x^2+1}}{\sqrt{x^2+1}}.$$

例 10　求 $y=\ln(x+\sqrt{x^2+1})$的导数.

解　$y'=\frac{1}{x+\sqrt{x^2+1}}\cdot(x+\sqrt{x^2+1})'=\frac{1}{x+\sqrt{x^2+1}}\cdot[1+(\sqrt{x^2+1})']$

$$=\frac{1}{x+\sqrt{x^2+1}}\cdot\left[1+\frac{1}{2\sqrt{x^2+1}}\cdot(x^2+1)'\right]$$

$$=\frac{1}{x+\sqrt{x^2+1}}\cdot\left(1+\frac{x}{\sqrt{x^2+1}}\right)=\frac{1}{\sqrt{x^2+1}}.$$

例 11　$y=\ln|x|(x\neq 0)$，求 y'.

解　当 $x>0$，$y=\ln x$，据基本求导公式，$y'=\frac{1}{x}$；

当 $x<0$，$y=\ln|x|=\ln(-x)$，所以

$$y'=[\ln(-x)]'=\frac{1}{-x}\cdot(-x)'=\frac{1}{x}.$$

综上，$(\ln|x|)'=\frac{1}{x}$.

例 12　设 $f(x)$是可导的非零函数，$y=\ln|f(x)|$，求 y'.

解　$y'=\frac{1}{f(x)}\cdot f'(x)$.

例 13　$f(x)=\sin nx\cdot\cos^n x$，求 $f'(x)$.

解　$f'(x)=(\sin nx)'\cdot\cos^n x+\sin nx\cdot(\cos^n x)'$

$$=\cos nx\cdot(nx)'\cdot\cos^n x+\sin nx\cdot n\cos^{n-1}x\cdot(\cos x)'$$

$$=n\cos^{n-1}x\cdot(\cos nx\cdot\cos x-\sin nx\cdot\sin x)=n\cos^{n-1}x\cos(n+1)x.$$

例 14　设 $f(u)$，$g(v)$都是可导函数，$y=f(\sin^2 x)+g(\cos^2 x)$，求 y'.

解　$y'=[f(\sin^2 x)]'+[g(\cos^2 x)]'=f'(\sin^2 x)\cdot(\sin^2 x)'+g'(\cos^2 x)\cdot(\cos^2 x)'$

$$=f'(\sin^2 x)\cdot 2\sin x\cdot(\sin x)'+g'(\cos^2 x)\cdot 2\cos x\cdot(\cos x)'$$

$$=\sin 2x\cdot f'(\sin^2 x)-\sin 2x\cdot g'(\cos^2 x)=\sin 2x[f'(\sin^2 x)-g'(\cos^2 x)].$$

例 15　设 $y=x^\alpha(\alpha\in\mathbf{R},x>0)$，利用公式$(e^x)'=e^x$证明求导基本公式 $y'=\alpha x^{\alpha-1}$.

证明　因为 $x^\alpha=(e^{\ln x})^\alpha=e^{\alpha\ln x}$，所以

$$(x^\alpha)'=(e^{\alpha\ln x})'=e^{\alpha\ln x}\cdot(\alpha\ln x)'=e^{\alpha\ln x}\cdot\alpha\cdot\frac{1}{x}=x^\alpha\cdot\alpha\cdot\frac{1}{x}=\alpha x^{\alpha-1}.$$

三、初等函数的求导问题

初等函数是由常数和基本初等函数经过有限次四则运算和有限次复合步骤构成的可用一个式子表示的函数.为了解决初等函数的求导问题,在前几节中已经求出常数和全部基本初等函数的导数,还介绍了函数的和、差、积、商的求导法则以及复合函数的求导法则,利用这些导数公式以及求导法则,可以比较方便地求出初等函数的导数.

例 16 求 $y=3\sin 2x+\dfrac{x}{1+x}-x^2\sec x+\ln 7$ 的导数.

解 $y'=(3\sin 2x)'+\left(\dfrac{x}{1+x}\right)'-(x^2\sec x)'+(\ln 7)'$

$$=6\cos 2x+\frac{x'(1+x)-x(1+x)'}{(1+x)^2}-2x\sec x-x^2\sec x\tan x+0$$

$$=6\cos 2x+\frac{1}{(1+x)^2}-x\sec x(2+x\tan x).$$

练习 3-3

1. 下面的计算对吗?

(1) $(2^{\sin^2 2x})'=2^{\sin^2 2x}\cdot\ln 2\cdot 2\cos 2x=\cdots$;

(2) $(x+\sqrt{x+\sqrt{x}})'=(1+\sqrt{x+\sqrt{x}})\cdot(x+\sqrt{x})'=\cdots$;

(3) $(\ln\cos\sqrt{2x})'=\dfrac{\sqrt{2}}{\cos\sqrt{2x}}\cdot\dfrac{1}{2\sqrt{x}}=\cdots$;

(4) $\ln\left(\dfrac{2}{x}-\ln 2\right)'=\dfrac{1}{\frac{2}{x}}-\dfrac{1}{2}=\cdots$.

2. 求下列函数的导数.

(1) $y=\cos\left(2x-\dfrac{\pi}{5}\right)$;

(2) $y=(2x+5)^5$;

(3) $y=\tan\left(2x+\dfrac{\pi}{6}\right)$;

(4) $y=(3x^3-2x^2+x-5)^5$;

(5) $y=\ln(\sin 2x+2^x)$;

(6) $y=\dfrac{1}{\sqrt{1-x^2}}$;

(7) $y=\cos[\cos(\cos x)]$;

(8) $y=\sqrt{x+\sqrt{x}}$;

(9) $y=\ln|\sec x+\tan x|$;

(10) $y=2^{x\sin x}$;

(11) $y=\sin^2 x\cdot\cos(x^2)$;

(12) $y=\arcsin\sqrt{x}$.

§3-4 隐函数和参数式函数的导数

一、隐函数的导数

1. 隐函数及其显化

如果变量x,y之间的对应规律,是把y直接表示成x的解析式,即熟知的$y=f(x)$的形式的函数,称为**显函数**.例如,$y=x^2$,$y=3x+x^2+5$,$y=(1-2x)^2$.

如果能从方程$F(x,y)=0$确定y为x的函数,即$y=f(x)$,则称$y=f(x)$为由方程$F(x,y)=0$所确定的隐函数.例如,$x-\sqrt[3]{y}=0$,$x^2+y^2=4$,$e^{x+y}+x^2y=1$.显函数一定可以转化为隐函数,反之则不一定.

对于隐函数的导数,有的可以化为显函数来求,如$x-\sqrt[3]{y}=0$可化为$y=x^3$,得$y'=3x^2$.而有的则不能化为显函数来求,如方程$e^{x+y}+x^2y=1$所确定的函数就不能化为显函数.

2. 隐函数求导法则

一般地,隐函数的求导方法就是先将方程两边分别对x求导,这时把y看成x的中间变量,然后利用复合函数求导法则进行求解,得到一个关于x,y,y'的方程,最后从方程中解出y'即可.

例1 求由方程$x^2+y^2=4$所确定的隐函数的导数.

解 方程两边同时对x求导.注意现在方程中的y是x的函数,所以y^2是x的复合函数.于是得

$$2x+2y\cdot y'=0,$$

解得

$$y'=-\frac{x}{y}.$$

例2 求由$x^2-y^3-\sin y=0\left(0\leqslant y\leqslant\frac{\pi}{2},x\geqslant 0\right)$所确定的隐函数的导数.

解 方程两边同时对x求导,得

$$2x-3y^2\cdot y'-\cos y\cdot y'=0,$$

解得

$$y'=\frac{2x}{3y^2+\cos y}.$$

例3 求证:过椭圆$\frac{x^2}{a^2}+\frac{y^2}{b^2}=1$上一点$M(x_0,y_0)$的切线方程为$\frac{x_0x}{a^2}+\frac{y_0y}{b^2}=1$.

证明 方程两边对x求导数,得

$$\frac{2x}{a^2}+\frac{2y}{b^2}\cdot y'=0,$$

解得

$$y'=-\frac{b^2x}{a^2y},$$

即椭圆上点 $M(x_0,y_0)$ 处切线的斜率为 $k=y'\Big|_{(x_0,y_0)}=-\dfrac{b^2x_0}{a^2y_0}$.

应用直线的点斜式，即得椭圆在点 $M(x_0,y_0)$ 处的切线方程为

$$y-y_0=-\frac{b^2x_0}{a^2y_0}(x-x_0),$$

即
$$\frac{x_0x}{a^2}+\frac{y_0y}{b^2}=1.$$

例 4 求由方程 $e^{xy}+y\ln x=\cos 2x$ 所确定的隐函数的导数.

解 方程两边分别对 x 求导，得

$$e^{xy}(y+xy')+y'\ln x+\frac{y}{x}=-2\sin 2x,$$

解得

$$y'=-\frac{2\sin 2x+ye^{xy}+\dfrac{y}{x}}{xe^{xy}+\ln x}$$
$$=-\frac{2x\sin 2x+xye^{xy}+y}{x^2e^{xy}+x\ln x}.\ (xe^{xy}+\ln x\neq 0)$$

例 5 求由 $x^2+y-\ln y=\sin\dfrac{\pi}{7}$ 所确定的隐函数的导数.

解 方程两边分别对 x 求导，得

$$2x+y'-\frac{1}{y}y'=0,$$

合并同类项，得
$$\left(\frac{1}{y}-1\right)y'=2x,$$

解得
$$y'=\frac{2x}{\dfrac{1}{y}-1}=\frac{2xy}{1-y}.$$

二、对数求导法

对于有些显函数，求导比较困难，如果通过取对数的方法变换为隐函数来求导，则简单多了. 这种方法我们称之为对数求导法，此方法主要适用于两类函数：一类是幂指函数 $y=u(x)^{v(x)}$，一类是多因子积、商、乘方、开方.

例 6 求 $y=x^x$ 的导数.

解 两边取对数，得

$$\ln y=x\ln x.$$

两边对 x 求导，得

$$\frac{1}{y}\cdot y'=\ln x+1,$$

即
$$y'=x^x(\ln x+1).$$

说明 (1) $y=u(x)^{v(x)}$ 形式的函数，称为**幂指函数**.

(2) 为了求 $y=f(x)$ 的导数 y'，两边先取对数，然后用隐函数求导的方法得到 y'，这

种求导方法常称为**对数求导法**.

(3) 根据对数能把积商化为对数之和差、幂化为指数与底的对数之积的特点，对幂指函数或多项乘积函数求导时，用对数求导法必定比较简便.

例 7 利用对数求导法求函数 $y=(\sin x)^x$ 的导数.

解 两边取对数，得 $\ln y=x\cdot\ln\sin x$.

两边对 x 求导，得

$$\frac{1}{y}\cdot y'=\ln\sin x+x\cdot\frac{1}{\sin x}\cdot\cos x,$$

故 $$y'=y(\ln\sin x+x\cot x),$$

即 $$y'=(\sin x)^x(\ln\sin x+x\cot x).$$

注意 例 7 也能用下面的方法求导：把 $y=(\sin x)^x$ 变为 $y=e^{x\ln\sin x}$，则

$$y'=(e^{x\ln\sin x})'=e^{x\ln\sin x}\cdot(x\ln\sin x)'=e^{x\ln\sin x}(\ln\sin x+x\cot x)$$
$$=(\sin x)^x(\ln\sin x+x\cot x).$$

例 8 设 $y=(3x-1)^{\frac{5}{3}}\sqrt{\frac{x-1}{x-2}}$，求 y'.

解 两边取对数，得

$$\ln y=\frac{5}{3}\ln(3x-1)+\frac{1}{2}\ln(x-1)-\frac{1}{2}\ln(x-2).$$

两边对 x 求导，得

$$\frac{1}{y}\cdot y'=\frac{5}{3}\cdot\frac{3}{3x-1}+\frac{1}{2}\cdot\frac{1}{x-1}-\frac{1}{2}\cdot\frac{1}{x-2},$$

所以 $$y'=(3x-1)^{\frac{5}{3}}\sqrt{\frac{x-1}{x-2}}\left[\frac{5}{3x-1}+\frac{1}{2(x-1)}-\frac{1}{2(x-2)}\right].$$

三、参数式函数的导数

若曲线的参数方程为

$$\begin{cases}x=\varphi(t),\\ y=\psi(t)\end{cases}\quad(t\text{ 为参数},a\leqslant t\leqslant b),$$

当 $\varphi'(t),\psi'(t)$ 都存在，且 $\varphi'(t)\neq0$ 时，可以证明由参数方程所确定的函数 $y=f(x)$ 的导数为

$$y'=\frac{dy}{dx}=\frac{\frac{dy}{dt}}{\frac{dx}{dt}}=\frac{y'_t}{x'_t}.$$

例 9 求由方程 $\begin{cases}x=a\cos t,\\ y=a\sin t\end{cases}(0<t<\pi)$ 所确定的函数 $y=f(x)$ 的导数 y'.

解 $y'=\frac{y'_t}{x'_t}=\frac{a\cos t}{-a\sin t}=-\cot t(0<t<\pi)$.

例 10 求摆线 $\begin{cases}x=a(t-\sin t),\\ y=a(1-\cos t)\end{cases}$ (a 为常数)上对应于 $t=\frac{\pi}{2}$ 的点 M_0 处的切线方程.

解 摆线上对应于 $t=\frac{\pi}{2}$ 的点 M_0 的坐标为 $\left(\frac{(\pi-2)a}{2},a\right)$，又

$$\frac{\mathrm{d}y}{\mathrm{d}x}=\frac{[a(1-\cos t)]'}{[a(t-\sin t)]'}=\frac{\sin t}{1-\cos t}=\cot\frac{t}{2},\left.\frac{\mathrm{d}y}{\mathrm{d}x}\right|_{t=\frac{\pi}{2}}=1,$$

即摆线在 M_0 处的切线斜率为 1，故所求的切线方程为

$$y-a=1\cdot\left[x-\frac{(\pi-2)a}{2}\right],$$

即 $x-y+\left(2-\frac{\pi}{2}\right)a=0$.

例 11 如图 3-4 所示，以初速 v_0、发射角 α 发射炮弹，已知炮弹的运动规律是

$$\begin{cases}x=(v_0\cos\alpha)t,\\ y=(v_0\sin\alpha)t-\frac{1}{2}gt^2\,(g\text{ 为重力加速度}).\end{cases}$$

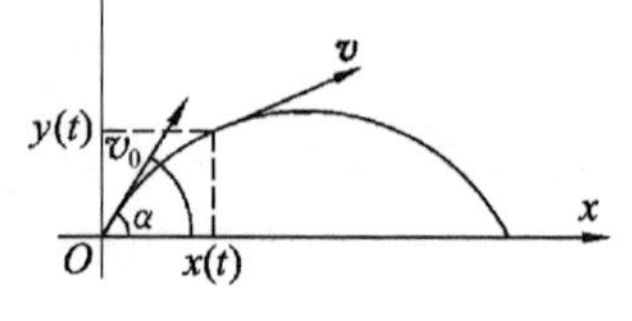

图 3-4

(1) 求炮弹在任一时刻 t 的运动方向；

(2) 求炮弹在任一时刻 t 的速率.

解 (1) $\frac{\mathrm{d}y}{\mathrm{d}x}=\frac{\left[(v_0\sin\alpha)t-\frac{1}{2}gt^2\right]'}{[(v_0\cos\alpha)t]'}=\frac{v_0\sin\alpha-gt}{v_0\cos\alpha}=\tan\alpha-\frac{g}{v_0\cos\alpha}t.$

(2) 炮弹的运动速度是一个向量 $\boldsymbol{v}(v_x,v_y)$，$v_x=\frac{\mathrm{d}x}{\mathrm{d}t}=v_0\cos\alpha$，$v_y=\frac{\mathrm{d}y}{\mathrm{d}t}=v_0\sin\alpha-gt$.

设 t 时的速率为 $v(t)$，则

$$v(t)=\sqrt{v_x^2+v_y^2}=\sqrt{(v_0\cos\alpha)^2+(v_0\sin\alpha-gt)^2}=\sqrt{v_0^2-2v_0gt\sin\alpha+g^2t^2}.$$

练习 3-4

1. 下面的计算对吗？

(1) 求由方程 $x^3+y^3-3axy=0$ 所确定的隐函数 y 的导数 y'.

解 两边对 x 求导，得

$$3x^2+3y^2-3a(y-xy')=0,$$

故 $y'=\frac{x^2+y^2-ay}{ax}$.

(2) 用对数求导法求 $y=x^{\sin x}$ 的导数.

解 $y=x^{\sin x}$ 两边取对数，得 $\ln y=\sin x\cdot\ln x$；两边对 x 求导后解出 y'，得

$$y'=\cos x\cdot\ln x+\frac{\sin x}{x}.$$

(3) 设 $\begin{cases}x=\mathrm{e}^t\sin t,\\ y=\mathrm{e}^t\cos t,\end{cases}$ 求 y'_x.

解 由参数式函数的求导公式得

$$y'_x=\frac{(e^t\sin t)'_t}{(e^t\cos t)'_t}=\frac{e^t\sin t+e^t\cos t}{e^t\cos t-e^t\sin t}=\frac{\sin t+\cos t}{\cos t-\sin t}.$$

2. 解下列各题.

(1) 求由方程 $xy-e^x+e^y=0$ 所确定的隐函数的导数 y' 及 $y'\Big|_{(x=0,y=0)}$;

(2) 求函数 $y=\sqrt{\frac{(x-1)(x-2)}{(x-3)(x-4)}}$ 的导数;

(3) 设 $y=\left(1+\frac{1}{x}\right)^x$,求 y';

(4) 求曲线 $\begin{cases}x=2\sin t,\\ y=\cos 2t\end{cases}$ 在 $t=\frac{\pi}{4}$ 处的切线方程.

§3-5 高阶导数

一、高阶导数的概念

定义 设函数 $y=f(x)$ 存在导函数 $f'(x)$,若导函数 $f'(x)$ 的导数 $[f'(x)]'$ 存在,则称 $[f'(x)]'$ 为 $f(x)$ 的二阶导数,记作 y'', $f''(x)$, $\frac{d^2y}{dx^2}$ 或 $\frac{d^2f(x)}{dx^2}$,即

$$y''=(y')'=\frac{d}{dx}\left(\frac{dy}{dx}\right)=\frac{d^2y}{dx^2}.$$

若二阶导函数 $f''(x)$ 的导数存在,则称 $f''(x)$ 的导数 $[f''(x)]'$ 为 $y=f(x)$ 的三阶导数,记作 y''' 或 $f'''(x)$.

一般地,若 $y=f(x)$ 的 $n-1$ 阶导函数存在导数,则称 $n-1$ 阶导函数的导数为 $y=f(x)$ 的 n 阶导数,记作 $y^{(n)}$, $f^{(n)}(x)$, $\frac{d^ny}{dx^n}$ 或 $\frac{d^nf(x)}{dx^n}$,即

$$y^{(n)}=[y^{(n-1)}]',f^{(n)}(x)=[f^{(n-1)}(x)]',\frac{d^ny}{dx^n}=\frac{d}{dx}\left(\frac{d^{n-1}y}{dx^{n-1}}\right).$$

因此,函数 $f(x)$ 的 n 阶导数是由 $f(x)$ 连续依次地对 x 求 n 次导数得到的.

函数的二阶和二阶以上的导数称为函数的**高阶导数**.函数 $f(x)$ 的 n 阶导数在 x_0 处的导数值记作 $y^{(n)}(x_0)$, $f^{(n)}(x_0)$, $\frac{d^ny}{dx^n}\Big|_{x=x_0}$ 等.

例 1 求函数 $y=3x^3+2x^2+x+1$ 的四阶导数 $y^{(4)}$.

解 $y'=(3x^3+2x^2+x+1)'=9x^2+4x+1$,

$y''=(y')'=(9x^2+4x+1)'=18x+4$,

$y'''=(y'')'=(18x+4)'=18$,

$y^{(4)}=(y''')'=(18)'=0$.

例 2 求函数 $y=a^x$ 的 n 阶导数.

解 $y'=(a^x)'=a^x\cdot\ln a$,

$$y''=(y')'=(a^x\cdot\ln a)'=\ln a(a^x)'=a^x\cdot(\ln a)^2,$$

$$y'''=(y'')'=[a^x\cdot(\ln a)^2]'=(\ln a)^2\cdot(a^x)'=a^x\cdot(\ln a)^3,$$

$$\cdots,$$

$$y^{(n)}=(a^x)^{(n)}=a^x\cdot(\ln a)^n.$$

注意　$(e^x)^{(n)}=e^x$.

例 3　若 $f(x)$ 存在二阶导数，求函数 $y=f(\ln x)$ 的二阶导数.

解　$y'=f'(\ln x)\cdot(\ln x)'=\dfrac{f'(\ln x)}{x}$,

$$y''=\left[\frac{f'(\ln x)}{x}\right]'=\frac{f''(\ln x)\cdot\frac{1}{x}\cdot x-f'(\ln x)\cdot 1}{x^2}=\frac{f''(\ln x)-f'(\ln x)}{x^2}.$$

例 4　求函数 $y=\sin x$ 的 n 阶导数 $y^{(n)}$.

解　$y'=(\sin x)'=\cos x$，为了得到 n 阶导数的规律，改写 $y'=\cos x=\sin\left(x+\dfrac{\pi}{2}\right)$.

$$y''=\left[\sin\left(x+\frac{\pi}{2}\right)\right]'=\sin\left[\left(x+\frac{\pi}{2}\right)+\frac{\pi}{2}\right]\cdot\left(x+\frac{\pi}{2}\right)'=\sin\left(x+2\cdot\frac{\pi}{2}\right),$$

$$y'''=\left[\sin\left(x+2\cdot\frac{\pi}{2}\right)\right]'=\sin\left[\left(x+2\cdot\frac{\pi}{2}\right)+\frac{\pi}{2}\right]\cdot\left(x+2\cdot\frac{\pi}{2}\right)'$$

$$=\sin\left(x+3\cdot\frac{\pi}{2}\right),$$

$$\cdots,$$

$$y^{(n)}=(\sin x)^{(n)}=\sin\left(x+n\cdot\frac{\pi}{2}\right).$$

例 5　求 $y=e^{2x}$ 的 n 阶导数.

解　$y'=(e^{2x})'=2e^{2x}$,

$$y''=(y')'=(2e^{2x})'=2^2e^{2x},$$

$$y'''=(y'')'=(2^2e^{2x})'=2^3e^{2x},$$

$$\cdots,$$

依此类推，最后可得 $y^{(n)}=2^ne^{2x}$.

例 6　设隐函数 $y(x)$ 由方程 $y=\sin(x+y)$ 确定，求 y''.

解　在 $y=\sin(x+y)$ 两边对 x 求导，得

$$y'=\cos(x+y)\cdot(x+y)'=\cos(x+y)\cdot(1+y'),\tag{3-7}$$

解得

$$y'=\frac{\cos(x+y)}{1-\cos(x+y)},\tag{3-8}$$

再将(3-7)式两边对 x 求导，并注意现在 y,y' 都是 x 的函数，得

$$y''=-\sin(x+y)\cdot(1+y')^2+\cos(x+y)\cdot(1+y')'$$

$$=-\sin(x+y)\cdot(1+y')^2+\cos(x+y)\cdot y'',$$

解得

$$y''=\frac{\sin(x+y)}{\cos(x+y)-1}\cdot(1+y')^2,\tag{3-9}$$

将(3-8)式代入(3-9)式，得

$$y''=\frac{\sin(x+y)}{\cos(x+y)-1}\cdot\left[1+\frac{\cos(x+y)}{1-\cos(x+y)}\right]^2=\frac{\sin(x+y)}{[\cos(x+y)-1]^3},$$

即 $$y''=\frac{y}{[\cos(x+y)-1]^3}.$$

例 7 设函数 $y(x)$ 的参数式为 $\begin{cases}x=a(t-\sin t),\\ y=a(1-\cos t)\end{cases}(t\neq 2n\pi, n\in\mathbf{Z})$，求 y 的二阶导数 $\frac{\mathrm{d}^2y}{\mathrm{d}x^2}$.

解 $\frac{\mathrm{d}y}{\mathrm{d}x}=\frac{y'_t}{x'_t}=\frac{[a(1-\cos t)]'}{[a(t-\sin t)]'}=\frac{\sin t}{1-\cos t}=\cot\frac{t}{2}(t\neq 2n\pi, n\in\mathbf{Z})$，

因为 $$\frac{\mathrm{d}^2y}{\mathrm{d}x^2}=\frac{\mathrm{d}}{\mathrm{d}x}\left(\frac{\mathrm{d}y}{\mathrm{d}x}\right),$$

所以 $$\frac{\mathrm{d}^2y}{\mathrm{d}x^2}=\frac{(y')'_t}{x'_t}=\frac{\left(\cot\frac{t}{2}\right)'}{[a(t-\sin t)]'}=-\frac{1}{a(1-\cos t)^2}(t\neq 2n\pi, n\in\mathbf{Z}).$$

显然，求高阶导数没有新的方法，关键就是要逐阶地求，它的基础还是一阶导数. 导数的 16 个基本公式是求导的基础，求导时应注意区分基本初等函数、复合函数、隐函数、参数式函数等，从而选择正确的求导方法方可事半功倍.

*二、导数的物理含义

1. 速度与加速度

设物体做直线运动，位移函数 $s=s(t)$，速度函数 $v(t)$ 和加速度函数 $a(t)$ 分别为

$$v(t)=\frac{\mathrm{d}s}{\mathrm{d}t}, a(t)=\frac{\mathrm{d}^2s}{\mathrm{d}t^2}.$$

(1) 若设位移函数为 $s=2t^3-\frac{1}{2}gt^2$(g 为重力加速度，取 $g=9.8\ \mathrm{m/s^2}$)，求 $t=2$ s 时的速度和加速度. 则

$$v(2)=\left.\frac{\mathrm{d}s}{\mathrm{d}t}\right|_{t=2}=\left.\left(2t^3-\frac{1}{2}gt^2\right)'\right|_{t=2}=(6t^2-gt)|_{t=2}=24-19.6=4.4\ (\mathrm{m/s});$$

$$a(2)=\left.\frac{\mathrm{d}^2s}{\mathrm{d}t^2}\right|_{t=2}=\left.\left(2t^3-\frac{1}{2}gt^2\right)''\right|_{t=2}=(6t^2-gt)'|_{t=2}=(12t-g)|_{t=2}=24-9.8$$
$$=14.2(\mathrm{m/s^2}).$$

(2) 又若做微小摆动的单摆，记 s 为偏离平衡位置的位移，则 $s(t)=A\sin(\omega t+\varphi)$(其中 A,ω 为与重力加速度、物体质量有关的常数，φ 为以弧度计算的初始偏移角度)，则

$$v(t)=[A\sin(\omega t+\varphi)]'=A\omega\cos(\omega t+\varphi),$$
$$a(t)=[A\sin(\omega t+\varphi)]''=-A\omega^2\sin(\omega t+\varphi).$$

2. 线密度

设非均匀的线材的质量 H 与线材长度 s 满足关系 $H=H(s)$，则在 $s=s_0$ 处的线密度(即单位长度的质量)$\mu(s_0)=H'(s)\Big|_{s=s_0}$.

如图 3-5 所示的柱形铁棒，铁的密度为 7.8 g/cm³，$d=2$ cm，$D=10$ cm，$l=50$ cm，从小端开始计长，求中点处的线密度.

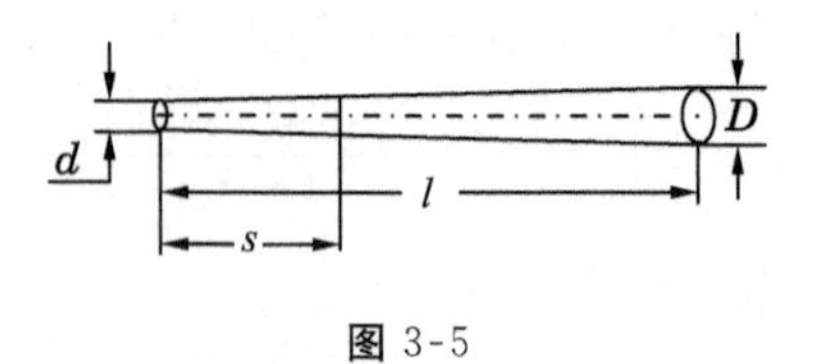

图 3-5

因为长为 s 处柱的截面的直径 $d(s)=\frac{Ds-ds+ld}{l}$，所以长为 s 的柱体体积

$$V(s)=\frac{1}{3}\pi s\left[\left(\frac{d}{2}\right)^2+\frac{d}{2}\cdot\frac{Ds-ds+ld}{2l}+\left(\frac{Ds-ds+ld}{2l}\right)^2\right]$$

$$=\frac{1}{3}\pi\left(\frac{4}{625}s^3+\frac{6}{25}s^2+3s\right).$$

质量函数

$$H(s)=7.8V(s)=\frac{2.6}{625}\pi(4s^3+150s^2+1\,875s),$$

所以
$$\mu(s)=H'(s)=\frac{2.6}{625}\pi(12s^2+300s+1\,875).$$

$$\mu(s)\big|_{s=25}=2.6\pi(12+12+3)=70.2\pi(\text{g/cm}).$$

3. 功率

单位时间内做的功称为功率. 若做功函数为 $W=W(t)$，则 $t=t_0$ 时的功率 $N(t_0)=W'(t_0)$.

设质量为 1 100 kg 的汽车，能在 2 s 时间内把汽车从静止状态加速到 36 km/h，若汽车启动后做匀加速直线运动，求发动机的最大输出功率.

36 km/h=36 000 m/h=10 m/s，加速度 $a=10\div2=5(\text{m/s}^2)$，汽车位移函数为

$$s(t)=\frac{1}{2}at^2=2.5t^2\,(0\leqslant t\leqslant 2).$$

据牛顿第二运动定律 $F=ma$，汽车受的推力为 $F=1\,100\times5=5\,500(\text{N})$，所以推力做功的函数为

$$W(t)=F\cdot s(t)=5\,500\times2.5t^2(\text{J}),$$

功率函数 $N(t)=W'(t)=5\,500\times5t$，当 $t=2$ 时达到最大输出功率，为

$$N_{\max}=5\,500\times5\times2=55\,000(\text{W}).$$

4. 电流

电流是单位时间内通过导体截面的电量，即电量关于时间的变化率. 记 $q(t)$ 为通过截面的电量，$I(t)$ 为通过该截面的电流，则 $I(t)=q'(t)$. 现设通过截面的电量 $q(t)=20\sin\left(\frac{25}{\pi}t+\frac{\pi}{2}\right)$(C)，则通过该截面的电流为

$$I(t)=\left[20\sin\left(\frac{25}{\pi}t+\frac{\pi}{2}\right)\right]'=20\times\frac{25}{\pi}\cos\left(\frac{25}{\pi}t+\frac{\pi}{2}\right)=\frac{500}{\pi}\cos\left(\frac{25}{\pi}t+\frac{\pi}{2}\right).$$

练习 3-5

1. 下面的计算正确吗?

(1) 求由方程 $x^2+y^2=1$ 所确定的隐函数 $y=y(x)$ 的二阶导数.

解 方程两边分别对 x 求导,得 $2x+2yy'=0$,故 $y'=-\dfrac{x}{y}(y\neq0)$;再将上式两边分别对 x 求导,有 $y''=-\dfrac{y-xy'}{y^2}(y\neq0)$.

(2) 设 $\begin{cases}x=2t,\\ y=t^2,\end{cases}$ 求 $\dfrac{\mathrm{d}^2y}{\mathrm{d}x^2}$.

解 $\dfrac{\mathrm{d}y}{\mathrm{d}x}=\dfrac{2t}{2}=t,\dfrac{\mathrm{d}^2y}{\mathrm{d}x^2}=t'=1$.

(3) 设 $y=xe^{x^2}$,求 y''.

解 $y'=e^{x^2}+xe^{x^2}\cdot2x=e^{x^2}(1+2x^2),y''=e^{x^2}(1+2x^2)'=e^{x^2}\cdot4x=4x\cdot e^{x^2}$.

2. 已知 $y^{(n-2)}=\sin^2x$,求 $y^{(n)}$.

3. 求下列函数的二阶导数.

(1) 由方程 $x^2+2xy+y^2-4x+4y-2=0$ 所确定的函数 $y=y(x)$;

(2) 若 $f''(x)$存在,$y=\ln f(x^2)$;

(3) $\begin{cases}x=1+t^2,\\ y=1+t^3.\end{cases}$

4. 已知一物体的运动规律为 $s(t)=\dfrac{1}{4}t^4+2t^2-2(\mathrm{m})$,求 $t=1$ s 时的速度和加速度.

§3-6 微 分

一、微分的概念

在很多问题中,常常要研究当自变量 x 由 x_0 变化到 $x_0+\Delta x$ 时,函数 $y=f(x)$改变了多少.当然最容易想到的方法是通过计算 $\Delta y=f(x_0+\Delta x)-f(x_0)$来求得,但很多时候很难通过$f(x)$求得 Δy(如 $y=\arctan x$),因此问题就产生了,即如何方便地求得 Δy 的近似值呢?

不妨来看下面的引例.

引例 如图 3-6,一块正方形金属薄片,由于温度的变化,其边长由 x_0 变化到 $x_0+\Delta x$,问其面积改变了多少?

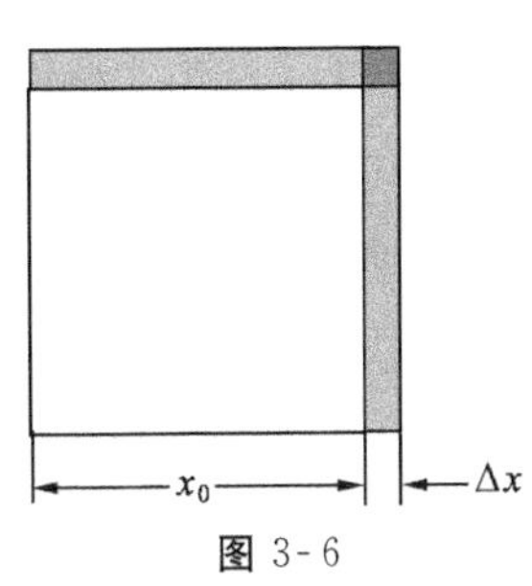

图 3-6

此薄片边长为 x_0时的面积为 $A=x_0^2$,当边长由 x_0变化到 $x_0+\Delta x$ 时,面积的改变量为

$$\Delta A=(x_0+\Delta x)^2-x_0^2=2x_0\cdot\Delta x+(\Delta x)^2.$$

第一部分 $2x_0\cdot\Delta x$ 是 Δx 的线性函数(即常数乘以 Δx 的一次幂)，在图 3-6 中表示增加的两块长条矩形的面积；第二部分 $(\Delta x)^2$，在图 3-6 中表示增加在右上角的小正方形的面积，当 $\Delta x\to 0$ 时，它是比 Δx 更高阶的无穷小，当 $|\Delta x|$ 很小时可忽略不计. 因此，可以只留下 ΔA 的主要部分，即 Δx 的**线性部分**，可以认为

$$\Delta A\approx 2x_0\cdot\Delta x.$$

再如，函数 $y=x^n(n\in\mathbf{N})$ 对应于 Δx 的改变量

$$\Delta y=nx^{n-1}\cdot\Delta x+\frac{n(n-1)}{2}x^{n-2}\cdot(\Delta x)^2+\cdots+(\Delta x)^n.$$

显然上式比较复杂. 而当 $\Delta x\to 0$ 时，也可以忽略比 Δx 更高阶的无穷小，只留下 Δy 的主要部分，即 Δx 的线性部分，得到 $\Delta y\approx nx^{n-1}\cdot\Delta x$.

通过引例，可以非常直观地看到，当自变量 x_0 有非常小的改变量 Δx 时，函数的改变量 Δy 主要受 $2x_0\Delta x$(Δx 的线性函数)的影响，因此，下面给出微分的定义.

1. 微分的定义

定义 如果函数 $y=f(x)$ 在点 x_0 处的改变量 Δy 可以表示为 Δx 的线性函数 $A\cdot\Delta x$ (A 是与 Δx 无关、与 x_0 有关的常数)与一个比 Δx 更高阶的无穷小之和，即 $\Delta y=A\cdot\Delta x+o(\Delta x)$，则称函数 $f(x)$ 在 x_0 处可微，且称 $A\cdot\Delta x$ 为函数 $f(x)$ 在点 x_0 处的微分，记作 $\mathrm{d}y|_{x=x_0}$，即 $\mathrm{d}y|_{x=x_0}=A\cdot\Delta x$.

函数的微分 $A\cdot\Delta x$ 是 Δx 的线性函数，且与函数的改变量 Δy 的差是一个比 Δx 更高阶的无穷小. 当 $\Delta x\to 0$ 时，它是 Δy 的主要部分，所以也称微分 $\mathrm{d}y$ 是改变量 Δy 的线性主部. 当 $|\Delta x|$ 很小时，就可以用微分 $\mathrm{d}y$ 作为改变量 Δy 的近似值，即 $\Delta y\approx\mathrm{d}y$.

如果函数 $y=f(x)$ 在点 x_0 处可微，按定义有 $\Delta y=A\cdot\Delta x+o(\Delta x)$，上式两端同除以 Δx，取 $\Delta x\to 0$ 时的极限，得

$$\lim_{\Delta x\to 0}\frac{\Delta y}{\Delta x}=\lim_{\Delta x\to 0}\left[A+\frac{o(\Delta x)}{\Delta x}\right]=A,$$

这表明，若 $y=f(x)$ 在点 x_0 处可微，则在 x_0 处必定可导，且 $A=f'(x_0)$.

反之，如果函数 $f(x)$ 在点 x_0 处可导，即 $\lim\limits_{\Delta x\to 0}\frac{\Delta y}{\Delta x}=f'(x_0)$ 存在，根据极限与无穷小的关系，上式可写成 $\frac{\Delta y}{\Delta x}=f'(x_0)+\alpha$，其中 α 为 $\Delta x\to 0$ 时的无穷小，从而

$$\Delta y=f'(x_0)\cdot\Delta x+\alpha\cdot\Delta x,$$

这里 $f'(x_0)$ 是不依赖于 Δx 的常数，当 $\Delta x\to 0$ 时 $\alpha\cdot\Delta x$ 是比 Δx 更高阶的无穷小. 按微分的定义，可见 $f(x)$ 在点 x_0 处是可微的，且微分为 $f'(x_0)\Delta x$.

重要结论 函数 $y=f(x)$ 在点 x_0 处可微的充分必要条件是 $y=f(x)$ 在点 x_0 处可导，且 $\mathrm{d}y|_{x=x_0}=f'(x_0)\Delta x$.

由于自变量 x 的微分 $\mathrm{d}x=(x)'\Delta x=\Delta x$，所以 $y=f(x)$ 在点 x_0 处的微分常记作

$$\mathrm{d}y|_{x=x_0}=f'(x_0)\mathrm{d}x.$$

如果函数 $y=f(x)$ 在某区间内的每一点处都可微，则称函数 $y=f(x)$ 在该区间内是**可微函数**. 函数在区间内任一点 x 处的微分 $\mathrm{d}y=f'(x)\mathrm{d}x$.

由此还可得 $f'(x)=\frac{\mathrm{d}y}{\mathrm{d}x}$，这是导数记号 $\frac{\mathrm{d}y}{\mathrm{d}x}$ 的由来，这也表明导数是函数的微分 $\mathrm{d}y$ 与自变量的微分 $\mathrm{d}x$ 的商，故导数也称为**微商**.

例 1 求函数 $y=x^2$ 在 $x=1$ 处，对应于自变量的改变量 Δx 分别为 0.1 和 0.01 时的改变量 Δy 及微分 $\mathrm{d}y$.

解 $\Delta y=(x+\Delta x)^2-x^2=2x\cdot\Delta x+(\Delta x)^2$，$\mathrm{d}y=(x^2)'\cdot\Delta x=2x\cdot\Delta x$.

在 $x=1$ 处，当 $\Delta x=0.1$ 时，

$$\Delta y=2\times1\times0.1+0.1^2=0.21,\mathrm{d}y=2\times1\times0.1=0.2;$$

当 $\Delta x=0.01$ 时，

$$\Delta y=2\times1\times0.01+0.01^2=0.0201,\mathrm{d}y=2\times1\times0.01=0.02.$$

例 2 求函数 $y=x\ln x$ 的微分.

解 $y'=(x\ln x)'=1+\ln x$，$\mathrm{d}y=y'\mathrm{d}x=(1+\ln x)\mathrm{d}x$.

2. 微分的几何意义

设函数 $y=f(x)$ 的图象如图 3-7 所示，点 $M(x_0,y_0)$，$N(x_0+\Delta x,y_0+\Delta y)$ 在图象上，过 M,N 分别作 x 轴、y 轴的平行线，相交于点 Q，则有向线段 $MQ=\Delta x$，$QN=\Delta y$. 过点 M 再作曲线 $f(x)$ 的切线 MT，设其倾斜角为 α，交 QN 于点 P，则有向线段

$$QP=MQ\cdot\tan\alpha=\Delta x\cdot f'(x_0)=\mathrm{d}y.$$

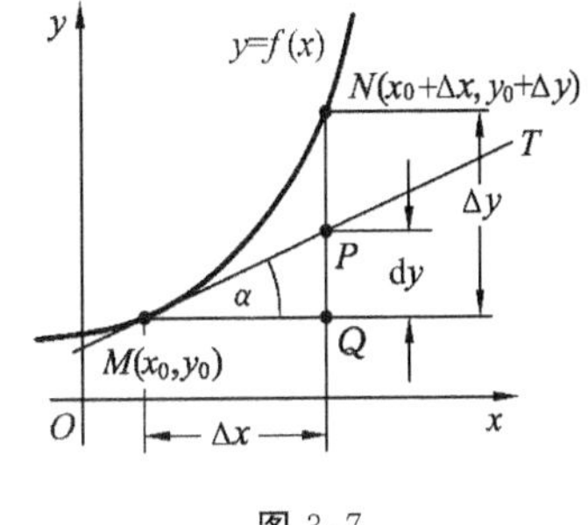

图 3-7

因此，函数 $y=f(x)$ 在点 x_0 处的微分 $\mathrm{d}y$，在几何上表示函数图象在点 $M(x_0,y_0)$ 处切线的纵坐标的相应改变量.

由图 3-7 还可以看出：

(1) 线段 PN 的长表示用 $\mathrm{d}y$ 来近似代替 Δy 所产生的误差，当 $|\Delta x|=|\mathrm{d}x|$ 很小时，它比 $|\mathrm{d}y|$ 要小得多.

(2) 近似式 $\Delta y\approx\mathrm{d}y$ 表示当 $\Delta x\to0$ 时，可以以 PQ 近似代替 NQ，即以图象在点 M 处的切线来近似代替曲线本身，即在一点的附近可以以“直”代“曲”. 这就是以微分近似表示函数改变量简便的本质所在，这个重要思想以后还要多次用到.

二、微分的基本公式与运算法则

1. 微分的基本公式

(1) $\mathrm{d}(C)=0$；

(2) $\mathrm{d}(x^\alpha)=\alpha x^{\alpha-1}\mathrm{d}x$；

(3) $\mathrm{d}(\sin x)=\cos x\mathrm{d}x$；

(4) $\mathrm{d}(\cos x)=-\sin x\mathrm{d}x$；

(5) $\mathrm{d}(\tan x)=\sec^2x\mathrm{d}x$；

(6) $\mathrm{d}(\cot x)=-\csc^2x\mathrm{d}x$；

(7) $\mathrm{d}(\sec x)=\sec x\tan x\mathrm{d}x$；

(8) $\mathrm{d}(\csc x)=-\csc x\cot x\mathrm{d}x$；

(9) $\mathrm{d}(a^x)=a^x\ln a\mathrm{d}x$；

(10) $\mathrm{d}(\mathrm{e}^x)=\mathrm{e}^x\mathrm{d}x$；

(11) $d(\log_a x)=\frac{1}{x\ln a}dx$； (12) $d(\ln x)=\frac{1}{x}dx$；

(13) $d(\arcsin x)=\frac{1}{\sqrt{1-x^2}}dx$； (14) $d(\arccos x)=-\frac{1}{\sqrt{1-x^2}}dx$；

(15) $d(\arctan x)=\frac{1}{1+x^2}dx$； (16) $d(\text{arccot}\, x)=-\frac{1}{1+x^2}dx$.

2. 微分的四则运算法则

(1) $d(u\pm v)=du\pm dv$；

(2) $d(u\cdot v)=vdu+udv$，特别地，$d(Cu)=Cdu$（C 为常数）；

(3) $d\left(\frac{u}{v}\right)=\frac{vdu-udv}{v^2}(v\neq 0)$.

3. 复合函数的微分法则

设 $y=f(u)$，$u=\varphi(x)$，则复合函数 $y=f[\varphi(x)]$的微分为

$$dy=y'_x dx=f'(u)\varphi'(x)dx=f'(u)du.$$

注意　最后得到的结果与 u 是自变量的形式相同，这说明对于函数 $y=f(u)$，不论 u 是自变量还是中间变量，y 的微分都有 $f'(u)du$ 的形式. 这个性质称为**一阶微分形式的不变性**.

例 3　求 $d[\ln(\sin 2x)]$.

解　$d[\ln(\sin 2x)]=\frac{1}{\sin 2x}d(\sin 2x)=\frac{1}{\sin 2x}\cdot\cos 2x\cdot d(2x)=2\cot 2x dx.$

例 4　已知函数 $f(x)=\sin\left(\frac{1-\ln x}{x}\right)$，求 $df(x)$.

解

$$\begin{aligned}df(x)&=d\left[\sin\left(\frac{1-\ln x}{x}\right)\right]=\cos\left(\frac{1-\ln x}{x}\right)d\left(\frac{1-\ln x}{x}\right)\\&=\cos\left(\frac{1-\ln x}{x}\right)\frac{d(1-\ln x)\cdot x-(1-\ln x)\cdot dx}{x^2}\\&=\cos\left(\frac{1-\ln x}{x}\right)\frac{-\frac{1}{x}\cdot xdx-(1-\ln x)\cdot dx}{x^2}\\&=\frac{\ln x-2}{x^2}\cos\left(\frac{1-\ln x}{x}\right)dx.\end{aligned}$$

例 5　证明参数式函数的求导公式.

证明　设函数 $y=y(x)$的参数方程形式为$\begin{cases}x=\varphi(t),\\y=\psi(t),\end{cases}$其中 $\varphi(t)$，$\psi(t)$可导，则 $dx=\varphi'(t)dt$，$dy=\psi'(t)dt$.

导数$\frac{dy}{dx}$是 y 和 x 的微分之商，所以当 $\varphi'(t)\neq 0$ 时，

$$\frac{dy}{dx}=\frac{\psi'(t)dt}{\varphi'(t)dt}=\frac{\psi'(t)}{\varphi'(t)}.$$

例 6　用求微分的方法，求由方程 $4x^2-xy-y^2=0$ 所确定的隐函数 $y=y(x)$的微分

与导数.

解 对方程两端分别求微分,有

$$8x\mathrm{d}x-(y\mathrm{d}x+x\mathrm{d}y)-2y\mathrm{d}y=0,$$

即
$$(x+2y)\mathrm{d}y=(8x-y)\mathrm{d}x.$$

当 $x+2y\neq0$ 时,可得
$$\mathrm{d}y=\frac{8x-y}{x+2y}\mathrm{d}x,$$

即
$$y'=\frac{\mathrm{d}y}{\mathrm{d}x}=\frac{8x-y}{x+2y}.$$

三、微分在数值计算中的应用

若对可导函数 $y=f(x)$ 需要计算改变量 $\Delta y=f(x_0+\Delta x)-f(x_0)$ 或 $f(x_0+\Delta x)$,因为当 $|\Delta x|$ 很小时有近似式:$\Delta y\approx \mathrm{d}y$,即

$$f(x_0+\Delta x)-f(x_0)\approx f'(x_0)\Delta x \text{ 或 } f(x_0+\Delta x)\approx f(x_0)+f'(x_0)\Delta x. \tag{3-10}$$

若记 $x=x_0+\Delta x$,则 $\Delta x=x-x_0$,(3-10)式变为

$$f(x)\approx f(x_0)+f'(x_0)(x-x_0). \tag{3-11}$$

例 7 求 $\sin31°$ 的近似值(精确到 4 位小数).

解 $31°=\frac{31\pi}{180}$,因为 $\frac{30\pi}{180}=\frac{\pi}{6}$ 是一个特殊角,取 $x_0=\frac{\pi}{6}$.

$$\frac{31\pi}{180}=\frac{\pi}{6}+\frac{\pi}{180}=x_0+\frac{\pi}{180}=x_0+\Delta x,\Delta x=\frac{\pi}{180}.$$

由(3-10)式,有

$$\sin\left(\frac{31\pi}{180}\right)=\sin(x_0+\Delta x)\approx\sin x_0+\cos x_0\cdot\Delta x=\sin\frac{\pi}{6}+\cos\frac{\pi}{6}\cdot\frac{\pi}{180}$$
$$=0.5+\frac{\sqrt{3}}{2}\times\frac{\pi}{180}\approx0.515\ 1.$$

若在(3-11)式中令 $x_0=0$,则(3-11)式变为

$$f(x)\approx f(0)+f'(0)\cdot x(|x|\text{较小}). \tag{3-12}$$

应用(3-12)式可得到工程上常用的一些近似公式.当 $|x|$ 较小时,有

(1) $\sqrt[n]{1+x}\approx1+\frac{x}{n}$;

(2) $\sin x\approx x$(x 以弧度为单位);

(3) $\mathrm{e}^x\approx1+x$;

(4) $\tan x\approx x$(x 以弧度为单位);

(5) $\ln(1+x)\approx x$.

证明近似公式(1):记 $f(x)=\sqrt[n]{1+x}$,则 $f(0)=1,f'(x)=\frac{1}{n}(1+x)^{\frac{1}{n}-1},f'(0)=\frac{1}{n}$,代入(3-12)式即得公式(1).

例 8 计算 $\sqrt[6]{65}$ 的近似值(精确到 4 位小数).

解 利用 $\sqrt[6]{A(x+1)}=\sqrt[6]{A}\cdot\sqrt[6]{1+x}$ 的形式,其中 $\sqrt[6]{A}$ 易求且 $|x|$ 较小.

因为$\sqrt[6]{64}=2$,所以

$$\sqrt[6]{65}=\sqrt[6]{64\left(1+\frac{1}{64}\right)}=\sqrt[6]{64}\cdot\sqrt[6]{1+\frac{1}{64}}\approx 2\times\left(1+\frac{1}{6}\times\frac{1}{64}\right)\approx 2.0052.$$

*四、绝对误差与相对误差

由于测量仪器的精度、测量的条件和测量方法等各种因素的影响,测量值往往带有误差,称这种误差为**直接测量误差**;使用带有误差的数据代入公式计算,所得的结果也会有误差,称这种误差为**间接测量误差**.

误差可以从两个方面估计,一种是精确值与近似值差的绝对值,称为**绝对误差**;另一种是绝对误差与近似值绝对值之比,称为**相对误差**.例如,某个量的精确值为A,近似值为a,那么绝对误差为$|A-a|$,相对误差为$\frac{|A-a|}{|a|}$.

在实际工作中,某个量的精确值往往是不知道的,于是绝对误差、相对误差也就无法求得.但是通过估计测量仪器的精度等,测量误差的范围有时是可以确定的.若某个量的精确值为A,测得它的近似值为a,又知道它的误差不会超过δ_A,即$|A-a|\leqslant\delta_A$,那么δ_A称为测量值A的**绝对误差限**,$\frac{\delta_A}{|a|}$称为测量值A的**相对误差限**.

例 9 设测得圆钢的直径$D=60.03$ mm,测量直径的绝对误差限$\delta_D=0.05$ mm.利用公式$A=\frac{\pi}{4}D^2$计算圆钢的截面积,试估计面积的误差.

解 面积计算公式是函数$A=f(D)$.把测量D所产生的误差当作D的改变量ΔD,那么利用公式$A=f(D)$计算A时所产生的误差就是A的对应改变量ΔA.一般$|\Delta D|$很小,故可用微分$\mathrm{d}A$来近似代替ΔA,即

$$\Delta A\approx \mathrm{d}A=A'(D)\cdot\Delta D=\frac{\pi}{2}D\cdot\Delta D.\tag{3-13}$$

由于D的绝对误差限$\delta_D=0.05$ mm,所以$|\Delta D|\leqslant\delta_D=0.05$.由(3-13)式有

$$|\Delta A|\approx|\mathrm{d}A|=\frac{\pi}{2}D\cdot|\Delta D|\leqslant\frac{\pi}{2}D\cdot\delta_D.$$

因此得出A的绝对误差限为

$$\delta_A=\frac{\pi}{2}D\cdot\delta_D=\frac{\pi}{2}\times 60.03\times 0.05\approx 4.715(\mathrm{mm}^2);$$

A的相对误差限为

$$\frac{\delta_A}{|A|}=\frac{\frac{\pi}{2}D\cdot\delta_D}{\frac{\pi}{4}D^2}=2\frac{\delta_D}{D}=2\times\frac{0.05}{60.03}\approx 0.17\%.$$

一般地,根据测量值x按公式$y=f(x)$计算y的值时,如果已知测量值x的绝对误差限是δ_x,即$|\Delta x|\leqslant\delta_x$,那么当$y'\neq 0$时,$y$的绝对误差

$$|\Delta y|\approx|\mathrm{d}y|=|y'|\cdot|\Delta x|\leqslant|y'|\cdot\delta_x,$$

即 y的绝对误差限约为$\delta_y=|y'|\cdot\delta_x$;

y 的相对误差限约为$\frac{\delta_y}{|y|}=\frac{|y'|}{|y|}\cdot\delta_x$.

以后常把绝对误差限与相对误差限简称为绝对误差和相对误差.

练习 3-6

1. 下列说法是否正确?

(1) 函数 $y=f(x)$在点 x_0处可导与可微是等价的;

(2) 函数 $y=f(x)$在点 x_0处的导数值与微分值只与 $f(x)$和 x_0有关;

(3) 设函数 $y=f(x)$在 x_0处可微,则 $\Delta y-\mathrm{d}y$ 是 Δy 的高阶无穷小.

2. 求下列函数的微分.

(1) $y=x^3\cdot a^x$;　　(2) $y=\frac{\sin x}{\ln x}$;

(3) $y=\cos(2-x^2)$;　　(4) $y=\arctan\sqrt{1-\ln x}$;

(5) $y=\mathrm{e}^{\tan x}$;　　(6) $y=\mathrm{e}^{-x}\cos x$;

(7) $y=\arcsin\sqrt{x}$;　　(8) $y=x^3+\frac{1}{x^2}$.

3. 计算下列函数的近似值.

(1) $\sqrt[3]{1.03}$;　　(2) $\sqrt[3]{996}$;

(3) $\ln 1.01$;　　(4) $\arctan 1.02$;

(5) $\mathrm{e}^{1.01}$;　　(6) $\tan 29°$.

§3-7　利用导数建模

现实世界中的事物是纷繁复杂、千变万化的,一个系统往往要受到诸多因素的影响,如何在一定的条件下,选取一些因素的值,使某些指标达到最优,是我们经常要研究的最优化模型.最优化模型在经济、军事、科技等领域都有着广泛的应用.下面我们以两个实例来看看如何利用导数建立数学模型以解决实际问题.

例 1　用料最省模型

市场上的饮料罐大多是 355 mL,其尺寸都是一样的,这应该是某种意义下的最优设计,请问它的高和底面半径的最优化比例是多少?

1. 问题分析

取一个 355 mL 的易拉罐,粗略地可以把易拉罐的外形分为三个部分:罐体部分是正圆柱,顶盖近似一个正圆台,下底是一个凹模.因为上、下底部分体积较小,故我们可假设易拉罐是一个正圆柱体.通过高与底面的直径来确定设计方案,在兼备美观的前提下,使罐体达到最优化.

2. 模型假设与建立

首先考虑一个简单的问题，如果易拉罐全身所用材料一样，如何设计才能使所用材料最省？

设易拉罐的底面半径为 r，高为 h，表面积为 S，体积为 V，那么易拉罐的表面积为

$$S(r,h)=2\pi rh+2\pi r^2. \tag{3-14}$$

易拉罐的体积为

$$V=\pi r^2 h, \tag{3-15}$$

得

$$h=\frac{V}{\pi r^2}.$$

把(3-15)式代入(3-14)式，得 $S(r)=2\pi\left(r^2+\dfrac{V}{\pi r}\right)$.

求出 S 对 r 的导数，并令其为 0，得

$$S'(r)=2\pi\left(2r-\frac{V}{\pi r^2}\right)=0,$$

解得

$$r=\sqrt[3]{\frac{V}{2\pi}},h=\frac{V}{\pi r^2}=2r=d.$$

3. 模型分析

由前面的分析可知，表面积最小时，圆柱体的高与底面直径是相等的，但实际上易拉罐并非如此，这是什么原因呢？

当我们摸一下易拉罐的顶盖和下底时会发现，它们的硬度要比罐身的硬度大一些，根据测量的数据，罐身的厚度大约为 0.2 mm，顶盖的厚度大约是 0.4 mm，下底的厚度大约是 0.6 mm，因此，我们应计算所有用料的体积(需要考虑罐身时，圆柱体的高与底、罐盖和罐底的厚度)，在力求用料最省时，确定 h 与 r 的比例.

4. 模型修改

设罐身材料的厚度为 b，为了简化模型，顶盖和罐底的厚度均设为 kb，k 是待定参数，$V_{料}$ 为所用材料的体积，于是得到 $V_{料}(r,h)=2\pi rhb+2\pi r^2kb$.

由于易拉罐的体积 V 是已知的，$V=335$ mL，所以有 $\pi r^2h=V$，得出 $h=\dfrac{V}{\pi r^2}$，将其代入 $V_{料}(r,h)=2\pi rhb+2\pi r^2kb$，可得

$$V_{料}(r)=b\left(\frac{2V}{r}+2\pi r^2k\right).$$

令其导数为 0，求最值.

$V'_{料}(r)=b\left(4\pi kr-\dfrac{2V}{r^2}\right)=0$，得驻点为 $r=\sqrt[3]{\dfrac{V}{2\pi k}}$，此时 $h=\dfrac{V}{\pi r^2}=\sqrt[3]{\dfrac{4k^2V}{\pi}}$，得到 $\dfrac{h}{r}=2k$，k 为顶盖、罐底用料的平均厚度与罐身厚度的比值，由此，我们得到了 k,h 与 r 的比例关系.

例 2 不允许缺货模型

1. 问题分析

(1) 储存是指对物品的保护、管理和贮藏. 如果储备量太少，可能会影响销量；如果储

备量太大，又要为占用仓库付出过多的费用. 因此有必要确定一个最优的储存量. 储存模型有两种：一种是不允许缺货模型，另一种是允许缺货模型. 本例研究的是不允许缺货模型.

(2) 不允许缺货是指物资随要随到，否则会造成重大损失.

2. 模型假设

(1) 商品每天的销量为常数 R；

(2) 商品的进货时间间隔为常数 T，即每隔 T 天进货一次，且进货量为常数 Q，进货一次手续费也是常数，记为 C_b，单位商品的储存费为 C_s 元/天；

(3) 进货所需要的时间可以忽略不计，即进货可在瞬间完成.

3. 模型建立

建模的目的：确定进货周期 T 和进货量 Q，使得总支出最小.

由假设(2)和假设(3)可知，商品的库存量为 Q，与时间的关系如图 3-8 所示. 为了简化模型，在此我们只讨论一个周期内的情况.

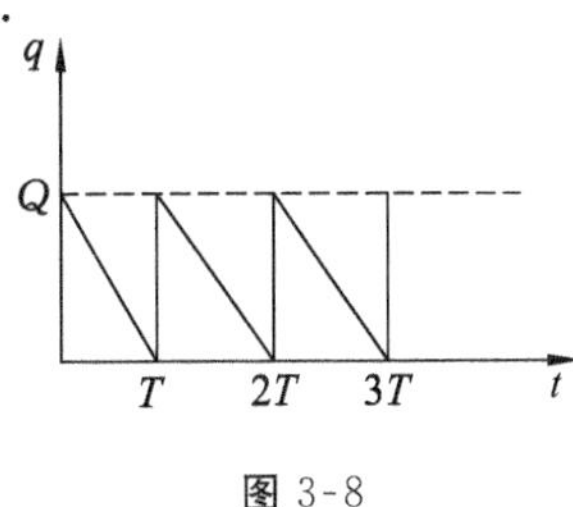

图 3-8

设开始时库存量为 Q，到第 T 天，库存量为 0，然后进货 Q，依此循环. 由于是均匀连续销售，故在一个周期内每天平均库存量为 $\frac{Q}{2}$，按平均库存存储了 T 天，存储费为 $\left(\frac{Q}{2}\right)TC_s$，而进货手续费为 C_b，于是平均每天的支出为

$$C(T)=\frac{\left(\frac{Q}{2}\right)TC_s+C_b}{T}=\frac{Q}{2}C_s+\frac{C_b}{T}.$$

而每天销售量为 R 件，进货 Q 件，在 T 天销售完，所以有 $Q=RT$. 故

$$C(T)=\frac{RTC_s}{2}+\frac{C_b}{T}.$$

4. 模型求解

为了确定最优进货周期，求出 $C(T)$ 对 T 的导数，进而求出极值.

$C'(T)=\frac{RC_s}{2}-\frac{C_b}{T^2}$，令 $C'(T)=0$，得最佳进货周期 $T^*=\sqrt{\frac{2C_b}{RC_s}}$，将最佳进货周期 $T^*=\sqrt{\frac{2C_b}{RC_s}}$ 代入 $Q=RT$，得最佳进货量 $Q^*=\sqrt{\frac{2C_bR}{C_s}}$. 此公式称为经济订购批量公式.

5. 模型分析

(1) 每天销量为 R 是常数不太客观，可取一个周期内平均每天的销售量；

(2) 实际应用中应灵活使用 T^* 和 Q^*，因为我们的假设中有不合理的地方.

总结·拓展

一、知识小结

数学中研究变量时，既要了解彼此的对应规律——函数关系，各量的变化趋势——极限，还要对各量在变化过程中某一时刻的相互动态关系——各量变化快慢及一个量相对于另一个量的变化率等，做准确的数量分析.

1. 导数的概念和运算

欲动态地考察函数 $y=f(x)$ 在某点 x_0 附近变量间的关系，由于存在变化“均匀与不均匀”或图形“曲与直”等不同的变化性态，如果孤立地考察一点 x_0，除了能求得函数值 $f(x_0)$ 外，是难以反映变量间的关系，所以要在小范围 $[x_0, x_0+\Delta x]$ 内去研究函数的变化情况，再结合极限，就得出点变化率的概念. 有了点变化率的概念后，在小范围内就可以“以均匀代不均匀”“以直代曲”，使对函数 $y=f(x)$ 在点 x_0 附近变量间的关系的动态研究得到简化.

2. 导数的几何意义与物理含义

(1) 导数的几何意义.

函数 $y=f(x)$ 在点 x_0 处的导数 $f'(x_0)$，在几何上表示函数的图象在点 $(x_0, f(x_0))$ 处切线的斜率.

(2) 导数的物理含义.

在物理领域中，大量运用导数来表示一个物理量相对于另一个物理量的变化率，而且这种变化率本身常常是一个物理概念. 由于具体物理量含义不同，导数的含义也不同，所得的物理概念也就各异. 常见的是速度——位移关于时间的变化率，加速度——速度关于时间的变化率，密度——质量关于体积的变化率，功率——功关于时间的变化率，电流——电量关于时间的变化率.

3. 微分的概念与运算

函数 $y=f(x)$ 在 x_0 处可微，表示 $f(x)$ 在 x_0 附近的这样一种变化性态：随着自变量 x 的改变量 Δx 的变化，始终有 $\Delta y=f(x_0+\Delta x)-f(x_0)=f'(x_0)\cdot\Delta x+o(\Delta x)$ 成立. 这在数值上表示 $f'(x_0)\cdot\Delta x$ 是 Δy 的线性主部：$\Delta y\approx f'(x_0)\cdot\Delta x$；在几何上表示 x_0 附近可以以“直”[图象在点 $(x_0, f(x_0))$ 处的切线]代“曲”[$y=f(x)$ 图象本身]，误差是 Δx 的高阶无穷小. 称 $\mathrm{d}y=f'(x_0)\cdot\Delta x=f'(x_0)\cdot\mathrm{d}x$ 为 $f(x)$ 在 x_0 处的微分.

在运算上，求函数 $y=f(x)$ 的导数 $f'(x)$ 与求函数的微分 $f'(x)\mathrm{d}x$ 是相通的，即

$$y'=\frac{\mathrm{d}y}{\mathrm{d}x}=f'(x)\Leftrightarrow \mathrm{d}y=f'(x)\mathrm{d}x.$$

因此可以先求导数，然后乘以 $\mathrm{d}x$ 计算微分，也可以利用微分公式与微分的法则进行计算.

4. 可导、可微与连续的关系

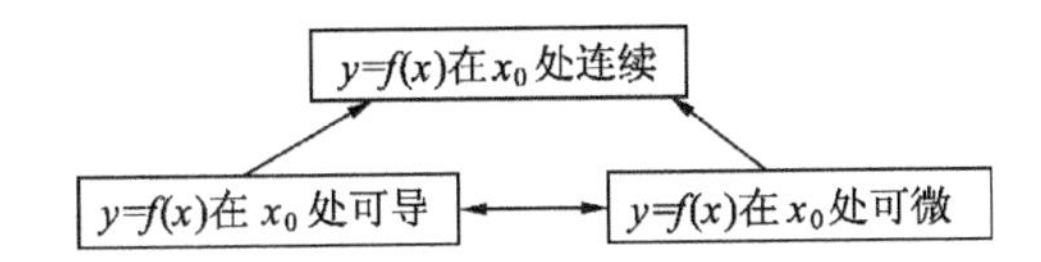

二、要点解析

1. 用定义求导数

导数是一种固定形式的极限：函数改变量与自变量改变量之比，当自变量改变量趋于0时的极限，即

$$f'(x_0)=\lim_{\varphi(x)\to 0}\frac{f(x_0+\varphi(x))-f(x_0)}{\varphi(x)}\quad[\varphi(x)\text{表示}x\text{的某种改变形式}].\tag{3-16}$$

例1 设 $f'(x_0)=A$，试用 A 表示下列各极限.

(1) $\lim\limits_{h\to 0}\dfrac{f(x_0+2h)-f(x_0)}{h}$；

(2) $\lim\limits_{h\to 0}\dfrac{f(x_0+h)-f(x_0-h)}{h}$.

解 (1) $\lim\limits_{h\to 0}\dfrac{f(x_0+2h)-f(x_0)}{h}=\lim\limits_{h\to 0}\dfrac{f(x_0+2h)-f(x_0)}{2h}\cdot 2=2f'(x_0)=2A$；

(2)
$$\begin{aligned}\lim_{h\to 0}\frac{f(x_0+h)-f(x_0-h)}{h}&=\lim_{h\to 0}\frac{[f(x_0+h)-f(x_0)]-[f(x_0-h)-f(x_0)]}{h}\\&=\lim_{h\to 0}\frac{f(x_0+h)-f(x_0)}{h}-\lim_{h\to 0}\frac{f(x_0-h)-f(x_0)}{h}\\&=f'(x_0)-\lim_{h\to 0}\frac{f(x_0-h)-f(x_0)}{-h}\cdot(-1)\\&=f'(x_0)+f'(x_0)=2f'(x_0)=2A.\end{aligned}$$

2. 求导数的方法

(1) 用导数的定义求导数；

(2) 用导数的基本公式和四则运算法则求导数；

(3) 用链式法则求复合函数的导数；

(4) 用对数求导法，对幂指函数及多个“因子”的积、商、乘方或开方运算组成的函数求导数；

(5) 对由方程表示的隐函数，用隐函数求导法；

(6) 对用参数式表示的函数，用参数函数的求导法.

例2 求下列函数的导数 y'.

(1) $y=\dfrac{\sqrt{1+x}-\sqrt{1-x}}{\sqrt{1+x}+\sqrt{1-x}}$；(2) $y=\ln\dfrac{\sqrt{1+x^2}-x}{\sqrt{1+x^2}+x}$；(3) $y=\dfrac{\cos 2x}{\cos x+\sin x}$.

分析 先化简，后求导.

解 (1) $y=\dfrac{\sqrt{1+x}-\sqrt{1-x}}{\sqrt{1+x}+\sqrt{1-x}}=\dfrac{(\sqrt{1+x}-\sqrt{1-x})^2}{(\sqrt{1+x}+\sqrt{1-x})\cdot(\sqrt{1+x}-\sqrt{1-x})}$

$$=\frac{2-2\sqrt{1-x^2}}{2x}=\frac{1-\sqrt{1-x^2}}{x},$$

$$y'=\frac{(1-\sqrt{1-x^2})'x-(1-\sqrt{1-x^2})\cdot 1}{x^2}$$

$$=\frac{-\dfrac{1}{2\sqrt{1-x^2}}(1-x^2)'x-1+\sqrt{1-x^2}}{x^2}$$

$$=\frac{1-\sqrt{1-x^2}}{x^2\sqrt{1-x^2}}.$$

(2) $y=\ln\dfrac{\sqrt{1+x^2}-x}{\sqrt{1+x^2}+x}=\ln\dfrac{(\sqrt{1+x^2}-x)^2}{1}=2\ln(\sqrt{1+x^2}-x),$

$$y'=\frac{2}{\sqrt{1+x^2}-x}\cdot(\sqrt{1+x^2}-x)'$$

$$=\frac{2}{\sqrt{1+x^2}-x}\cdot\left[\frac{(x^2+1)'}{2\sqrt{1+x^2}}-1\right]$$

$$=\frac{2}{\sqrt{1+x^2}-x}\cdot\left(\frac{2x}{2\sqrt{1+x^2}}-1\right)$$

$$=\frac{2}{\sqrt{1+x^2}-x}\cdot\frac{x-\sqrt{1+x^2}}{\sqrt{1+x^2}}$$

$$=-\frac{2}{\sqrt{1+x^2}}.$$

(3) $y=\dfrac{\cos 2x}{\cos x+\sin x}=\dfrac{\cos^2 x-\sin^2 x}{\cos x+\sin x}=\cos x-\sin x,$

$$y'=(\cos x-\sin x)'=-\sin x-\cos x.$$

例 3 设 $y=f\left(\dfrac{3x-2}{5x+2}\right)$，$f'(x)=\arctan x^2$，求 $y'|_{x=0}$.

分析 在使用复合函数的链式法则求导时，要注意下面两点：

(1) 由外向内求导，中间不能有遗漏；

(2) 逐层求导时要一求到底，直到对自变量求导.

解 记 $u=\dfrac{3x-2}{5x+2}$，则

$$y'=f_u'(u)\cdot\left(\frac{3x-2}{5x+2}\right)'=\arctan u^2\cdot\frac{16}{(5x+2)^2}=\frac{16}{(5x+2)^2}\cdot\arctan\left(\frac{3x-2}{5x+2}\right)^2,$$

$$y'|_{x=0}=\frac{16}{4}\cdot\arctan(-1)^2=\frac{16}{4}\cdot\arctan 1=\frac{16}{4}\cdot\frac{\pi}{4}=\pi.$$

例 4 求下列函数的导数.

(1) $y=(1+x^2)^{\sin x}$；　　(2) $y=\dfrac{\sqrt{x+2}(3-x)^4}{x^3(x-1)^5}$.

解　(1) 两边取对数,有 $\ln y=\sin x\cdot\ln(1+x^2)$,两边对 x 求导,得

$$\frac{1}{y}\cdot y'=\cos x\cdot\ln(1+x^2)+\sin x\cdot\frac{2x}{1+x^2},$$

$$y'=(1+x^2)^{\sin x}\left[\cos x\ln(1+x^2)+\frac{2x\sin x}{1+x^2}\right].$$

(2) 两边取对数,有 $\ln y=\dfrac{1}{2}\ln(x+2)+4\ln(3-x)-3\ln x-5\ln(x-1)$,两边对 x 求导,得

$$\frac{1}{y}\cdot y'=\frac{1}{2}\cdot\frac{1}{x+2}+4\cdot\frac{-1}{3-x}-3\cdot\frac{1}{x}-5\cdot\frac{1}{x-1},$$

$$y'=\frac{\sqrt{x+2}(3-x)^4}{x^3(x-1)^5}\left[\frac{1}{2(x+2)}-\frac{4}{3-x}-\frac{3}{x}-\frac{5}{x-1}\right].$$

例 5　设 $y=y(x)$ 由方程 $\sin y=x^2y$ 确定,求 $y'\big|_{(x=0,y=0)}$.

解　两边对 x 求导,得 $\cos y\cdot y'=2xy+x^2y'$,解出 y',得

$$y'=\frac{2xy}{\cos y-x^2},$$

所以
$$y'\big|_{(x=0,y=0)}=\frac{2\times0\times0}{\cos0-0^2}=0.$$

例 6　设 $a>0$,已知曲线 $y=ax^2$ 与曲线 $y=\ln x$ 在点 M 处相切,试求常数 a 与点 M 的坐标.

分析　可设切点为 $M(x_0,y_0)$. 因为两曲线在点 M 处相切,所以两条曲线在点 M 处具有相同的切线.

解　设切点 M 的坐标为 (x_0,y_0).

对两曲线所对应的函数分别求导,得

$$y'=(ax^2)'=2ax,y'=(\ln x)'=\frac{1}{x}.$$

因为两曲线在点 M 处相切,所以两曲线在点 M 处的切线斜率相等,故

$$2ax_0=\frac{1}{x_0}.\tag{3-17}$$

又切点 M 分别在两曲线上,所以

$$y_0=ax_0^2,y_0=\ln x_0.\tag{3-18}$$

联立方程(3-17)(3-18),解得 $a=\dfrac{1}{2\mathrm{e}},x_0=\sqrt{\mathrm{e}},y_0=\dfrac{1}{2}$.

故所求的常数 $a=\dfrac{1}{2\mathrm{e}}$,点 M 的坐标为 $\left(\sqrt{\mathrm{e}},\dfrac{1}{2}\right)$.

例 7　设 $\begin{cases}x=t^2+2t,\\y=t^3-3t-9,\end{cases}$ 求 $\dfrac{\mathrm{d}^2y}{\mathrm{d}x^2}$.

分析 对于由参数式$\begin{cases}x=\varphi(t),\\ y=\psi(t)\end{cases}$表示的函数，在求二阶导数时，正确的做法是

$$\frac{\mathrm{d}^2y}{\mathrm{d}x^2}=\frac{\mathrm{d}}{\mathrm{d}x}\left(\frac{\mathrm{d}y}{\mathrm{d}x}\right)=\frac{\frac{\mathrm{d}}{\mathrm{d}t}\left(\frac{\mathrm{d}y}{\mathrm{d}x}\right)}{\frac{\mathrm{d}x}{\mathrm{d}t}}=\frac{\frac{\psi''(t)\varphi'(t)-\psi'(t)\varphi''(t)}{[\varphi'(t)]^2}}{\varphi'(t)}$$

$$=\frac{\psi''(t)\varphi'(t)-\psi'(t)\varphi''(t)}{[\varphi'(t)]^3}.$$

解 $\frac{\mathrm{d}y}{\mathrm{d}x}=\frac{(t^3-3t-9)'}{(t^2+2t)'}=\frac{3t^2-3}{2t+2}=\frac{3}{2}(t-1)$，

$$\frac{\mathrm{d}^2y}{\mathrm{d}x^2}=\frac{\frac{\mathrm{d}}{\mathrm{d}t}\left(\frac{\mathrm{d}y}{\mathrm{d}x}\right)}{\frac{\mathrm{d}x}{\mathrm{d}t}}=\frac{\left[\frac{3}{2}(t-1)\right]'}{(t^2+2t)'}=\frac{\frac{3}{2}}{2t+2}=\frac{3}{4(t+1)}.$$

三、拓展提高

1. 分段函数的导数

分段函数在非分段点的导数，可按前面的求导法则与公式直接求导；在分段点处应按如下步骤求：

(1) 判断函数是否连续. 若间断，则导数不存在；若连续，则继续第(2)步.

(2) 判断左、右导数是否存在. 若其中之一不存在，则导数不存在；若都存在，则继续第(3)步.

(3) 判断左、右导数是否相等. 若不相等，则导数不存在；若相等，则继续第(4)步.

(4) 导数存在且等于公共值.

其中的难点是第(2)步，因为在分段点处的左、右导数通常要用定义求得.

例 8 设 $f(x)=\begin{cases}x, & x<1,\\ \mathrm{e}^{x-1}, & x\geqslant 1,\end{cases}$ 判断 $f(x)$ 在 $x=1$ 处是否连续，并求 $f'(x)$.

解 因为 $f(1)=\mathrm{e}^{1-1}=1$，$\lim\limits_{x\to 1^-}f(x)=\lim\limits_{x\to 1^-}x=1$，$\lim\limits_{x\to 1^+}f(x)=\lim\limits_{x\to 1^+}\mathrm{e}^{x-1}=1$，所以 $f(x)$ 在 $x=1$ 处连续.

又

$$f'_-(1)=\lim_{x\to 1^-}\frac{f(x)-f(1)}{x-1}=\lim_{x\to 1^-}\frac{x-1}{x-1}=1,$$

$$f'_+(1)=\lim_{x\to 1^+}\frac{f(x)-f(1)}{x-1}=\lim_{x\to 1^+}\frac{\mathrm{e}^{x-1}-1}{x-1}=1,$$

$f(x)$在 $x=1$ 处的左、右导数存在且相等，所以 $f'(1)$存在，且 $f'(1)=1$.

所以
$$f'(x)=\begin{cases}1, & x<1,\\ \mathrm{e}^{x-1}, & x\geqslant 1.\end{cases}$$

例 9 设函数 $f(x)=\begin{cases}a\mathrm{e}^{2x}, & x<0,\\ 2-bx, & x\geqslant 0\end{cases}$ 在 $x=0$ 处可导，求常数 a，b，并求 $f'(0)$.

解 因为 $f(x)$在 $x=0$ 处可导，所以在 $x=0$ 处连续，所以

$$\lim_{x\to 0^-} f(x)=\lim_{x\to 0^+} f(x)=f(0),$$

$$\lim_{x\to 0^-} f(x)=\lim_{x\to 0^-} a\mathrm{e}^{2x}=a,\lim_{x\to 0^+} f(x)=\lim_{x\to 0^+}(2-bx)=2,f(0)=2,$$

所以 $a=2$.

因为 $f(x)$在 $x=0$ 处可导，所以在 $x=0$ 处的左、右导数相等.

$$f'_-(0)=\lim_{x\to 0^-}\frac{f(x)-f(0)}{x}=\lim_{x\to 0^-}\frac{2\mathrm{e}^{2x}-2}{x}=4\lim_{x\to 0^-}\frac{\mathrm{e}^{2x}-1}{2x}=4,$$

$$f'_+(0)=\lim_{x\to 0^+}\frac{f(x)-f(0)}{x}=\lim_{x\to 0^+}\frac{(2-bx)-2}{x}=-b,$$

所以 $b=-4, f'(0)=4$.

2. 相关变化率

在实际问题中有一类问题，变量 x 及变量 y 都是变量 t 的未知函数，而 x 和 y 之间存在一定的函数关系. 已知 x(或 y)关于 t 的变化率$\frac{\mathrm{d}x}{\mathrm{d}t}\left(或\frac{\mathrm{d}y}{\mathrm{d}t}\right)$，求 y(或 x)关于 t 的变化率$\frac{\mathrm{d}y}{\mathrm{d}t}\left(或\frac{\mathrm{d}x}{\mathrm{d}t}\right)$. 这类问题称为求相关变化率问题. 解决这类问题的步骤是：首先由题意，根据物理、几何等知识建立 x 与 y 间的函数关系式，然后在该式的两端分别对 t 求导，即可得到$\frac{\mathrm{d}x}{\mathrm{d}t}$和$\frac{\mathrm{d}y}{\mathrm{d}t}$之间的关系，进而知其一就可以求出另外一个.

例 10 以 4 $\mathrm{m^3/s}$ 的速度向一个深为 8 m、上顶面直径为 8 m 的正圆锥形容器中注水，求当水深为 5 m 时水表面上升的速度.

分析 据所给正圆锥的几何尺寸，可得水深为 h 时，水面半径 $r=\frac{h}{2}$. 再根据正圆锥的体积公式，可得水所占的体积 V 与水深 h 之间的函数关系. V, h 都是时间 t 的函数，已知$\frac{\mathrm{d}V}{\mathrm{d}t}$为4 $\mathrm{m^3/s}$，只要在体积公式两边对 t 求导，即可解出$\frac{\mathrm{d}h}{\mathrm{d}t}$.

解 设水深为 h 时水表面半径为 r，则 $r=\frac{h}{2}$，水体积为

$$V=\frac{1}{3}\pi r^2 h=\frac{1}{3}\pi\left(\frac{h}{2}\right)^2 h=\frac{\pi}{12}h^3,$$

两边对 t 求导，得

$$\frac{\mathrm{d}V}{\mathrm{d}t}=\frac{\pi}{4}h^2\cdot\frac{\mathrm{d}h}{\mathrm{d}t},\frac{\mathrm{d}h}{\mathrm{d}t}=\frac{4}{\pi h^2}\cdot\frac{\mathrm{d}V}{\mathrm{d}t},$$

以 $h=5, \frac{\mathrm{d}V}{\mathrm{d}t}=4$ 代入，得$\left.\frac{\mathrm{d}h}{\mathrm{d}t}\right|_{h=5}=\frac{14}{25\pi}\approx 0.204$ (m/s).

第四章 导数的应用

本章导引

在上一章中，我们学习了导数是描绘函数自变量变化快慢程度的量，在几何意义上表现为切线的斜率.

在本章中，我们将学习应用导数来研究函数的某些性态，并利用这些知识来解决一些实际问题. 为此，我们先要学习微分学的一些定理，它们是应用导数的理论基础.

牛顿、莱布尼茨与微积分

17 世纪以来，原有的几何和代数知识已难以解决当时生产和自然科学中所提出的许多新问题. 例如，如何求出物体的瞬时速度与加速度，如何求曲线的切线及曲线的长度(行星路程)、矢径扫过的面积、极大极小值(如近日点、远日点、最大射程等)、体积、重心、引力等. 尽管在牛顿之前已有对数、解析几何、无穷级数等方面的成就，但还不能圆满或普遍地解决这些问题. 当时笛卡儿的《几何学》和瓦里斯的《无穷算术》对牛顿的影响最大. 牛顿将古希腊以来求解无穷小问题的种种特殊方法统一为两类算法：正流数术(微分)和反流数术(积分). 这在 1669 年的《运用无限多项方程》、1671 年的《流数术与无穷级数》、1676 年的《曲线求积术》三篇论文和《原理》一书中，以及被保存下来的 1666 年 10 月他写的一篇手稿《论流数》中均有所体现. 所谓“流量”，就是随时间而变化的自变量，“流数”就是流量的改变速度，即变化率. 他说的“差率”“变率”就是微分. 此外，他还在 1676 年首次公布了他发明的二项式展开定理. 牛顿利用它还发现了其他无穷级数，并用来计算面积、积分、解方程等. 1684 年莱布尼茨从对曲线的切线研究中引入了和拉长的 S 相似的符号“$\int$”作为微积分符号，从此牛顿创立的微积分学在世界迅速推广.

艾萨克・牛顿(1643—1727)爵士，英国皇家学会会长，英国著名的物理学家，百科全书式的“全才”，著有《自然哲学的数学原理》《光学》等.

他在 1687 年发表的论文《自然定律》中，对万有引力和三大运动定律进行了描述. 这些描述奠定了此后三个世纪里物理世界的科学观点，并成为现代工程学的基础. 他通过论证开普勒行星运动定律与他的引力理论间的一致性，得出了地面物体与天体的运动都遵

循着相同的自然定律，为太阳中心说提供了强有力的理论支持，并推动了科学革命.

在力学上，牛顿阐明了动量和角动量守恒的原理，提出牛顿运动定律. 在光学上，他发明了反射望远镜，并基于对三棱镜将白光发散成可见光谱的观察，发展出了颜色理论. 他还系统地表述了冷却定律，并研究了音速.

在数学上，牛顿与戈特弗里德·威廉·莱布尼茨分享了发现微积分学的荣誉. 他也证明了广义二项式定理，提出了“牛顿法”以趋近函数的零点，并为幂级数的研究做出了贡献.

在经济学上，牛顿提出金本位制度.

戈特弗里德·威廉·莱布尼茨（Gottfried Wilhelm Leibniz，1646—1716），德国哲学家、数学家，历史上少见的通才，被誉为17世纪的亚里士多德. 他本人是一名律师，经常往返于各大城镇，他得出的许多公式都是在颠簸的马车上完成的.

莱布尼茨在数学史和哲学史上都有重要影响. 在数学上，他和牛顿先后独立发现了微积分，而且他所使用的微积分的数学符号被广泛使用. 他所发明的符号被普遍认为更综合，适用范围更广泛. 莱布尼茨还对二进制的发展做出了贡献.

在哲学上，莱布尼茨的乐观主义最为著名. 他认为，“我们的宇宙，在某种意义上是上帝所创造的最好的一个”. 他和笛卡儿、巴鲁赫·斯宾诺莎被认为是17世纪三位最伟大的理性主义哲学家. 在哲学方面，莱布尼茨在预见现代逻辑学和分析哲学诞生的同时，也深受经院哲学传统的影响，更多地应用第一性原理或先验定义，而不是实验证据来推导以得到结论.

莱布尼茨在政治学、法学、伦理学、神学、哲学、历史学、语言学等诸多方向都留下了著作.

§4-1 微分中值定理

由上一章所学知识可知，利用微分可进行近似计算. 例如，对给定的点 x_0，可以利用 $f(x_0)$ 及其导数 $f'(x_0)$ 来近似估计 x_0 附近的函数值 $f(x)$，即

$$f(x)\approx f(x_0)+f'(x_0)(x-x_0).$$

但估算的精度取决于 x 接近 x_0 的程度，那么能否放宽对 x 的限制，使得估算的精度不依赖于 x 与 x_0 的距离呢？

分析 我们尝试将式子 $f(x)\approx f(x_0)+f'(x_0)(x-x_0)$ 变形，得 $f'(x_0)\approx\dfrac{f(x)-f(x_0)}{x-x_0}$. 在此式中，左边是过曲线 $y=f(x)$ 上的点 $(x_0, f(x_0))$ 的切线斜率，右边是过曲线 $y=f(x)$ 上点 $(x_0, f(x_0))$ 与 $(x, f(x))$ 两点的割线的斜率，显然两者不相等，但是

如果函数 $f(x)$ 在点 x_0 附近可导，那么与式子 $\dfrac{f(x)-f(x_0)}{x-x_0}$ 数值最接近的导数值并不是 $f'(x_0)$，而是平行于割线并与曲线相切的直线的斜率．若此时切点的横坐标为 ξ，则有 $f'(\xi)=\dfrac{f(x)-f(x_0)}{x-x_0}(x_0<\xi<x)$．

这样就得到了一个严格的等式，其结果不依赖于 x 与 x_0 的距离，仅要求函数可导．这就是我们本节要学习的微分中值定理，该定理主要包括罗尔定理和拉格朗日中值定理，而罗尔定理是拉格朗日中值定理的特例．

一、罗尔(Rolle)定理

定理 1(罗尔定理)　设函数 $f(x)$ 满足下列三个条件：

(1) 在闭区间 $[a,b]$ 上连续；

(2) 开区间 (a,b) 内可导；

(3) $f(a)=f(b)$．

则在开区间 (a,b) 内至少存在一点 ξ，使得 $f'(\xi)=0$．

罗尔定理的几何意义(图 4-1)　在两个高度相同的点间的一段连续曲线上，除端点外，如果各点都有不垂直于 x 轴的切线，那么至少有一点处的切线是水平的．

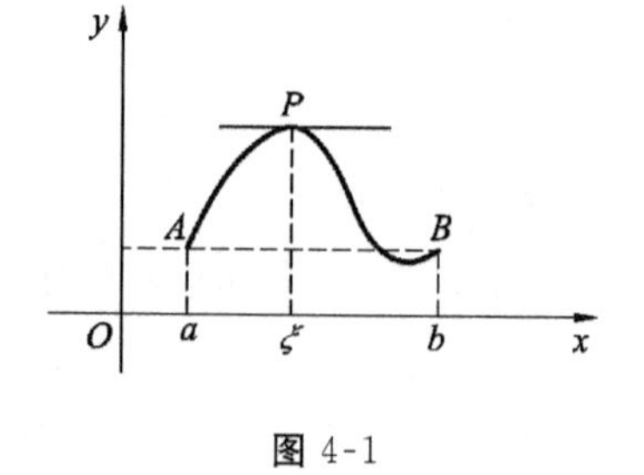

图 4-1

注意　罗尔定理要求函数同时满足三个条件，否则结论不一定成立．

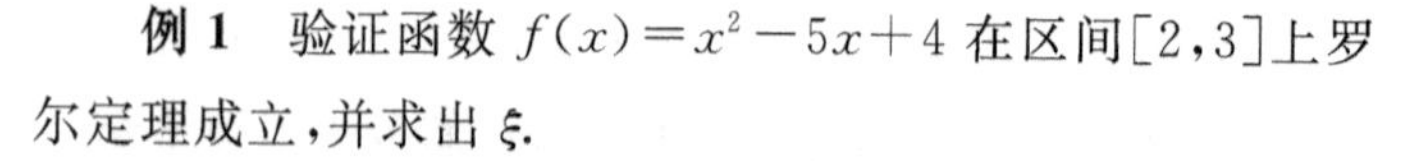

例 1　验证函数 $f(x)=x^2-5x+4$ 在区间 $[2,3]$ 上罗尔定理成立，并求出 ξ．

解　(1) 初等函数 $f(x)=x^2-5x+4$ 在其定义区间 $[2,3]$ 上连续；

(2) $f'(x)=2x-5$ 在 $(2,3)$ 内存在；

(3) $f(2)=f(3)=-2$．

所以 $f(x)$ 满足罗尔定理的三个条件．

令 $f'(x)=2x-5=0$，得 $x=2.5$．

所以存在 $\xi=2.5$，使 $f'(\xi)=0$．

由罗尔定理可知，如果函数 $y=f(x)$ 满足定理的三个条件，则方程 $f'(x)=0$ 在区间 (a,b) 内至少有一个实根．这个结论常被用来证明某些方程的根的存在性．

例 2　如果方程 $ax^3+bx^2+cx=0$ 有正根 x_0，证明方程 $3ax^2+2bx+c=0$ 必定在 $(0,x_0)$ 内有根．

证明　设 $f(x)=ax^3+bx^2+cx$，则 $f(x)$ 在 $[0,x_0]$ 上连续，$f'(x)=3ax^2+2bx+c$ 在 $(0,x_0)$ 内存在，且 $f(0)=f(x_0)=0$．所以 $f(x)$ 在 $[0,x_0]$ 上满足罗尔定理的条件．

所以在 $(0,x_0)$ 内至少存在一点 ξ，使

$$f'(\xi)=3a\xi^2+2b\xi+c=0,$$

即 ξ 为方程 $3ax^2+2bx+c=0$ 的根.

二、拉格朗日(Lagrange)中值定理

定理 2(拉格朗日中值定理) 设函数 $f(x)$ 满足下列条件:

(1) 在闭区间 $[a,b]$ 上连续;

(2) 在开区间 (a,b) 内可导.

则在 (a,b) 内至少存在一点 ξ(ξ 与 a,b 有关),使得

$$f'(\xi)=\frac{f(b)-f(a)}{b-a}. \tag{4-1}$$

拉格朗日中值定理的几何意义(图 4-2) 因为等式(4-1)的右边表示连结端点 $A(a,f(a))$,$B(b,f(b))$ 的线段所在直线的斜率,定理表示,如果 $f(x)$ 在 $[a,b]$ 上连续,且除端点 A,B 外在每一点都存在切线,那么至少有一点 $P(\xi,f(\xi))$ 处的切线与 AB 平行.

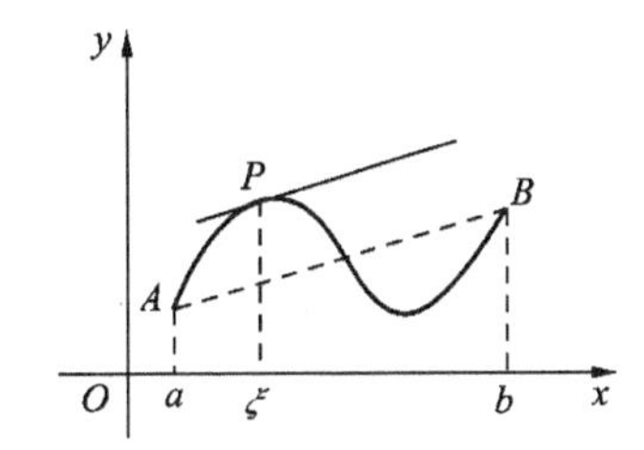

图 4-2

与罗尔定理比较,可以发现拉格朗日中值定理是罗尔定理把端点连线 AB 由水平向斜线的推广. 也可以说,罗尔定理是拉格朗日中值定理当 AB 为水平时的特例.

例 3 验证 $f(x)=x^2$ 在区间 $[1,2]$ 上拉格朗日中值定理成立,并求 ξ.

解 显然 $f(x)=x^2$ 在 $[1,2]$ 上连续且在 $(1,2)$ 上可导,所以拉格朗日中值定理成立. 易知 $f'(x)=2x$,令 $\frac{f(2)-f(1)}{2-1}=f'(\xi)$,即 $3=2\xi$,得 $\xi=1.5$. 所以 $\xi=1.5$.

例 4 证明不等式 $\frac{b-a}{b}<\ln\frac{b}{a}<\frac{b-a}{a}$ 对任意 $0<a<b$ 成立.

证明 改写欲求证的不等式为如下形式:

$$\frac{1}{b}<\frac{\ln b-\ln a}{b-a}<\frac{1}{a}. \tag{*}$$

因为 $\ln x$ 在 $[a,b]$ 上连续,在 (a,b) 内可导,所以据拉格朗日中值定理有

$$\frac{\ln b-\ln a}{b-a}=(\ln x)'\big|_{x=\xi}=\frac{1}{\xi}(a<\xi<b).$$

因为 $a<\xi<b$,$\frac{1}{b}<\frac{1}{\xi}<\frac{1}{a}$,所以(*)式成立. 原不等式得证.

拉格朗日中值定理可以改写成另外的形式. 例如,

$$f(b)-f(a)=f'(\xi)(b-a) \quad 或 \quad f(b)=f(a)+f'(\xi)(b-a)(a<\xi<b),$$

$$f(x)=f(x_0)+f'(\xi)(x-x_0)(\xi 在 x,x_0 之间), \tag{4-2}$$

$$f(x+\Delta x)-f(x)=f'(\xi)\cdot\Delta x \quad 或$$

$$\Delta y=f'(\xi)\cdot\Delta x(x<\xi<x+\Delta x;x+\Delta x,x\in[a,b]). \tag{4-3}$$

一般称(4-3)式为拉格朗日中值定理的增量形式,其中中间值 ξ 与区间端点有关.

推论 1 如果 $f'(x)\equiv 0$,$x\in(a,b)$,则 $f(x)\equiv C$($x\in(a,b)$,C 为常数),即在 (a,b) 内

$f(x)$为一个常数函数.

证明　在(a,b)内任取两点x_1,x_2(不妨设$x_1<x_2$).

因为$[x_1,x_2]\subset(a,b)$,所以$f(x)$在$[x_1,x_2]$上连续,在(x_1,x_2)内可导.于是由拉格朗日中值定理有

$$f(x_2)-f(x_1)=f'(\xi)(x_2-x_1),x_1<\xi<x_2.$$

又因为对(a,b)内一切x都有$f'(x)=0$,ξ在x_1,x_2之间,当然在(a,b)内,所以$f'(\xi)=0$,于是得

$$f(x_2)-f(x_1)=0,$$

即

$$f(x_2)=f(x_1).$$

既然对于(a,b)内任意两点x_1,x_2都有$f(x_1)=f(x_2)$,那就说明$f(x)$在(a,b)内是一个常数.

以前我们证明过"常数的导数等于零",推论1说明它的逆命题也成立.

推论2　若$f'(x)\equiv g'(x),x\in(a,b)$,则$f(x)=g(x)+C(x\in(a,b)$,$C$为常数).

证明　因为$[f(x)-g(x)]'=f'(x)-g'(x)\equiv 0,x\in(a,b)$,据推论1,得

$$f(x)-g(x)=C(x\in(a,b),C\text{ 为常数}),$$

移项即得结论.

以前我们学过"如果两个函数恒等,那么它们的导数相等",现在又知道"如果两个函数的导数恒等,那么它们至多只相差一个常数".

可以验证ξ的存在性却很难求得,但就是这个存在性,确立了中值定理在微分学中的重要地位.本来函数$y=f(x)$与导数$f'(x)$之间的关系是通过极限建立的,因此导数$f'(x_0)$只能近似反映$f(x)$在x_0附近的性态,如$f(x)\approx f(x_0)+f'(x_0)(x-x_0)$.中值定理却通过中间值处的导数,证明了函数$f(x)$与导数$f'(x)$之间可以直接建立精确的等式关系,即只要$f(x)$在$x,x_0$之间连续、可导,且在点$x,x_0$处也连续,那么一定存在中间值$\xi$,使$f(x)=f(x_0)+f'(\xi)(x-x_0)$.这就为由导数的性质来推断函数的性质、由函数的局部性质来研究函数的整体性质架起了桥梁.例如,推论1、推论2就是以导数的性质推断函数的整体性质,与微分近似式$\Delta y\approx f'(x_0)\cdot\Delta x(|\Delta x|$较小)不同,也不必要求(4-3)式中的$|\Delta x|$较小.

*三、柯西(Cauchy)中值定理

定理3(柯西中值定理)　如果函数$f(x)$及$F(x)$在闭区间$[a,b]$上连续,在开区间(a,b)内可导,且$F'(x)$在(a,b)内每一点处均不为零,那么在(a,b)内至少有一点$\xi(a<\xi<b)$,使等式

$$\frac{f(b)-f(a)}{F(b)-F(a)}=\frac{f'(\xi)}{F'(\xi)}$$

成立.

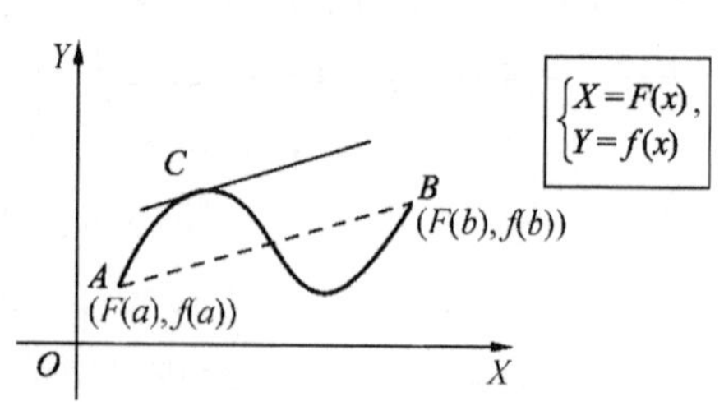

图4-3

柯西中值定理的几何意义

如图4-3所示,在曲线弧AB上至少有一点$C(F(\xi),f(\xi))$,在该点处的切线平行于弦AB.

练习 4-1

1. 判断题.

(1) 设函数 $f(x)$在$[a,b]$上有定义,在(a,b)内可导,$f(a)=f(b)$,则至少有一点 $\xi\in(a,b)$,使 $f'(\xi)=0$;

(2) 设 $f(x)$,$g(x)$在$[a,b]$上连续,在(a,b)内可导,且在$[a,b]$上有 $f'(x)\leqslant g'(x)$,则有 $f(b)-f(a)\leqslant g(b)-g(a)$;

(3) 设函数 $f(x)$在$[a,b]$上可导,若 $f(a)\neq f(b)$,则不存在 $\xi\in(a,b)$,使 $f'(\xi)=0$.

2. 判断下列各函数在给定区间上是否满足罗尔定理的条件.

(1) $f(x)=\dfrac{1}{1-x^2}$,$x\in[-1,1]$;　　(2) $f(x)=4-|x-2|$,$x\in[1,3]$.

3. 对下列函数写出$\dfrac{f(b)-f(a)}{b-a}=f'(\xi)$,并求 ξ.

(1) $f(x)=\sqrt{x}$,$x\in[1,4]$;　　(2) $f(x)=\arctan x$,$x\in[0,1]$.

4. 证明下列不等式.

(1) $|\sin x-\sin y|\leqslant|x-y|$;

(2) 当 $x>0$ 时,$\dfrac{x}{1+x^2}<\arctan x<x$.

§4-2　罗必塔法则

微分中值定理的重要性在于它将函数在任意区间上的平均变化率转化成区间内某一点的导数,在形式上表现为“左端是导数,右端是商式结构”,与商式的极限$\lim\limits_{x\to x_0}\dfrac{f(x)}{g(x)}$在结构上有相似之处,如下面两例:

(1) $\lim\limits_{x\to 1}\dfrac{\ln x}{x-1}$;　　(2) $\lim\limits_{x\to +\infty}\dfrac{e^x-5}{x}$.

当要求上面两例的极限值时,试想:求极限的方法有很多,若直接用商的极限的四则运算求解,前提条件是$\lim\limits_{x\to x_0}f(x)$,$\lim\limits_{x\to x_0}g(x)$均存在,且$\lim\limits_{x\to x_0}g(x)\neq 0$,显然,上面所列两式的极限均不满足四则运算的条件,需要尝试其他方法.

其实,当 $x\to x_0$ 时,两个函数 $f(x)$,$g(x)$都是无穷小或无穷大,求极限$\lim\limits_{x\to x_0}\dfrac{f(x)}{g(x)}$时不能直接用商的极限运算法则,其结果可能存在,也可能不存在,即使存在,其值也因式而异.因此,常把两个无穷小之比或无穷大之比的极限称为$\dfrac{0}{0}$型或$\dfrac{\infty}{\infty}$型未定式(也称为

$\dfrac{0}{0}$型或$\dfrac{\infty}{\infty}$型未定型$\Big)$极限.

一、$\dfrac{0}{0}$型未定式

定理 1 罗必塔(L'Hospital)法则 I

设函数 $f(x)$和 $g(x)$满足：

(1) $\lim\limits_{x\to x_0}f(x)=0,\lim\limits_{x\to x_0}g(x)=0$；

(2) 函数 $f(x),g(x)$在 x_0 的某个邻域内(点 x_0 可除外)可导,且 $g'(x)\neq 0$；

(3) $\lim\limits_{x\to x_0}\dfrac{f'(x)}{g'(x)}=A$($A$ 可以是有限数,也可以为$\infty,+\infty,-\infty$).

则
$$\lim_{x\to x_0}\frac{f(x)}{g(x)}=\lim_{x\to x_0}\frac{f'(x)}{g'(x)}=A.$$

定理 1 的结论在几何上虽然不太严密,但还是比较直观的.如图 4-4 所示,设

$$\begin{cases}X=g(x),\\ Y=f(x).\end{cases}$$

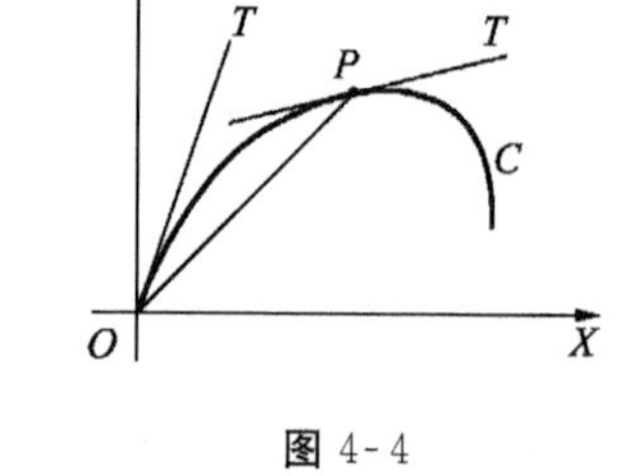

图 4-4

这是以 x 为参数的参数方程,在 XOY 坐标系中表示一条曲线 C.定义 $f(x_0)=\lim\limits_{x\to x_0}f(x)=0,g(x_0)=\lim\limits_{x\to x_0}g(x)=0$,则 C 过原点 O.$\dfrac{f(x)}{g(x)}=\dfrac{f(x)-f(x_0)}{g(x)-g(x_0)}$表示连结 $O,P(f(x),g(x))$的直线 OP 的斜率,$\dfrac{f'(x)}{g'(x)}=\dfrac{\frac{\mathrm{d}Y}{\mathrm{d}x}}{\frac{\mathrm{d}X}{\mathrm{d}x}}=\dfrac{\mathrm{d}Y}{\mathrm{d}X}$则表示 C 在点 P 处的切线 PT 的斜率.当 $x\to x_0$ 时,P 沿 C 趋于 O,此时 OP,PT 都将趋于曲线 C 在 O 处的切线,因此它们的斜率的极限应该相等.

下面我们用此法则来求极限$\lim\limits_{x\to 1}\dfrac{\ln x}{x-1}$.

分析 这是$\dfrac{0}{0}$型未定式,可用罗必塔法则 I 来求其极限.

$$\lim_{x\to 1}\frac{\ln x}{x-1}=\lim_{x\to 1}\frac{(\ln x)'}{(x-1)'}=\lim_{x\to 1}\frac{1}{x}=1.$$

例 1 求$\lim\limits_{x\to a}\dfrac{\ln x-\ln a}{x-a}(a>0)$.

解 这是$\dfrac{0}{0}$型未定式,由罗必塔法则 I,得

$$\lim_{x\to a}\frac{\ln x-\ln a}{x-a}=\lim_{x\to a}\frac{(\ln x-\ln a)'}{(x-a)'}=\lim_{x\to a}\frac{\frac{1}{x}}{1}=\frac{1}{a}.$$

注意 罗必塔法则 I 对于 $x\to\infty,x\to\pm\infty$时的$\dfrac{0}{0}$型未定式同样适用.

例 2 求 $\lim\limits_{x\to+\infty}\dfrac{\dfrac{\pi}{2}-\arctan x}{\dfrac{1}{x}}$.

解 这是$\dfrac{0}{0}$型未定式,由罗必塔法则 I,得

$$\lim_{x\to+\infty}\frac{\frac{\pi}{2}-\arctan x}{\frac{1}{x}}=\lim_{x\to+\infty}\frac{\left(\frac{\pi}{2}-\arctan x\right)'}{\left(\frac{1}{x}\right)'}=\lim_{x\to+\infty}\frac{-\frac{1}{1+x^2}}{-\frac{1}{x^2}}$$

$$=\lim_{x\to+\infty}\frac{x^2}{1+x^2}=\lim_{x\to+\infty}\frac{1}{1+\frac{1}{x^2}}=1.$$

例 3 求 $\lim\limits_{x\to0}\dfrac{x-\sin x}{\sin^3 x}$.

解 这是$\dfrac{0}{0}$型未定式,使用罗必塔法则 I,得

$$\lim_{x\to0}\frac{x-\sin x}{\sin^3 x}=\lim_{x\to0}\frac{(x-\sin x)'}{(\sin^3 x)'}=\lim_{x\to0}\frac{1-\cos x}{3\sin^2 x\cos x}.$$

最后的极限仍然是$\dfrac{0}{0}$型未定式,继续使用罗必塔法则 I,得

$$\lim_{x\to0}\frac{x-\sin x}{\sin^3 x}=\lim_{x\to0}\frac{(1-\cos x)'}{(3\sin^2 x\cos x)'}=\lim_{x\to0}\frac{\sin x}{6\sin x\cos x-3\sin^3 x}$$

$$=\lim_{x\to0}\frac{1}{6\cos x-3\sin^2 x}=\frac{1}{6}.$$

二、$\dfrac{\infty}{\infty}$型未定式

定理 2 罗必塔(L'Hospital)法则 Ⅱ

设函数 $f(x)$和 $g(x)$满足:

(1) $\lim\limits_{x\to x_0}f(x)=\infty$, $\lim\limits_{x\to x_0}g(x)=\infty$;

(2) 函数 $f(x)$, $g(x)$在 x_0 的某个邻域内(点 x_0 可除外)可导,且 $g'(x)\neq0$;

(3) $\lim\limits_{x\to x_0}\dfrac{f'(x)}{g'(x)}=A$($A$ 为有限数,也可为∞, $+\infty$, $-\infty$). 则

$$\lim_{x\to x_0}\frac{f(x)}{g(x)}=\lim_{x\to x_0}\frac{f'(x)}{g'(x)}=A.$$

与法则 Ⅰ 相同,定理 2 对于 $x\to\infty$, $x\to\pm\infty$时的$\dfrac{\infty}{\infty}$型未定式同样适用,并且对使用法则后得到的$\dfrac{\infty}{\infty}$或$\dfrac{0}{0}$型未定式,只要满足法则成立的条件,可以连续使用法则.

下面我们用此法则来求极限 $\lim\limits_{x\to+\infty}\dfrac{e^x-5}{x}$.

分析 这是$\dfrac{\infty}{\infty}$型未定式,可用罗必塔法则 Ⅱ 来求其极限.

$$\lim_{x\to+\infty}\frac{e^x-5}{x}=\lim_{x\to+\infty}\frac{(e^x-5)'}{(x)'}=\lim_{x\to+\infty}\frac{e^x}{1}=+\infty.$$

例 4 $\lim\limits_{x\to+\infty}\frac{\ln x}{(x+1)^2}$.

解 这是$\frac{\infty}{\infty}$型未定式,可用罗必塔法则Ⅱ来求其极限.

$$\lim_{x\to+\infty}\frac{\ln x}{(x+1)^2}=\lim_{x\to+\infty}\frac{(\ln x)'}{[(x+1)^2]'}=\lim_{x\to+\infty}\frac{\frac{1}{x}}{2(x+1)}=\lim_{x\to+\infty}\frac{1}{2x(x+1)}=0.$$

例 5 求$\lim\limits_{x\to\frac{\pi}{2}}\frac{\tan 3x}{\tan x}$.

解 这是$\frac{\infty}{\infty}$型未定式,可用罗必塔法则Ⅱ来求其极限.

$$\begin{aligned}\lim_{x\to\frac{\pi}{2}}\frac{\tan 3x}{\tan x}&=\lim_{x\to\frac{\pi}{2}}\frac{3\sec^2 3x}{\sec^2 x}=\lim_{x\to\frac{\pi}{2}}\frac{3\cos^2 x}{\cos^2 3x}\left(\frac{0}{0}\text{型未定式}\right)=\lim_{x\to\frac{\pi}{2}}\frac{6\cos x(-\sin x)}{2\cos 3x(-3\sin 3x)}\\&=\lim_{x\to\frac{\pi}{2}}\frac{\sin 2x}{\sin 6x}\left(\frac{0}{0}\text{型未定式}\right)=\lim_{x\to\frac{\pi}{2}}\frac{2\cos 2x}{6\cos 6x}=\frac{1}{3}.\end{aligned}$$

例 6 求 $\lim\limits_{x\to+\infty}\frac{x^n}{\ln x}$($n$ 为自然数).

解 这是$\frac{\infty}{\infty}$型未定式,可用罗必塔法则Ⅱ来求其极限.

$$\lim_{x\to+\infty}\frac{x^n}{\ln x}=\lim_{x\to+\infty}\frac{nx^{n-1}}{\frac{1}{x}}=\lim_{x\to+\infty}nx^n=+\infty.$$

例 7 求 $\lim\limits_{x\to+\infty}\frac{x^n}{e^x}$($n$ 为自然数).

解 这是$\frac{\infty}{\infty}$型未定式,可用罗必塔法则Ⅱ来求其极限.

$$\begin{aligned}\lim_{x\to+\infty}\frac{x^n}{e^x}&=\lim_{x\to+\infty}\frac{nx^{n-1}}{e^x}=\lim_{x\to+\infty}\frac{n(n-1)x^{n-2}}{e^x}\\&=\lim_{x\to+\infty}\frac{n(n-1)(n-2)x^{n-3}}{e^x}=\cdots=\lim_{x\to+\infty}\frac{n!}{e^x}=0.\end{aligned}$$

三、其他类型的未定式

对函数 $f(x)$,$g(x)$求 $x\to x_0$,$x\to\infty$,$x\to\pm\infty$的极限时,除$\frac{0}{0}$型与$\frac{\infty}{\infty}$型未定式之外,还有下列一些其他类型的未定式.

(1) $0\cdot\infty$型:f 的极限为 0,g 的极限为∞或相反,求 $f(x)g(x)$的极限;

(2) $\infty-\infty$型:f,g 的极限为∞,求 $f(x)-g(x)$的极限;

(3) 1^∞ 型:f 的极限为 1,g 的极限为∞,求 $f(x)^{g(x)}$的极限;

(4) 0^0 型:f,g 的极限为 0,求 $f(x)^{g(x)}$的极限;

(5) ∞^0 型：f 的极限为∞，g 的极限为 0，求 $f(x)^{g(x)}$ 的极限.

这些类型的极限，不能机械地使用极限的运算法则来求，其极限的存在与否因式而异.

这些类型的未定式，可按下述方法处理：对(1)(2)两种类型，可做适当的变换将它们化为$\frac{0}{0}$型或$\frac{\infty}{\infty}$型未定式，再用罗必塔法则求极限；对(3)(4)(5)三种类型，可直接用 $\lim f(x)^{g(x)}=\lim e^{g(x)\ln f(x)}=e^{\lim g(x)\ln f(x)}$ 化为 $0\cdot\infty$型.

例 8 求 $\lim\limits_{x\to 0^+}x^n\ln x(n>0)$.

解 这是 $0\cdot\infty$型未定式，可将其化为$\frac{\infty}{\infty}$型未定式.

$$\lim_{x\to 0^+}x^n\ln x=\lim_{x\to 0^+}\frac{\ln x}{x^{-n}}=\lim_{x\to 0^+}\frac{\frac{1}{x}}{-nx^{-n-1}}=\lim_{x\to 0^+}\frac{x^n}{-n}=0.$$

例 9 求 $\lim\limits_{x\to 1^+}\left(\frac{x}{x-1}-\frac{1}{\ln x}\right)$.

解 这是$\infty-\infty$型未定式，通过通分将其化为$\frac{0}{0}$型未定式.

$$\lim_{x\to 1^+}\left(\frac{x}{x-1}-\frac{1}{\ln x}\right)=\lim_{x\to 1^+}\frac{x\ln x-x+1}{(x-1)\ln x}=\lim_{x\to 1^+}\frac{\ln x+1-1}{\ln x+\frac{x-1}{x}}$$

$$=\lim_{x\to 1^+}\frac{\ln x}{\ln x+1-\frac{1}{x}}=\lim_{x\to 1^+}\frac{\frac{1}{x}}{\frac{1}{x}+\frac{1}{x^2}}=\frac{1}{2}.$$

例 10 求 $\lim\limits_{x\to+\infty}x^{\frac{1}{x}}$.

解 这是∞^0 型未定式，先将其化为 $0\cdot\infty$型，再化为$\frac{\infty}{\infty}$型未定式.

$$\lim_{x\to+\infty}x^{\frac{1}{x}}=\lim_{x\to+\infty}e^{\frac{1}{x}\cdot\ln x}=\lim_{x\to+\infty}e^{\frac{\ln x}{x}}=e^{\lim\limits_{x\to+\infty}\frac{\ln x}{x}}=e^{\lim\limits_{x\to+\infty}\frac{\frac{1}{x}}{1}}=e^0=1.$$

在使用罗必塔法则时，应注意如下几点：

(1) 每次使用罗必塔法则时，必须检验极限是否属于$\frac{0}{0}$型或$\frac{\infty}{\infty}$型未定式，如果不是这两种未定式就不能使用该法则.

(2) 如果有可约因子，或有非零极限的乘积因子，则可先约去或提出；如果可用等价无穷小代换，就先代换，再利用罗必塔法则，以简化演算步骤.

如例 3，可用等价无穷小与罗必塔法则相结合的方法求其极限.

原式$=\lim\limits_{x\to 0}\frac{x-\sin x}{x^3}=\lim\limits_{x\to 0}\frac{1-\cos x}{3x^2}=\lim\limits_{x\to 0}\frac{\frac{x^2}{2}}{3x^2}=\frac{1}{6}$，显然比只用罗必塔法则要简单得多.

(3) 当 $\lim\frac{f'(x)}{g'(x)}$不存在时，并不能断定 $\lim\frac{f(x)}{g(x)}$不存在，此时应使用其他方法求

极限.

例 11 证明：$\lim\limits_{x\to 0}\dfrac{x^2\sin\dfrac{1}{x}}{\sin x}$存在，但不能用罗必塔法则求其极限.

证明 $\lim\limits_{x\to 0}\dfrac{x^2\sin\dfrac{1}{x}}{\sin x}=\lim\limits_{x\to 0}\left(\dfrac{x}{\sin x}\cdot x\sin\dfrac{1}{x}\right)=\lim\limits_{x\to 0}\dfrac{x}{\sin x}\cdot\lim\limits_{x\to 0}\left(x\sin\dfrac{1}{x}\right)=0$，
所给的极限存在.

又因为这是$\dfrac{0}{0}$型未定式，可利用罗必塔法则，得

$$\lim_{x\to 0}\frac{x^2\sin\dfrac{1}{x}}{\sin x}=\lim_{x\to 0}\frac{2x\sin\dfrac{1}{x}-\cos\dfrac{1}{x}}{\cos x},$$

最后的极限不存在，所以所给的极限不能用罗必塔法则求出.

未定式极限类型共有 7 种：$\dfrac{0}{0}$，$\dfrac{\infty}{\infty}$，$\infty-\infty$，$0\cdot\infty$，1^∞，0^0，∞^0，对这 7 种未定式极限做适当变形后均可化为$\dfrac{0}{0}$或$\dfrac{\infty}{\infty}$型，再综合应用罗必塔法则、等价无穷小代换、四则运算法则等方法求出它们的极限值.

练习 4-2

1. 用罗必塔法则求下列极限.

(1) $\lim\limits_{x\to 1^+}\dfrac{\ln x}{x-1}$；

(2) $\lim\limits_{x\to \pi}\dfrac{\sin 3x}{\tan 5x}$；

(3) $\lim\limits_{x\to +\infty}\dfrac{\ln(\ln x)}{x}$；

(4) $\lim\limits_{x\to 1^+}\left(\dfrac{2}{x^2-1}-\dfrac{1}{x-1}\right)$；

(5) $\lim\limits_{x\to 0}(1+x)^{\cot x}$；

(6) $\lim\limits_{x\to 0}\dfrac{x^4}{x^2+x-\sin x}$；

(7) $\lim\limits_{x\to \infty}x(e^{\frac{1}{x}}-1)$；

(8) $\lim\limits_{x\to 0^+}(\cos\sqrt{x})^{\frac{1}{x}}$.

2. 证明下列两个极限存在，但不能用罗必塔法则.

(1) $\lim\limits_{x\to +\infty}\dfrac{x}{\sqrt{1+x^2}}$；

(2) $\lim\limits_{x\to \infty}\dfrac{x-\sin x}{2x+\cos x}$.

§4-3 函数的单调性与极值

函数的单调性是函数的主要特性之一，在中学里学过如何用初等数学的方法判断函数的单调性，但如何利用导数来简化判断过程是一个新的课题，我们不妨先来看一个引例.

引例 当 $x\geqslant 0$ 时,考察函数 $y=\sqrt{x}$ 与 $y=x^2$ 的导数与函数单调性间的关系.

分析 显然,函数 $y=\sqrt{x}$ 与 $y=x^2$ 在定义区间 $[0,+\infty)$ 内均是单调增加的. 如图 4-5 所示,若函数 $f(x)$ 在区间上是单调增加的,则曲线 $y=f(x)$ 是一条沿 x 轴正向上升的曲线,且曲线上各点处的切线斜率均非负,即 $f'(x)\geqslant 0$.

相应地,若函数 $f(x)$ 在区间上是单调减少的,则曲线 $y=f(x)$ 是一条沿 x 轴正向下降的曲线,且曲线上各点处的切线斜率均非正,即 $f'(x)\leqslant 0$.

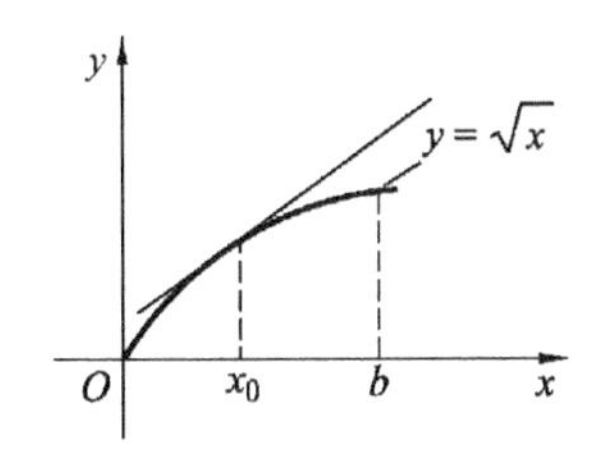

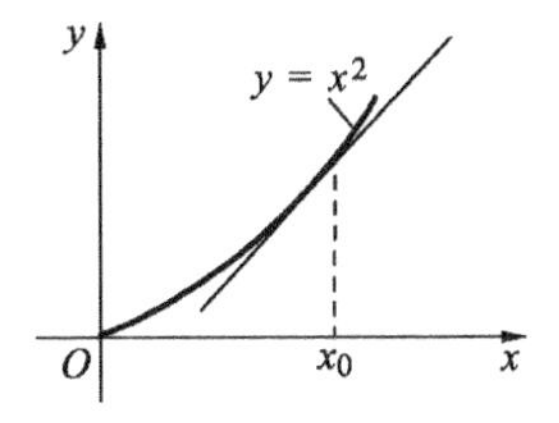

图 4-5

一、函数单调性的判别方法

设函数 $f(x)$ 是区间 $[a,b]$ 上的可导函数,如果函数在 $[a,b]$ 上单调增加(图 4-6),那么曲线上任一点处的切线与 x 轴正向的夹角都是锐角,即 $f'(x)>0$;如果函数在 $[a,b]$ 上单调减少(图 4-7),那么曲线上任一点处的切线与 x 轴正向的夹角都是钝角,即 $f'(x)<0$. 反之是否成立呢?

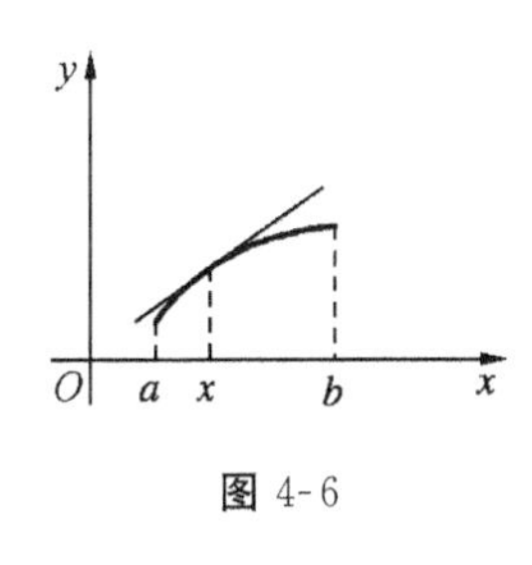

图 4-6

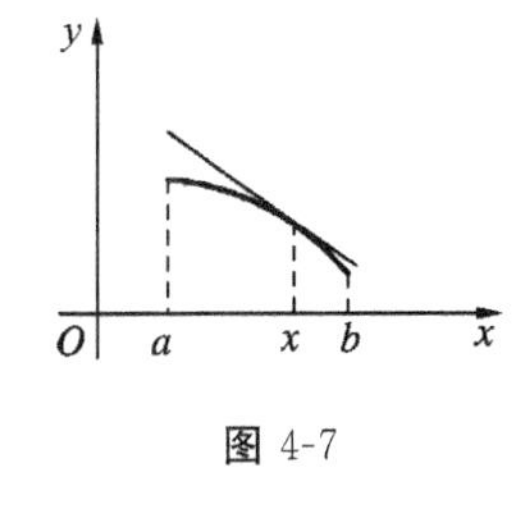

图 4-7

定理 1 设函数 $f(x)$ 在闭区间 $[a,b]$ 上连续,在开区间 (a,b) 内可导,则

(1) 若在 (a,b) 内 $f'(x)>0$,则函数 $f(x)$ 在 (a,b) 上单调增加;

(2) 若在 (a,b) 内 $f'(x)<0$,则函数 $f(x)$ 在 (a,b) 上单调减少.

证明 设 x_1,x_2 是 (a,b) 内任意两点,不妨设 $x_1<x_2$,利用拉格朗日中值定理有

$$f(x_2)-f(x_1)=f'(\xi)(x_2-x_1),x_1<\xi<x_2.$$

若 $f'(x)>0$,则必有 $f'(\xi)>0$. 又 $x_2-x_1>0$,所以 $f(x_2)-f(x_1)>0$,即 $f(x_2)>f(x_1)$. 由于 x_1,x_2 是 (a,b) 内的任意两点,所以函数 $f(x)$ 在 (a,b) 上单调增加.

同理可证,若 $f'(x)<0$,则函数 $f(x)$ 在 (a,b) 上单调减少.

注意 (1) 函数的单调性是描述函数在某个区间上的性质,故区间内个别点处导数为零并不影响函数在该区间的单调性. 例如,函数 $y=x^3$,其导数为 $y'=3x^2$,$y'|_{x=0}=0$,但在区间 $(-\infty,+\infty)$ 内是单调增加的.

(2) 定理 1 条件中的闭区间可以推广到半开半闭区间、开区间和无穷区间,结论仍然成立.

(3) 有时，函数在整个考察范围内并不单调，这时就需要把考察范围划分为若干个单调区间. 如图 4-8 所示，在考察范围$[a,b]$上，函数 $f(x)$ 并不单调，但可将$[a,b]$划分为$[a,x_1]$，$[x_1,x_2]$，$[x_2,b]$三个区间，在$[a,x_1]$，$[x_2,b]$上 $f(x)$ 单调增加，而在$[x_1,x_2]$上 $f(x)$ 单调减少.

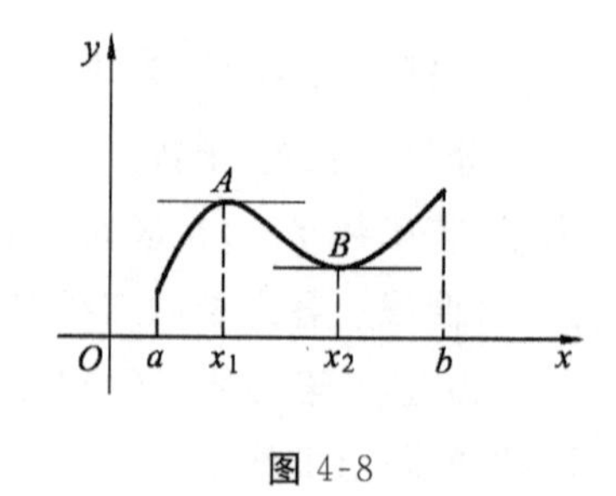

图 4-8

(4) 特别需注意，如果 $f(x)$ 在$[a,b]$上可导，那么在单调区间的分界点处的导数为零，即 $f'(x_1)=f'(x_2)=0$. 对于可导函数，为了确定函数的单调区间，只要求出(a,b)内的导数的零点. 一般将导数 $f'(x)$ 在区间内部的零点称为函数 $f(x)$ 的**驻点**.

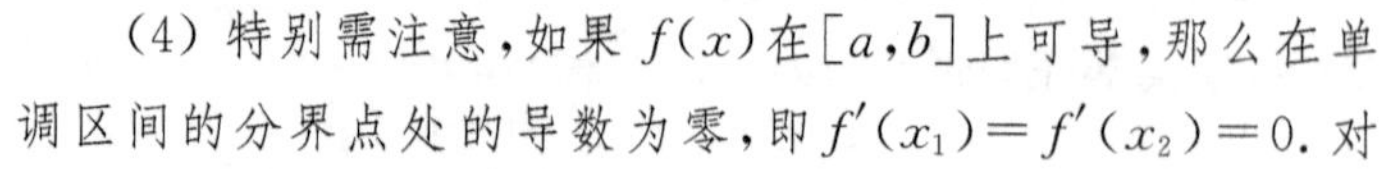

确定可导函数 $f(x)$ 的单调区间的方法如下：

(1) 求出函数 $f(x)$ 在考察范围 I（除指定范围外，一般是指函数的定义域）内部的全部驻点；

(2) 用这些驻点和一阶不可导点将 I 分成若干个子区间；

(3) 在每个子区间上用定理 1 判断函数 $f(x)$ 的单调性. 为了清楚起见，常采用列表的方式.

例 1 讨论函数 $f(x)=2x^3-9x^2+12x-3$ 的单调性.

解 (1) 考察范围 $I=(-\infty,+\infty)$.

$f'(x)=6x^2-18x+12=6(x-1)(x-2)$，令 $f'(x)=0$，得驻点为 $x_1=1$，$x_2=2$.

(2) 划分$(-\infty,+\infty)$为 3 个子区间：$(-\infty,1)$，$[1,2]$，$(2,+\infty)$.

(3) 列表（表 4-1）确定在每个子区间内导数的符号，用定理 1 判断函数的单调性.（在表中我们形象地用"↗""↘"分别表示函数单调增加、减少）

表 4-1

x	$(-\infty,1)$	$[1,2]$	$(2,+\infty)$
$f'(x)$	+	−	+
$f(x)$	↗	↘	↗

所以 $f(x)$ 在$(-\infty,1)$和$(2,+\infty)$内单调增加，在$[1,2]$内单调减少.

如果在考察范围 I 内函数并不可导，而是在 I 的内部存在若干个不可导点，由于函数在经过不可导点时也会改变单调特性，如 $y=|x|$ 在经过不可导点 $x=0$ 时，由单调减少变为单调增加，因此除了求出全部驻点外，还需要找出全部不可导点，把 I 以驻点、不可导点划分成若干子区间.

例 2 讨论函数 $f(x)=\dfrac{x^2}{3}-\sqrt[3]{x^2}$ 的单调性.

解 $I=(-\infty,+\infty)$.

(1) $f'(x)=\dfrac{2x}{3}-\dfrac{2}{3\sqrt[3]{x}}$.

令 $f'(x)=0$，得驻点为 $x_1=-1, x_2=1$. 此外 $f(x)$ 的不可导点为 $x_3=0$.

(2) 划分 $(-\infty,+\infty)$ 为 4 个子区间：$(-\infty,-1)$，$[-1,0)$，$[0,1]$ 与 $(1,+\infty)$.

(3) 列表(表 4-2)确定在每个子区间内导数的符号，用定理 1 判断函数的单调性.

表 4-2

x	$(-\infty,-1)$	$[-1,0)$	$[0,1]$	$(1,+\infty)$
$f'(x)$	$-$	$+$	$-$	$+$
$f(x)$	↘	↗	↘	↗

所以 $f(x)$ 在 $(-\infty,-1)$ 和 $[0,1]$ 内是单调减少的，在 $[-1,0)$ 和 $(1,+\infty)$ 内是单调增加的.

确定函数 $f(x)$ 的单调区间的步骤如下：

(1) 确定函数 $f(x)$ 的考察范围 I(除指定范围外，一般是指函数的定义域)；

(2) 求出函数 $f(x)$ 在考察范围 I 内部的全部驻点和一阶不可导点；

(3) 用这些驻点和一阶不可导点将 I 分成若干个子区间，列表讨论.

应用函数的单调性，还可证明一些不等式.

例 3 证明 $x>0$ 时，$x>\ln(1+x)$.

证明 令 $f(x)=x-\ln(1+x)$，因为

$$f'(x)=1-\frac{1}{1+x}=\frac{x}{1+x},$$

当 $x>0$ 时，$f'(x)>0$，所以 $f(x)$ 在 $(0,+\infty)$ 内单调增加.

又 $f(0)=0$，所以 $f(x)>f(0)=0(x>0)$.

即 $x-\ln(1+x)>0(x>0)$，移项即得

$x>0$ 时，$x>\ln(1+x)$.

二、函数的极值

1. 函数极值的定义

定义 1 设函数 $f(x)$ 在点 x_0 的某邻域 $(x_0-\delta, x_0+\delta)(\delta>0)$ 内有定义.

(1) 如果对于任一点 $x\in(x_0-\delta, x_0+\delta)(x\neq x_0)$，都有 $f(x)<f(x_0)$，则称 $f(x_0)$ 是函数 $f(x)$ 的**极大值**；

(2) 如果对于任一点 $x\in(x_0-\delta, x_0+\delta)(x\neq x_0)$，都有 $f(x)>f(x_0)$，则称 $f(x_0)$ 是函数 $f(x)$ 的**极小值**.

函数的极大值与极小值统称为函数的**极值**，使函数取得极值的点 x_0 称为函数 $f(x)$ 的**极值点**.

由定义 1 可以看出，极值是一个局部性概念.

从图 4-9 中可以看出，若函数在极值点处可导(如 x_0, x_1, x_2, x_3, x_4)，则图象上对应点处的切线是

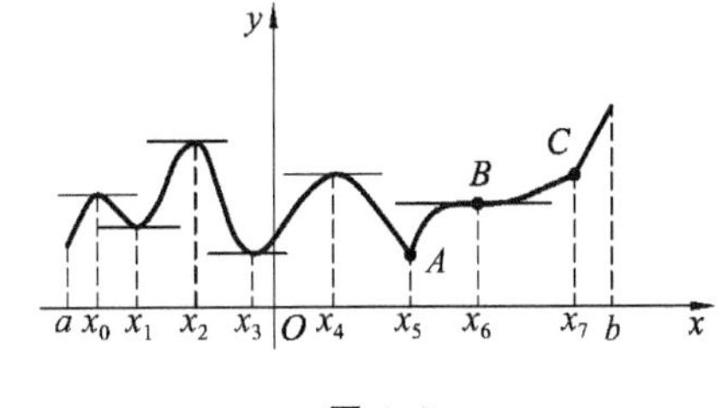

图 4-9

水平的，因此函数在这类极值点处的导数为 0，即这类极值点必定是函数的驻点. 注意图象在 x_5 所对应的点 A 处无切线，因此 x_5 是函数的不可导点，但函数在 x_5 处取得极小值. 这说明不可导点也可能是函数的极值点.

2. 函数极值的判定和求法

定理 2(极值的必要条件) 设函数 $f(x)$ 在其考察范围 I 内是连续的，x_0 不是 I 的端点. 若函数 $f(x)$ 在 x_0 处取得极值，则 x_0 或者是函数 $f(x)$ 的不可导点，或者是可导点. 当 x_0 是 $f(x)$ 的可导点时，x_0 必定是函数 $f(x)$ 的驻点，即 $f'(x_0)=0$.

注意 $f(x)$ 的驻点不一定是 $f(x)$ 的极值点. 如图 4-9 中的点 x_6，尽管图象在点 B 处有水平切线，即 x_6 是驻点[$f'(x_6)=0$]，但函数 $f(x)$ 在 x_6 处并无极值. 同样，$f(x)$ 的不可导点也未必一定是极值点，如在图 4-9 中的点 C 处，图象无切线，因此函数 $f(x)$ 在 x_7 处是不可导的，但 x_7 并非极值点.

定理 3(极值的第一充分条件) 设函数 $f(x)$ 在点 x_0 处连续，在点 x_0 附近 $(x_0-\delta, x_0+\delta)$ $(\delta>0, x\neq x_0)$ 可导. 当 x 由小到大经过 x_0 时，

(1) 如果 $f'(x)$ 由正变负，那么 x_0 是 $f(x)$ 的极大值点；

(2) 如果 $f'(x)$ 由负变正，那么 x_0 是 $f(x)$ 的极小值点；

(3) 如果 $f'(x)$ 不改变符号，那么 x_0 不是 $f(x)$ 的极值点.

证明 (1) 在 x_0 的某邻域内任取一点 x，在以 x 和 x_0 为端点的闭区间上，对函数 $f(x)$ 应用拉格朗日中值定理，得

$$f(x)-f(x_0)=f'(\xi)(x-x_0)\ (\xi \text{ 在 } x \text{ 和 } x_0 \text{ 之间}).$$

当 $x<x_0$ 时，$x<\xi<x_0$，由已知条件知 $f'(\xi)>0$，所以 $f(x)-f(x_0)=f'(\xi)(x-x_0)<0$，即 $f(x)<f(x_0)$；

当 $x>x_0$ 时，$x_0<\xi<x$，由已知条件知 $f'(\xi)<0$，所以 $f(x)-f(x_0)=f'(\xi)(x-x_0)<0$，即 $f(x)<f(x_0)$.

综上，对 x_0 附近的任意 x，$f(x)<f(x_0)$ 都成立. 由极值的定义知，x_0 是 $f(x)$ 的极大值点.

类似地可证明(2)(3).

定理 4(极值的第二充分条件) 设 x_0 为函数 $f(x)$ 的驻点，且在点 x_0 处有二阶非零导数 $f''(x_0)\neq 0$，则 x_0 必定是函数 $f(x)$ 的极值点，且

(1) 如果 $f''(x_0)<0$，则 $f(x)$ 在点 x_0 处取得极大值；

(2) 如果 $f''(x_0)>0$，则 $f(x)$ 在点 x_0 处取得极小值.

如果 $f''(x_0)=0$，由定理 4 无法判断 x_0 是否为函数 $f(x)$ 的极值点.

比较两个判定方法，显然定理 3 适用于驻点和不可导点，而定理 4 只能对驻点进行判定.

求函数 $f(x)$ 的极值的步骤：

(1) 确定函数 $f(x)$ 的考察范围；

(2) 求出函数 $f(x)$ 的导数 $f'(x)$；

(3) 求出函数 $f(x)$ 在考察范围内的所有驻点及不可导点，即求出 $f'(x)=0$ 的根和使 $f'(x)$ 不存在的点；

(4) 利用定理 3 或定理 4，判定上述驻点或不可导点是否为函数的极值点，并求出相应的极值.

例 4 求函数 $f(x)=(x+2)^2(x-1)^3$ 的极值.

解 (1) $I=(-\infty,+\infty)$.

(2) $f'(x)=2(x+2)(x-1)^3+3(x+2)^2(x-1)^2=(x+2)(x-1)^2(5x+4)$.

(3) 令 $f'(x)=0$，得驻点为 $x_1=-2$，$x_2=-\dfrac{4}{5}$，$x_3=1$，且无不可导点.

(4) 利用定理 3，判定驻点是否为函数的极值点. 这一步常用类似于确定函数增减区间的列表方法，只是增加了从导数符号判定驻点是否为极值点的内容，其结果如表 4-3 所示.

表 4-3

x	$(-\infty,-2)$	-2	$\left(-2,-\frac{4}{5}\right)$	$-\frac{4}{5}$	$\left(-\frac{4}{5},1\right)$	1	$(1,+\infty)$
$f'(x)$	$+$	0	$-$	0	$+$	0	$+$
$f(x)$	↗	极大值 0	↘	极小值 -8.4	↗	非极值	↗

例 5 求函数 $f(x)=x^{\frac{2}{3}}-(x^2-1)^{\frac{1}{3}}$ 的极值.

解 (1) 函数的考察范围为 $(-\infty,+\infty)$.

(2) $f'(x)=\dfrac{2}{3}x^{-\frac{1}{3}}-\dfrac{1}{3}(x^2-1)^{-\frac{2}{3}}\cdot 2x=\dfrac{2}{3}\cdot\dfrac{(x^2-1)^{\frac{2}{3}}-x^{\frac{4}{3}}}{x^{\frac{1}{3}}(x^2-1)^{\frac{2}{3}}}$.

(3) 令 $f'(x)=0$，得驻点 $x_1=-\dfrac{\sqrt{2}}{2}$，$x_2=\dfrac{\sqrt{2}}{2}$，不可导点为 $x_3=-1$，$x_4=0$，$x_5=1$.

(4) 利用定理 3，判定驻点或不可导点是否为函数的极值点，其结果如表 4-4 所示.

表 4-4

x	$(-\infty,-1)$	-1	$\left(-1,-\frac{\sqrt{2}}{2}\right)$	$-\frac{\sqrt{2}}{2}$	$\left(-\frac{\sqrt{2}}{2},0\right)$	0
$f'(x)$	$+$	不存在	$+$	0	$-$	不存在
$f(x)$	↗	无极值	↗	极大值 $\frac{1}{\sqrt[3]{4}}$	↘	极小值 1
x	$\left(0,\frac{\sqrt{2}}{2}\right)$	$\frac{\sqrt{2}}{2}$	$\left(\frac{\sqrt{2}}{2},1\right)$	1	$(1,+\infty)$	
$f'(x)$	$+$	0	$-$	不存在	$-$	
$f(x)$	↗	极大值 $\frac{1}{\sqrt[3]{4}}$	↘	无极值	↘	

练习 4-3

1. 判断题.

(1) 如果函数 $f(x)$在区间$[a,b]$上连续,$a<x_0<b$,$f(x_0)$是 $f(x)$的极大值,那么在$[a,b]$上 $f(x)\leqslant f(x_0)$ 成立;

(2) 如果 $f'(x_0)=0$,那么 $f(x)$一定在 x_0 处取得极值;

(3) 如果 $f(x)$在 x_0 处取得极值,那么一定有 $f'(x_0)=0$.

2. 确定下列函数的单调区间,并判定单调性.

(1) $y=x^3(1-x)$;　　(2) $y=\dfrac{x}{1+x^2}$;

(3) $y=-x^3+3x+4$;　　(4) $y=2x^2-\ln x$.

3. 求下列函数的极值.

(1) $y=x^3+\dfrac{3}{x}$;　　(2) $y=x+\sqrt{1-x^2}$;

(3) $y=e^x+e^{-x}$;　　(4) $y=\sqrt{2x-x^2}$.

4. 利用单调性,证明下列不等式.

(1)当 $x>0$ 时,$\ln(1+x)>\dfrac{x}{1+x}$;

(2)当 $x>0$ 时,$\sin x<x$.

§4-4　函数的最值问题

在许多实际问题中,常常会遇到在一定条件下,如何使“用料最省”“效率最高”“成本最低”“路程最短”等问题.用数学的方法进行描述,它们都可归结为求一个函数的最大值、最小值问题.

一、最值的概念

定义 1　考察函数 $y=f(x)$,$x\in I$(I 可以为有界区间,也可以为无界区间,可以为闭区间,也可以为非闭区间),$x_1,x_2\in I$.

(1) 若对任意 $x\in I$,$f(x)\geqslant f(x_1)$成立,则称 $f(x_1)$为 $f(x)$在 I 上的**最小值**,称 $x=x_1$ 为$f(x)$在 I 上的**最小值点**;

(2) 若对任意 $x\in I$,$f(x)\leqslant f(x_2)$成立,则称 $f(x_2)$为 $f(x)$在 I 上的**最大值**,称 $x=x_2$ 为$f(x)$在 I 上的**最大值点**.

函数的最大、最小值统称为**最值**,最大值点、最小值点统称为**最值点**.

注意　最值与极值不同，极值是一个仅与一点附近的函数值有关的局部概念，而最值是一个与函数考察范围 I 有关的整体概念，随着 I 变化，最值的存在性及数值可能也发生变化. 因此一个函数的极值可以有若干个，但一个函数的最大值、最小值如果存在的话，只能是唯一的.

如图 4-10 所示，$f(x_3)$ 为 $f(x)$ 在区间 $[a,b]$ 上的最小值，$f(b)$ 为 $f(x)$ 在区间 $[a,b]$ 上的最大值

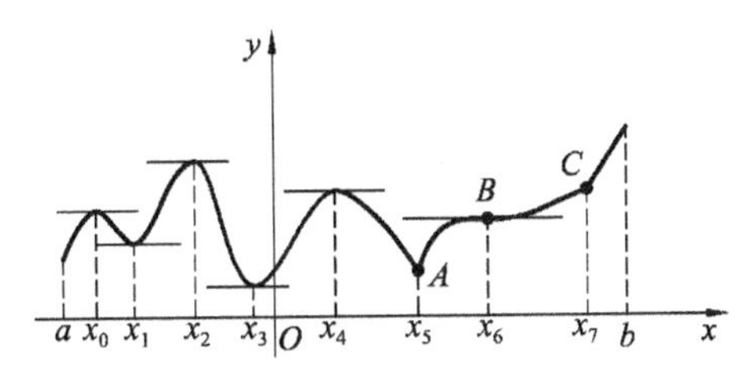

图 4-10

在工农业生产、经济问题、工程技术及科学实验中，往往要求在一定的条件下，提高生产效率、降低成本、节约原材料等问题. 解决这一类问题，就需要用到函数的最大值和最小值的知识. 这一节，我们将在函数极值的基础上讨论如何求函数的最大值和最小值，下面就几种主要的也是常用的简单情形进行讨论.

(1) 函数 $f(x)$ 在闭区间 $[a,b]$ 上连续且至多存在有限个可能的极值点. 这时函数 $f(x)$ 的最值点可能是区间的端点，也可能是区间内的可能极值点.

(2) 函数 $f(x)$ 在一般区间(包括无穷区间)上连续，且有唯一的可能极值点. 可以证明，这个点也是 $f(x)$ 在此区间上的最值点.

(3) 若根据实际问题的性质，可以断定连续的目标函数 $f(x)$ 在定义区间内一定取得最大(小)值，而在定义区间内 $f(x)$ 有唯一的可能极值点，则可以断定该点就是 $f(x)$ 的最大(小)值.

二、闭区间上连续函数的最值问题

闭区间上连续函数的最值点可能是区间的端点，也可能是区间内的可能极值点，如果最值点不是 I 的边界点，那么它必定是极值点.

设函数 $f(x)$ 在 $[a,b]$ 上连续，则求其最值的步骤如下：

(1) 求出函数 $f(x)$ 在 (a,b) 内的所有可能极值点：驻点及不可导点；

(2) 计算函数 $f(x)$ 在驻点、不可导点处及端点 a,b 处的函数值；

(3) 比较这些函数值，其中最大者即为函数的最大值，最小者即为函数的最小值.

例 1　求函数 $f(x)=x^4-2x^2+5$ 在区间 $[-2,2]$ 上的最大值和最小值.

解　$f(x)$ 在 $[-2,2]$ 上连续.

(1) $f'(x)=4x^3-4x=4x(x-1)(x+1)$.

令 $f'(x)=0$，得驻点 $x_1=-1, x_2=0, x_3=1$，且无不可导点.

(2) 计算函数 $f(x)$在驻点、区间端点处的函数值：

$$f(-2)=13, f(-1)=4, f(0)=5, f(1)=4, f(2)=13.$$

(3) 函数 $f(x)$在$[-2,2]$上的最大值为 13,最大值点为 $x=-2,x=2$;最小值为 4,最小值点为 $x=-1,x=1$.

例 2 求函数 $y=x+\sqrt{1-x}$在区间$[-3,1]$上的最大值和最小值.

解 函数在定义区间$[-3,1]$上连续.

(1) $y'=(x+\sqrt{1-x})'=1-\dfrac{1}{2\sqrt{1-x}}=\dfrac{2\sqrt{1-x}-1}{2\sqrt{1-x}}$,令 $y'=0$ 得驻点 $x_1=\dfrac{3}{4}$,一阶不可导点为 $x_2=1$.

(2) 计算函数在驻点、区间端点处的函数值：

$$f\left(\frac{3}{4}\right)=\frac{5}{4}, f(1)=1, f(-3)=-1.$$

(3) 经比较可知,函数在区间$[-3,1]$上的最大值为 $f\left(\dfrac{3}{4}\right)=\dfrac{5}{4}$,最小值为 $f(-3)=-1$.

三、实际应用中的最值问题

实际问题中遇到的函数,未必都是闭区间上的连续函数. 一般可按下述原则处理:若实际问题归结出的函数 $f(x)$在其考察范围 I 上是可导的,且已事先断定最大值(或最小值)必定在 I 的内部取到,而在 I 的内部又仅有 $f(x)$的唯一一个驻点 x_0,那么就可断定 $f(x)$的最大值(或最小值)就在点 x_0 处取得.

求解实际应用中的最值问题的步骤如下：

(1) 根据实际问题建立目标函数,并确定自变量的范围；

(2) 求导并令导数为零,求出唯一驻点(或一阶不可导点)；

(3) 确定最值点与最值.

例 3 要做一个容积为 V 的圆柱形煤气柜,问怎样设计才能使所用材料最省?

解 设煤气柜的底半径为 r,高为 h,则煤气柜的侧面积为 $2\pi rh$,底面积为 πr^2,表面积为 $S=2\pi r^2+2\pi rh$.

由于 $V=\pi r^2 h, h=\dfrac{V}{\pi r^2}$,所以

$$S=2\pi r^2+\frac{2V}{r}, r\in(0,+\infty).$$

$$S'=4\pi r-\frac{2V}{r^2}=\frac{2(2\pi r^3-V)}{r^2}.$$

令 $S'=0$,得唯一驻点 $r=\left(\dfrac{V}{2\pi}\right)^{\frac{1}{3}}\in(0,+\infty)$,因此它一定是使 S 达到最小值的点. 此时对应的高为 $h=\dfrac{V}{\pi r^2}=2\left(\dfrac{V}{2\pi}\right)^{\frac{1}{3}}=2r$.

当煤气柜的高和底面直径相等时,所用材料最省.

例 4 一家房地产公司有 50 套公寓房要出租，当每月租金定为 1 800 元/套时，公寓可全部租出；当每月租金每提高 100 元/套时，租不出的公寓就增加一套. 已租出的公寓每月整修维护费用为 200 元/套. 问租金定价多少时可获得最大月收入？

解 设每月租金为 P(元/套)，由条件知 $P\geqslant 1\,800$. 此时未租出的公寓为 $\frac{1}{100}(P-1\,800)$(套)，租出的公寓为

$$50-\frac{1}{100}(P-1\,800)=68-\frac{P}{100}(\text{套}),$$

从而月收入

$$R(P)=\left(68-\frac{P}{100}\right)(P-200)=-\frac{P^2}{100}+70P-13\,600, R'(P)=-\frac{P}{50}+70.$$

令 $R'(P)=0$，得唯一解 $P=3\,500$.

由本题实际意义知适当的租金价位必定能使月收入达到最大，而函数 $R(P)$ 仅有唯一驻点，因此这个驻点必定是最大值点. 所以每月租金定为 3 500 元/套时，可获得最大月收入.

练习 4-4

1. 求下列函数在给定区间上的最大值与最小值.

(1) $y=x^5-5x^4+5x^3+1, x\in[-1,2]$；

(2) $y=x+\cos x, x\in[0,2\pi]$；

(3) $y=2x^3-3x^2, x\in[-1,4]$；

(4) $y=\ln(x^2+1), x\in[-1,2]$.

2. 在面积为 S 的所有矩形中，求其周长最小者.

3. 将边长为 a 的正方形铁皮的四个角剪去相同的小正方块，然后折起各边焊成一个容积最大的无盖方盒，问剪去的小正方块边长为多少？最大容积是多少？

4. 某农场要建一个面积为 512 m^2 的矩形晒谷场，一边可以利用原有的石条沿，其他三边需要砌新的石条沿，问晒谷场的长和宽各是多少才能使所用材料最省？

§ 4-5 曲线的凹凸性、拐点与函数的分析作图法

研究函数的单调性与极值，可以知道函数在某区间内变化的大概情况，但要较为精确地描述函数在区间内的图形，还需要进一步研究曲线的弯曲方向以及改变弯曲方向的点.

引例 某种耐用消费品的销售曲线 $y=f(x)$ 如图 4-11 所示，其中 y 表示销售总量，x 表示时间. 图象显示曲线始终是上升的，但在不同时间段情况有所区别. 在区间 $(0,x_0)$ 内，曲线上升的趋势由缓慢逐渐加快；而在区间 $(x_0,+\infty)$ 内，曲线上升的趋势却又逐渐转

向缓慢.其中$(x_0,f(x_0))$是由加快转向平稳的转折点.在转折点的两边,曲线的弯曲方向显然是不同的.针对上述情况,继续通过导数来研究如何确定图形的弯曲方向,我们把曲线的弯曲方向称为凹凸性.

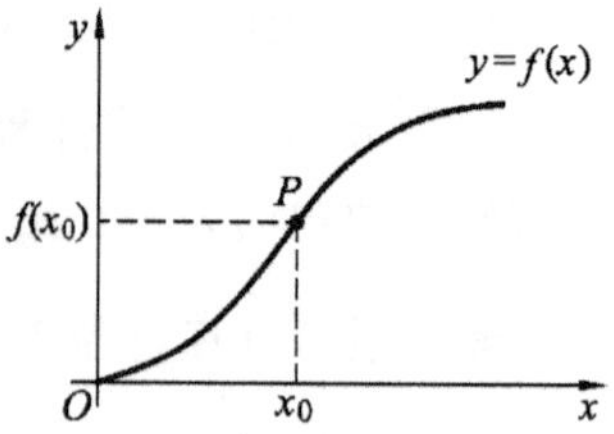

图 4-11

一、曲线的凹凸性及其判别法

定义 1 如图 4-12 所示,若在区间(a,b)内,曲线 $y=f(x)$的各点处切线都位于曲线的下方,则称此曲线在(a,b)内是凹的;若曲线 $y=f(x)$的各点处切线都位于曲线的上方,则称此曲线在(a,b)内是凸的.

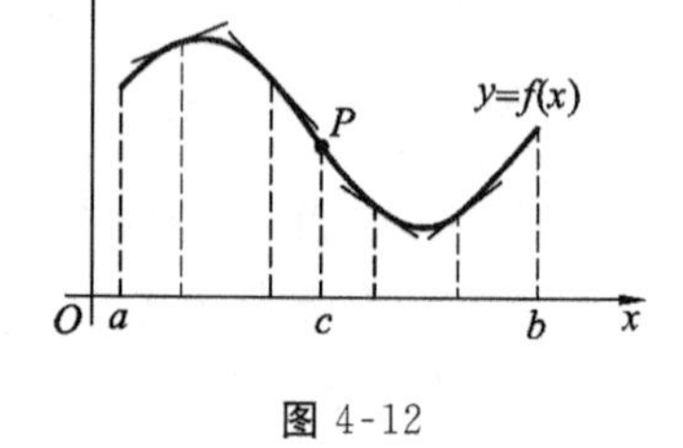

图 4-12

定理 1(曲线的凹凸性的判定定理) 设函数 $y=f(x)$在区间(a,b)内具有二阶导数.

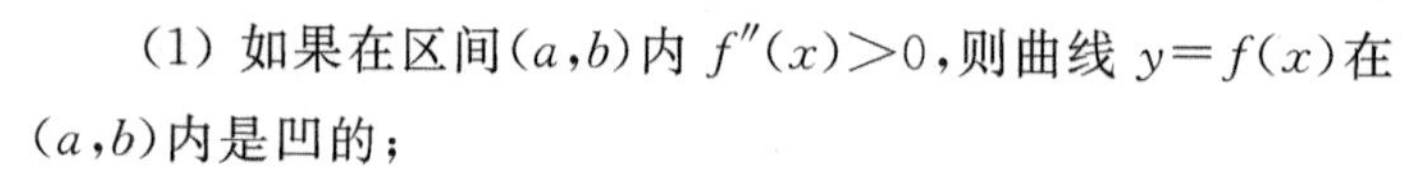

(1) 如果在区间(a,b)内 $f''(x)>0$,则曲线 $y=f(x)$在(a,b)内是凹的;

(2) 如果在区间(a,b)内 $f''(x)<0$,则曲线 $y=f(x)$在(a,b)内是凸的.

例 1 判定曲线 $f(x)=\sin x$ 在$[0,2\pi]$内的凹凸性.

解 (1) $I=[0,2\pi]$.

(2) $f'(x)=\cos x, f''(x)=-\sin x$.

令 $f''(x)=0$,得 $x=\pi\in[0,2\pi]$.

(3) 在$(0,\pi)$内,$f''(x)<0$,曲线是凸的;在$(\pi,2\pi)$内,$f''(x)>0$,曲线是凹的.

函数的图象曲线是函数变化状态的几何表示,曲线的凹凸性是反映函数增减快慢这一特性的.从图中可以看出,在曲线的凸弧段,若函数是递增的,则越增越慢;若函数是递减的,则越减越快.在曲线的凹弧段,若函数是递增的,则越增越快;若函数是递减的,则越减越慢.

二、曲线的拐点及其求法

定义 2 若连续曲线 $y=f(x)$上的点 P 是凹的曲线弧与凸的曲线弧的分界点,则称点 P 是曲线 $y=f(x)$的拐点.

曲线的拐点的求法:

(1) 设 $y=f(x)$在考察范围(a,b)内具有二阶导数,求出 $f''(x)$;

(2) 求出 $f''(x)$在(a,b)内的零点及使 $f''(x)$不存在的点;

(3) 用上述各点从小到大依次将(a,b)分成若干个子区间,考察在每个子区间内 $f''(x)$的符号,若 $f''(x)$在某分割点 x^* 两侧异号,则$[x^*,f(x^*)]$是曲线 $y=f(x)$的拐点,否则不是.这一步通常以列表方式表示.

例 2 求曲线 $y=2+(x-4)^{\frac{1}{3}}$ 的凹凸区间与拐点.

解 (1) 定义域$(-\infty,+\infty)$.

(2) $y'=\frac{1}{3}(x-4)^{-\frac{2}{3}}, y''=-\frac{2}{9}(x-4)^{-\frac{5}{3}}$.

在$(-\infty,+\infty)$内无y''的零点，y''不存在的点为$x=4$.

(3) 列表(符号$\smile$表示曲线是凹的，符号$\frown$表示曲线是凸的)讨论，如表 4-5 所示.

表 4-5

x	$(-\infty,4)$	4	$(4,+\infty)$
y''	$+$	不存在	$-$
y	$\smile$	拐点$(4,2)$	$\frown$

例 3 判断曲线$y=xe^x$的凹凸性并求出拐点.

解 (1) 定义域$(-\infty,+\infty)$.

(2) $y'=(xe^x)'=e^x+xe^x, y''=(e^x+xe^x)'=(2+x)e^x$.

令$y''=0$，得$x_1=-2$，无二阶不可导点.

(3) 列表(符号$\smile$表示凹的，符号$\frown$表示凸的)讨论，如表 4-6 所示.

表 4-6

x	$(-\infty,-2)$	-2	$(-2,+\infty)$
y''	$-$	0	$+$
y	$\frown$	拐点$(-2,-2e^{-2})$	$\smile$

三、函数的渐近线

定义 3 若曲线C上的动点P沿着曲线无限地远离原点时，点P与某一固定直线l的距离趋于零，则称直线l为曲线C的渐近线.

并不是任何无界曲线都有渐近线，即使有渐近线，也有水平、垂直和斜渐近线之分. 下面着重讨论无界函数的图象何时有水平渐近线或垂直渐近线.

1. 水平渐近线

定义 4 设曲线的方程为$y=f(x)$，若当$x\to-\infty$或$x\to+\infty$时，有$f(x)\to b$(b为常数)，则称曲线有水平渐近线$y=b$.

例 4 求曲线$y=\frac{2x}{1+x^2}$的水平渐近线.

解 因为$\lim\limits_{x\to\pm\infty}\frac{2x}{1+x^2}=0$，所以当曲线向左、右两端无限延伸时，均以$y=0$为其水平渐近线(图 4-13).

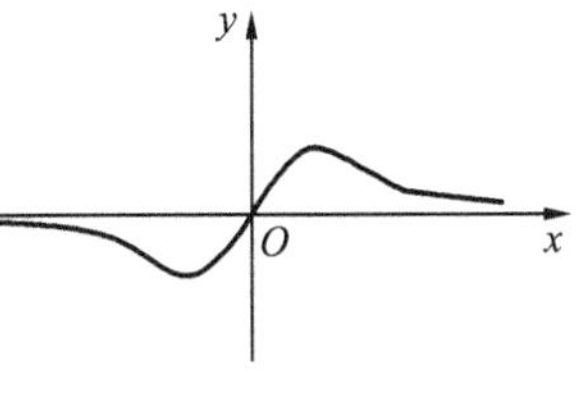

图 4-13

2. 垂直渐近线

定义 5 设曲线的方程为$y=f(x)$，若当$x\to a^-$或$x\to a^+$(a为常数)时，有$f(x)\to-\infty$或$f(x)\to+\infty$，则称曲线有垂直渐近线$x=a$.

例 5 求曲线$y=\frac{x+1}{x-2}$的渐近线.

解 因为$\lim\limits_{x\to 2^-}\dfrac{x+1}{x-2}=-\infty$，$\lim\limits_{x\to 2^+}\dfrac{x+1}{x-2}=+\infty$，所以当$x$从左、右两侧趋向于2时，曲线分别向下、上无限延伸，且以$x=2$为垂直渐近线.

又$\lim\limits_{x\to\infty}\dfrac{x+1}{x-2}=1$，所以当曲线向左右两端无限延伸时，均以$y=1$为其水平渐近线(图4-14).

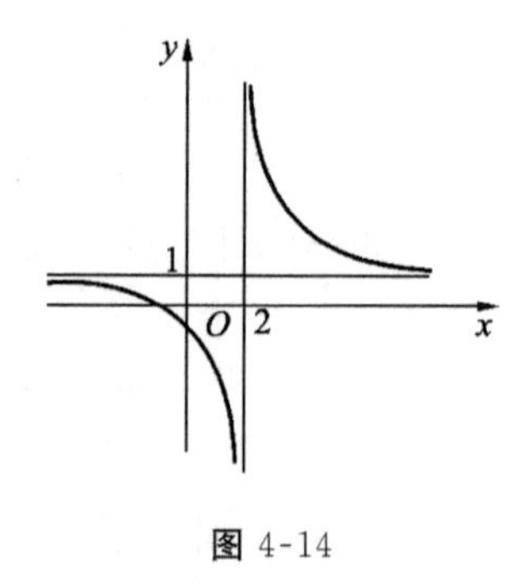

图 4-14

四、函数的分析作图法

函数的分析作图法的步骤如下：

(1) 确定函数的考察范围(一般就是函数的定义域)，判断函数有无奇偶性与周期性，确定作图范围；

(2) 求函数的一阶导数，确定函数的单调区间与极值点；

(3) 求函数的二阶导数，确定函数的凹凸性与拐点；

(4) 若作图范围是无界的，考察函数图象有无渐近线；

(5) 根据上述分析，最后以描点法作出函数图象.

其中第(2)(3)步常常以列表方式一气呵成.若关键点个数太少，可以再适当计算一些特殊点的函数值，如曲线与坐标轴的交点等.

例6 描绘函数$y=\mathrm{e}^{-x^2}$的图象.

解 (1) 函数的定义域是$(-\infty,+\infty)$，函数是偶函数，关于y轴对称，所以只要作出$[0,+\infty)$范围内的图象，再关于y轴作对称图形，即得全部图象.

(2) $y'=-2x\mathrm{e}^{-x^2}$，令$y'=0$，得$x=0$.

(3) $y''=2(2x^2-1)\mathrm{e}^{-x^2}$，令$y''=0$，得$x=\dfrac{\sqrt{2}}{2}\in[0,+\infty)$.

列出函数图象走势分析表(表4-7)：

表 4-7

x	$\left(-\frac{\sqrt{2}}{2},0\right)$	0	$\left(0,\frac{\sqrt{2}}{2}\right)$	$\frac{\sqrt{2}}{2}$	$\left(\frac{\sqrt{2}}{2},+\infty\right)$
y'	+	0	−	−	−
y''	−	−	−	0	+
y	↗(凸)	1 (极大值)	↘(凸)	拐点$\left(\frac{\sqrt{2}}{2},\frac{\sqrt{\mathrm{e}}}{\mathrm{e}}\right)$	↘(凹)

注："↗(凸)"表示曲线单调递增且是凸的，"↘(凸)"表示曲线单调递减且是凸的，"↘(凹)"表示曲线单调递减且是凹的，"↗(凹)"表示曲线单调递增且是凹的.

(4) 当$x\to+\infty$时，有$y\to 0$，所以图象有水平渐近线$y=0$.

(5) 作出函数在$[0,+\infty)$上的图形，并利用对称性，画出全部图形(图 4-15). 所得图象称为概率曲线.

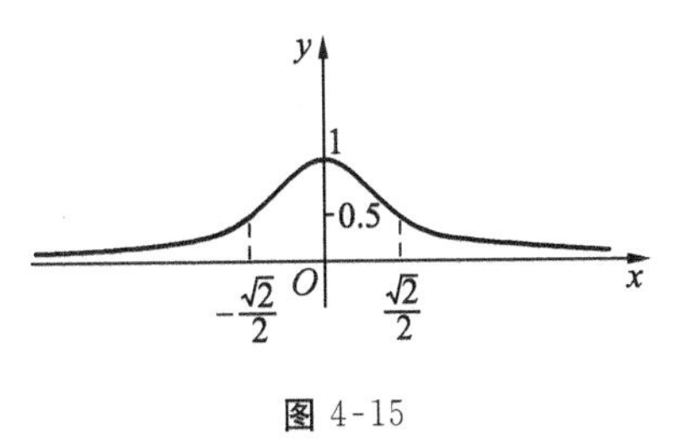

图 4-15

例 7 描绘函数 $y=\frac{x^2}{x^2-1}$ 的图象.

解 (1) 定义域是$(-\infty,-1)\cup(-1,1)\cup(1,+\infty)$，$y$ 是偶函数，所以只要作出 y 在$[0,1)\cup(1,+\infty)$范围内的图象.

(2) $y'=\frac{-2x}{(x^2-1)^2}$，令 $y'=0$，得 $x=0$，无不可导点.

(3) $y''=\frac{-2(x^2-1)^2+2x\times 2(x^2-1)\times 2x}{(x^2-1)^4}=\frac{2+6x^2}{(x^2-1)^3}$，$y''$无零点，也无二阶导数不存在的点.

列出函数图象走势分析表(表 4-8)：

表 4-8

x	$(-1,0)$	0	$(0,1)$	$(1,+\infty)$
y'	+	0	−	−
y''	−	−	−	+
y	↗	极大值 0	↘	↘

(4) $\lim\limits_{x\to+\infty}\frac{x^2}{x^2-1}=1$，所以 $y=1$ 是水平渐近线；

$\lim\limits_{x\to1^-}\frac{x^2}{x^2-1}=-\infty$，$\lim\limits_{x\to1^+}\frac{x^2}{x^2-1}=+\infty$，

所以图象有垂直渐近线 $x=1$.

(5) 因关键点太少，故加取特殊点 $x=0.5,0.75,1.75,2\in[0,1)\cup(1,+\infty)$.

$y(0.5)\approx-0.33$，$y(0.75)\approx-1.29$，

$y(1.75)\approx1.49$，$y(2)\approx1.33$.

描绘出函数的图形(图 4-16).

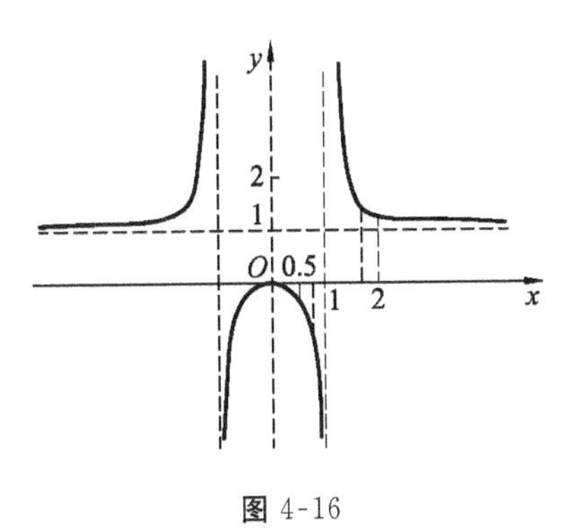

图 4-16

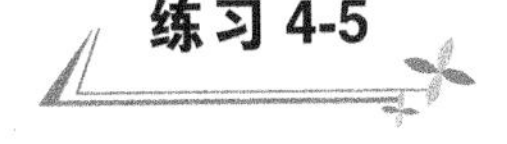

练习 4-5

1. 判断题.

(1) 如果曲线 $y=f(x)$在$(0,+\infty)$上是凹的，在$(-\infty,0)$上是凸的，那么 $x=0$ 必定是曲线的一个拐点；

(2) 如果 $f''(c)=0$，那么曲线 $y=f(x)$有拐点$(c,f(c))$；

(3) 如果 $y=c$ 是曲线 $y=f(x)$的一条水平渐近线，那么该曲线与直线 $y=c$ 没有

交点.

2. 确定下列函数的凹凸区间与拐点.

(1) $y=x^3-5x^2+3x-5$； (2) $y=\ln(1+x^2)$；

(3) $y=\dfrac{4x}{1-x^2}$； (4) $y=e^{x^2}$.

3. 求下列函数的渐近线.

(1) $y=\dfrac{1}{x^2-4x+3}$； (2) $y=e^{\frac{1}{x}}$；

(3) $y=\left(\dfrac{1+x}{1-x}\right)^4$； (4) $y=x\ln\left(1+\dfrac{1}{x}\right)$.

4. 问 a,b 为何值时，点(1,3)是曲线 $y=ax^3+bx^2$ 的拐点？

5. 描绘下列函数的图形.

(1) $y=2x^3-3x^2$； (2) $y=\ln(1+x^2)$.

*§4-6 曲线的曲率

即使两条曲线的单调性、凹凸性相同，它们的形状还是可以有很大的差别. 如图 4-17 所示，曲线 L_1，L_2 都是上升、上凸的，但差别是明显的——它们的弯曲程度不同.

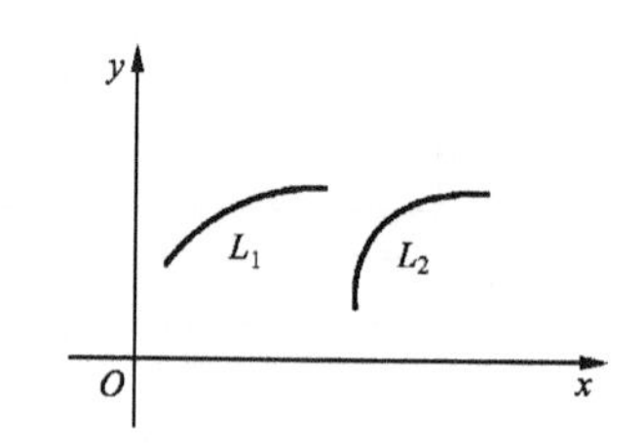

图 4-17

一、曲率的概念

俗话说“转弯抹角”，可见所“转”过的“弯”可以用所“抹”过的“角”来度量它.

例如，(1) 如图 4-18 所示，直线 l_0 上一线段 AB，点 A 到点 B 的切线(就是直线本身)的方向没有改变，即切线的倾角没有改变，或者说，切线抹过的角度是零. 而在直观上，我们觉得直线是平直而没有弯曲的.

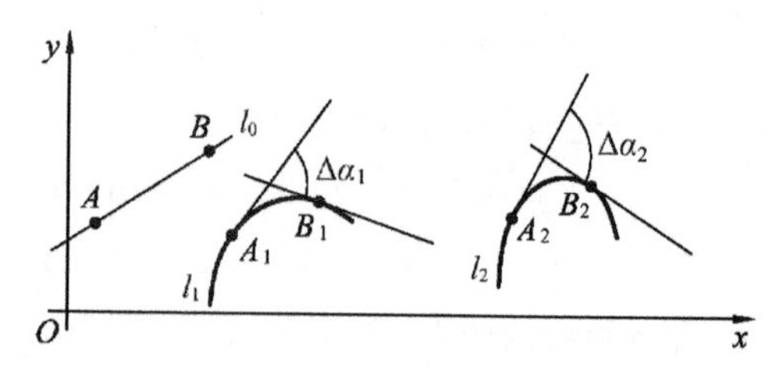

图 4-18

(2) 曲线 l_1 上的曲线弧$\widehat{A_1B_1}$便不一样，从点 A_1 处到点 B_1 处，切线的倾角 α“抹”过了(转过了)一个角度 $\Delta\alpha_1$，直观上，我们觉得曲线弧$\widehat{A_1B_1}$是弯曲的.

(3) 在曲线 l_2 上取与曲线弧$\widehat{A_1B_1}$等长的曲线弧$\widehat{A_2B_2}$，切线从 A_2 处到 B_2 处“抹”过角度$\Delta\alpha_2$，显然比 $\Delta\alpha_1$ 大，我们觉得曲线弧$\widehat{A_2B_2}$的弯曲程度比弧$\widehat{A_1B_1}$大.

因此，曲线的弯曲程度与一段曲线上切线所转过的角度有关.

为了避免曲线段长度对转角的干扰，进一步可以以单位曲线段长度上切线转过的角度$\dfrac{\Delta\alpha_1}{A_1B_1}$，$\dfrac{\Delta\alpha_2}{A_2B_2}$来衡量它们的**平均弯曲程度**.

在曲线 l_1 上，固定 A_1，让 B_1 在 l_1 上移动，$\dfrac{\Delta\alpha_1}{\overset{\frown}{A_1B_1}}$也将随之不断改变，这说明曲线段$\overset{\frown}{A_1B_1}$的平均弯曲程度不是固定的.真正要能准确地反映曲线的弯曲程度，必须逐点考虑，即曲线在点 A_1 处的弯曲程度如何.

定义 1 设曲线 l 在每点处都有切线，$A,B\in l$，记 $\Delta\alpha$ 为 l 在 A，B 处切线的夹角，Δs 为曲线弧$\overset{\frown}{AB}$的长度.若极限 $K=\lim\limits_{\Delta s\to 0}\dfrac{|\Delta\alpha|}{|\Delta s|}$存在，则称 K 为 l 在点 A 处的曲率.

曲率 K 越大，说明 l 在点 A 附近的弯曲程度越大，反之则越小.

二、曲率的计算公式

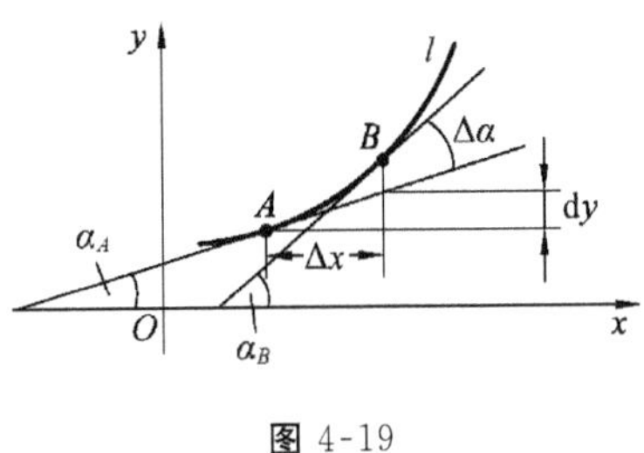

图 4-19

如图 4-19 所示，设曲线 l 的方程为 $y=f(x)$，$f(x)$在 x_0 及其附近有二阶导数.$A(x_0,f(x_0))$为 l 上一点，l 上另一点 B 的坐标为$(x_0+\Delta x,f(x_0+\Delta x))$，即$(x_0+\Delta x,f(x_0)+\Delta y)$，其中 $\Delta y=f(x_0+\Delta x)-f(x_0)$.

依次记 α_A，α_B 为 l 在点 A，B 处的切线的倾斜角，$|\Delta\alpha|=|\alpha_A-\alpha_B|$，则 $\tan\alpha_A=f'(x_0)$，$\tan\alpha_B=f'(x_0+\Delta x)$.

记 Δs 为曲线弧$\overset{\frown}{AB}$的长度，则

$$\Delta s\approx\sqrt{(\Delta x)^2+(\mathrm{d}y)^2}=\sqrt{(\mathrm{d}x)^2+(\mathrm{d}y)^2}.$$

当 $\Delta x\to 0$ 时，$\Delta\alpha\to 0$，而$|\Delta\alpha|\sim|\tan\Delta\alpha|=|\tan(\alpha_A-\alpha_B)|$，

$$\begin{aligned}|\tan\Delta\alpha|=|\tan(\alpha_A-\alpha_B)|&=\left|\frac{\tan\alpha_A-\tan\alpha_B}{1+\tan\alpha_A\cdot\tan\alpha_B}\right|\\&=\left|\frac{f'(x_0)-f'(x_0+\Delta x)}{1+f'(x_0)\cdot f'(x_0+\Delta x)}\right|\\&=\left|\frac{f'(x_0)-[f'(x_0)+f''(x_0)\cdot\Delta x+o(\Delta x)]}{1+f'(x_0)\cdot f'(x_0+\Delta x)}\right|\\&=\left|\frac{f''(x_0)\cdot\Delta x+o(\Delta x)}{1+f'(x_0)\cdot f'(x_0+\Delta x)}\right|,\end{aligned}$$

所以
$$\begin{aligned}\lim_{\Delta s\to 0}\frac{|\Delta\alpha|}{|\Delta s|}&=\lim_{\Delta x\to 0}\frac{|\Delta\alpha|}{|\Delta s|}=\lim_{\Delta x\to 0}\frac{|\tan\Delta\alpha|}{|\Delta s|}\\&=\lim_{\Delta x\to 0}\frac{|f''(x_0)\cdot\Delta x+o(\Delta x)|}{|1+f'(x_0)\cdot f'(x_0+\Delta x)|\cdot\sqrt{(\mathrm{d}x)^2+(\mathrm{d}y)^2}}\\&=\lim_{\Delta x\to 0}\frac{\left|f''(x_0)+\dfrac{o(\Delta x)}{\Delta x}\right|}{|1+f'(x_0)\cdot f'(x_0+\Delta x)|\cdot\sqrt{1+\left(\dfrac{\mathrm{d}y}{\mathrm{d}x}\right)^2}}\end{aligned}$$

$$=\frac{|f''(x_0)|}{\{1+[f'(x_0)]^2\}^{\frac{3}{2}}}.$$

这样就得到了方程为 $y=f(x)$ 的曲线 l 在点 $A(x_0,f(x_0))$ 处的曲率的计算公式：

$$K=\left.\frac{|y''|}{(1+y'^2)^{\frac{3}{2}}}\right|_{x=x_0}. \tag{4-4}$$

例 1 求直线上各点的曲率.

解 设直线方程为 $y=ax+b$，则 $y''\equiv 0$，所以曲率 $K\equiv 0$. 即直线上各点的曲率都是零. 这与直线不弯曲的直观是相符的.

例 2 求半径为 R 的圆上各点的曲率.

解 考虑上半圆 $y=\sqrt{R^2-x^2}$ 上各点.

$$y'=\frac{-x}{\sqrt{R^2-x^2}},\ y''=\frac{-R^2}{\sqrt{(R^2-x^2)^3}},$$

代入(4-4)式得 $K=\frac{1}{R}$.

对下半圆上各点可得到同样结果.

所以圆上各点曲率相同，为半径的倒数，即圆上各点的弯曲程度相同，且半径越小(大)，弯曲程度越大(小). 这与我们对圆的直观认识也是一致的.

例 3 求抛物线 $y^2=4x$ 在点 $M(1,2)$ 处的曲率.

解 点 $M(1,2)$ 在抛物线的上半支，故取 $y=2\sqrt{x}$.

于是 $y'=\frac{1}{\sqrt{x}},\ y''=-\frac{1}{2\sqrt{x^3}},\ y'|_{x=1}=1,\ y''|_{x=1}=-\frac{1}{2}$.

故抛物线 $y^2=4x$ 在点 $M(1,2)$ 处的曲率为

$$K=\left.\frac{|y''|}{(1+y'^2)^{\frac{3}{2}}}\right|_{(1,2)}=\frac{1}{4\sqrt{2}}.$$

例 4 求曲线 $y=\sin x$ 在点 $M(\pi,0)$ 处的曲率.

解 $y'=\cos x,\ y''=-\sin x,\ y'|_{x=\pi}=-1,\ y''|_{x=\pi}=0$.

所以曲线 $y=\sin x$ 在点 $M(\pi,0)$ 处的曲率为

$$K=\left.\frac{|y''|}{(1+y'^2)^{\frac{3}{2}}}\right|_{(\pi,0)}=0.$$

例 5 求曲线 $y=\frac{1}{x}$ 的右半支上曲率最大的点及最大曲率.

解 因为考虑右半支，所以 $x\in(0,+\infty)$.

$$y'=-\frac{1}{x^2},\ y''=\frac{2}{x^3},$$

$$K=\frac{|y''|}{(1+y'^2)^{\frac{3}{2}}}=\frac{2x^3}{\sqrt{(1+x^4)^3}}.$$

令 $K'=\frac{6x^2(1-x^4)}{\sqrt{(1+x^4)^5}}=0$，得 $x=1\in(0,+\infty)$，$K|_{x=1}=\frac{1}{\sqrt{2}}$.

所给曲线分别以 x 轴、y 轴为水平、垂直渐近线，故最大曲率的点必定存在，而驻点又唯一，所以 K 的最大值必定在 $x=1$ 处达到. 所以曲线在点(1,1)处达到最大曲率 $K_{\max}=\frac{1}{\sqrt{2}}$.

三、曲率圆与曲率中心

如果方程为 $y=f(x)$ 的曲线 l 在 M 点处的曲率 K 不为 0，那么我们把它的倒数称为曲线在 M 点的曲率半径，一般以 ρ 表示，即

$$\rho=\frac{1}{K}=\frac{(1+y'^2)^{\frac{3}{2}}}{|y''|}. \tag{4-5}$$

如图 4-20 所示，作曲线 l 在点 M 处的法线，在曲线凹向一侧的法线上取点 C，使得 MC 的长等于曲率半径 ρ，即 $MC=\rho$，点 C 称为曲线 l 在 M 点的曲率中心. 以 C 为中心、ρ 为半径的圆，称为曲线 l 在 M 点的曲率圆.

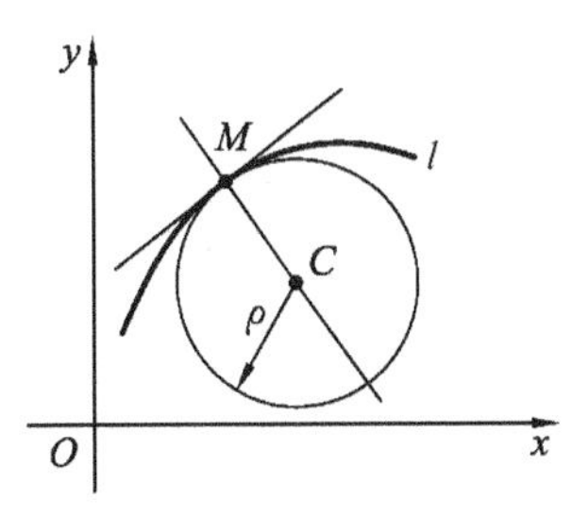

图 4-20

以曲率的倒数作为曲率半径的定义，源于圆. 在例 2 中已经知道圆上各点曲率相等，为半径的倒数. 按曲率半径的定义，又可得圆上各点的曲率半径处处相等，为圆的半径，与我们对圆的直观认识完全一致.

曲线 l 和曲率圆在点 M 处有公共切线，因此是相切的. 又因为圆的曲率是半径的倒数，所以 l 与曲率圆 C 在 M 处的弯曲程度——曲率也相同，都等于 $\frac{1}{\rho}$. 由此可见，曲率圆不但给出了曲率的几何直观形象，而且在实际应用中，在局部小范围内，可以用曲率圆弧近似地代替曲线弧. 这虽然不像“以直代曲”那样简单，但有保持凹凸性、曲率的好处.

例 6 如图 4-21 所示，用圆柱形铣刀加工一弧长不大的椭圆形工件，问应选用直径多大的铣刀，可得较好的近似结果？(图上尺寸单位为 mm)

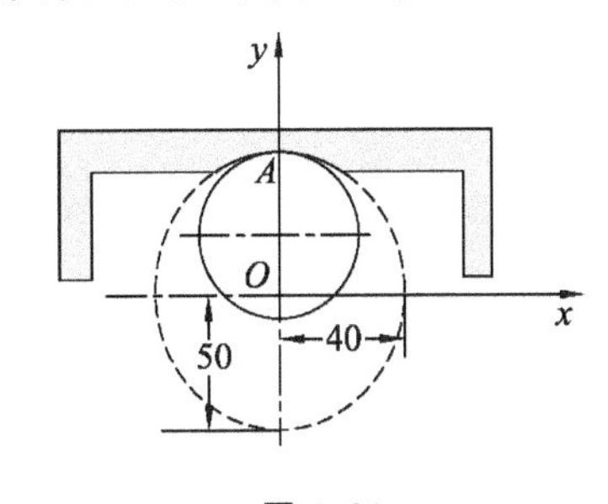

图 4-21

解 铣刀的半径应该等于要加工的椭圆弧段在点 A 处的曲率半径.

建立如图所示的坐标系，则加工段在椭圆

$$\frac{x^2}{40^2}+\frac{y^2}{50^2}=1$$

上，且点 A 的坐标为(0,50). 问题转化为求椭圆在点 A 处的曲率半径. 改写椭圆方程为

$$y=\frac{50}{40}\sqrt{40^2-x^2}=\frac{5}{4}\sqrt{1\ 600-x^2},$$

则

$$y'=\frac{-5x}{4\sqrt{1\ 600-x^2}},\ y''=\frac{-2\ 000}{\sqrt{(1\ 600-x^2)^3}},$$

$$y'|_{x=0}=0,\ y''|_{x=0}=-\frac{1}{32},$$

代入(4-5)式,得 $$\rho=\frac{1}{K}=\frac{(1+y'^2)^{\frac{3}{2}}}{|y''|}=32.$$

所以应该用直径 $\phi=2\times32=64$(mm)的圆柱形铣刀加工这一段弧可得到较好的近似结果.

与曲率中心、曲率半径等相关联的,还有渐开线、渐屈线等概念,这些特殊的曲线在机械的齿轮、蜗杆等传动件上被广泛应用.

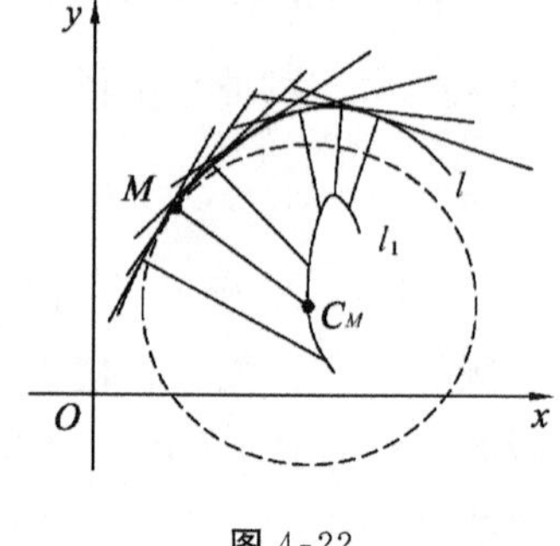

图 4-22

曲线上每一点对应一个曲率中心. 如图 4-22 所示,当点 M 在曲线 l 上移动时,对应的曲率中心会描出一条曲线 l_1,称曲线 l_1 为 l 的渐屈线;反过来,称曲线 l 为 l_1 的渐开线.

设 l 的方程 $y=f(x)$ 处处有非零二阶导数,l 在 $M(x,f(x))$ 处的曲率中心为 $C_M(X,Y)$. 根据曲率中心的定义及曲率半径公式,可以得到

$$\begin{cases}X=x-\dfrac{y'(1+y'^2)}{y''},\\ Y=y+\dfrac{1+y'^2}{y''}.\end{cases}\tag{4-6}$$

(4-6)式即为 l 的渐屈线 l_1 以 x 为参数的参数式方程.

例 7 求抛物线 $y=x^2$ 在 $M(1,1)$ 处的曲率半径、曲率中心和曲率圆,并求其渐屈线方程.

解 $y'=2x, y''=2, y'|_{x=1}=2, y''|_{x=1}=2$.

代入公式(4-5)和(4-6),得抛物线在 M 点的曲率半径和曲率中心分别为

$$\rho=\frac{5\sqrt{5}}{2},\begin{cases}X=-4,\\ Y=\dfrac{7}{2}.\end{cases}$$

从而可得在 M 点的曲率圆方程为

$$(x+4)^2+\left(y-\frac{7}{2}\right)^2=\frac{125}{4}.$$

以 $y'=2x, y''=2$ 代入(4-6)式,即得抛物线的渐屈线参数方程:

$$\begin{cases}X=x-\dfrac{2x(1+4x^2)}{2}=-4x^3,\\ Y=x^2+\dfrac{1+4x^2}{2}=3x^2+\dfrac{1}{2}.\end{cases}$$

如果消去参数 x,可以得到

$$Y=\frac{3}{2\sqrt[3]{2}}\sqrt[3]{X^2}+\frac{1}{2},$$

即 $y=\dfrac{3}{2\sqrt[3]{2}}\sqrt[3]{x^2}+\dfrac{1}{2}$.

练习 4-6

1. 求下列曲线在指定点处的曲率和曲率半径.

(1) $y=\ln x, A(1,0)$； (2) $\begin{cases} x=\cos t, \\ y=2\sin t, \end{cases}$ B：$t=\dfrac{\pi}{2}$.

2. 求抛物线 $y=4x^2$ 上曲率最大的点和最大曲率.

3. 如果曲线 L 是用参数方程 $\begin{cases} x=\varphi(t), \\ y=\psi(t) \end{cases}$ 的形式给出，导出其曲率公式.

*§4-7 导数在经济中的应用

一、绝对变化率——边际

在经济工作中，设某经济指标 y 与影响指标值的因素 x 之间满足函数关系 $y=f(x)$，则称导数 $f'(x)$ 为 $f(x)$ 的边际函数，记作 My. 所谓边际，实际上是指标 y 关于因素 x 的绝对变化率. 随着 y,x 含义的不同，边际函数的含义也不同. 例如，

成本 C 是产品产量 x 的函数 $C=C(x)$，称 $MC=C'(x)=\dfrac{\mathrm{d}C}{\mathrm{d}x}$ 为边际成本；

产量 P 是投入资源 x（x 可以是原料量、耗电量、货币等）的函数 $P=P(x)$，称 $MP=P'(x)=\dfrac{\mathrm{d}P}{\mathrm{d}x}$ 为边际产量；

总收入 R 是产量 x 的函数 $R=R(x)$，称 $MR=R'(x)=\dfrac{\mathrm{d}R}{\mathrm{d}x}$ 为边际收入；

总利润 L 是销售量或产量 x 的函数 $L=L(x)$，称 $ML=L'(x)=\dfrac{\mathrm{d}L}{\mathrm{d}x}$ 为边际利润；

总销售量 Q 是单价 x 的函数 $Q=Q(x)$，称 $MQ=Q'(x)=\dfrac{\mathrm{d}Q}{\mathrm{d}x}$ 为边际销量.

根据导数反映变化率的特征，在因素值 $x=x_0$ 时的边际函数值 $My|_{x=x_0}$，表示因素值为 x_0 时，每变化一个单位，指标 y 的变化量. 经济工作者就根据这个变化量来控制因素，决定在经济运营过程中是增加还是减少因素.

例 1 某种产品的总成本 C（万元）与产量 x（万件）之间的函数关系（即总成本函数）为

$$C=C(x)=100+6x-0.4x^2+0.02x^3,$$

试问当生产水平为 $x=10$（万件）时，从降低成本的角度看，继续提高产量是否合适？

解 当 $x=10$ 时的总成本为

$$C(10)=100+6\times10-0.4\times10^2+0.02\times10^3=140\text{（万元）},$$

所以单位产品的成本(单位成本)为$\frac{C(10)}{10}=\frac{140}{10}=14$(元/件).

边际成本 $MC=C'(x)=6-0.8x+0.06x^2$,

$$MC|_{x=10}=C'(10)=6-0.8\times10+0.06\times10^2=4(\text{元/件}).$$

所以在生产水平为 10 万件时,每增加一个产品,总成本增加 4 元,远低于当前的单位成本.因此,从降低成本的角度看应继续提高产量.

例 2 某公司日总利润 L(元)与日产量 x(吨)之间的函数关系(即利润函数)为

$$L=L(x)=250x-5x^2,$$

试确定每天生产 20 吨、25 吨、35 吨时的边际利润,并说明其经济含义.

解 边际利润 $ML=L'(x)=250-10x$,

$$ML|_{x=20}=L'(20)=250-200=50,$$

$$ML|_{x=25}=L'(25)=250-250=0,$$

$$ML|_{x=35}=L'(35)=250-350=-100.$$

因为边际日利润表示日产量增加 1 吨时日总利润的增加数(注意不是总利润本身),上述结果表明,当日产量为 20 吨时,每天增加 1 吨产量,可增加日总利润 50 元;当日产量在 25 吨的基础上再增加时,日总利润已经不再增加;而当日产量为 35 吨时,每天产量再增加 1 吨反而使日总利润减少 100 元.由此可见,这家公司应该把日产量定为 25 吨,此时日总利润为$L=L(25)=250\times25-5\times25^2=3\ 125$(元).

二、相对变化率——弹性

设某经济指标 y 与影响指标值的因素 x 之间满足函数关系 $y=f(x)$,当因素由 x 变成 $x+\Delta x$ 时,指标改变量为 $\Delta y=f(x+\Delta x)-f(x)$.$\frac{\Delta x}{x}\times100$ 表示因素 x 以百分率表示的相对变化,即因素变化了 x 的百分之几;$\frac{\Delta y}{y}\times100$ 表示指标 y 以百分率表示的相对变化,即指标变化了 y 的百分之几.称这两个相对变化之比$\frac{\Delta y}{y}:\frac{\Delta x}{x}$为指标 y 在 x 与 $x+\Delta x$ 之间的平均弹性,它表示相对变化的平均变化率(简称平均相对变化率),即因素每变化 x 的百分之一,对应的指标平均变化了 y 的百分之几.

例 3 求函数 $y=x^2$ 在 8 与 10 之间的平均弹性.

解 $\Delta x=10-8=2$,$\Delta y=100^2-8^2=36$,$\frac{\Delta x}{x}=\frac{2}{8}=25\%$,$\frac{\Delta y}{y}=\frac{36}{64}=56.25\%$.

所以平均弹性为$\frac{\Delta y}{y}:\frac{\Delta x}{x}=\frac{56.25}{25}=2.25$.结果表示 x 在 8 与 10 之间,x 每增加 8 的 1%,y 平均增加 64 的 2.25%.

现设 $f(x)$ 可导,对平均弹性取 $\Delta x\to0$ 时的极限,得

$$\lim_{\Delta x\to0}\frac{\frac{\Delta y}{y}}{\frac{\Delta x}{x}}=f'(x)\cdot\frac{x}{y},$$

称这个极限为指标 y 对因素 x 的弹性函数(简称弹性),记作$\frac{Ey}{Ex}$,即

$$\frac{Ey}{Ex}=\lim_{\Delta x\to 0}\frac{\frac{\Delta y}{y}}{\frac{\Delta x}{x}}=y'\cdot\frac{x}{y}.$$

$y=f(x)$在 $x=x_0$ 时的弹性,表示 y 在 $x=x_0$ 时的相对变化的变化率(简称相对变化率),即此时因素 x 每变化 x_0 的百分之一,指标 y 变化了 $f(x_0)$的百分之几.

例 4 求幂函数 $y=x^{\alpha}$(α 为常数)的弹性函数.

解 $y'=(x^{\alpha})'=\alpha x^{\alpha-1}$,$\frac{Ey}{Ex}=y'\cdot\frac{x}{y}=\alpha x^{\alpha-1}\frac{x}{x^{\alpha}}=\alpha$.

所以幂函数在任意点处的弹性为常数 α.

在经济工作中指标的弹性函数有重要意义,它通常用以衡量投入比所发生的收益比是否合算.如前所述,成本函数 $C=C(x)$的弹性函数$\frac{EC}{Ex}$表示产量 x 每提高一个百分点时成本 C 提高的百分比,产量函数 $P=P(x)$的弹性函数$\frac{EP}{Ex}$表示投入资源 x 每提高一个百分点时 P 增加的百分比,收入函数 $R=R(x)$的弹性函数$\frac{ER}{Ex}$表示产量 x 改变一个百分点时收入 R 改变的百分比,等等.这些都是经济工作者在运营中经常要掌握的资讯.

例 5 设某商品的需求量 Q(万件)与销售单价 p(元/件)之间有函数关系

$$Q=Q(p)=60-3p\ (0<p<20),$$

求 $p=10,15$ 时,需求量 Q 对单价 p 的弹性,并解释其实际含义.

解 $Q(10)=30$(万件),$Q(15)=15$(万件).

$$Q'(p)=-3,\frac{EQ}{Ep}=Q'(p)\cdot\frac{p}{Q(p)}=\frac{-3p}{60-3p}=\frac{p}{p-20}.$$

$$\left.\frac{EQ}{Ep}\right|_{p=10}=\frac{10}{10-20}=-1,\left.\frac{EQ}{Ep}\right|_{p=15}=\frac{15}{15-20}=-3.$$

其实际含义表示,单价为 10(元/件)时,若再提价(或降价)1%,则销量将减少(或增加)$Q(10)$的 1%;单价为 15(元/件)时,若再提价(或降价)1%,则销量将减少(或增加)$Q(15)$的 3%.

练习 4-7

1. 判断下列说法是否正确.

(1) 生产某种产品 x(万件)的成本为 $C=C(x)=200+0.05x^2$(万元),则生产 90 万件产品时,再多生产 1 万件产品,成本将增加 9 万元;

(2) 设某种商品的总收入 R(万元)是商品单价 p(元/件)与销售量 Q(万件)的乘积,如果销售量 Q 是单价 p 的函数 $Q=Q(p)=12-\frac{p}{2}$,则当单价 $p=6$(元/件)时提价 1%,总

收入将随之增加0.67%.

2. 某产品的销售量Q与单价p之间有函数关系$Q=\frac{1-p}{p}$,求$p=\frac{1}{2}$时销量Q关于单价p的弹性.

3. 某厂生产某种商品,年产量为x(百台),固定成本为2万元.每生产一百台成本增加1万元.销售x台商品总收入$R(x)=4x-\frac{1}{2}x^2$.问每年生产多少台产品总利润最大?并求最大利润.

总结·拓展

一、知识小结

1. 微分中值定理

应明确罗尔定理、拉格朗日中值定理的条件、结论及几何解释.

2. 用罗必塔法则求未定式的极限要注意几个问题

(1) 使用之前要先检查是否为$\frac{0}{0}$或$\frac{\infty}{\infty}$未定式;

(2) 只要是这两种不定型,可以连续使用法则;

(3) 如果含有某些非零因子,可以单独对它们求极限,不必参与罗必塔法则求导运算,以简化运算;

(4) 注意使用法则时配以等价无穷小替换,以简化运算;

(5) 对其他类型的未定式,以适当方式变形为$\frac{0}{0}$或$\frac{\infty}{\infty}$未定式.

3. 函数的单调性与极值、曲线的凹凸性与拐点

判定方法列表如下,表4-9中x_0是(一阶或二阶)导数的零点,或者是(一阶或二阶)不可导点.

表 4-9

	函数的单调性与极值的判定				曲线的凹凸性与拐点的判定			
	x	(x_1,x_0)	x_0	(x_0,x_2)	x	(x_1,x_0)	x_0	(x_0,x_2)
(1)	y'	+	0	−	y''	+	0	−
	y	单调增加	极大值	单调减少	y	凹的	拐点	凸的
(2)	y'	−	0	+	y''	−	0	+
	y	单调减少	极小值	单调增加	y	凸的	拐点	凹的
(3)	y'	+(−)	0	+(−)	y''	+(−)	0	+(−)
	y	单调增加(减少)	无极值	单调增加(减少)	y	凹(凸)的	无拐点	凹(凸)的

注:y'的符号与单调性、y''的符号与凹凸性的关系,最好从几何方面记忆.

4. 函数的最值及应用

求函数在考察范围 I 内的最值，是通过比较驻点、不可导点及 I 的端点处的函数值的大小而得到的，并不需要判定驻点是否为极值点.

对于实际应用题，应首先以数学建模思想建立优化目标与优化对象之间的函数关系，确定其考察范围. 在实际问题中，经常使用“最值存在、驻点唯一，则驻点即为最值点”的判定方法.

5. 描绘函数图象

使用函数的分析作图法描绘函数图象.

***6. 曲率**

曲率是曲线弯曲程度的定量表示. 曲率、曲率半径公式需要熟记，同时要了解在局部范围内可以以曲率圆近似替代曲线本身.

***7. 导数在经济中的应用**

函数 $y=f(x)$ 反映某种经济现象，则边际函数 My 是经济量 y 关于 x 的绝对变化率，即 x 变化一个单位引起的 y 的改变量；弹性函数 $\frac{Ey}{Ex}=y'\cdot\frac{x}{y}$ 是经济量 y 关于 x 的相对变化率，即 x 变化 1%时引起 y 改变的百分比.

二、要点解析

例 1 (1) 已知 $f(x)=(x-1)(x-2)(x-3)$，试判定方程 $f'(x)=0$ 有几个实根，各在什么范围内？

(2) 设函数 $f(x)$ 在 $[a,b]$ 上连续，在 (a,b) 内可导，$f(a)=f(b)$，则该函数的图象在 (a,b) 范围内平行于 x 轴的切线(　　).

A. 仅有一条　　B. 至少有一条　　C. 不一定存在　　D. 不存在

(3) 函数 $y=\ln(x+1)$ 在区间 $[0,1]$ 上满足拉格朗日中值定理，则 $\xi=$________.

解 (1) 因为 $f'(x)=0$ 是二次方程，所以至多有两个实根.

又 $f(x)$ 在 $(-\infty,+\infty)$ 内连续且可导，对 $f(x)$ 分别在 $[1,2]$，$[2,3]$ 内使用罗尔定理，知存在 $\xi_1\in(1,2)$，$\xi_2\in(2,3)$，使 $f'(\xi_1)=0$，$f'(\xi_2)=0$.

所以 $f'(x)=0$ 有两个实根.

(2) $f(x)$ 在 $[a,b]$ 上满足罗尔定理的条件，所以至少存在一个 $\xi\in(a,b)$，使 $f'(\xi)=0$，所以选 B.

(3) 因为 $\ln(1+x)$ 在 $[0,1]$ 上满足拉格朗日中值定理的条件，所以

$$\ln(1+1)-\ln(1+0)=\frac{1}{1+\xi}(1-0),$$

解得 $\xi=\frac{1}{\ln 2}-1$.

例 2 求下列极限.

(1) $\lim\limits_{x\to 0}\dfrac{x-\arctan x}{\ln(1+x^3)}$； (2) $\lim\limits_{x\to 0^+}\dfrac{\ln\left(1+\dfrac{1}{x}\right)}{\ln\left(1+\dfrac{1}{x^2}\right)}$； (3) $\lim\limits_{x\to 0}\dfrac{\ln(1+\sin 2x)}{\arcsin(x+x^2)}$；

(4) $\lim\limits_{x\to+\infty}\dfrac{\ln\left(1+\dfrac{1}{x}\right)\cdot\cos\dfrac{1}{x}}{\operatorname{arccot}x}$； (5) $\lim\limits_{x\to 0^+}x^{\sin x}$； (6) $\lim\limits_{x\to+\infty}\dfrac{\sqrt{1+x^2}}{x}$.

解 (1) 当 $x\to 0$ 时，$\ln(1+x^3)\sim x^3$，所以

$$原式=\lim_{x\to 0}\frac{x-\arctan x}{x^3}=\lim_{x\to 0}\frac{1-\dfrac{1}{1+x^2}}{3x^2}=\lim_{x\to 0}\frac{x^2}{3x^2(1+x^2)}=\frac{1}{3}.$$

(2) 令 $t=\dfrac{1}{x}$，当 $x\to 0^+$ 时 $t\to+\infty$，所以

$$原式=\lim_{t\to+\infty}\frac{\ln(1+t)}{\ln(1+t^2)}=\lim_{t\to+\infty}\frac{\dfrac{1}{1+t}}{\dfrac{2t}{1+t^2}}=\lim_{t\to+\infty}\frac{1+t^2}{2t(1+t)}=\frac{1}{2}.$$

(3) 当 $x\to 0$ 时，$\ln(1+\sin 2x)\sim\sin 2x\sim 2x$，$\arcsin(x+x^2)\sim x+x^2$，所以

$$原式=\lim_{x\to 0}\frac{2x}{x+x^2}=2.$$

(4) $$原式=\lim_{x\to+\infty}\cos\frac{1}{x}\cdot\lim_{x\to+\infty}\frac{\ln\left(1+\dfrac{1}{x}\right)}{\operatorname{arccot}x}=\lim_{x\to+\infty}\frac{\dfrac{1}{1+\dfrac{1}{x}}\left(-\dfrac{1}{x^2}\right)}{-\dfrac{1}{1+x^2}}=\lim_{x\to+\infty}\frac{1+x^2}{x+x^2}=1.$$

(5) 令 $y=x^{\sin x}$，则 $\ln y=\sin x\cdot\ln x$，而 $y=e^{\ln y}=e^{\sin x\cdot\ln x}$.

$$\lim_{x\to 0^+}\sin x\cdot\ln x=\lim_{x\to 0^+}\frac{\ln x}{\dfrac{1}{\sin x}}=\lim_{x\to 0^+}\frac{\ln x}{\dfrac{1}{x}}=\lim_{x\to 0^+}\frac{\dfrac{1}{x}}{-\dfrac{1}{x^2}}=\lim_{x\to 0^+}(-x)=0,$$

所以原式 $=\lim\limits_{x\to 0^+}e^{\sin x\cdot\ln x}=1$.

(6) 使用罗必塔法则，得

$$原式=\lim_{x\to+\infty}\frac{\dfrac{2x}{2\sqrt{1+x^2}}}{1}=\lim_{x\to+\infty}\frac{x}{\sqrt{1+x^2}}=\lim_{x\to+\infty}\frac{1}{\dfrac{2x}{2\sqrt{1+x^2}}}=\lim_{x\to+\infty}\frac{\sqrt{1+x^2}}{x},$$

又还原成原极限.这说明罗必塔法则对本题无效.事实上，

$$原式=\lim_{x\to+\infty}\sqrt{\frac{1}{x^2}+1}=1.$$

例3 求 $f(x)=\sqrt[3]{2x-x^2}$ 的极值.

解 (1) 定义域为 $(-\infty,+\infty)$.

(2) $f'(x)=\dfrac{4(1-x)}{3\sqrt[3]{x(2-x)}}$，令 $f'(x)=0$，得驻点 $x=1$，不可导点 $x=0$，$x=2$.

(3) 列表如下(表 4-10):

表 4-10

x	$(-\infty,0)$	0	$(0,1)$	1	$(1,2)$	2	$(2,+\infty)$
$f'(x)$	$-$	不存在	$+$	0	$-$	不存在	$+$
$f(x)$	↘	极小值 0	↗	极大值 1	↘	极小值 0	↗

(4) 由上表可知,$f(x)$在$(-\infty,0)$,$(1,2)$内单调减小,在$(0,1)$,$(2,+\infty)$内单调增加;在$x=0$,$x=2$ 处取得极小值 0,在 $x=1$ 处取得极大值 1.

例 4 一租赁公司有 40 套设备要出租,当每月租金定为 200 元/套时,设备可全部租出;当每月每套租金提价 10 元,出租数量就会减少 1 套.每月对已出租的设备的维护费为 20 元/套.问租金定为多少时,公司获利最大?最大获利是多少?

解 设每月租金每套提高 x 个 10 元,即租金提高到 $200+10x$(元/套),则租出量为 $40-x$ 套,此时公司收入

$$y=(200+10x)(40-x)-20(40-x)=7\,200+220x-10x^2.$$

令 $y'=220-20x=0$,得唯一驻点 $x=11$.

因为实际最大获利必定存在,而驻点唯一,故驻点必定是最大值点.

$$200+10\times11=310(\text{元/套}),$$

$$y(11)=7\,200+220\times11-10\times11^2=8\,410(\text{元}),$$

所以当每月租金为 310 元/套时,公司可获得最大利益,为 8 410 元.

例 5 作出函数 $y=\dfrac{x}{x^2+1}$的图象.

解 (1) 定义域是$(-\infty,+\infty)$,y 是奇函数,只需作出$[0,+\infty)$上的图象.

(2) 令 $y'=\dfrac{1-x^2}{(x^2+1)^2}=0$,可得驻点 $x=1\in[0,+\infty)$.

令 $y''=\dfrac{2x(x^2-3)}{(x^2+1)^3}=0$,可得 $x=0,\sqrt{3}\in(0,+\infty)$.

(3) 列表分析(表 4-11):

表 4-11

x	$(-1,0)$	0	$(0,1)$	1	$(1,\sqrt{3})$	$\sqrt{3}$	$(\sqrt{3},+\infty)$
y'	$+$	$+$	$+$	0	$-$	$-$	$-$
y''	$+$	0	$-$	$-$	$-$	0	$+$
y	↗	拐点$(0,0)$	↗	极大值$\frac{1}{2}$	↘	拐点$\left(\sqrt{3},\frac{\sqrt{3}}{4}\right)$	↘

(4) $\lim\limits_{x\to+\infty}\dfrac{x}{1+x^2}=0$,所以图象向右无限延伸时,以 $y=0$ 为渐近线.

(5) 描点、连线、作图(图 4-23).

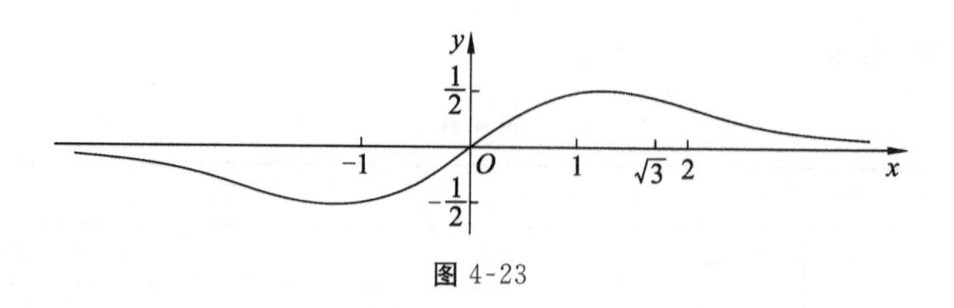

图 4-23

三、拓展提高

1. 拉格朗日中值定理的证明

分析 从罗尔定理和拉格朗日中值定理的条件与几何解释可见，罗尔定理是拉格朗日中值定理的特殊情形，因此下面用罗尔定理来证明拉格朗日中值定理. 设 $y=f(x)$ 在 $[a,b]$ 上连续，在 (a,b) 内可导，作辅助函数 $F(x)=f(x)-kx$，则不论常数 k 取何值，$F(x)$ 都在 $[a,b]$ 上连续，在 (a,b) 内可导. 现在选取 k，使 $F(x)$ 能满足罗尔定理的条件，即使 $F(a)=f(a)-ka$ 与 $F(b)=f(b)-kb$ 相等，则可对 $F(x)$ 应用罗尔定理，为此只要取 $k=\dfrac{f(b)-f(a)}{b-a}$.

证明 作辅助函数 $F(x)=f(x)-\dfrac{f(b)-f(a)}{b-a}x$，则 $F(x)$ 在 $[a,b]$ 上连续，在 (a,b) 内可导，且 $F(a)=F(b)$. 据罗尔定理，至少存在一点 $\xi\in(a,b)$，使

$$F'(\xi)=f'(\xi)-\frac{f(b)-f(a)}{b-a}=0,$$

即 $\dfrac{f(b)-f(a)}{b-a}=f'(\xi)$.

2. 证明不等式

使用函数的导数、单调性、极值及凹凸性等，可以解决不少不等式证明问题. 根据题目的特点，可以从以下几个方面考虑.

(1) 利用拉格朗日中值定理证明不等式.

把不等式变形为同一个函数 $f(x)$ 的函数值之差 $f(b)-f(a)$，应用拉格朗日中值定理

$$f(b)-f(a)=f'(\xi)(b-a),\xi\in(a,b),$$

只要估计 $f'(\xi)$.

(2) 利用函数的单调性证明不等式.

将不等式改写成 $f(x)>0(<0)$ 的形式，由不等式的条件确定 x 的变化范围 I. 若在 I 的端点 x_0 处有 $f(x_0)\geqslant 0(\leqslant 0)$，则当函数 $f(x)$ 在 I 上单调递增(递减)时，即可知不等式成立.

(3) 利用函数的极值证明不等式.

与(2)类似，把不等式变形为 $f(x)>0(<0)$ 的形式，x 的变化范围为 I. 若能证明 $f(x)$ 在 I 上的最小值 $m>0$(最大值 $M<0$)，则不等式成立.

例 6 证明不等式

$$e^x > 1 + x \quad (x \neq 0).$$

证法 1(利用拉格朗日中值定理)

令 $f(x)=e^x$,则对任意 $x\neq 0$,$f(x)$在以 0,x 为端点的闭区间上满足拉格朗日中值定理的条件,所以

$$f(x)-f(0)=f'(\xi)(x-0),\xi \text{ 在 } 0 \text{ 与 } x \text{ 之间}.$$

即

$$e^x-1= e^{\xi}x,\xi \text{ 在 } 0 \text{ 与 } x \text{ 之间}.$$

若 $x>0$,则 $\xi\in(0,x)$,$e^{\xi}>1$,所以 $e^x-1>x$,即 $e^x>x+1$.

若 $x<0$,则 $\xi\in(x,0)$,$0<e^{\xi}<1$,$e^{\xi}\cdot x>x$,所以 $e^x-1>x$,即 $e^x>x+1$.

证法 2(利用函数的单调性)

令 $f(x)=e^x-1-x$,则只要证明 $f(x)>0$.

易知 $f(0)=0$,$f'(x)=e^x-1$.

当 $x\in(-\infty,0)$时,$f'(x)<0$,所以 $f(x)$在$(-\infty,0)$内单调递减,所以 $f(x)>f(0)$,即$e^x-1-x>0$;

当 $x\in(0,+\infty)$时,$f'(x)>0$,所以 $f(x)$在$(0,+\infty)$内单调递增,所以 $f(x)>f(0)$,即 $e^x-1-x>0$.

证法 3(利用函数的最值)

令 $f(x)=e^x-1-x$,则只要证明 $f(x)>0$.

令 $f'(x)=e^x-1=0$,得唯一驻点 $x=0$,$f''(0)=1>0$.

所以 $x=0$ 为极小值点,极小值 $f(x)_{\min}=0$.

因为 $f(x)$在$(-\infty,+\infty)$内连续、可导,故唯一极小值也是最小值,所以 $f(x)>f(0)=0$.

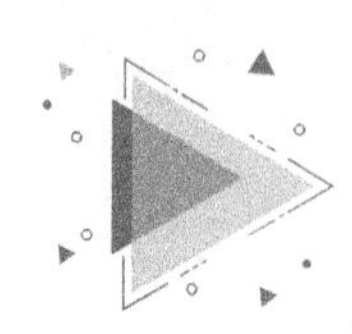

第五章 不定积分

本章导引

求函数的导数，是已知两个变量之间的变化规律，求一个变量关于另一个变量的变化率. 但在科学技术和生产实践中，常常还需要解决与此相反的问题：已知一个变量关于另一个变量的变化率，要求这两个变量之间的变化规律，即函数关系.

这一类与求导运算相反的问题，属于一元函数积分学或微分方程的范畴. 本章将从“已知函数的导数，求这个函数”的问题开始，介绍高等数学中又一重要概念——不定积分，并学习求不定积分的多种方法.

请来认识数学家——罗必塔和拉格朗日

罗必塔(1661—1704)是法国数学家，伟大的数学思想传播者，1661 年出生于法国的贵族家庭，1704 年 2 月 2 日卒于巴黎.

罗必塔早年就显露出过人的数学才华，在 15 岁时就解出帕斯卡的摆线难题，随后又解出约翰·伯努利向欧洲挑战的“最速降曲线问题”. 后来他投入更多的时间在数学上，在瑞士数学家伯努利的门下学习微积分，并成为法国新解析的主要成员. 罗必塔的《无限小分析》一书是微积分学方面最早的教科书，在 18 世纪时为模范著作. 书中创造了一种算法(罗必塔法则)，用以寻找满足一定条件的两个函数之商的极限，罗必塔于前言中向莱布尼茨和伯努利致谢，特别是约翰·伯努利. 他最重要的著作是《阐明曲线的无穷小于分析》(1696)，这本书是世界上第一本系统的微积分学教科书，他由一组定义和公理出发，全面地阐述变量、无穷小量、切线、微分等概念，这对传播新创建的微积分理论起了很大的作用. 在书中第九章记载了约翰·伯努利在 1694 年 7 月 22 日告诉他的一个著名定理：罗必塔法则，就是求一个分式当分子和分母都趋于零时的极限的法则，后人误以为是他的发明，故罗必塔法则之名沿用至今. 罗必塔还写过几何、代数及力学方面的文章，他亦计划写一本关于积分学的教科书，但由于他去世过早，所以这本积分学教科书未能完成，而遗留的手稿于 1720 年在巴黎出版，名为《圆锥曲线分析论》.

拉格朗日(1736—1813)是法国著名数学家、物理学家. 1736 年 1 月 25 日生于意大利都灵，1813 年 4 月 10 日卒于巴黎. 他在数学、力学和天文学三个学科领域中都有历史性的贡献，其中尤以数学方面的成就最为突出. 拉格朗日总结了 18 世纪的数学成果，同时又为 19 世纪的数学研究开辟了道路，堪称法国最杰出的数学大师. 他的关于月球运动(三体问题)、行星运动、轨道计算、两个不动中心问题、流体力学等方面的成果，对天文学力学化、力学分析化也起到了历史性的作用，促进了力学和天体力学的进一步发展，成为这些领域的奠基性或开创性研究.

§5-1 原函数与不定积分

本节首先对“已知一个函数的导数，求这个函数”的问题进行实例讨论，再介绍若干基本概念和名称，并学习基本结论.

一、原函数

问题 1 设曲线 $y=f(x)$经过原点，曲线上任一点处都存在切线，且切线斜率都等于切点处横坐标的 2 倍，求该曲线的方程.

解 由导数的几何意义得 $y'=2x$.

容易验证 $y=x^2+C$(C 为任意常数)满足上式.

又因为原点在曲线上，故 $x=0$ 时，$y=0$，代入 $y=x^2+C$ 得 $C=0$.

所以所求曲线方程为 $y=x^2$.

问题 2 已知自由落体的瞬时速度 $v(t)=gt$，其中常量 g 是重力加速度. 又知 $t=0$ 时路程 $s=0$，求自由落体的运动规律 $s=s(t)$.

解 根据导数的物理意义得

$$s'(t)=v(t)=gt.$$

容易验证 $s(t)=\frac{1}{2}gt^2+C$(C 为任意常数)满足上式.

又因为 $t=0$ 时 $s=0$，代入 $s(t)=\frac{1}{2}gt^2+C$ 得 $C=0$.

所以所求的运动规律为 $s=\frac{1}{2}gt^2$.

以上讨论的两个问题，虽然研究的对象不同，但如果抛开它们的实际意义，就其本质而言，两者是相同的，即已知某函数的导数 $F'(x)=f(x)$，求函数 $F(x)$.

定义 1 设在某区间 I 上，若 $F'(x)=f(x)$ 或 $\mathrm{d}F(x)=f(x)\mathrm{d}x$，则 I 上的函数 $F(x)$ 称为 $f(x)$的一个**原函数**.

例如，因为$(\sin x)'=\cos x$或$\mathrm{d}(\sin x)=\cos x\mathrm{d}x$，所以$\sin x$是$\cos x$的一个原函数；因为$(\mathrm{e}^x)'=\mathrm{e}^x$或$\mathrm{d}(\mathrm{e}^x)=\mathrm{e}^x\mathrm{d}x$，所以$\mathrm{e}^x$是$\mathrm{e}^x$的一个原函数；因为$(\arctan x)'=\frac{1}{1+x^2}$或$\mathrm{d}(\arctan x)=\frac{1}{1+x^2}\mathrm{d}x$，所以$\arctan x$是$\frac{1}{1+x^2}$的一个原函数.

在上面两个问题中，因为$(x^2)'=2x$，所以x^2是$2x$的一个原函数；因为$\left(\frac{1}{2}gt^2\right)'=gt$，所以$\frac{1}{2}gt^2$是$gt$的一个原函数.

在上面两个问题中已经验证，对任意常数C，都满足$(x^2+C)'=2x$，$\left(\frac{1}{2}gt^2+C\right)'=gt$，所以$x^2+C$是$2x$的原函数，$\frac{1}{2}gt^2+C$是$gt$的原函数.

由此可见，一个函数的原函数并不唯一，而是有无限个. 如果$F(x)$是$f(x)$的一个原函数，即$F'(x)=f(x)$，那么与$F(x)$相差一个常数的函数$G(x)=F(x)+C$也是$f(x)$的原函数. 反过来，设$G(x)$是$f(x)$的另一个原函数，那么，$F'(x)=G'(x)=f(x)\Rightarrow F'(x)-G'(x)=0\Rightarrow F(x)-G(x)=C$，即$G(x)=F(x)+C$.

综上，可得两个结论：

(1) 若$f(x)$存在原函数，则有无限个原函数；

(2) 若$F(x)$是$f(x)$的一个原函数，则$f(x)$的全部原函数构成的集合为$\{F(x)+C\mid C$为常数$\}$.

原函数存在定理 在某个区间上连续的函数在该区间上一定有原函数.（证明略）

二、不定积分

定义 2 设$F(x)$是函数$f(x)$在区间I上的一个原函数，则$f(x)$的全部原函数称为$f(x)$在区间I上的不定积分，记作$\int f(x)\mathrm{d}x$，即

$$\int f(x)\mathrm{d}x=\{F(x)+C\mid C\text{为常数}\}.$$

习惯写法：省略等号右边的大括号，直接简写成$F(x)+C$，即

$$\int f(x)\mathrm{d}x=F(x)+C.$$

其中$f(x)$称为被积函数，$f(x)\mathrm{d}x$称为被积表达式，x称为积分变量，符号“$\int$”称为积分号，C为积分常数.

注意 (1) 积分号“$\int$”是一种运算符号，它表示对已知函数求其全部原函数，所以在不定积分的结果中不能漏写C；

(2) 一个函数的原函数或不定积分都有相应的定义区间，为了简便起见，如无特别说明，今后不再注明.

例 1 由导数的基本公式，写出下列函数的不定积分.

(1) $\int x^2 \mathrm{d}x$；　　　　(2) $\int \sin x \mathrm{d}x$.

解 (1) 因为$\left(\frac{1}{3}x^3\right)' = x^2$，所以$\frac{1}{3}x^3$ 是 x^2 的一个原函数，有

$$\int x^2 \mathrm{d}x = \frac{1}{3}x^3 + C.$$

(2) 因为$(-\cos x)' = \sin x$，所以$-\cos x$ 是 $\sin x$ 的一个原函数，有

$$\int \sin x \mathrm{d}x = -\cos x + C.$$

例 2 根据不定积分的定义验证：

$$\int \frac{2x}{1+x^2} \mathrm{d}x = \ln(1+x^2) + C.$$

解 由于$[\ln(1+x^2)]' = \frac{2x}{1+x^2}$，所以$\int \frac{2x}{1+x^2} \mathrm{d}x = \ln(1+x^2) + C$.

为了叙述简便，以后在不致混淆的情况下，不定积分简称**积分**，求不定积分的方法和运算简称**积分法**和**积分运算**.

从不定积分的定义，可知下述关系：

(1) $\left[\int f(x) \mathrm{d}x\right]' = [F(x) + C]' = f(x)$；

(2) $\mathrm{d}\left[\int f(x) \mathrm{d}x\right] = \mathrm{d}[F(x) + C] = f(x) \mathrm{d}x$；

(3) $\int F'(x) \mathrm{d}x = \int f(x) \mathrm{d}x = F(x) + C$；

(4) $\int \mathrm{d}F(x) = \int f(x) \mathrm{d}x = F(x) + C$.

由此可见，微分运算（以记号 d 表示）与求积分的运算（以记号 $\int$ 表示）是互逆的，当记号 $\int$ 与 d 连在一起时，或者抵消，或者抵消后相差一个常数，主要看哪个符号在前.

例 3 写出下列各式的结果：

(1) $\left[\int e^x \sin(\ln x) \mathrm{d}x\right]'$；　　(2) $\mathrm{d}\int e^{-\frac{x^2}{2}} \mathrm{d}x$；　　(3) $\int (\arctan x)' \mathrm{d}x$.

解 (1) 由上面的关系式(1)，可知 $\left[\int e^x \sin(\ln x) \mathrm{d}x\right]' = e^x \sin(\ln x)$；

(2) 由上面的关系式(2)，可知 $\mathrm{d}\int e^{-\frac{x^2}{2}} \mathrm{d}x = e^{-\frac{x^2}{2}} \mathrm{d}x$；

(3) 由上面的关系式(3)，可知 $\int (\arctan x)' \mathrm{d}x = \arctan x + C$.

三、不定积分的几何意义

在例 1 中，被积函数 $f(x) = x^2$ 的一个原函数为 $F(x) = \frac{1}{3}x^3$，它的图形是一条曲线.

$f(x)$的不定积分$\int x^2\mathrm{d}x=\frac{1}{3}x^3+C$的图形是由曲线$F(x)=\frac{1}{3}x^3$沿$y$轴上下平行移动而得到的一族曲线. 这个曲线族中每一条曲线在横坐标为x的点处的切线斜率都是x^2,因此,这些曲线在横坐标相同的点处的切线都相互平行.

一般地,在直角坐标系中,$f(x)$的任意一个原函数$F(x)$的图形是一条曲线$y=F(x)$,这条曲线上任意点$(x,F(x))$处的切线的斜率$F'(x)$恰为函数值$f(x)$,称这条曲线为$f(x)$的一条积分曲线. $f(x)$的不定积分$F(x)+C$则是一个曲线族,称为积分曲线族(图 5-1). 平行于y轴的直线与族中每一条曲线的交点处的切线斜率都等于$f(x)$,因此积分曲线族可以由一条积分曲线通过平移得到.

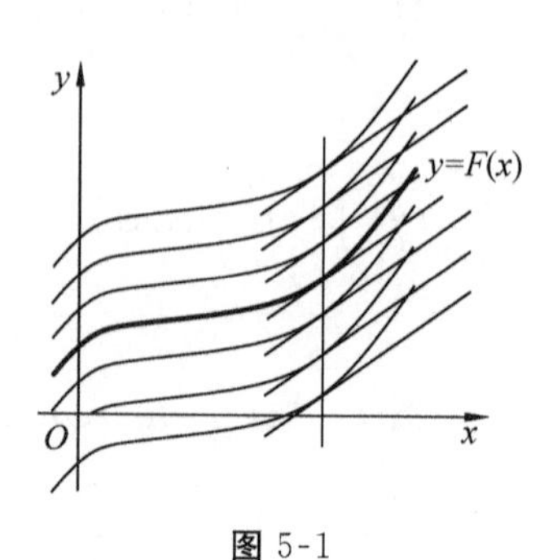

图 5-1

在一些实际问题中,常常需要知道符合一定条件的某一个原函数. 例如,对于问题 1,在$2x$的不定积分$y=x^2+C$中求满足条件$y(0)=0$的原函数;对于问题 2,在gt的不定积分$s(t)=\frac{1}{2}gt^2+C$中求满足条件$s(0)=0$的原函数. 在几何上就是要找出积分曲线族中过特定点的一条积分曲线. 对于这类问题可以先求出不定积分,然后根据已知的特定条件确定积分常数,从而得到所要求的原函数.

练习 5-1

1. 什么叫$f(x)$的原函数?什么叫$f(x)$的不定积分?$f(x)$的不定积分的几何意义是什么?

2. 判断下列函数$F(x)$是否是$f(x)$的原函数,为什么?

(1) $F(x)=-\frac{1}{x}, f(x)=\frac{1}{x^2}$;

(2) $F(x)=2x, f(x)=x^2$;

(3) $F(x)=\frac{1}{2}\mathrm{e}^{2x}+\pi, f(x)=\mathrm{e}^{2x}$;

(4) $F(x)=\sin 5x, f(x)=\cos 5x$.

3. 单项选择题.

(1) 下列等式成立的是(　　).

A. $\mathrm{d}\int f(x)\mathrm{d}x=f(x)$　　B. $\frac{\mathrm{d}}{\mathrm{d}x}\int f(x)\mathrm{d}x=f(x)\mathrm{d}x$

C. $\frac{\mathrm{d}}{\mathrm{d}x}\int f(x)\mathrm{d}x=f(x)+C$　　D. $\mathrm{d}\int f(x)\mathrm{d}x=f(x)\mathrm{d}x$

(2) 在区间(a,b)内,如果$f'(x)=g'(x)$,那么下列各式一定成立的是(　　).

A. $f(x)=g(x)$　　B. $f(x)=g(x)+1$

C. $\left[\int f(x)\mathrm{d}x\right]'=\left[\int g(x)\mathrm{d}x\right]'$　　D. $\int f'(x)\mathrm{d}x=\int g'(x)\mathrm{d}x$

4. $\int 2\sin x\cos x\mathrm{d}x = \sin^2 x + C$ 与 $\int 2\sin x\cos x\mathrm{d}x = -\cos^2 x + C$ 是否矛盾，为什么？

5. 写出下列各式的结果.

(1) $\int \mathrm{d}\left(\frac{1}{2}\sin 2x\right)$；

(2) $\mathrm{d}\left(\int \frac{1}{\sin x}\mathrm{d}x\right)$；

(3) $\int (\sqrt{a^2 + x^2})'\mathrm{d}x$；

(4) $\left[\int \mathrm{e}^x(\sin x + \cos x)\mathrm{d}x\right]'$.

6. 已知平面曲线 $y=F(x)$ 上任一点 $M(x,y)$ 处的切线斜率为 $k=4x^3-1$，且曲线经过点 $P(1,3)$，求该曲线的方程.

7. 一质点做变速直线运动，速度 $v(t)=3\cos t$，当 $t=0$ 时，质点与原点的距离为 $s_0 = 4$，求质点离原点的距离 s 和时间 t 的函数关系.

§5-2 直接积分法

本节将开始介绍如何计算不定积分，直接积分法是最基本的求不定积分的方法.

一、不定积分的基本公式

根据积分和微分的互逆关系，可以由基本初等函数的求导公式推得积分的基本公式.

(1) $\int \mathrm{d}x = x + C$；

(2) $\int x^\alpha \mathrm{d}x = \frac{1}{\alpha+1}x^{\alpha+1} + C(\alpha \neq -1)$；

(3) $\int \frac{1}{x}\mathrm{d}x = \ln|x| + C$；

(4) $\int \mathrm{e}^x \mathrm{d}x = \mathrm{e}^x + C$；

(5) $\int a^x \mathrm{d}x = \frac{a^x}{\ln a} + C$；

(6) $\int \cos x\mathrm{d}x = \sin x + C$；

(7) $\int \sin x\mathrm{d}x = -\cos x + C$；

(8) $\int \frac{1}{\sin^2 x}\mathrm{d}x = \int \csc^2 x\mathrm{d}x = -\cot x + C$；

(9) $\int \frac{1}{\cos^2 x}\mathrm{d}x = \int \sec^2 x\mathrm{d}x = \tan x + C$；

(10) $\int \sec x\tan x\mathrm{d}x = \sec x + C$；

(11) $\int \csc x\cot x\mathrm{d}x = -\csc x + C$；

(12) $\int \frac{1}{1+x^2}\mathrm{d}x = \arctan x + C = -\mathrm{arccot}\, x + C$；

(13) $\int \frac{1}{\sqrt{1-x^2}}\mathrm{d}x = \arcsin x + C = -\arccos x + C$.

注意 这些公式是求不定积分的基础，读者必须熟记.

例 1 求不定积分 $\int \frac{1}{x^2}\mathrm{d}x$.

解 原式 $= \int x^{-2}\mathrm{d}x = \frac{1}{-2+1}x^{-2+1} + C = -\frac{1}{x} + C$.

例 2 求不定积分$\int \frac{1}{\sqrt{x}}dx$.

解 原式 $=\int x^{-\frac{1}{2}}dx=\frac{1}{-\frac{1}{2}+1}x^{-\frac{1}{2}+1}+C=2\sqrt{x}+C$.

这两个积分在求不定积分中出现的频次很高，希望读者能将这两个积分也作为积分基本公式熟记，这对于积分的求解会有很大的帮助.

二、不定积分的性质

基本积分公式中的被积函数大多是基本初等函数，基本初等函数通过有限次四则运算、开方运算和复合，可以得到初等函数.为了求出初等函数的不定积分，必须掌握积分的运算规律.

因为$\left[\int kf(x)dx\right]'=kf(x)=\left[k\int f(x)dx\right]'$，所以有不定积分的如下性质：

性质 1 被积函数中不为零的常数因子可以提到积分号之外，即

$$\int kf(x)dx=k\int f(x)dx(k\neq 0).$$

又因为$\left\{\int[f_1(x)\pm f_2(x)]dx\right\}'=f_1(x)\pm f_2(x)=\left[\int f_1(x)dx\right]'\pm\left[\int f_2(x)dx\right]'$，所以还有

性质 2 两个函数的代数和的不定积分等于每个函数的不定积分的代数和，即

$$\int[f_1(x)\pm f_2(x)]dx=\int f_1(x)dx\pm\int f_2(x)dx.$$

性质 2 可推广至有限个函数的和差.

例 3 求不定积分$\int(2e^x-3\cos x)dx$.

解 原式 $=\int 2e^x dx-\int 3\cos x dx=2\int e^x dx-3\int \cos x dx=2e^x-3\sin x+C$.

注意 得到的 e^x 和 $\cos x$ 的两个不定积分，各含有任意常数.因为任意常数的和仍然是任意常数，故可以合成最后结果中的一个 C.今后若有同样的情况不再重复说明.

例 4 求不定积分$\int(ax^2+bx+c)dx$(a,b,c 为常数).

解 原式 $=a\int x^2 dx+b\int xdx+c\int dx=\frac{a}{3}x^3+\frac{b}{2}x^2+cx+C$.

三、直接积分法

上述四个例题都是利用积分基本公式和性质来求不定积分的，有时候要先对被积函数进行必要的恒等变形(代数的或三角的)，将被积函数化成若干个积分基本公式中的被积函数的和，再利用积分性质和积分基本公式求出积分结果，我们把这种求积分的方法叫作直接积分法.

例 5 求不定积分$\int x\sqrt{x\sqrt{x}}\mathrm{d}x$.

解 原式$=\int x\cdot x^{\frac{3}{4}}\mathrm{d}x=\int x^{\frac{7}{4}}\mathrm{d}x=\dfrac{1}{\frac{7}{4}+1}x^{\frac{7}{4}+1}+C=\dfrac{4}{11}x^{\frac{11}{4}}+C.$

例 6 求不定积分$\int \mathrm{e}^x(3+\mathrm{e}^{-x})\mathrm{d}x$.

解 原式$=\int(3\mathrm{e}^x+1)\mathrm{d}x=3\int\mathrm{e}^x\mathrm{d}x+\int\mathrm{d}x=3\mathrm{e}^x+x+C.$

例 7 求$\int\dfrac{(x-1)^3}{x^2}\mathrm{d}x$.

解 原式$=\int\dfrac{x^3-3x^2+3x-1}{x^2}\mathrm{d}x=\int\left(x-3+\dfrac{3}{x}-\dfrac{1}{x^2}\right)\mathrm{d}x$

$$=\int x\mathrm{d}x-3\int\mathrm{d}x+3\int\frac{1}{x}\mathrm{d}x-\int\frac{1}{x^2}\mathrm{d}x$$

$$=\frac{1}{2}x^2-3x+3\ln|x|+\frac{1}{x}+C.$$

例 8 求不定积分$\int\dfrac{x^4}{1+x^2}\mathrm{d}x$.

解 原式$=\int\dfrac{x^4-1+1}{1+x^2}\mathrm{d}x=\int\dfrac{x^4-1}{1+x^2}\mathrm{d}x+\int\dfrac{1}{1+x^2}\mathrm{d}x$

$$=\int(x^2-1)\mathrm{d}x+\int\frac{1}{1+x^2}\mathrm{d}x=\frac{1}{3}x^3-x+\arctan x+C.$$

例 9 求不定积分$\int\dfrac{2x^2+1}{x^2(1+x^2)}\mathrm{d}x$.

解 原式$=\int\dfrac{x^2+x^2+1}{x^2(1+x^2)}\mathrm{d}x=\int\dfrac{1}{1+x^2}\mathrm{d}x+\int\dfrac{1}{x^2}\mathrm{d}x=\arctan x-\dfrac{1}{x}+C.$

例 10 求不定积分$\int\tan^2x\mathrm{d}x$.

解 原式$=\int(\sec^2x-1)\mathrm{d}x=\int\sec^2x\mathrm{d}x-\int\mathrm{d}x=\tan x-x+C.$

例 11 求不定积分$\int\dfrac{1}{\sin^2x\cos^2x}\mathrm{d}x$.

解 原式$=\int\dfrac{\sin^2x+\cos^2x}{\sin^2x\cos^2x}\mathrm{d}x=\int\left(\dfrac{1}{\cos^2x}+\dfrac{1}{\sin^2x}\right)\mathrm{d}x$

$$=\int(\sec^2x+\csc^2x)\mathrm{d}x=\tan x-\cot x+C.$$

例 12 求不定积分$\int\sin^2\dfrac{x}{2}\mathrm{d}x$.

解 原式$=\int\dfrac{1-\cos x}{2}\mathrm{d}x=\dfrac{1}{2}\int(1-\cos x)\mathrm{d}x=\dfrac{1}{2}(x-\sin x)+C.$

说明 (1) 直接积分法的主要思想是通过恒等变形将被积函数转化成积分基本公式中的被积函数,或者是它们的线性组合.

（2）遇到分项积分时，不需要对每个积分都加任意常数，只需待各项积分都计算完后，最后加一个任意常数就可以了.

（3）积分结果是否正确，只要检验积分结果的导数是否等于被积函数，若相等，则计算正确，否则计算错误.

练习 5-2

1. 计算下列不定积分.

(1) $\int\left(x^2+2^x+\frac{2}{x}\right)\mathrm{d}x$；

(2) $\int(x^3+3\sqrt{x}+\ln 2)\mathrm{d}x$；

(3) $\int 3^x\mathrm{e}^x\mathrm{d}x$；

(4) $\int 2^x\left(1-\frac{2^{-x}}{\sqrt{x}}\right)\mathrm{d}x$；

(5) $\int\frac{\sqrt{2}}{x^2\sqrt{x}}\mathrm{d}x$；

(6) $\int\left(\frac{7}{4}+\frac{1}{x^2}\right)\sqrt{x\sqrt{x}}\,\mathrm{d}x$；

(7) $\int\frac{x^2}{1+x^2}\mathrm{d}x$；

(8) $\int\frac{3x^4+3x^2+1}{x^2+1}\mathrm{d}x$；

(9) $\int\frac{x^3-27}{x-3}\mathrm{d}x$；

(10) $\int\frac{\sqrt{1+x^2}}{\sqrt{1-x^4}}\mathrm{d}x$；

(11) $\int\frac{1}{x^2(x^2+1)}\mathrm{d}x$；

(12) $\int\frac{x-4}{\sqrt{x}-2}\mathrm{d}x$；

(13) $\int\sin\frac{x}{2}\left(\cos\frac{x}{2}+\sin\frac{x}{2}\right)\mathrm{d}x$；

(14) $\int\frac{\cos 2x}{\cos^2 x\sin^2 x}\mathrm{d}x$；

(15) $\int\frac{1}{1+\cos 2x}\mathrm{d}x$；

(16) $\int\frac{\sec x-\tan x}{\cos x}\mathrm{d}x$；

(17) $\int\left(1-\frac{1}{u}\right)^2\mathrm{d}u$；

(18) $\int\frac{2^t-3^t}{5^t}\mathrm{d}t$；

(19) $\int\frac{1-\sqrt{1-\theta^2}}{\sqrt{1-\theta^2}}\mathrm{d}\theta$；

(20) $\int\frac{1}{\sqrt{2gh}}\mathrm{d}h$（$g$ 为常数）.

2. 已知某函数的导函数为 $3\sin x-2\cos x$，并且当 $x=\frac{\pi}{2}$ 时，函数值等于 4，求此函数.

3. 证明：函数 $\arcsin(2x-1)$，$\arccos(1-2x)$，$2\arcsin\sqrt{x}$，$2\arctan\sqrt{\frac{x}{1-x}}$ 都是函数 $\frac{1}{\sqrt{x(1-x)}}$ 的原函数.

§ 5-3 第一类换元积分法

利用直接积分法所能计算的不定积分是很有限的，必须进一步研究不定积分的求法. 本节将重点介绍被积函数是形如 $f(ax+b)$的复合函数和形如 $\varphi'(x)f[\varphi(x)]$两项相乘的积分的求法.

一、形如 $\int f(ax+b)\mathrm{d}x$ (a,b 为常数)的积分求法

引例 1 求 $\int \cos 2x \mathrm{d}x$.

解 在积分基本公式中只有

$$\int \cos x \mathrm{d}x = \sin x + C.$$

但这里不能直接应用，这是因为被积函数 $\cos 2x$ 是一个复合函数. 为了应用这个公式，我们要把 $2x$ 看成整体积分变量，利用微分运算公式 $\mathrm{d}(2x)=2\mathrm{d}x \Rightarrow \mathrm{d}x=\frac{1}{2}\mathrm{d}(2x)$，先把原积分进行如下变形，然后再进行计算.

$$\begin{aligned}\int \cos 2x \mathrm{d}x &= \int \cos 2x \cdot \frac{1}{2}\mathrm{d}(2x) \\ &= \frac{1}{2}\int \cos 2x \mathrm{d}(2x) \xlongequal{\text{令 } u=2x} \frac{1}{2}\int \cos u \mathrm{d}u \\ &= \frac{1}{2}\sin u + C \xlongequal{u=2x \text{ 回代}} \frac{1}{2}\sin 2x + C.\end{aligned}$$

因为$\left(\frac{1}{2}\sin 2x+C\right)'=\cos 2x$，所以 $\int \cos 2x \mathrm{d}x = \frac{1}{2}\sin 2x + C$ 是正确的. 在大量的实际计算中发现，题中的换元过程可以省略，用整体代换的思想. 在本引例中，省略换元过程可进行如下求解：

$$\int \cos 2x \mathrm{d}x = \int \cos 2x \cdot \frac{1}{2}\mathrm{d}(2x) = \frac{1}{2}\int \cos 2x \mathrm{d}(2x) = \frac{1}{2}\sin 2x + C.$$

一般地，因为 $\mathrm{d}(ax)=\mathrm{d}(ax+b)=a\mathrm{d}x$，所以 $\mathrm{d}x=\frac{1}{a}\mathrm{d}(ax)=\frac{1}{a}\mathrm{d}(ax+b)$. 我们有如下定理：

定理 1 设 $f(u)$具有原函数 $F(u)$，即 $\int f(u)\mathrm{d}u = F(u)+C$，那么对任意常数 a,b，

$$\int f(ax+b)\mathrm{d}x = \frac{1}{a}\int f(ax+b)\mathrm{d}(ax+b) = \frac{1}{a}F(ax+b)+C.$$

说明 (1) $\mathrm{d}x=\frac{1}{a}\mathrm{d}(ax)=\frac{1}{a}\mathrm{d}(ax+b)$的过程称为凑微分.

(2) 基本思想：作变量代换 $u=ax+b$，变原积分为 $\int f(u)\mathrm{d}u$，利用 $f(u)$的原函数是

$F(u)$得到积分,通常可省略换元过程,直接整体代换.

例 1 求不定积分$\int(3x+1)^{10}\mathrm{d}x$.

解 原式$=\frac{1}{3}\int(3x+1)^{10}\mathrm{d}(3x+1)=\frac{1}{3}\times\frac{1}{11}(3x+1)^{11}+C=\frac{1}{33}(3x+1)^{11}+C$.

例 2 求不定积分$\int\sqrt{x-3}\mathrm{d}x$.

解 原式$=\int(x-3)^{\frac{1}{2}}\mathrm{d}(x-3)=\frac{1}{\frac{1}{2}+1}(x-3)^{\frac{1}{2}+1}+C=\frac{2}{3}(x-3)^{\frac{3}{2}}+C$.

例 3 求不定积分$\int\mathrm{e}^{\frac{1}{2}x}\mathrm{d}x$.

解 原式$=2\int\mathrm{e}^{\frac{1}{2}x}\mathrm{d}\left(\frac{1}{2}x\right)=2\mathrm{e}^{\frac{1}{2}x}+C$.

例 4 求不定积分$\int\frac{1}{1-x}\mathrm{d}x$.

解 原式$=-\int\frac{1}{1-x}\mathrm{d}(1-x)=-\ln|1-x|+C$.

例 5 求不定积分$\int\frac{1}{1+4x^2}\mathrm{d}x$.

解 原式$=\int\frac{1}{1+(2x)^2}\mathrm{d}x=\frac{1}{2}\int\frac{1}{1+(2x)^2}\mathrm{d}(2x)=\frac{1}{2}\arctan(2x)+C$.

例 6 求不定积分$\int\frac{1}{\sqrt{9-x^2}}\mathrm{d}x$.

解
$$\begin{aligned}\text{原式}&=\frac{1}{3}\int\frac{1}{\sqrt{1-\left(\frac{x}{3}\right)^2}}\mathrm{d}x\\&=\frac{1}{3}\times3\int\frac{1}{\sqrt{1-\left(\frac{x}{3}\right)^2}}\mathrm{d}\left(\frac{x}{3}\right)=\arcsin\left(\frac{x}{3}\right)+C.\end{aligned}$$

例 7 求不定积分$\int\frac{1}{2+2x+x^2}\mathrm{d}x$.

解 原式$=\int\frac{1}{1+(1+x)^2}\mathrm{d}x=\int\frac{1}{1+(1+x)^2}\mathrm{d}(1+x)=\arctan(1+x)+C$.

例 8 求不定积分$\int\frac{1}{1-x^2}\mathrm{d}x$.

解
$$\begin{aligned}\text{原式}&=\int\frac{1}{(1-x)(1+x)}\mathrm{d}x=\frac{1}{2}\int\left(\frac{1}{1-x}+\frac{1}{1+x}\right)\mathrm{d}x\\&=\frac{1}{2}\left(\int\frac{1}{1-x}\mathrm{d}x+\int\frac{1}{1+x}\mathrm{d}x\right)\\&=\frac{1}{2}\left[-\int\frac{1}{1-x}\mathrm{d}(1-x)+\int\frac{1}{1+x}\mathrm{d}(1+x)\right]\end{aligned}$$

$$= \frac{1}{2}(-\ln|1-x|+\ln|1+x|)+C = \frac{1}{2}\ln\left|\frac{1+x}{1-x}\right|+C.$$

用同样的方法，可求得$\int \frac{1}{a^2-x^2}\mathrm{d}x = \frac{1}{2a}\ln\left|\frac{a+x}{a-x}\right|+C.$

在上述例题中，有些题目根据被积函数可以直接凑微分，而有些题目需要先对被积函数进行适当变形，将其变形成 $f(ax+b)$的形式，然后再凑微分. 因此，在做题时要先对题目进行观察，再进行凑微分.

二、形如$\int\varphi'(x)f[\varphi(x)]\mathrm{d}x$ 的积分求法

引例 2 求 $\int x\cos x^2\mathrm{d}x$.

分析 在本题中被积函数是 $x\cos x^2$，是两项相乘的形式，其中 $\cos x^2$ 是复合函数，把 x^2 看成是一个整体，恰好有$(x^2)'=2x$，由微分计算公式 $\mathrm{d}x^2=2x\mathrm{d}x$，有 $x\mathrm{d}x=\frac{1}{2}\mathrm{d}x^2$. 我们要先把原积分作如下变形，然后再进行计算.

解 $\int x\cos x^2\mathrm{d}x = \int\cos x^2(x\mathrm{d}x) = \frac{1}{2}\int\cos x^2\mathrm{d}(x^2)$.

再套用积分基本公式$\int\cos x\mathrm{d}x = \sin x + C$，用 x^2 替换公式中的 x 即可求得积分.

$$\int x\cos x^2\mathrm{d}x = \frac{1}{2}\sin x^2 + C.$$

一般地，我们有如下定理：

定理 2 设 $f(x)$具有原函数 $F(x)$，即$\int f(x)\mathrm{d}x = F(x)+C$，那么

$$\int\varphi'(x)f[\varphi(x)]\mathrm{d}x = \int f[\varphi(x)]\mathrm{d}[\varphi(x)] = F[\varphi(x)]+C.$$

说明 (1) $\varphi'(x)\mathrm{d}x=\mathrm{d}[\varphi(x)]$的过程称为凑微分.

(2) 基本思想：作变量代换 $u=\varphi(x)$，变原积分为 $\int f(u)\mathrm{d}u$ ，利用 $f(u)$的原函数是 $F(u)$得到积分，通常可省略换元过程，直接整体代换.

第一类换元积分法计算的关键：把被积表达式凑成两部分，一部分为 $\mathrm{d}[\varphi(x)]$，另一部分为 $\varphi(x)$的函数 $f[\varphi(x)]$，且 $f(u)$的原函数易于求得. 因此，第一类换元积分法又被形象地称为凑微分法.

常用凑微分式：

$\mathrm{d}x=\frac{1}{a}\mathrm{d}(ax)$；

$x\mathrm{d}x=\frac{1}{2}\mathrm{d}(x^2)$；

$\frac{1}{x}\mathrm{d}x=\mathrm{d}(\ln|x|)$；

$\frac{1}{\sqrt{x}}\mathrm{d}x=2\mathrm{d}(\sqrt{x})$；

$\frac{1}{x^2}\mathrm{d}x=-\mathrm{d}\left(\frac{1}{x}\right)$；

$\frac{1}{1+x^2}\mathrm{d}x=\mathrm{d}(\arctan x)$；

$\frac{1}{\sqrt{1-x^2}}\mathrm{d}x=\mathrm{d}(\arcsin x)$；　　$\mathrm{e}^x\mathrm{d}x=\mathrm{d}(\mathrm{e}^x)$；

$\sin x\mathrm{d}x=-\mathrm{d}(\cos x)$；　　$\cos x\mathrm{d}x=\mathrm{d}(\sin x)$；

$\sec^2 x\mathrm{d}x=\mathrm{d}(\tan x)$；　　$\csc^2 x\mathrm{d}x=-\mathrm{d}(\cot x)$；

$\sec x\tan x\mathrm{d}x=\mathrm{d}(\sec x)$；　　$\csc x\cot x\mathrm{d}x=-\mathrm{d}(\csc x)$.

例 9　求不定积分 $\int\frac{\sin\sqrt{x}}{\sqrt{x}}\mathrm{d}x$.

解　原式 $=2\int\sin\sqrt{x}\mathrm{d}(\sqrt{x})=-2\cos\sqrt{x}+C$.

例 10　求不定积分 $\int\frac{\mathrm{e}^{\frac{1}{x}}}{x^2}\mathrm{d}x$.

解　原式 $=-\int\mathrm{e}^{\frac{1}{x}}\mathrm{d}\left(\frac{1}{x}\right)=-\mathrm{e}^{\frac{1}{x}}+C$.

例 11　求不定积分 $\int\frac{\ln x}{x}\mathrm{d}x$.

解　原式 $=\int\ln x\mathrm{d}(\ln x)=\frac{1}{2}\ln^2 x+C$.

例 12　求不定积分 $\int\frac{\mathrm{e}^x}{1+\mathrm{e}^{2x}}\mathrm{d}x$.

解　原式 $=\int\frac{1}{1+(\mathrm{e}^x)^2}\mathrm{d}(\mathrm{e}^x)=\arctan\mathrm{e}^x+C$.

例 13　求不定积分 $\int\frac{\sin x}{1+\cos^2 x}\mathrm{d}x$.

解　原式 $=-\int\frac{1}{1+\cos^2 x}\mathrm{d}(\cos x)=-\arctan(\cos x)+C$.

例 14　求不定积分 $\int\tan x\mathrm{d}x$.

解　原式 $=\int\frac{\sin x}{\cos x}\mathrm{d}x=-\int\frac{1}{\cos x}\mathrm{d}(\cos x)=-\ln|\cos x|+C$.

类似地可计算出 $\int\cot x\mathrm{d}x=\ln|\sin x|+C$.

例 15　求不定积分 $\int\sec x\mathrm{d}x$.

解　原式 $=\int\frac{1}{\cos x}\mathrm{d}x=\int\frac{\cos x}{\cos^2 x}\mathrm{d}x=\int\frac{1}{1-\sin^2 x}\mathrm{d}(\sin x)=\frac{1}{2}\ln\left|\frac{1+\sin x}{1-\sin x}\right|+C$

$$=\frac{1}{2}\ln\left|\frac{(1+\sin x)^2}{(1-\sin x)(1+\sin x)}\right|+C=\frac{1}{2}\ln|(\sec x+\tan x)^2|+C$$

$$=\ln|\sec x+\tan x|+C.$$

类似地可计算得 $\int\csc x\mathrm{d}x=\ln|\csc x-\cot x|+C$.

例 16　求不定积分 $\int\frac{x}{1+x^2}\mathrm{d}x$.

解　原式$=\frac{1}{2}\int\frac{1}{1+x^2}\mathrm{d}(x^2)=\frac{1}{2}\int\frac{1}{1+x^2}\mathrm{d}(1+x^2)=\frac{1}{2}\ln(1+x^2)+C.$

例 17　求不定积分$\int\frac{x}{\sqrt{a^2-x^2}}\mathrm{d}x$（$a$为常数）.

解　原式$=-\frac{1}{2}\int\frac{1}{\sqrt{a^2-x^2}}\mathrm{d}(-x^2)=-\frac{1}{2}\int\frac{1}{\sqrt{a^2-x^2}}\mathrm{d}(a^2-x^2)$

$$=-\sqrt{a^2-x^2}+C.$$

例 18　求不定积分$\int\frac{2x-2}{x^2-2x+3}\mathrm{d}x.$

解　原式$=\int\frac{1}{x^2-2x+3}\mathrm{d}(x^2-2x+3)=\ln|x^2-2x+3|+C.$

例 19　求不定积分$\int\cos3x\cos2x\mathrm{d}x.$

解　容易验证，对任意A,B，有

$$\cos A\cos B=\frac{1}{2}[\cos(A+B)+\cos(A-B)],$$

所以原式$=\frac{1}{2}\int(\cos5x+\cos x)\mathrm{d}x=\frac{1}{2}\int\cos5x\mathrm{d}x+\frac{1}{2}\int\cos x\mathrm{d}x$

$$=\frac{1}{2}\cdot\frac{1}{5}\int\cos5x\mathrm{d}(5x)+\frac{1}{2}\sin x=\frac{1}{10}\sin5x+\frac{1}{2}\sin x+C.$$

下面6个结果也作为基本积分公式使用.

(14) $\int\tan x\mathrm{d}x=-\ln|\cos x|+C$；　(15) $\int\cot x\mathrm{d}x=\ln|\sin x|+C$；

(16) $\int\sec x\mathrm{d}x=\ln|\sec x+\tan x|+C$；　(17) $\int\csc x\mathrm{d}x=\ln|\csc x-\cot x|+C$；

(18) $\int\frac{1}{a^2+x^2}\mathrm{d}x=\frac{1}{a}\arctan\left(\frac{x}{a}\right)+C$；　(19) $\int\frac{1}{a^2-x^2}\mathrm{d}x=\frac{1}{2a}\ln\left|\frac{a+x}{a-x}\right|+C(a\neq0).$

练习 5-3

1. 填空题.

(1) $\mathrm{d}(5x)=(\quad)\mathrm{d}x$；　(2) $\mathrm{d}x=(\quad)\mathrm{d}(2x+1)$；

(3) $\mathrm{d}(x^2)=(\quad)\mathrm{d}x$；　(4) $x\mathrm{d}x=(\quad)\mathrm{d}(ax^2+b)$；

(5) $x^2\mathrm{d}x=(\quad)\mathrm{d}(x^3)$；　(6) $\frac{1}{x}\mathrm{d}x=(\quad)\mathrm{d}(2\ln|x|)$；

(7) $\frac{1}{x^2}\mathrm{d}x=(\quad)\mathrm{d}\left(\frac{1}{x}+1\right)$；　(8) $\mathrm{e}^{2x}\mathrm{d}x=(\quad)\mathrm{d}(\mathrm{e}^{2x})$.

2. 求下列不定积分.

(1) $\int(1+3x)^4\mathrm{d}x$；　(2) $\int\sqrt[3]{5-2x}\mathrm{d}x$；

(3) $\int \frac{1}{2x-1}\mathrm{d}x$；

(4) $\int \sin(2-x)\mathrm{d}x$；

(5) $\int \frac{1}{4+x^2}\mathrm{d}x$；

(6) $\int \frac{1}{3+2x+x^2}\mathrm{d}x$；

(7) $\int \frac{\sqrt{\ln x}}{x}\mathrm{d}x$；

(8) $\int \mathrm{e}^{\sin x}\cos x\mathrm{d}x$；

(9) $\int \frac{\mathrm{e}^x}{1+\mathrm{e}^x}\mathrm{d}x$；

(10) $\int \frac{1}{\sqrt{x}(1+x)}\mathrm{d}x$；

(11) $\int \sin^2 x\mathrm{d}x$；

(12) $\int \sin^3 x\mathrm{d}x$；

(13) $\int \frac{\arcsin x}{\sqrt{1-x^2}}\mathrm{d}x$；

(14) $\int \frac{1}{\sqrt{1-x^2}\arcsin x}\mathrm{d}x$；

(15) $\int \sin 3x\sin 5x\mathrm{d}x$；

(16) $\int \frac{x+4}{x^2+3x+4}\mathrm{d}x$；

(17) $\int \frac{\sin x}{1+\cos x}\mathrm{d}x$；

(18) $\int \frac{\cos x}{\sin^2 x}\mathrm{d}x$.

§5-4 第二类换元积分法

第一类换元积分法即“凑微分法”，是将原积分变量 x 的某一个函数看成一个整体，替换成新的积分变量，使新变量的函数易于积分，这个换元过程通常会被省略，所以第一类换元积分法并没有换元. 然而在有些情况下无法凑微分，需要通过换元 $x=\varphi(t)$才能够完成积分.

定理 设 $\varphi(t)$具有连续的导函数，其反函数存在且可导. 如果 $f(x)$连续且

$$\int f[\varphi(t)]\varphi'(t)\mathrm{d}t=\Phi(t)+C$$

成立，则

$$\int f(x)\mathrm{d}x \xlongequal{\text{令 } x=\varphi(t)} \int f[\varphi(t)]\varphi'(t)\mathrm{d}t=\Phi(t)+C \xlongequal{t=\varphi^{-1}(x)\text{ 回代}} \Phi[\varphi^{-1}(x)]+C.$$

其中 $\varphi^{-1}(x)$是 $x=\varphi(t)$的反函数，$\Phi(t)$是 $f[\varphi(t)]\varphi'(t)$的原函数.

证明 由已知 $\int f[\varphi(t)]\varphi'(t)\mathrm{d}t=\Phi(t)+C$ 得 $\mathrm{d}\Phi(t)=f[\varphi(t)]\varphi'(t)\mathrm{d}t$.

由复合函数的微分法得

$$\mathrm{d}\Phi[\varphi^{-1}(x)]=\Phi'[\varphi^{-1}(x)]\mathrm{d}[\varphi^{-1}(x)]=\Phi'(t)\mathrm{d}t=f[\varphi(t)]\varphi'(t)\mathrm{d}t=f(x)\mathrm{d}x,$$

所以

$$\int f(x)\mathrm{d}x=\int f[\varphi(t)]\varphi'(t)\mathrm{d}t=\Phi[\varphi^{-1}(x)]+C.$$

称这种换元法为**第二类换元积分法**.

说明 第二类换元积分法的关键是选取适当的 $\varphi(t)$，使作变换 $x=\varphi(t)$后的积分容

易得到结果.

一、有理代换

当被积函数中含有 x 的根式 $\sqrt[n]{ax+b}$,其中 $n\geqslant 2$ 为正整数,a,b 为常数,一般可作代换:令 $t=\sqrt[n]{ax+b}\Rightarrow t^n=ax+b\Rightarrow x=\dfrac{t^n-b}{a}\Rightarrow \mathrm{d}x=\dfrac{n}{a}t^{n-1}\mathrm{d}t$. 这种代换常称为有理代换.

例 1 求不定积分 $\displaystyle\int \frac{1}{1+\sqrt[3]{1+x}}\mathrm{d}x$.

解 令 $t=\sqrt[3]{1+x}\Rightarrow t^3=1+x\Rightarrow x=t^3-1\Rightarrow \mathrm{d}x=3t^2\mathrm{d}t$,则

$$
\begin{aligned}
\text{原式}&=\int \frac{1}{1+t}(3t^2\mathrm{d}t)=3\int \frac{t^2}{1+t}\mathrm{d}t=3\int \frac{t^2-1+1}{1+t}\mathrm{d}t\\
&=3\int\left(t-1+\frac{1}{1+t}\right)\mathrm{d}t=3\left(\frac{1}{2}t^2-t+\ln|1+t|\right)+C\\
&=\frac{3}{2}(\sqrt[3]{1+x})^2-3\sqrt[3]{1+x}+3\ln\left|1+\sqrt[3]{1+x}\right|+C.
\end{aligned}
$$

例 2 求不定积分 $\displaystyle\int x\sqrt{x-3}\,\mathrm{d}x$.

解 令 $t=\sqrt{x-3}\Rightarrow t^2=x-3\Rightarrow x=t^2+3\Rightarrow \mathrm{d}x=2t\mathrm{d}t$,则

$$
\begin{aligned}
\text{原式}&=\int(t^2+3)t(2t\mathrm{d}t)=\int(2t^4+6t^2)\mathrm{d}t=\frac{2}{5}t^5+2t^3+C\\
&=\frac{2}{5}(\sqrt{x-3})^5+2(\sqrt{x-3})^3+C.
\end{aligned}
$$

从上面例题的求解过程可以看出,有理代换的目的是让被积函数中的根式消失.

例 3 求不定积分 $\displaystyle\int \frac{1}{\sqrt{x}+\sqrt[3]{x}}\mathrm{d}x$.

分析 本题的被积函数中含有两个有理根式 $\sqrt{x}$,$\sqrt[3]{x}$,我们要通过一次代换让这两个根式都消失.

解 令 $\sqrt[6]{x}=t\Rightarrow x=t^6\Rightarrow \mathrm{d}x=6t^5\mathrm{d}t$,则

$$
\begin{aligned}
\text{原式}&=\int \frac{1}{t^3+t^2}(6t^5\mathrm{d}t)=6\int \frac{t^3}{t+1}\mathrm{d}t=6\int \frac{t^3+1-1}{t+1}\mathrm{d}t\\
&=6\int\left(t^2-t+1-\frac{1}{t+1}\right)\mathrm{d}t=2t^3-3t^2+6t-6\ln|t+1|+C\\
&=2\sqrt{x}-3\sqrt[3]{x}+6\sqrt[6]{x}-6\ln\left|\sqrt[6]{x}+1\right|+C.
\end{aligned}
$$

二、三角代换

被积函数中含有二次根号下平方和、平方差,以三角式代换来消去二次根式,这种方法称为**三角代换法**.一般地,根据被积函数的根式类型,常用的变换如下:

(1) 被积函数中含有 $\sqrt{a^2-x^2}$.

令 $x=a\sin t\left(-\frac{\pi}{2}<t<\frac{\pi}{2}\right)$，则 $\sqrt{a^2-x^2}=a\cos t$，$dx=a\cos t dt$.

(2) 被积函数中含有 $\sqrt{x^2+a^2}$.

令 $x=a\tan t\left(-\frac{\pi}{2}<t<\frac{\pi}{2}\right)$，则 $\sqrt{x^2+a^2}=a\sec t$，$dx=a\sec^2 t dt$.

(3) 被积函数中含有 $\sqrt{x^2-a^2}$.

令 $x=a\sec t\left(0<t<\pi \text{ 且 } t\neq\frac{\pi}{2}\right)$，则 $\sqrt{x^2-a^2}=a\tan t$，$dx=a\sec t\tan t dt$.

说明 在实际计算中，默认以上 t 对应的取值范围，直接代换即可.

例 4 求不定积分 $\int\sqrt{a^2-x^2}dx(a>0)$.

解 令 $x=a\sin t$，$\sqrt{a^2-x^2}=a\cos t$，$dx=a\cos t dt$，则

原式 $=\int a^2\cos^2 t dt=a^2\int\frac{1+\cos 2t}{2}dt=a^2\left(\frac{t}{2}+\frac{\sin 2t}{4}\right)+C$.

为了能方便地进行变量的回代，可根据 $x=a\sin t$ 作一个辅助直角三角形(图 5-2)，利用边角关系来实现替换.

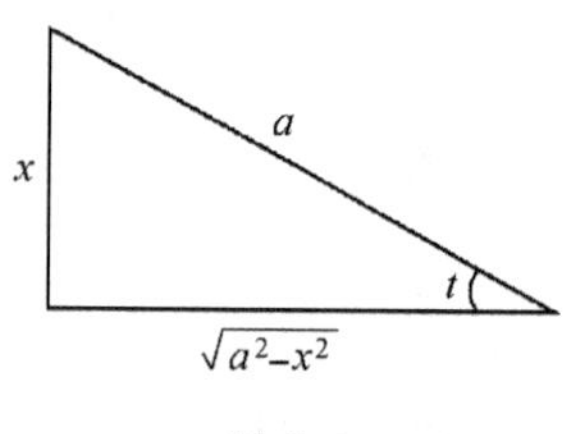

图 5-2

因为 $\sin t=\frac{x}{a}$，$\cos t=\frac{\sqrt{a^2-x^2}}{a}$，

所以 $t=\arcsin\frac{x}{a}$，$\sin 2t=2\sin t\cos t=\frac{2x\sqrt{a^2-x^2}}{a^2}$.

所以 $\int\sqrt{a^2-x^2}dx=\frac{a^2}{2}\arcsin\frac{x}{a}+\frac{x\sqrt{a^2-x^2}}{2}+C$.

例 5 求不定积分 $\int\frac{\sqrt{4-x^2}}{x^2}dx$.

解 令 $x=2\sin t$，$\sqrt{4-x^2}=2\cos t$，$dx=2\cos t dt$，则

原式 $=\int\frac{4\cos^2 t}{4\sin^2 t}dt=\int\cot^2 t dt=\int(\csc^2 t-1)dt=-\cot t-t+C$.

因为 $x=2\sin t\Rightarrow\sin t=\frac{x}{2}\Rightarrow t=\arcsin\frac{x}{2}$，

利用辅助三角形(图 5-3)，计算出 $\cot t=\frac{\sqrt{4-x^2}}{x}$.

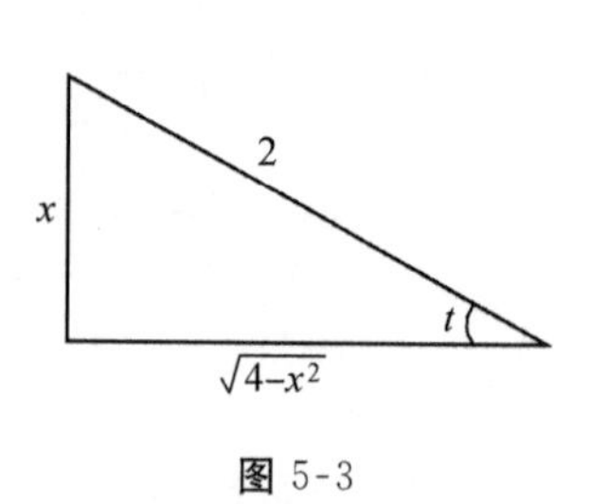

图 5-3

所以 $\int\frac{\sqrt{4-x^2}}{x^2}dx=-\frac{\sqrt{4-x^2}}{x}-\arcsin\frac{x}{2}+C$.

例 6 求不定积分 $\int\frac{1}{\sqrt{x^2+a^2}}dx(a>0)$.

解 令 $x=a\tan t$，$\sqrt{x^2+a^2}=a\sec t$，$dx=a\sec^2 t dt$，则

原式 $=\int\frac{1}{a\sec t}a\sec^2 t dt=\int\sec t dt=\ln|\sec t+\tan t|+C$.

因为 $x=a\tan t\Rightarrow \tan t=\dfrac{x}{a}$，利用辅助三角形(图 5-4)，计算出

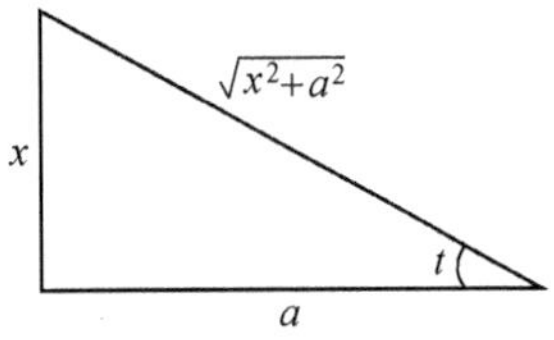

$$\sec t=\frac{1}{\cos t}=\frac{\sqrt{x^2+a^2}}{a}.$$

图 5-4

所以 $\displaystyle\int\frac{1}{\sqrt{x^2+a^2}}\mathrm{d}x=\ln\left|\frac{x}{a}+\frac{\sqrt{x^2+a^2}}{a}\right|+C$

$$=\ln\left|x+\sqrt{x^2+a^2}\right|-\ln a+C$$

$$=\ln\left|x+\sqrt{x^2+a^2}\right|+C_1(C_1=C-\ln a).$$

例 7 求不定积分 $\displaystyle\int\frac{1}{x^2\sqrt{x^2+1}}\mathrm{d}x$.

解 令 $x=\tan t$，$\sqrt{x^2+1}=\sec t$，$\mathrm{d}x=\sec^2 t\mathrm{d}t$，则

原式 $\displaystyle=\int\frac{1}{\tan^2 t\sec t}\sec^2 t\mathrm{d}t=\int\frac{\sec t}{\tan^2 t}\mathrm{d}t=\int\frac{1}{\cos t}\cdot\frac{\cos^2 t}{\sin^2 t}\mathrm{d}t$

$$=\int\frac{\cos t}{\sin^2 t}\mathrm{d}t=\int\frac{1}{\sin^2 t}\mathrm{d}(\sin t)=-\frac{1}{\sin t}+C.$$

利用辅助三角形(图 5-5)，计算出 $\sin t=\dfrac{x}{\sqrt{x^2+1}}$.

所以 $\displaystyle\int\frac{1}{x^2\sqrt{x^2+1}}\mathrm{d}x=-\frac{\sqrt{x^2+1}}{x}+C.$

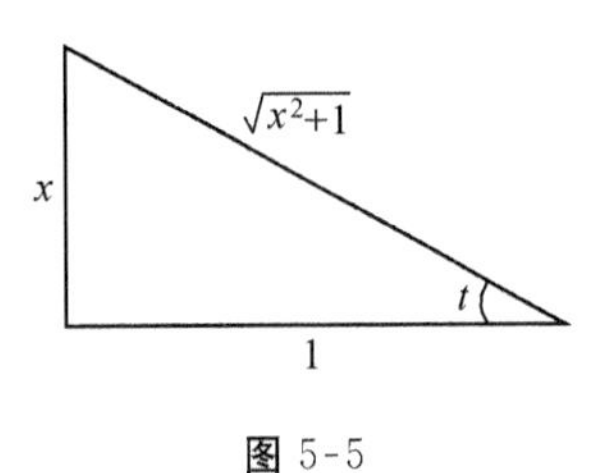

图 5-5

例 8 求不定积分 $\displaystyle\int\frac{1}{\sqrt{x^2-a^2}}\mathrm{d}x(a>0)$.

解 令 $x=a\sec t$，$\sqrt{x^2-a^2}=a\tan t$，$\mathrm{d}x=a\sec t\tan t\mathrm{d}t$，则

原式 $\displaystyle=\int\frac{1}{a\tan t}a\sec t\tan t\mathrm{d}t=\int\sec t\mathrm{d}t=\ln|\sec t+\tan t|+C.$

因为 $x=a\sec t\Rightarrow\sec t=\dfrac{x}{a}\Rightarrow\cos t=\dfrac{a}{x}$，利用辅助三角形(图 5-6)，计算出 $\tan t=\dfrac{\sqrt{x^2-a^2}}{a}$.

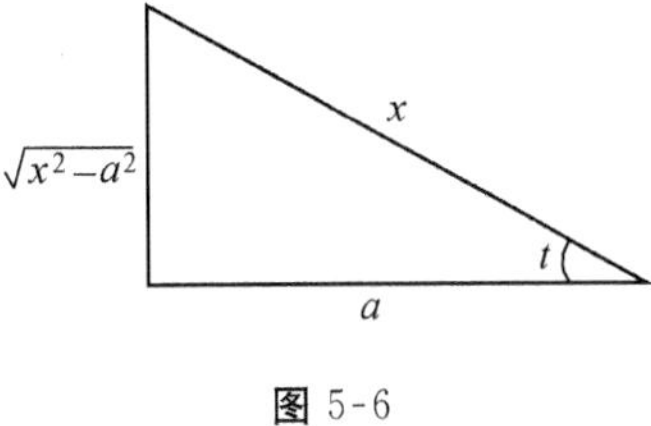

图 5-6

所以 $\displaystyle\int\frac{1}{\sqrt{x^2-a^2}}\mathrm{d}x=\ln\left|\frac{x}{a}+\frac{\sqrt{x^2-a^2}}{a}\right|+C$

$$=\ln\left|x+\sqrt{x^2-a^2}\right|-\ln a+C$$

$$=\ln\left|x+\sqrt{x^2-a^2}\right|+C_1(C_1=C-\ln a).$$

例 9 求不定积分 $\displaystyle\int\frac{\sqrt{x^2-1}}{x}\mathrm{d}x$.

解 令 $x=\sec t$，$\sqrt{x^2-1}=\tan t$，$\mathrm{d}x=\sec t\tan t\mathrm{d}t$，则

原式 $\displaystyle=\int\frac{\tan t}{\sec t}\sec t\tan t\mathrm{d}t=\int\tan^2 t\mathrm{d}t=\int(\sec^2 t-1)\mathrm{d}t=\tan t-t+C.$

因为 $x=\sec t\Rightarrow\cos t=\frac{1}{x}\Rightarrow t=\arccos\frac{1}{x}$，$\tan t=\sqrt{\sec^2 t-1}=\sqrt{x^2-1}$，

所以 $$\int\frac{\sqrt{x^2-1}}{x}\mathrm{d}x=\sqrt{x^2-1}-\arccos\frac{1}{x}+C.$$

有理代换和三角代换是第二类换元积分法中最常见的两种方法，当然还有其他的换元方法，感兴趣的同学可以尝试做一下课后的练习，看看是否会有收获.

下面 2 个结果也作为基本积分公式使用.

(20) $\int\frac{1}{\sqrt{a^2-x^2}}\mathrm{d}x=\arcsin\frac{x}{a}+C(a>0)$；

(21) $\int\frac{1}{\sqrt{x^2\pm a^2}}\mathrm{d}x=\ln|x+\sqrt{x^2\pm a^2}|+C.$

练习 5-4

求下列不定积分.

(1) $\int\frac{1}{1-\sqrt{2x+1}}\mathrm{d}x$；

(2) $\int\frac{x^2}{\sqrt[3]{2-x}}\mathrm{d}x$；

(3) $\int\frac{\sqrt{x}}{1+x}\mathrm{d}x$；

(4) $\int x\sqrt{2x-3}\mathrm{d}x$；

(5) $\int\frac{\sqrt{2-x^2}}{x^2}\mathrm{d}x$；

(6) $\int\frac{1}{x^2\sqrt{x^2+4}}\mathrm{d}x$；

(7) $\int\frac{\sqrt{x^2-9}}{x}\mathrm{d}x$；

(8) $\int\frac{x^2}{\sqrt{25-4x^2}}\mathrm{d}x$；

(9) $\int\frac{\sqrt{9-4x^2}}{x^2}\mathrm{d}x$；

(10) $\int\frac{1}{x^2\sqrt{4x^2+1}}\mathrm{d}x$；

(11) $\int\frac{\sqrt{16x^2-1}}{x}\mathrm{d}x$；

(12) $\int\frac{x^2}{(x^2+1)^{\frac{5}{2}}}\mathrm{d}x$；

(13) $\int\frac{\sqrt{x^2-9}}{x}\mathrm{d}x$；

(14) $\int x(5x-1)^{15}\mathrm{d}x$；

(15) $\int x^2(2-x)^{10}\mathrm{d}x$；

(16) $\int\frac{x}{(3-x)^7}\mathrm{d}x$.

§5-5 分部积分法

换元积分法是一种基本的积分方法，它是根据复合函数的微分法则推导得来的. 换元法虽然应用广泛，但也有一定的局限性. 例如，对于 $\int x\ln x\mathrm{d}x$，$\int x\cos x\mathrm{d}x$ 之类的积分，就显

得无能为力.本节学习另一种基本积分方法,它是在乘积微分法则基础上推导出来的.

设函数 $u=u(x)$,$v=v(x)$均具有连续导数,则由两个函数乘法的微分法则可得

$$\mathrm{d}(uv)=u\mathrm{d}v+v\mathrm{d}u \quad 或 \quad u\mathrm{d}v=\mathrm{d}(uv)-v\mathrm{d}u,$$

两边积分得

$$\int u\mathrm{d}v=\int \mathrm{d}(uv)-\int v\mathrm{d}u=uv-\int v\mathrm{d}u.$$

称这个公式为**分部积分公式**.

分部积分公式把计算积分 $\int u\mathrm{d}v$ 化为计算积分 $\int v\mathrm{d}u$,它的意义在于前者不易计算,而后者容易计算,从而起到化难为易的作用.

例 1 求 $\int x\sin x\mathrm{d}x$.

解 令 $u=x$,而 $\sin x\mathrm{d}x=-\mathrm{d}(\cos x)$,$\mathrm{d}\cos x=\mathrm{d}v$,则

$$\int x\sin x\mathrm{d}x=-\int x\mathrm{d}(\cos x)=-\left(x\cos x-\int\cos x\mathrm{d}x\right)=-x\cos x+\sin x+C.$$

注意 本题如果令 $u=\sin x$,$x\mathrm{d}x=\frac{1}{2}\mathrm{d}(x^2)$,$\mathrm{d}v=\mathrm{d}x^2$,则

$$\int x\sin x\mathrm{d}x=\frac{1}{2}\int\sin x\mathrm{d}(x^2)=\frac{1}{2}\left[x^2\sin x-\int x^2\mathrm{d}(\sin x)\right]=\frac{1}{2}x^2\sin x-\frac{1}{2}\int x^2\cos x\mathrm{d}x.$$

此时,右边的积分 $\frac{1}{2}\int x^2\cos x\mathrm{d}x$ 反而比左式积分 $\int x\sin x\mathrm{d}x$ 更复杂.因此,这样选取 u,v 是不合适的.由此可见,应用分部积分法是否有效,选择 u,v 十分关键.一般可依据以下两个原则:

(1) 由 $\varphi(x)\mathrm{d}x=\mathrm{d}v$ 求 v 比较容易;

(2) $\int v\mathrm{d}u$ 比 $\int u\mathrm{d}v$ 更容易计算.

例 2 求 $\int x^2\cos x\mathrm{d}x$.

解 令 $u=x^2$,$\cos x\mathrm{d}x=\mathrm{d}(\sin x)=\mathrm{d}v$,则

$$\int x^2\cos x\mathrm{d}x=\int x^2\mathrm{d}(\sin x)=x^2\sin x-\int\sin x\mathrm{d}(x^2)=x^2\sin x-2\int x\sin x\mathrm{d}x.$$

对 $\int x\sin x\mathrm{d}x$ 继续使用分部积分法,利用例 1 的结论有

$$\int x^2\cos x\mathrm{d}x=x^2\sin x+2x\cos x-2\sin x+C.$$

例 3 求 $\int x\mathrm{e}^{2x}\mathrm{d}x$.

解 令 $u=x$,$\mathrm{e}^{2x}\mathrm{d}x=\frac{1}{2}\mathrm{d}(\mathrm{e}^{2x})$,$\mathrm{d}(\mathrm{e}^{2x})=\mathrm{d}v$,则

$$\int x\mathrm{e}^{2x}\mathrm{d}x=\frac{1}{2}\int x\mathrm{d}(\mathrm{e}^{2x})=\frac{1}{2}\left(x(\mathrm{e}^{2x})-\int\mathrm{e}^{2x}\mathrm{d}x\right)=\frac{1}{2}x\mathrm{e}^{2x}-\frac{1}{4}\mathrm{e}^{2x}+C.$$

例 4 求$\int x\ln x\mathrm{d}x$.

解 令 $u=\ln x, x\mathrm{d}x=\frac{1}{2}\mathrm{d}(x^2), \mathrm{d}(x^2)=\mathrm{d}v$,则

$$\begin{aligned}\int x\ln x\mathrm{d}x &= \frac{1}{2}\int \ln x\mathrm{d}(x^2)\\ &= \frac{1}{2}\left[x^2\ln x-\int x^2\mathrm{d}(\ln x)\right]\\ &= \frac{1}{2}\left(x^2\ln x-\int x\mathrm{d}x\right)\\ &= \frac{1}{2}x^2\ln x-\frac{1}{4}x^2+C.\end{aligned}$$

例 5 求$\int x\arctan x\mathrm{d}x$.

解 令 $u=\arctan x, x\mathrm{d}x=\frac{1}{2}\mathrm{d}(x^2), \mathrm{d}(x^2)=\mathrm{d}v$,则

$$\begin{aligned}\int x\arctan x\mathrm{d}x &= \frac{1}{2}\int \arctan x\mathrm{d}(x^2) = \frac{1}{2}\left[x^2\arctan x-\int x^2\mathrm{d}(\arctan x)\right]\\ &= \frac{1}{2}\left(x^2\arctan x-\int \frac{x^2}{1+x^2}\mathrm{d}x\right)\\ &= \frac{1}{2}x^2\arctan x-\frac{x}{2}+\frac{1}{2}\arctan x+C.\end{aligned}$$

例 6 求$\int \arcsin x\mathrm{d}x$.

解 令 $u=\arcsin x, \mathrm{d}x=\mathrm{d}v$,则

$$\begin{aligned}\int \arcsin x\mathrm{d}x &= x\arcsin x-\int x\mathrm{d}(\arcsin x) = x\arcsin x-\int \frac{x}{\sqrt{1-x^2}}\mathrm{d}x\\ &= x\arcsin x+\frac{1}{2}\int \frac{1}{\sqrt{1-x^2}}\mathrm{d}(1-x^2)\\ &= x\arcsin x+\sqrt{1-x^2}+C.\end{aligned}$$

例 7 求$\int \mathrm{e}^x\cos x\mathrm{d}x$.

解 令 $u=\cos x, \mathrm{e}^x\mathrm{d}x=\mathrm{d}(\mathrm{e}^x)=\mathrm{d}v$,则

$$\begin{aligned}\int \mathrm{e}^x\cos x\mathrm{d}x &= \int \cos x\mathrm{d}(\mathrm{e}^x) = \mathrm{e}^x\cos x-\int \mathrm{e}^x\mathrm{d}(\cos x)\\ &= \mathrm{e}^x\cos x+\int \mathrm{e}^x\sin x\mathrm{d}x\text{(令 } u=\sin x\text{,再次运用分部积分法)}\\ &= \mathrm{e}^x\cos x+\int \sin x\mathrm{d}(\mathrm{e}^x)\\ &= \mathrm{e}^x\cos x+\mathrm{e}^x\sin x-\int \mathrm{e}^x\cos x\mathrm{d}x.\end{aligned}$$

由于上式右端的积分正是要求的积分$\int \mathrm{e}^x\cos x\mathrm{d}x$(出现“循环”),此时可用解方程的方

法，求得$\int e^x\cos x\mathrm{d}x=\frac{e^x}{2}(\sin x+\cos x)+C$.

注意 由于上式右端不含有积分项，因此必须加上任意常数 C.

请思考一下，在本题中如果令 $u=e^x$，是否可行？

例 8 求不定积分 $\int e^{\sqrt{x}}\mathrm{d}x$.

解 被积函数中含有有理根式，首先进行有理代换.

令$\sqrt{x}=t\Rightarrow x=t^2\Rightarrow \mathrm{d}x=2t\mathrm{d}t$，则

原式$=2\int te^t\mathrm{d}t=2\int t\mathrm{d}(e^t)=2\left(te^t-\int e^t\mathrm{d}t\right)=2te^t-2e^t+C=2\sqrt{x}e^{\sqrt{x}}-2e^{\sqrt{x}}+C$.

选择 u 和 $\mathrm{d}v$ 时，可按照反三角函数、对数函数、幂函数、三角函数、指数函数的顺序（即"反、对、幂、三、指"的顺序），把排在前面的那类函数选作 u，而把排在后面的那类函数与 $\mathrm{d}x$ 凑微分后作为 $\mathrm{d}v$. 一般有如下选择规律（表 5-1）：

表 5-1

被积表达式[$P_n(x)$为多项式]	$u(x)$	$\mathrm{d}v$
$P_n(x)\sin ax\mathrm{d}x, P_n(x)\cos ax\mathrm{d}x, P_n(x)e^{ax}\mathrm{d}x$	$P_n(x)$	$\sin ax\mathrm{d}x, \cos ax\mathrm{d}x, e^{ax}\mathrm{d}x$
$P_n(x)\ln x\mathrm{d}x, P_n(x)\arcsin x\mathrm{d}x, P_n(x)\arctan x\mathrm{d}x$	$\ln x, \arcsin x, \arctan x$	$P_n(x)\mathrm{d}x$
$e^{ax}\sin bx\mathrm{d}x, e^{ax}\cos bx\mathrm{d}x$	$e^{ax}, \sin bx, \cos bx$ 均可选作 $u(x)$，余下的作为 $\mathrm{d}v$	

练习 5-5

求下列不定积分.

(1) $\int x\sin 2x\mathrm{d}x$；

(2) $\int xe^{-x}\mathrm{d}x$；

(3) $\int x\cos(3x+2)\mathrm{d}x$；

(4) $\int x^2e^x\mathrm{d}x$；

(5) $\int x^2\ln x\mathrm{d}x$；

(6) $\int \ln x\mathrm{d}x$；

(7) $\int x\arcsin x\mathrm{d}x$；

(8) $\int \arctan x\mathrm{d}x$；

(9) $\int e^x\sin x\mathrm{d}x$；

(10) $\int \sin(\ln x)\mathrm{d}x$；

(11) $\int \sin\sqrt{x}\mathrm{d}x$；

(12) $\int e^{\sqrt[3]{x}}\mathrm{d}x$.

§5-6　比例分析模型

包装成本问题　像牙膏、洗涤剂之类的产品，它们常常是包装后出售的. 注意到包装比较大的产品按每克计算的价格较低. 人们通常认为，这是由于节省了包装和经营成本的缘故，那么这是主要原因吗？是否还有其他重要因素？能否构造一个简单模型来进行分析？

我们研究的是产品成本随包装大小而变化的规律，在产品销售过程中，有批发价和零售价等不同的价格，反映了销售的不同阶段. 我们从研究批发价格入手，即零售商对该产品所付的价格. 计入产品批发价格的主要成本是：该产品的生产成本 a、装包成本 b、运输成本 c 和包装材料成本 d.

(1) 生产成本显然随商业竞争和经营规模不同而变化，这里研究的是销售过程中的粗略规律，因此忽略这些因素. 设该产品的生产成本 a 与产品质量成正比，记为 $a\propto W$，可设$a=k_1W$，其中 W 为产品质量，k_1为比例系数.

(2) 装包成本取决于装包、封包以及装箱备运所需要的时间. 装包时间大致与包装产品的体积成比例，因而与产品质量成正比，而对于体积在一定范围内的产品的装包，封包和装箱备运时间相差不大，于是可设 $b\approx k_2W+m_1$，其中 $k_2, m_1>0$ 为常值.

(3) 运输成本可能同时取决于产品质量和体积. 因为体积与装满的包的质量成比例，所以 $c\propto W$，可设 $c=k_3W$，其中 k_3 为比例系数.

(4) 包装材料成本则取决于包装产品的质量和体积. 若所考虑包装产品质量和体积的变动范围不太大，可认为各种体积的产品包装所用的包装材料品质相同，因此每件包装所消耗包装材料量(因而也是每件包装材料的质量)与所覆盖包装产品的表面积成正比. 每件包装材料的体积与包装产品的表面积或体积成正比，它取决于是摊平后运输(像纸板之类)还是成型后运输(像玻璃器皿之类). 所以包装材料成本可设为

$$d=k_4W+k_5S+m_2,$$

其中，$k_4, k_5, m_2>0$ 均为常数，S 是包装产品的表面积.

于是，产品总成本(批发价格)为

$$\begin{aligned}P&=a+b+c+d\\&=(k_1+k_2+k_3+k_4)W+k_5S+(m_1+m_2)\\&=kW+rS+m.\end{aligned}$$

为说明问题，将上式中的变量化为一个变量——质量. 假设各种包装产品在几何形状上是大致相似的，体积 V 几乎与线性尺度 l 的立方成正比，表面积 S 几乎与线性尺度 l 的平方成正比，即 $V\propto l^3, S\propto l^2$，所以 $S\propto V^{2/3}$. 又由于 $V\propto W$，所以 $S\propto W^{2/3}$. 于是每克产品的批发价格是

$$\overline{P}=\frac{P}{W}=k+\frac{r}{W^{1/3}}+\frac{m}{W}.$$

由此可以看出，当包装增大时，即每包内产品的重量 W 增大时，每克的成本将下降，

这就是为什么大包装的产品会便宜一些. 但同时我们也可以看到,当 $W\to\infty$ 时,$\bar{P}\to k$,说明每克产品的批发价格是有下限的.

进一步分析可知,每克产品批发价格的下降速度

$$v=-\frac{\mathrm{d}\bar{P}}{\mathrm{d}W}=\frac{r}{3W^{\frac{4}{3}}}+\frac{m}{W^2}. \qquad (*)$$

是 W 的减函数. 因此当包装比较大时,每克的节省率增加得较慢. 总节省率

$$vW=\frac{r}{3W^{1/3}}+\frac{m}{W}$$

也是 W 的减函数. 其直观解释是: 购买预先包装好的产品时,把小型包装的包装规格(体积)增大一倍,每克所节省的钱,倾向于比大型包装的规格增大一倍时所节省的钱多. 这里说"倾向于"是因为模型是粗糙的,但在定性预测中往往很可靠. 验证上述解释也是很容易的,只需计算(*)式在 W_1 和 W_2 的值之差,其中 $W_2=2W_1$.

此模型可推广到零售价格,零售成本取决于批发价、销售成本和仓库成本,后两种成本具有 $kW+m$ 的形式,因此上述结论也适用于零售价格.

总结·拓展

一、知识小结

1. 原函数与不定积分的概念

(1) 原函数的有关概念.

若 $F'(x)=f(x)$ 或 $\mathrm{d}F(x)=f(x)\mathrm{d}x$,则称 $F(x)$ 是 $f(x)$ 的一个原函数;

若 $f(x)$ 有一个原函数 $F(x)$,则一定有无限多个原函数,其中每一个都能表示为 $F(x)+C$;

$f(x)$ 在其连续区间上一定存在原函数.

(2) 不定积分的概念.

$f(x)$ 的原函数的全体 $F(x)+C$,称为 $f(x)$ 的不定积分,记作

$$\int f(x)\mathrm{d}x=F(x)+C.$$

不定积分与求导是互逆运算的关系:

$\left[\int f(x)\mathrm{d}x\right]'=f(x)$ 或 $\mathrm{d}\left[\int f(x)\mathrm{d}x\right]=\mathrm{d}F(x)$ ——先积后导(微),不积不导;

$\int F'(x)\mathrm{d}x=F(x)+C$ 或 $\int \mathrm{d}F(x)=F(x)+C$ ——先导(微)后积,加上常数.

2. 积分的基本公式和性质

3. 求积分的基本方法

(1) 直接积分法.

$$\int f(x)\mathrm{d}x \xlongequal{\text{代数或三角变形}} \int[f_1(x)\pm f_2(x)\pm\cdots\pm f_n(x)]\mathrm{d}x$$

$$\xlongequal{\text{运算法则}} \int f_1(x)\mathrm{d}x \pm \int f_2(x)\mathrm{d}x \pm \cdots \pm \int f_n(x)\mathrm{d}x$$

$$\xlongequal{\text{基本积分公式}} F_1(x) \pm F_2(x) \pm \cdots \pm F_n(x) + C.$$

(2) 换元积分法.

① 第一类换元积分法(凑微分法).

$$\int f[\varphi(x)]\varphi'(x)\mathrm{d}x = \int f[\varphi(x)]\mathrm{d}\varphi(x) \xlongequal{\text{令 } u=\varphi(x)}$$

$$= F(u) + C \xlongequal{u=\varphi(x)\text{ 回代}} F[\varphi(x)] + C.$$

凑微分时,新变量 u 可以不引入.

② 第二类换元积分法.

$$\int f(x)\mathrm{d}x \xlongequal{\text{令 } x=\varphi(t)} \int f[\varphi(t)]\varphi'(t)\mathrm{d}t = \Phi(t) + C \xlongequal{t=\varphi^{-1}(x)\text{ 回代}} \Phi[\varphi^{-1}(x)] + C.$$

在使用第二类换元积分法时,新变量 t 必须引入,且对应的回代过程也不能省.被积函数中含有根式时,常用的代换有三角代换和有理代换.

(3) 分部积分法.

$$\int u(x)\mathrm{d}v(x) = \int \mathrm{d}[u(x)v(x)] - \int v(x)\mathrm{d}u(x) = uv - \int v(x)\mathrm{d}u(x).$$

二、要点解析

计算不定积分的步骤:

(1) 首先考虑能否直接用积分基本公式和性质;

(2) 其次考虑能否用凑微分法;

(3) 再考虑能否用适当的变量代换即第二类换元法;

(4) 对两类不同函数的乘积,考虑能否用分部积分法;

(5) 考虑能否综合运用或反复使用上述方法;

(6) 另外还可使用简明积分表,或运用 Matlab 数学软件得到结果.

例 1 下列函数中,哪些是$\frac{1}{x}$的不定积分?

(1) $\ln|x|$; (2) $\ln|x|+C$; (3) $\frac{1}{2}\ln x^2+C$; (4) $\frac{1}{2}\ln(Cx)^2$.

解 (1) 虽然$(\ln|x|)'=\frac{1}{x}$,但由于缺少积分常数,所以 $\ln|x|$ 只是$\frac{1}{x}$的一个原函数,因此,$\ln|x|$ 不是$\frac{1}{x}$的不定积分;

(2) 因为$[\ln|x|+C]'=\frac{1}{x}$,所以 $\ln|x|+C$ 是$\frac{1}{x}$的不定积分;

(3) 因为$\left(\frac{1}{2}\ln x^2+C\right)'=\frac{1}{x}$,所以$\frac{1}{2}\ln x^2+C$ 是$\frac{1}{x}$的不定积分;

(4) 因为$\frac{1}{2}\ln(Cx)^2=\frac{1}{2}\ln(C^2x^2)=\frac{1}{2}(\ln C^2+\ln x^2)=\frac{1}{2}\ln x^2+C_1(C_1=\ln|C|)$,所

以$\frac{1}{2}\ln(Cx)^2$是$\frac{1}{x}$的不定积分.

例 2 求下列不定积分.

(1) $\int \frac{\ln(\ln x)\mathrm{d}x}{x\ln x}$；　(2) $\int \frac{x^3\mathrm{d}x}{x^2+1}$；　(3) $\int \frac{\mathrm{d}x}{1+\mathrm{e}^x}$；

(4) $\int \frac{\ln x\mathrm{d}x}{\sqrt{1-x}}$；　(5) $\int \frac{x^3}{\sqrt{1-x^2}}\mathrm{d}x$；　(6) $\int \frac{x+2}{x^2+2x+3}\mathrm{d}x$.

解 (1) $\int \frac{\ln(\ln x)\mathrm{d}x}{x\ln x}=\int \frac{\ln(\ln x)\mathrm{d}(\ln x)}{\ln x}=\int\ln(\ln x)\mathrm{d}[\ln(\ln x)]=\frac{1}{2}[\ln(\ln x)]^2+C.$

(2) $\int \frac{x^3\mathrm{d}x}{x^2+1}=\frac{1}{2}\int \frac{x^2\mathrm{d}(x^2)}{x^2+1}=\frac{1}{2}\int \frac{[(x^2+1)-1]\mathrm{d}(x^2)}{x^2+1}$

$$=\frac{1}{2}\left[\int\mathrm{d}(x^2)-\int \frac{\mathrm{d}(x^2)}{x^2+1}\right]=\frac{1}{2}[x^2-\ln(x^2+1)]+C.$$

(3) 方法 1　$\int \frac{\mathrm{d}x}{1+\mathrm{e}^x}=\int \frac{(1+\mathrm{e}^x)-\mathrm{e}^x}{1+\mathrm{e}^x}\mathrm{d}x=\int\mathrm{d}x-\int \frac{\mathrm{d}(1+\mathrm{e}^x)}{1+\mathrm{e}^x}=x-\ln(1+\mathrm{e}^x)+C.$

方法 2　$\int \frac{\mathrm{d}x}{1+\mathrm{e}^x}=\int \frac{\mathrm{e}^{-x}\mathrm{d}x}{1+\mathrm{e}^{-x}}=-\int \frac{\mathrm{d}(1+\mathrm{e}^{-x})}{1+\mathrm{e}^{-x}}=-\ln(1+\mathrm{e}^{-x})+C.$

方法 3　令 $\mathrm{e}^x=t,x=\ln t,\mathrm{d}x=\frac{1}{t}\mathrm{d}t$,所以

$$\int \frac{\mathrm{d}x}{1+\mathrm{e}^x}=\int \frac{\mathrm{d}t}{t(1+t)}=\int\left(\frac{1}{t}-\frac{1}{t+1}\right)\mathrm{d}t$$
$$=\ln t-\ln(t+1)+C=x-\ln(1+\mathrm{e}^x)+C.$$

(4) 方法 1　令 $\sqrt{1-x}=t,x=1-t^2,\mathrm{d}x=-2t\mathrm{d}t$,所以

$$\int \frac{\ln x\mathrm{d}x}{\sqrt{1-x}}=-2\int\ln(1-t^2)\mathrm{d}t=-2t\ln(1-t^2)-4\int \frac{t^2}{1-t^2}\mathrm{d}t$$
$$=-2t\ln(1-t^2)+4\int\left(1+\frac{1}{t^2-1}\right)\mathrm{d}t$$
$$=-2t\ln(1-t^2)+4t+2\ln\left|\frac{t-1}{t+1}\right|+C$$
$$=-2\sqrt{1-x}\ln x+4\sqrt{1-x}+2\ln\left|\frac{\sqrt{1-x}-1}{\sqrt{1-x}+1}\right|+C.$$

方法 2　$\int \frac{\ln x\mathrm{d}x}{\sqrt{1-x}}=-2\int\ln x\mathrm{d}\sqrt{1-x}=-2\sqrt{1-x}\ln x+2\int \frac{\sqrt{1-x}}{x}\mathrm{d}x.$

令 $\sqrt{1-x}=t$,同方法 1,得

$$\int \frac{\sqrt{1-x}}{x}\mathrm{d}x=-2\int \frac{t^2}{1-t^2}\mathrm{d}t=2t-\ln\left|\frac{t-1}{t+1}\right|+C_1$$
$$=2\sqrt{1-x}+\ln\left|\frac{\sqrt{1-x}-1}{\sqrt{1-x}+1}\right|+C_1.$$

从而 $\int \frac{\ln x\mathrm{d}x}{\sqrt{1-x}}=-2\sqrt{1-x}\ln x+4\sqrt{1-x}+2\ln\left|\frac{\sqrt{1-x}-1}{\sqrt{1-x}+1}\right|+C$(其中 $C=2C_1$).

(5) 方法 1 $\int \frac{x^3}{\sqrt{1-x^2}}dx = \frac{1}{2}\int \frac{x^2 d(x^2)}{\sqrt{1-x^2}} = -\frac{1}{2}\int \frac{(x^2-1)+1}{\sqrt{1-x^2}}d(1-x^2)$

$$= \frac{1}{2}\int \sqrt{1-x^2}d(1-x^2) - \frac{1}{2}\int \frac{d(1-x^2)}{\sqrt{1-x^2}}$$

$$= \frac{1}{3}\sqrt{(1-x^2)^3} - \sqrt{1-x^2} + C.$$

方法 2 令 $x=\sin t, dx=\cos t dt$,所以

$$\int \frac{x^3}{\sqrt{1-x^2}}dx = \int \sin^3 t dt$$

$$= \int(\cos^2 t - 1)d(\cos t) = \frac{1}{3}\cos^3 t - \cos t + C$$

$$= \frac{1}{3}\sqrt{(1-x^2)^3} - \sqrt{1-x^2} + C;$$

$$= -\frac{1}{3}(x^2+2)\sqrt{1-x^2} + C.$$

方法 3 $\int \frac{x^3}{\sqrt{1-x^2}}dx = -\int x^2 d(\sqrt{1-x^2}) = -x^2\sqrt{1-x^2} + \int \sqrt{1-x^2}d(x^2)$

$$= -x^2\sqrt{1-x^2} - \int \sqrt{1-x^2}d(1-x^2)$$

$$= -x^2\sqrt{1-x^2} - \frac{2}{3}\sqrt{(1-x^2)^3} + C$$

$$= -\frac{1}{3}(x^2+2)\sqrt{1-x^2} + C.$$

(6) $\int \frac{x+2}{x^2+2x+3}dx = \frac{1}{2}\int \frac{(2x+2)+2}{x^2+2x+3}dx$

$$= \frac{1}{2}\int \frac{d(x^2+2x+3)}{x^2+2x+3} + \int \frac{d(x+1)}{(x+1)^2+2}$$

$$= \frac{1}{2}\ln(x^2+2x+3) + \frac{\sqrt{2}}{2}\arctan\frac{x+1}{\sqrt{2}} + C.$$

例 3 (1) 设 $f(x)$的一个原函数为 xe^{-x},求$\int f(x)dx$;

(2) 设 $f(x)$的一个原函数为 xe^{-x},求$\int xf'(x)dx$;

(3) 设 $f(x)$的一个原函数为 xe^{-x},求$\int xf(x)dx$.

解 (1) 由不定积分的定义知 $\int f(x)dx = xe^{-x} + C$;

(2) $\int xf'(x)dx = xf(x) - \int f(x)dx = x(xe^{-x})' - xe^{-x} + C = -x^2e^{-x} + C$;

(3) 由题意得 $f(x) = (xe^{-x})' = e^{-x}(1-x)$,代入被积函数得

$$\int xf(x)dx = \int x(1-x)e^{-x}dx = \int xe^{-x}dx - \int x^2e^{-x}dx,$$

对最后两个不定积分分别应用分部积分法得

$$\int x\mathrm{e}^{-x}\mathrm{d}x = -x\mathrm{e}^{-x} + \int \mathrm{e}^{-x}\mathrm{d}x = -\mathrm{e}^{-x}(1+x) + C_1,$$

$$\begin{aligned}\int x^2\mathrm{e}^{-x}\mathrm{d}x &= -\int x^2\mathrm{d}(\mathrm{e}^{-x}) = -x^2\mathrm{e}^{-x} + 2\int x\mathrm{e}^{-x}\mathrm{d}x \\ &= -x^2\mathrm{e}^{-x} - 2\mathrm{e}^{-x}(1+x) + C_2.\end{aligned}$$

所以 $$\int xf(x)\mathrm{d}x = (x^2+x+1)\mathrm{e}^{-x} + C(C = C_1 - C_2).$$

三、拓展提高

有理函数的一般形式为$\dfrac{P_n(x)}{Q_m(x)}$，其中 $P_n(x)$，$Q_m(x)$分别是最高次数为 n，m 次的多项式，且不妨认为 $n<m$(否则应用多项式除法，把假分式化为一个 $n-m$ 次多项式与一个真分式之和).

首先对分母 $Q_m(x)$分解因式，然后把分式分解为部分分式之和. 所谓部分分式是指两种类型的分式：

$$\frac{A}{(x-a)^k}, \frac{Ex+F}{(Ax^2+Bx+C)^k},$$

其中的分母是 $Q_m(x)$分解因式后得到的因子之一，且次数逐次递增. 例如，

(1) $\dfrac{x-1}{x^2+4x+3}$，$x^2+4x+3=(x+1)(x+3)$，有$\dfrac{x-1}{x^2+4x+3}=\dfrac{A}{x+1}+\dfrac{B}{x+3}$；

(2) $\dfrac{1}{x^3-4x^2+4x}$，$x^3-4x^2+4x=x(x-2)^2$，有$\dfrac{1}{x^3-4x^2+4x}=\dfrac{A}{x}+\dfrac{B}{x-2}+\dfrac{C}{(x-2)^2}$；

(3) $\dfrac{x^2+x}{x^3-1}$，$x^3-1=(x-1)(x^2+x+1)$，有$\dfrac{x^2+x}{x^3-1}=\dfrac{A}{x-1}+\dfrac{Bx+C}{x^2+x+1}$；

(4) $\dfrac{x^3+2x^2+1}{x^2(x^2+1)^2}$，有$\dfrac{x^3+2x^2+1}{x^2(x^2+1)^2}=\dfrac{A}{x}+\dfrac{B}{x^2}+\dfrac{Cx+D}{x^2+1}+\dfrac{Ex+F}{(x^2+1)^2}$.

分解式中的待定系数 $A,B,C,\cdots,F$ 等一般可以经通分，比较分子的系数得到. 这样有理函数的积分就化为上述两种函数的积分. 第一种函数的积分直接可以得到；第二种函数的积分则可以利用配方、凑微分法得到.

例 4 求下列不定积分.

(1) $\displaystyle\int \frac{x+2}{x^2+4x+3}\mathrm{d}x$；　　(2) $\displaystyle\int \frac{\mathrm{d}x}{x(x-1)^2}$；　　(3) $\displaystyle\int \frac{\mathrm{d}x}{(1+2x)(1+x^2)}$.

解 (1) 因为 $x^2+4x+3=(x+1)(x+3)$，所以

$$\frac{x+2}{x^2+4x+3}=\frac{A}{x+1}+\frac{B}{x+3}=\frac{A(x+3)+B(x+1)}{x^2+4x+3}.$$

比较分子得

$$x+2=A(x+3)+B(x+1),$$

即 $$x+2=(A+B)x+(3A+B), \qquad (*)$$

所以$\begin{cases}A+B=1,\\3A+B=2,\end{cases}$解得 $A=B=\frac{1}{2}$，即 $\frac{x+2}{x^2+4x+3}=\frac{1}{2}\left(\frac{1}{x+1}+\frac{1}{x+3}\right)$.

$$\begin{aligned}\int\frac{x+2}{x^2+4x+3}\mathrm{d}x&=\frac{1}{2}\left(\int\frac{\mathrm{d}x}{x+1}+\int\frac{\mathrm{d}x}{x+3}\right)\\&=\frac{1}{2}[\ln|x+1|+\ln|x+3|]+C\\&=\frac{1}{2}\ln|x^2+4x+3|+C.\end{aligned}$$

注意 本题通过比较分子中各项的系数，得到未知系数 A,B 的方程组后解出 A,B. 如果未知系数较多或得到的方程组较复杂，也可以以特殊点代入方程求解. 例如，以 $x=-1$ 代入(*)式两边，立即得到 $A=\frac{1}{2}$；再以 $x=-3$ 代入，立即得到 $B=\frac{1}{2}$.

(2) 对分式$\frac{1}{x(x-1)^2}$作部分分式分解：

$$\frac{1}{x(x-1)^2}=\frac{A}{x}+\frac{B}{x-1}+\frac{C}{(x-1)^2}.$$

通分后比较分子的系数得

$$A(x-1)^2+Bx(x-1)+Cx=1.$$

以 $x=1$ 代入上式得 $C=1$，以 $x=0$ 代入上式得 $A=1$. 因为上式右边无 x^2 项，所以 $B=-A=-1$. 则

$$\frac{1}{x(x-1)^2}=\frac{1}{x}-\frac{1}{x-1}+\frac{1}{(x-1)^2}.$$

$$\begin{aligned}\int\frac{\mathrm{d}x}{x(x-1)^2}&=\int\frac{\mathrm{d}x}{x}-\int\frac{\mathrm{d}x}{x-1}+\int\frac{\mathrm{d}x}{(x-1)^2}\\&=\ln|x|-\ln|x-1|-\frac{1}{x-1}+C\\&=\ln\left|\frac{x}{x-1}\right|-\frac{1}{x-1}+C.\end{aligned}$$

(3) 对分式$\frac{1}{(1+2x)(1+x^2)}$作部分分式分解：

$$\frac{1}{(1+2x)(1+x^2)}=\frac{A}{1+2x}+\frac{Bx+C}{1+x^2}.$$

通分后比较分子的系数得

$$A(1+x^2)+(Bx+C)(1+2x)=1,$$

即

$$(A+2B)x^2+(B+2C)x+(A+C)=1.$$

以 $x=-\frac{1}{2}$代入上式得 $A=\frac{4}{5}$. 代入 A 的值后即得 $C=1-A=\frac{1}{5}$，$B=-\frac{A}{2}=-\frac{2}{5}$.

所以

$$\frac{1}{(1+2x)(1+x^2)}=\frac{1}{5}\left(\frac{4}{1+2x}+\frac{-2x+1}{1+x^2}\right).$$

$$\int \frac{dx}{(1+2x)(1+x^2)} = \frac{1}{5}\left(4\int \frac{dx}{1+2x} - 2\int \frac{x}{1+x^2}dx + \int \frac{dx}{1+x^2}\right)$$

$$= \frac{2}{5}\ln|1+2x| - \frac{1}{5}\ln(1+x^2) + \frac{1}{5}\arctan x + C$$

$$= \frac{1}{5}\left[\ln \frac{(1+2x)^2}{1+x^2} + \arctan x\right] + C.$$

注意 有理函数的积分虽说是有章可循,但计算比较烦琐,所以不到万不得已,尽量用其他方法处理.例如,本例的第(1)题用凑微分法要简便得多.

$$\int \frac{x+2}{x^2+4x+3}dx = \frac{1}{2}\int \frac{d(x^2+4x+3)}{x^2+4x+3}dx = \frac{1}{2}\ln|x^2+4x+3| + C.$$

不定积分专项训练

一、填空题

1. 若 $\int f(x)dx = \arcsin 2x + C$,则 $f(x)=$________.

2. 若 e^{-x} 是 $f(x)$ 的一个原函数,则 $\int f(x)dx =$________.

3. $\int \sin^3 x dx =$________.

4. $d\int \frac{1-\sin x}{x+\cos x}dx =$________.

5. $\int (x^2 e^{2x})' dx =$________.

6. 设 $f(x)$ 为连续函数,则 $\int f^2(x) d[f(x)] =$________.

7. 若 $\int f(x)dx = \sqrt{x} + C$,则 $\int x^2 f(x^3) dx =$________.

8. $\int \frac{dx}{x\sqrt{1-\ln^2 x}} =$________.

二、选择题

1. 设 $F(x)$ 是 $f(x)$ 的一个原函数,则 $\int e^x f(e^x)dx =$(　　).

A. $F(e^x)$　　B. $F(e^x)+C$　　C. $F(e^{-x})$　　D. $F(e^{-x})+C$

2. 设 $f(x)$ 是可导函数,则 $\left[\int f(x)dx\right]'$ 为(　　).

A. $f(x)$　　B. $f(x)+C$　　C. $f'(x)$　　D. $f'(x)+C$

3. $\int\left(\frac{1}{\sin^2 x}+1\right)\mathrm{d}(\sin x)=($　　$)$.

A. $-\cot x+x+C$　　B. $-\cot x+\sin x+C$

C. $-\frac{1}{\sin x}+\sin x+C$　　D. $-\frac{1}{\sin x}+x+C$

4. 设 $f(x)=\frac{1}{x}$,则 $\int f'(x)\mathrm{d}x=($　　$)$.

A. $\frac{1}{x}$　　B. $\frac{1}{x}+C$　　C. $\ln x$　　D. $\ln x+C$

5. $\int\frac{1}{\sqrt{1+9x^2}}\mathrm{d}x=($　　$)$.

A. $\ln\left|3x+\sqrt{1+9x^2}\right|+C$　　B. $\ln\left|3x-\sqrt{1+9x^2}\right|+C$

C. $\frac{1}{3}\ln\left|x+\sqrt{1+9x^2}\right|+C$　　D. $\frac{1}{3}\ln\left|3x+\sqrt{1+9x^2}\right|+C$

6. $\int x\sqrt{x^2+1}\mathrm{d}x=($　　$)$.

A. $\frac{2}{3}(1+x^2)^{\frac{3}{2}}+C$　　B. $\frac{1}{3}(1+x^2)^{\frac{3}{2}}+C$

C. $\frac{1}{2}(1+x^2)^{\frac{3}{2}}+C$　　D. $\frac{4}{3}(1+x^2)^{\frac{3}{2}}+C$

三、求下列函数的积分

1. $\int\frac{\cos^2 x-1}{\sin x}\mathrm{d}x$.　　2. $\int\frac{x}{2+x^2}\mathrm{d}x$.

3. $\int\frac{x-1}{(x+2)^2}\mathrm{d}x$.　　4. $\int\frac{\sin(\sqrt{x}+1)}{\sqrt{x}}\mathrm{d}x$.

5. $\int\frac{\arcsin^2 x}{\sqrt{1-x^2}}\mathrm{d}x$.　　6. $\int\frac{1}{x\sqrt{1-\ln x}}\mathrm{d}x$.

7. $\int\frac{1}{(2+x)\sqrt{1+x}}\mathrm{d}x$.　　8. $\int\frac{1}{2+\sqrt{x-1}}\mathrm{d}x$.

9. $\int\frac{1}{x^2\sqrt{1-x^2}}\mathrm{d}x$.　　10. $\int\frac{\sqrt{x^2-1}}{x^2}\mathrm{d}x$.

11. $\int x\sin^2\frac{x}{2}\mathrm{d}x$.　　12. $\int x\mathrm{e}^{4x}\mathrm{d}x$.

13. $\int\mathrm{e}^{2x}\cos x\mathrm{d}x$.　　14. $\int\sec^3 x\mathrm{d}x$.

四、计算题

设 $f(x)+\sin x=\int f'(x)\sin x\mathrm{d}x$,求函数 $f(x)$.

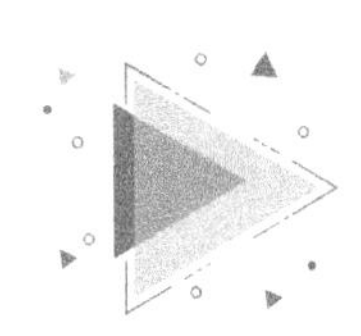

第六章 定积分

本章导引

导数是对已知函数关系 $y=f(x)$，求 y 关于 x 的变化率；求原函数和不定积分则是求导的逆运算：已知 y 关于 x 的变化率 $f'(x)$，求 $f(x)$. 本章将考虑第三类问题：已知 y 关于 x 的变化率 $f'(x)$，求 $f(x)$ 在 x 的某个变化范围 $[a,b]$ 内的累积量 $f(b)-f(a)$，这个累积量就是定积分.

了不起的数学世家——伯努利家族

瑞士的伯努利家族 3 代人中产生了 8 位科学家，出类拔萃的至少有 3 位. 在他们一代又一代的众多子孙中，至少有一半相继成为杰出人物. 伯努利家族的后裔有不少于 120 位被人们系统地追溯过，他们在数学、科学、技术、工程乃至法律、管理、文学、艺术等方面享有名望，有的甚至声名显赫.

老尼古拉·伯努利(Nicolaus Bernoulli，1623—1708)生于巴塞尔，受过良好教育，曾在当地政府和司法部门任高级职务. 他有 3 个有成就的儿子，其中长子雅各布(Jacob，1654—1705)和第三个儿子约翰(Johann，1667—1748)是著名的数学家，第二个儿子小尼古拉(Nicolaus I，1662—1716)在成为彼得堡科学院数学界的一员之前，是伯尔尼的第一个法律学教授.

雅各布·伯努利 1654 年 12 月 27 日生于巴塞尔，毕业于巴塞尔大学，17 岁时获艺术硕士学位. 这里的艺术指“自由艺术”，包括算术、几何学、天文学、音乐、文法、修辞、雄辩术共 7 大门类. 遵从父亲的愿望，他于 22 岁时又取得了神学硕士学位. 然而，他也违背了父亲的意愿，自学了数学和天文学. 1676 年，他到日内瓦做家庭教师. 从 1677 年起，他开始

撰写内容丰富的《沉思录》.许多数学成果与雅各布的名字相联系.例如,悬链线问题(1690年)、曲率半径公式(1694年)、伯努利双纽线(1694年)、伯努利微分方程(1695年)、等周问题(1700年)等.

约翰·伯努利于1667年8月6日生于巴塞尔.约翰于1685年获巴塞尔大学艺术硕士学位.父亲老尼古拉要大儿子雅各布学法律,要小儿子约翰去学经商.但约翰在雅各布的带领下进行反抗,去学习医学和古典文学.约翰于1690年获医学硕士学位,1694年又获得博士学位.但他发现他的兴趣是数学.他一直向雅各布学习数学,并颇有造诣.1695年,28岁的约翰取得了他的第一个学术职位——荷兰格罗宁根大学数学教授.10年后的1705年,约翰接替去世的雅各布任巴塞尔大学数学教授.同他的哥哥一样,他也当选为巴黎科学院外籍院士和柏林科学协会会员.他还分别于1712、1724和1725年当选为英国皇家学会、意大利波伦亚科学院和彼得堡科学院的外籍院士.

丹尼尔·伯努利1700年2月8日生于荷兰格罗宁根,瑞士物理学家、数学家、医学家,是著名的伯努利家族中最杰出的一位.他是数学家约翰·伯努利的次子,和他的父辈一样,违背家长要他经商的愿望,坚持学医.他曾在海得尔贝格、斯脱思堡和巴塞尔等大学学习哲学、伦理学、医学.1721年取得医学硕士学位.丹尼尔在25岁时(1725年)就应聘为圣彼得堡科学院的数学院士.8年后回到瑞士的巴塞尔,先任解剖学教授,后任动力学教授,1750年成为物理学教授.

§6-1 定积分的概念和性质

一、两个实例

1. 曲边梯形的面积

单曲边梯形:将直角梯形的斜腰换成连续曲线段后的图形(图6-1(a)).

由其他曲线围成的图形,可以用两组互相垂直的平行线分割成若干个矩形与单曲边梯形之和,如图6-1(b)(c)所示.

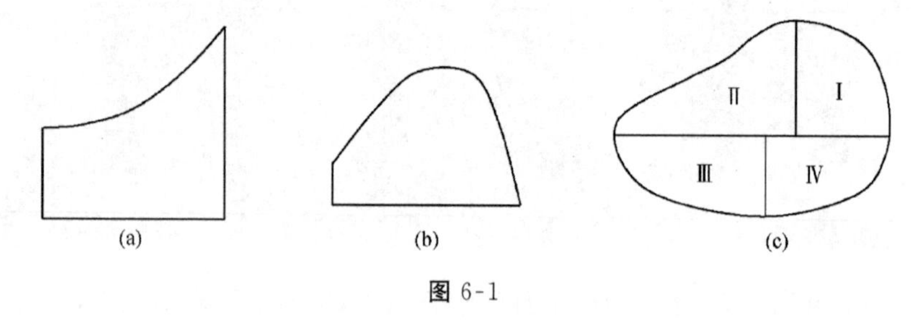

图6-1

适当选择直角坐标系,将单曲边梯形的一条直腰放在x轴上,两条底边为$x=a$,$x=b$.设曲边的方程为$y=f(x)$,$f(x)$在$[a,b]$上连续,且$f(x)\geqslant 0$,如图6-2所示.以A记图示曲边梯形的面积.

用以区间$[a,b]$为宽、高为$f(\xi)(a<\xi<b)$的矩形面积来作为A的近似值(图 6-2),但此时误差较大,可将曲边梯形用垂直于x轴的直线分割成若干个小曲边梯形,再用同底边的小矩形的面积近似小曲边梯形的面积,具体步骤如下:

(1) 分割　任取一组分点$a=x_0<x_1<x_2<\cdots<x_{i-1}<x_i<\cdots<x_{n-1}<x_n=b$将区间$[a,b]$分成$n$个小区间.

$$[a,b]=[x_0,x_1]\cup[x_1,x_2]\cup\cdots\cup[x_{i-1},x_i]\cup\cdots\cup[x_{n-1},x_n],$$

第i个小区间的长度为$\Delta x_i=x_i-x_{i-1}(i=1,2,\cdots,n)$. 过各分点作$x$轴的垂线,将原来的曲边梯形分成$n$个小曲边梯形(图 6-3),记第$i$个小曲边梯形的面积为$\Delta A_i$.

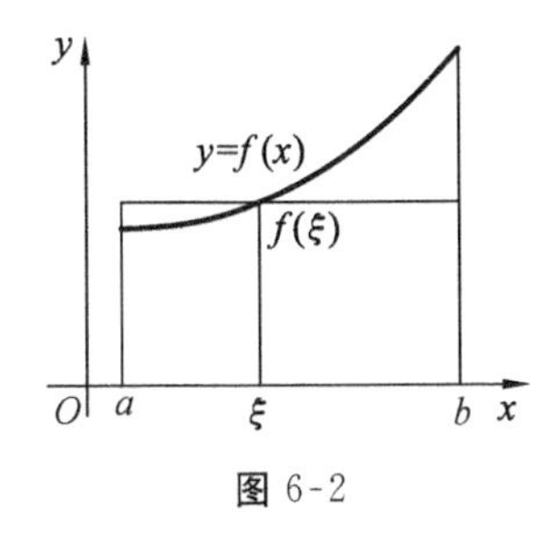

图 6-2

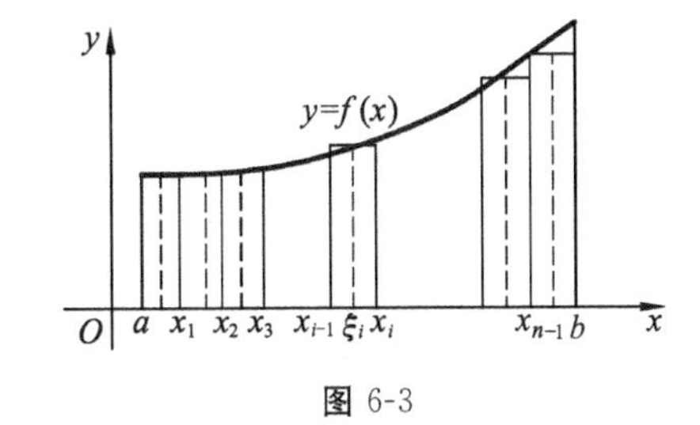

图 6-3

(2) 小范围内以不变代变取近似　在每一个小区间$[x_{i-1},x_i]$上任取一点$\xi_i(i=1,2,\cdots,n)$,认为$f(x)\approx f(\xi_i)(x_{i-1}\leqslant\xi_i\leqslant x_i)$,以这些小区间为底、$f(\xi_i)$为高的小矩形面积作为第$i$个小曲边梯形面积的近似值,即

$$\Delta A_i\approx f(\xi_i)\Delta x_i(i=1,2,\cdots,n).$$

(3) 求和得近似值　将n个小矩形面积相加,作为原曲边梯形面积的近似值.

$$A=\sum_{i=1}^{n}\Delta A_i\approx\sum_{i=1}^{n}f(\xi_i)\Delta x_i. \tag{6-1}$$

(4) 取极限得精确值　以$\|\Delta x\|$表示所有小区间长度的最大者,即

$$\|\Delta x\|=\max\{\Delta x_1,\Delta x_2,\cdots,\Delta x_n\}.$$

当$\|\Delta x\|\to 0$时,和式(6-1)的极限就是原曲边梯形的面积A,即

$$A=\lim_{\|\Delta x\|\to 0}\sum_{i=1}^{n}f(\xi_i)\Delta x_i.$$

2. 变速直线运动的路程

设一个物体沿一条直线运动,已知速度$v=v(t)$是时间区间$[t_0,T]$上t的连续函数,且$v(t)\geqslant 0$,求该物体在这段时间内所经过的路程s.

(1) 分割　任取分点$t_0<t_1<t_2<\cdots<t_{n-1}<t_n=T$,把时间区间$[t_0,T]$分成$n$个小区间.

$$[t_0,T]=[t_0,t_1]\cup[t_1,t_2]\cup\cdots\cup[t_{i-1},t_i]\cup\cdots\cup[t_{n-1},t_n],$$

记第i个小区间$[t_{i-1},t_i]$的长度为$\Delta t_i=t_i-t_{i-1}$,物体在第i个时间段内所走过的路程为$\Delta s_i(i=1,2,\cdots,n)$.

(2) 近似计算　在小区间$[t_{i-1},t_i]$上认为运动是匀速的,用其中任一时刻τ_i的速度$v(\tau_i)$来近似代替变化的速度$v(t)$,即$v(t)\approx v(\tau_i)$,$t\in[t_{i-1},t_i]$,得到Δs_i的近似值,即

$$\Delta s_i \approx v(\tau_i)\Delta t_i.$$

(3) 求和　把 n 个时间段上的路程近似值相加，得到总路程的近似值，即

$$s \approx \sum_{i=1}^{n} v(\tau_i)\Delta t_i. \tag{6-2}$$

(4) 取极限求精确值　当最大的小区间长度 $\|\Delta t\| = \max\{\Delta t_1, \Delta t_2, \cdots, \Delta t_n\}$ 趋近于零时，和式(6-2)的极限就是路程 s 的精确值，即

$$s = \lim_{\|\Delta t\| \to 0} \sum_{i=1}^{n} v(\tau_i)\Delta t_i.$$

若 $s=s(t), t_0 \leqslant t \leqslant T$ 表示路程函数，则 $v(t)=s'(t)$，可见问题实质也是已知路程函数的变化率，求 $s(t)$ 在时间段 $[t_0, T]$ 内的累积量 $s(T)-s(t_0)$.

二、定积分的定义

定义　设函数 $f(x)$ 在区间 $[a,b]$ 上有定义且有界，任取一组分点 $a=x_0<x_1<x_2<\cdots<x_n=b$，把区间 $[a,b]$ 分成 n 个小区间 $[a,b]=\bigcup\limits_{i=1}^{n}[x_{i-1}, x_i]$，第 i 个小区间长度记为 $\Delta x_i = x_i - x_{i-1}(i=1,2,\cdots,n)$. 在每个小区间 $[x_{i-1}, x_i]$ 上任取一点 $\xi_i(i=1,2,\cdots,n)$，作和式 $\sum\limits_{i=1}^{n} f(\xi_i)\Delta x_i$，称此和式为 $f(x)$ 在 $[a,b]$ 上的积分和. 记 $\|\Delta x\| = \max\limits_{1\leqslant i\leqslant n} \Delta x_i$，如果当 $\|\Delta x\| \to 0$ 时，积分和的极限存在且相同，则称函数 $f(x)$ 在区间 $[a,b]$ 上可积，并称此极限为函数 $f(x)$ 在区间 $[a,b]$ 上的定积分，记作 $\int_a^b f(x)\mathrm{d}x$，即

$$\int_a^b f(x)\mathrm{d}x = \lim_{\|\Delta x\| \to 0} \sum_{i=1}^{n} f(\xi_i)\Delta x_i.$$

其中"$\int$"称为**积分号**，$[a,b]$ 称为**积分区间**，积分号下方的 a 称为**积分下限**，上方的 b 称为**积分上限**，x 称为**积分变量**，$f(x)$ 称为**被积函数**，$f(x)\mathrm{d}x$ 称为**被积表达式**.

实例 1　由曲线 $y=f(x)$，直线 $x=a$，直线 $x=b$ 和 x 轴围成的曲边梯形的面积为 $A=\int_a^b f(x)\mathrm{d}x$.

例如，由曲线 $y=x^2+1$ 与直线 $x=1, x=3$ 及 x 轴所围成的曲边梯形的面积，用定积分表示为 $\int_1^3 (x^2+1)\mathrm{d}x$.

实例 2　以速度 $v(t)$ 做变速直线运动的物体，从时刻 t_0 到 T 通过的路程为 $s=\int_{t_0}^{T} v(t)\mathrm{d}t$.

例如，设质点做变速直线运动，其速度 $v(t)=2t$(单位：cm/s)，则质点在第 1 s 内经过的路程用定积分可表示为 $\int_0^1 2t\mathrm{d}t$.

关于定积分的定义，做以下说明：

(1) $f(x)$在$[a,b]$上可积，只是要求$f(x)$在$[a,b]$上有界且当$\|\Delta x\|\to 0$时和式$\sum_{i=1}^{n} f(\xi_i)\Delta x_i$存在极限，并未要求$f(x)$在$[a,b]$上连续. 可以证明，若$f(x)$在积分区间上连续或仅有有限个第一类间断点，则$f(x)$在$[a,b]$上必定是可积的.

(2) 如果已知$f(x)$在$[a,b]$上可积，那么对$[a,b]$的任意分法及ξ_i在$[x_{i-1},x_i]$中的任意取法，极限$\lim\limits_{\|\Delta x\|\to 0}\sum_{i=1}^{n} f(\xi_i)\Delta x_i$总存在且相同. 因此，在用定积分的定义求$\int_a^b f(x)\mathrm{d}x$时，为了简化计算，对$[a,b]$可采用特殊的分法，对$\xi_i$用特殊取法.

(3) 定积分$\int_a^b f(x)\mathrm{d}x$是一个数，这个数仅与被积函数$f(x)$、积分区间$[a,b]$有关，而与积分变量的选择无关，因此$\int_a^b f(x)\mathrm{d}x = \int_a^b f(t)\mathrm{d}t = \int_a^b f(u)\mathrm{d}u$.

(4) 规定：$\int_a^a f(x)\mathrm{d}x = 0$，$\int_b^a f(x)\mathrm{d}x = -\int_a^b f(x)\mathrm{d}x$.

三、定积分的几何意义

在实例1中(图6-2)已经知道，当$[a,b]$上的连续函数$f(x)\geqslant 0$时，定积分$\int_a^b f(x)\mathrm{d}x$表示由以$y=f(x)$为曲边，$x=a$，$x=b$和x轴界定的单曲边梯形的面积.

现若将$f(x)\geqslant 0$改为$f(x)\leqslant 0$(图6-4)，则$-f(x)\geqslant 0$，此时界定的单曲边梯形的面积是

$$A = \lim_{\|\Delta x\|\to 0}\sum_{i=1}^{n}[-f(\xi_i)]\Delta x_i = -\lim_{\|\Delta x\|\to 0}\sum_{i=1}^{n} f(\xi_i)\Delta x_i = -\int_a^b f(x)\mathrm{d}x.$$

从而有$\int_a^b f(x)\mathrm{d}x = -A$. 这就是说，当$f(x)\leqslant 0$时，定积分$\int_a^b f(x)\mathrm{d}x$是曲边梯形面积的相反数. 习惯上，此时把$\int_a^b f(x)\mathrm{d}x$称为单曲边梯形的代数面积，以与几何上正值面积相区分.

若$[a,b]$上的连续函数$f(x)$的符号不定，如图6-5所示，则积分$\int_a^b f(x)\mathrm{d}x$的几何意义表示由以$y=f(x)$，$x=a$，$x=b$和x轴界定的图形的代数面积. 读者可以想象，所谓代数面积，是正、负面积相消后的结果.

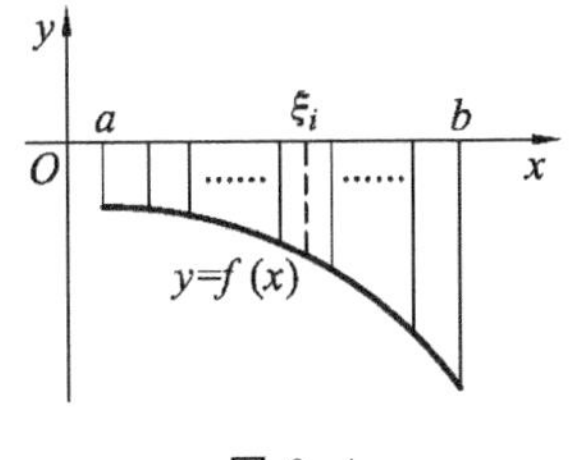

图6-4

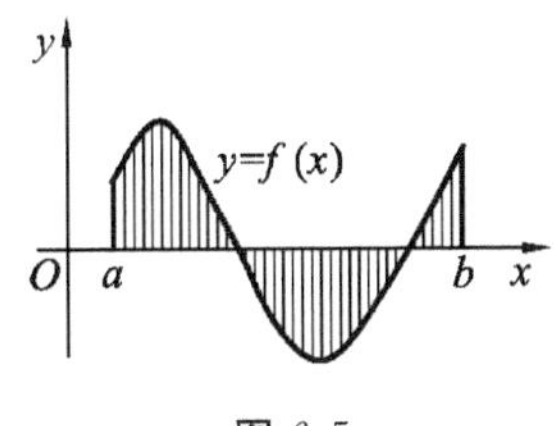

图6-5

据定积分的几何意义，有些定积分可以直接从几何中的面积公式得到，有些图形的面积可以由定积分表示.

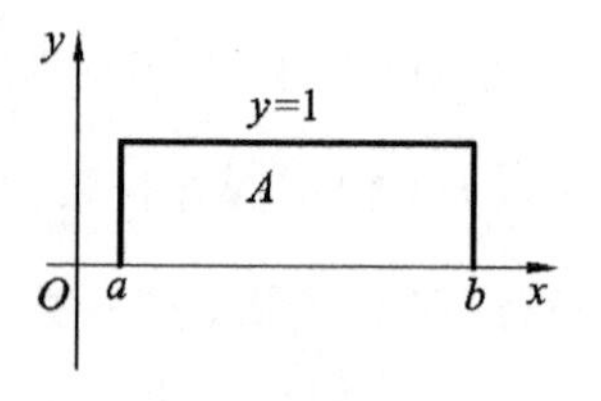

图 6-6

例 1　利用定积分的几何意义求 $\int_a^b \mathrm{d}x$.

解　令 $y=1$，如图 6-6 所示，矩形的面积 $A=b-a$.

所以 $$\int_a^b \mathrm{d}x = \int_a^b 1\cdot \mathrm{d}x = b-a.$$

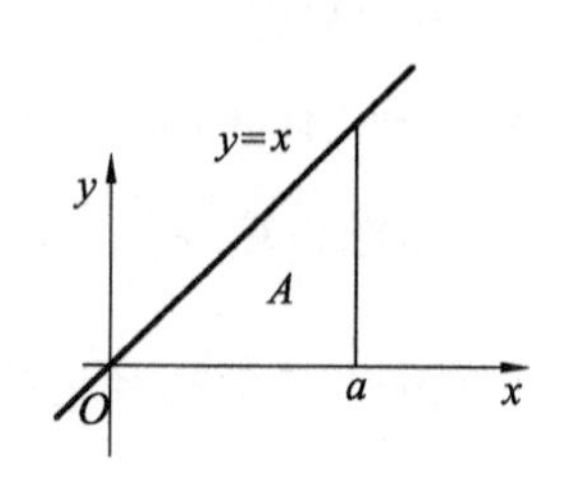

图 6-7

例 2　利用定积分的几何意义求 $\int_0^a x\mathrm{d}x$.

解　令 $y=x$，如图 6-7 所示，等腰直角三角形的面积 $A=\frac{1}{2}a^2$. 所以

$$\int_0^a x\mathrm{d}x = \frac{1}{2}a^2.$$

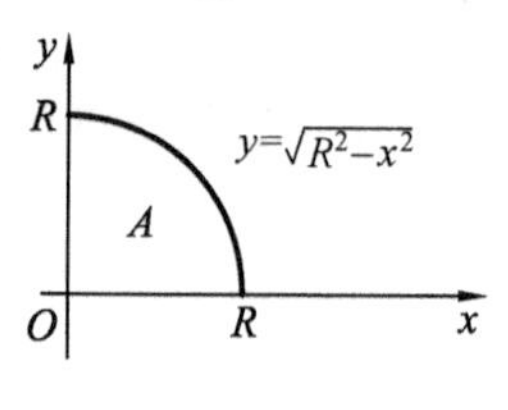

图 6-8

例 3　利用定积分的几何意义求 $\int_0^R \sqrt{R^2-x^2}\mathrm{d}x$.

解　令 $y=\sqrt{R^2-x^2}$，如图 6-8 所示，半径为 R 的 $\frac{1}{4}$ 圆的面积 $A=\frac{1}{4}\pi R^2$. 所以

$$\int_0^R \sqrt{R^2-x^2}\mathrm{d}x = \frac{1}{4}\pi R^2.$$

例 4　利用定积分的几何意义求 $\int_0^{2\pi} \sin x\mathrm{d}x$.

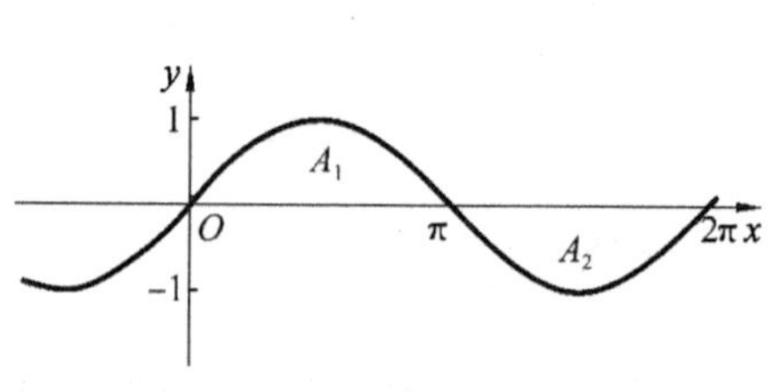

图 6-9

解　令 $y=\sin x$，如图 6-9 所示，由图形的对称性不难推知 $A_1+A_2=0$. 所以

$$\int_0^{2\pi} \sin x\mathrm{d}x = 0.$$

四、定积分存在的条件

函数 $f(x)$ 在 $[a,b]$ 上满足什么条件时才一定可积呢？一般来说，有如下的充分条件.

定理　若 $f(x)$ 在 $[a,b]$ 上满足下列条件之一：

(1) 连续；

(2) 有界且只有有限个第一类间断点.

则 $f(x)$ 在 $[a,b]$ 上一定可积.（证略）

练习 6-1

1. 填空题.

(1) 由曲线 $y=2x^2$ 与直线 $x=2,x=5$ 及 x 轴所围成的曲边梯形的面积,用定积分表示为____________.

(2) 已知物体做变速直线运动的速度为 $v(t)=3+gt$,其中 g 表示重力加速度. 当物体从第 1 s 开始,经过 2 s 后所经过的路程,用定积分表示为____________.

(3) 定积分 $\int_{-3}^{4}\sin 2t\mathrm{d}t$ 中,积分上限是__________,积分下限是__________,积分区间为__________.

(4) 定积分 $\int_{2}^{2}x^2\mathrm{d}x=$ __________.

2. 利用定积分的几何意义,计算下列定积分.

(1) $\int_{-\pi}^{\pi}\sin x\mathrm{d}x$; (2) $\int_{0}^{3}(x-1)\mathrm{d}x$; (3) $\int_{-3}^{3}(9-x^2)\mathrm{d}x$.

3. 利用定积分的几何意义,判断下列定积分值的正负(不必计算).

(1) $\int_{0}^{\frac{\pi}{2}}\sin x\mathrm{d}x$; (2) $\int_{-\frac{\pi}{2}}^{0}\frac{\pi}{2}\sin x\cos x\mathrm{d}x$; (3) $\int_{-1}^{2}x^2\mathrm{d}x$.

§6-2 定积分的性质

定积分有一些重要性质,了解这些性质有助于加深对定积分概念的理解,且在后面定积分的计算中也有重要的应用. 这些性质大体上可以分成两类:一类是用等式表示的性质;另一类是用不等式表示的性质,其中涉及的积分总默认是存在的.

性质 1(绝对值可积性) 若 $f(x)$在$[a,b]$上可积,则$|f(x)|$也在$[a,b]$上可积.

性质 2(常数性质) $\int_{a}^{a}f(x)\mathrm{d}x=0,\int_{a}^{b}\mathrm{d}x=b-a.$

性质 3(反积分区间性质) $\int_{a}^{b}f(x)\mathrm{d}x=-\int_{b}^{a}f(x)\mathrm{d}x.$

性质 4(线性性质)

$$\int_{a}^{b}[f(x)\pm g(x)]\mathrm{d}x=\int_{a}^{b}f(x)\mathrm{d}x\pm\int_{a}^{b}g(x)\mathrm{d}x,$$

$$\int_{a}^{b}[kf(x)]\mathrm{d}x=k\int_{a}^{b}f(x)\mathrm{d}x(\text{任意 }k\in\mathbf{R}).$$

综合这两个等式得到定积分的线性性质:

$$\int_{a}^{b}[k_1f(x)+k_2g(x)]\mathrm{d}x=k_1\int_{a}^{b}f(x)\mathrm{d}x+k_2\int_{a}^{b}g(x)\mathrm{d}x(k_1,k_2\in\mathbf{R}).$$

性质 2 至性质 4 可以直接从定积分的定义得到,读者可以自行证明.

性质 5（定积分对积分区间的可加性）

$$\int_a^b f(x)\mathrm{d}x = \int_a^c f(x)\mathrm{d}x + \int_c^b f(x)\mathrm{d}x (a,b,c\text{ 为常数}).$$

如果 $f(x)$连续，当 $a<c<b$ 时，积分对积分区间的可加性其实就是几何上面积的分块相加；当 c 在$[a,b]$之外时，则是反积分区间性质的应用. 事实上，当 $a<b<c$ 时，

$$\int_a^c f(x)\mathrm{d}x = \int_a^b f(x)\mathrm{d}x + \int_b^c f(x)\mathrm{d}x,$$

$$\begin{aligned}\int_a^b f(x)\mathrm{d}x &= \int_a^c f(x)\mathrm{d}x - \int_b^c f(x)\mathrm{d}x = \int_a^c f(x)\mathrm{d}x - \left[-\int_c^b f(x)\mathrm{d}x\right] \\ &= \int_a^c f(x)\mathrm{d}x + \int_c^b f(x)\mathrm{d}x.\end{aligned}$$

性质 6 如果在区间$[a,b]$上有 $f(x)\leqslant g(x)$，则 $\int_a^b f(x)\mathrm{d}x \leqslant \int_a^b g(x)\mathrm{d}x$. 当且仅当 $f(x)=g(x)$ 时，等号成立.

性质 6 也可以直接从定积分的定义得到.

性质 7（积分估值定理） 设函数 $m\leqslant f(x)\leqslant M, x\in[a,b]$，则

$$m(b-a)\leqslant \int_a^b f(x)\mathrm{d}x \leqslant M(b-a).$$

性质 7 可以由性质 6 和性质 1 得到.

性质 8（积分中值定理） 设函数 $f(x)$在以 a,b 为上、下限的积分区间上连续，则在 a,b 之间至少存在一个 ξ（中值），使

$$\int_a^b f(x)\mathrm{d}x = f(\xi)(b-a).$$

证明 先设 $a<b$. 因为函数 $f(x)$在区间$[a,b]$上连续，所以 $f(x)$在区间$[a,b]$上存在最大值 M 和最小值 m，由性质 7 得

$$m(b-a)\leqslant \int_a^b f(x)\mathrm{d}x \leqslant M(b-a),$$

即

$$m\leqslant \frac{1}{b-a}\int_a^b f(x)\mathrm{d}x \leqslant M.$$

由闭区间上连续函数的介值定理知，存在 $\xi\in[a,b]$，使 $f(\xi)=\frac{1}{b-a}\int_a^b f(x)\mathrm{d}x$，即

$$\int_a^b f(x)\mathrm{d}x = f(\xi)(b-a).$$

当 $b<a$ 时，类似可证.

积分中值定理的几何解释：若 $f(x)$在$[a,b]$上连续且非负，则在$[a,b]$上至少存在一点 ξ，使得以$[a,b]$为底边、曲线$y=f(x)$为曲边的曲边梯形的面积，与同底、高为$f(\xi)$的矩形的面积相等，如图 6-10 所示. 因此，从几何角度看，$f(\xi)$可以看作曲边梯形的曲顶的平均高度；从函数值角度看，$f(\xi)$理所当然地应该是 $f(x)$在$[a,b]$上的平均值.

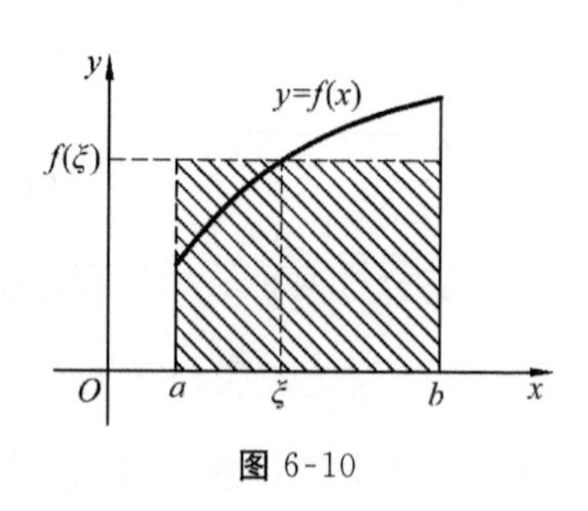

图 6-10

因此，积分中值定理解决了如何求一个连续变化量的平均值问题.

例 1 试比较下列积分的大小.

(1) $\int_0^1 x^2\,dx$ 与 $\int_0^1 x^3\,dx$； (2) $\int_1^2 x^2\,dx$ 与 $\int_1^2 x^3\,dx$.

解 (1) 因为 $0\leqslant x\leqslant 1$ 时，$x^2\geqslant x^3$，所以 $\int_0^1 x^2\,dx \geqslant \int_0^1 x^3\,dx$.

(2) 因为 $1\leqslant x\leqslant 2$ 时，$x^2\leqslant x^3$，所以 $\int_1^2 x^2\,dx \leqslant \int_1^2 x^3\,dx$.

例 2 已知 $\int_0^2 x^2\,dx = \frac{8}{3}$，$\int_0^3 x^2\,dx = 9$，求 $\int_2^3 x^2\,dx$.

解 根据性质可知

$$\int_0^3 x^2\,dx = \int_0^2 x^2\,dx + \int_2^3 x^2\,dx,$$

从而

$$\int_2^3 x^2\,dx = \int_0^3 x^2\,dx - \int_0^2 x^2\,dx$$

$$=9-\frac{8}{3}=\frac{19}{3}.$$

例 3 证明不等式 $2e^{-\frac{1}{4}} \leqslant \int_0^2 e^{x^2-x}\,dx \leqslant 2e^2$.

分析 对于这类问题，往往是先求出被积函数在积分区间上的最大值和最小值，然后利用积分估值定理证明.

易求得 x^2-x 在区间[0,2]上的最大值、最小值分别为 $2, -\frac{1}{4}$，所以

$$e^{-\frac{1}{4}}\leqslant e^{x^2-x}\leqslant e^2.$$

再用积分估值定理证明，即得结论.

练习 6-2

1. 下列结论是否正确？

(1) 若 $f(x)$ 在 $[a,b]$ 上可积，则必存在 $\xi\in[a,b]$，使 $\int_a^b f(x)\,dx = f(\xi)(b-a)$；

(2) 若 $\int_a^b f(x)\,dx = 0$，则在 $[a,b]$ 上 $f(x)\equiv 0$；

(3) 若 $f(x)$ 在 $[a,b]$ 上连续，则 $\int_a^b [f(x)]^2\,dx \geqslant 0$.

2. 估计下列定积分.

(1) $\int_{\frac{\pi}{4}}^{\frac{\pi}{2}} \frac{1}{1+\sin^2 x}\,dx$； (2) $\int_{-1}^2 e^{-x^2}\,dx$.

3. 比较下列定积分的大小.

(1) $\int_1^2 x^2\,dx$ 与 $\int_1^2 x^3\,dx$； (2) $\int_1^e \ln^2 x\,dx$ 与 $\int_1^e \ln x\,dx$；

(3) $\int_{-1}^{0} e^{x} dx$ 与 $\int_{-1}^{0} e^{-x} dx$； (4) $\int_{0}^{\frac{\pi}{4}} \sin x dx$ 与 $\int_{0}^{\frac{\pi}{4}} \cos x dx$.

§6-3 微积分基本公式

根据定积分的定义，用求极限的方法来计算定积分，是不可取的．定积分与不定积分是两个完全不同的概念，本节将讨论两者之间的内在联系，即微积分基本定理，从而得到定积分的有效计算方法．

回忆§6-1实例2，以速度$v(t)$做变速直线运动的物体，在时间间隔$[t_0, T]$内行进的路程为

$$s = \int_{t_0}^{T} v(t) dt = s(T) - s(t_0).$$

注意 因为$s'(t) = v(t)$，所以定积分是被积函数的原函数在积分上、下限处的差值．

实例 以非负连续函数$y = f(x)$为曲顶、$[a, b]$为底的单曲边梯形的面积

$$S = \int_{a}^{b} f(t) dt = S(b) - S(a),$$

其中$S(x)$为曲边梯形在$[a, x]$段的面积．注意$S'(x) = f(x)$，即$S(x)$是$f(x)$的一个原函数，所以定积分也是被积函数的原函数在积分上、下限处的差值．

根据定积分的几何意义，有

$$S(x) = \int_{a}^{x} f(t) dt,$$

即变动上限的定积分所确定的函数，正好就是被积函数的一个原函数．

一、积分上限函数及其导数

设函数$f(t)$在$[a, b]$上可积，则对每个$x \in [a, b]$，有一个确定的值$\int_{a}^{x} f(t) dt$与之对应，因此可以按对应规律$x \in [a, b] \to \int_{a}^{x} f(t) dt$定义一个函数

$$\Phi(x) = \int_{a}^{x} f(t) dt, x \in [a, b], \tag{6-3}$$

称函数$\Phi(x)$为**积分上限函数**或**变上限函数**.

注意 (1) 积分上限函数$\Phi(x)$是x的函数，与积分变量是t或u等无关；

(2) 积分上限函数的特点：下限是常量，上限是变量．

定理1(微积分基本定理) 设函数$f(x)$在$[a, b]$上连续，则按(6-3)式定义的积分上限函数$\Phi(x)$在$[a, b]$上可导，且

$$\Phi'(x) = \left[\int_{a}^{x} f(t) dt\right]' = \frac{d}{dx}\left[\int_{a}^{x} f(t) dt\right] = f(x), x \in [a, b]. \tag{6-4}$$

即连续函数的积分上限函数对上限求导等于被积函数.

证明 任取 $x\in[a,b]$,改变量 Δx 满足 $x+\Delta x\in[a,b]$,Φ 对应的改变量

$$\Delta\Phi=\Phi(x+\Delta x)-\Phi(x)=\int_a^{x+\Delta x}f(t)\mathrm{d}t-\int_a^x f(t)\mathrm{d}t$$

$$=\left[\int_a^x f(t)\mathrm{d}t+\int_x^{x+\Delta x}f(t)\mathrm{d}t\right]-\int_a^x f(t)\mathrm{d}t=\int_x^{x+\Delta x}f(t)\mathrm{d}t.$$

由积分中值定理,有

$$\Delta\Phi=f(\xi)\Delta x,$$

即

$$\frac{\Delta\Phi}{\Delta x}=f(\xi)(\xi\text{ 介于 }x\text{ 和 }x+\Delta x\text{ 之间}).$$

当 $\Delta x\to 0$ 时,$\xi\to x$. 而 $f(x)$ 在区间 $[a,b]$ 上连续,所以 $\lim\limits_{\Delta x\to 0}f(\xi)=f(x)$,于是

$$\lim_{\Delta x\to 0}\frac{\Delta\Phi}{\Delta x}=f(x),$$

即 $\Phi(x)$ 在 x 处可导,且 $\Phi'(x)=f(x)$,$x\in[a,b]$.

定理2(原函数存在定理) 如果 $f(x)$ 在区间 $[a,b]$ 上连续,则在 $[a,b]$ 上原函数一定存在,且其中一个原函数为 $\Phi(x)=\int_a^x f(t)\mathrm{d}t$.

由复合函数求导法则、定积分的性质不难得到以下结论:

(1) $\left[\int_x^a f(t)\mathrm{d}t\right]'=-f(x)$;

(2) $\left[\int_a^{g(x)} f(t)\mathrm{d}t\right]'=f[g(x)]g'(x)$;

(3) $\left[\int_{h(x)}^{g(x)} f(t)\mathrm{d}t\right]'=f[g(x)]g'(x)-f[h(x)]h'(x)$.

例1 求 $\dfrac{\mathrm{d}}{\mathrm{d}x}\int_0^x \mathrm{e}^t\sin t\mathrm{d}t$.

解 $\dfrac{\mathrm{d}}{\mathrm{d}x}\int_0^x \mathrm{e}^t\sin t\mathrm{d}t=\mathrm{e}^x\sin x$.

例2 求 $\dfrac{\mathrm{d}}{\mathrm{d}x}\int_x^0 \ln(1+t^2)\mathrm{d}t$.

解 $\dfrac{\mathrm{d}}{\mathrm{d}x}\int_x^0 \ln(1+t^2)\mathrm{d}t=\dfrac{\mathrm{d}}{\mathrm{d}x}\left[-\int_0^x \ln(1+t^2)\mathrm{d}t\right]=-\ln(1+x^2)$.

例3 求 $\dfrac{\mathrm{d}}{\mathrm{d}x}\int_a^{x^2}\sin t^2\mathrm{d}t$.

解 记 $\Phi(u)=\int_a^u \sin t^2\mathrm{d}t$,则 $\int_a^{x^2}\sin t^2\mathrm{d}t=\Phi(x^2)$. 根据复合函数求导法则,有

$$\frac{\mathrm{d}}{\mathrm{d}x}\int_a^{x^2}\sin t^2\mathrm{d}t=\left(\frac{\mathrm{d}}{\mathrm{d}u}\int_a^u \sin t^2\mathrm{d}t\right)\cdot\frac{\mathrm{d}u}{\mathrm{d}x}=\sin u^2\cdot 2x=2x\sin x^4.$$

二、牛顿-莱布尼茨公式

定理3(牛顿-莱布尼茨公式) 设 $f(x)$ 在区间 $[a,b]$ 上连续,$F(x)$ 是 $f(x)$ 在 $[a,b]$ 上

的一个原函数，则

$$\int_a^b f(x)\mathrm{d}x = F(x)\Big|_a^b = F(b) - F(a). \tag{6-5}$$

其中记号 $F(x)\Big|_a^b$ 称为 $F(x)$ 在 a,b 处的双重代换，它是(6-5)式右边的简写. $F(x)\Big|_a^b$ 也可写成 $[F(x)]_a^b$.

证明 由定理 2，$\Phi(x)=\int_a^x f(t)\mathrm{d}t$ 是 $f(x)$ 在 $[a,b]$ 上的一个原函数. 又假设 $F(x)$ 是 $f(x)$ 在 $[a,b]$ 上的原函数，由原函数的性质，得

$$\Phi(x)=F(x)+C(a\leqslant x\leqslant b, C \text{ 为常数}).$$

分别以 $x=b,x=a$ 代入上式后相减，得

$$\Phi(b)-\Phi(a)=F(b)-F(a).$$

注意到 $\Phi(a)=0$，所以

$$\int_a^b f(x)\mathrm{d}x = \Phi(b)-\Phi(a) = F(b)-F(a).$$

公式(6-5)称为牛顿-莱布尼茨(Newton-Leibniz)公式，简称 N-L 公式. 它把求定积分问题转化为求原函数问题，给出了一个不必求积分和的极限就能得到定积分的方法，称为**微积分基本公式**.

例 4 求下列定积分.

(1) $\int_0^1 x^3\mathrm{d}x$； (2) $\int_0^{\frac{\pi}{4}}\tan x\mathrm{d}x$； (3) $\int_0^1(2-3\cos x)\mathrm{d}x$； (4) $\int_{\frac{\pi}{4}}^{\frac{\pi}{3}}\frac{1}{\sin x\cos x}\mathrm{d}x$.

解 (1) 因为 $\frac{1}{4}x^4$ 是 x^3 的一个原函数，由牛顿-莱布尼茨公式，有

$$\int_0^1 x^3\mathrm{d}x = \frac{x^4}{4}\Big|_0^1 = \frac{1}{4}.$$

(2) 因为 $-\ln|\cos x|$ 是 $\tan x$ 的一个原函数，由牛顿-莱布尼茨公式，有

$$\int_0^{\frac{\pi}{4}}\tan x\mathrm{d}x = -\ln|\cos x|\Big|_0^{\frac{\pi}{4}} = -\left(\ln\frac{\sqrt{2}}{2}-\ln 1\right) = \frac{1}{2}\ln 2.$$

利用牛顿-莱布尼茨公式计算定积分的关键是找被积函数的一个形式最简单的原函数. 所以计算定积分通常可以这样写：

(3) 原式 $=2\int_0^1\mathrm{d}x-3\int_0^1\cos x\mathrm{d}x = 2x\Big|_0^1-3\sin x\Big|_0^1 = 2-3\sin 1.$

(4) 原式 $=\int_{\frac{\pi}{4}}^{\frac{\pi}{3}}\frac{\sin^2 x+\cos^2 x}{\sin x\cos x}\mathrm{d}x = \int_{\frac{\pi}{4}}^{\frac{\pi}{3}}(\tan x+\cot x)\mathrm{d}x = \int_{\frac{\pi}{4}}^{\frac{\pi}{3}}\tan x\mathrm{d}x+\int_{\frac{\pi}{4}}^{\frac{\pi}{3}}\cot x\mathrm{d}x$

$$=[-\ln|\cos x|]_{\frac{\pi}{4}}^{\frac{\pi}{3}}+[\ln|\sin x|]_{\frac{\pi}{4}}^{\frac{\pi}{3}} = -\ln\frac{1}{2}+\ln\frac{\sqrt{2}}{2}+\ln\frac{\sqrt{3}}{2}-\ln\frac{\sqrt{2}}{2}$$

$$=\ln\sqrt{3}.$$

例 5 求下列定积分.

(1) $\int_0^2|1-x|\mathrm{d}x$； (2) $\int_{-1}^1 f(x)\mathrm{d}x$，其中 $f(x)=\begin{cases}1+x, & 0<x\leqslant 2,\\ 1, & x\leqslant 0.\end{cases}$

解 (1) 因为 $|1-x|=\begin{cases}1-x, & 0\leqslant x\leqslant 1,\\ x-1, & 1<x\leqslant 2,\end{cases}$ 所以

$$\int_0^2 |1-x|\mathrm{d}x=\int_0^1(1-x)\mathrm{d}x+\int_1^2(x-1)\mathrm{d}x$$
$$=-\frac{1}{2}(1-x)^2\Big|_0^1+\frac{1}{2}(x-1)^2\Big|_1^2=1.$$

(2) $\displaystyle\int_{-1}^1 f(x)\mathrm{d}x=\int_{-1}^0 f(x)\mathrm{d}x+\int_0^1 f(x)\mathrm{d}x=\int_{-1}^0 1\mathrm{d}x+\int_0^1(1+x)\mathrm{d}x$

$$=x\Big|_{-1}^0+\frac{1}{2}(1+x)^2\Big|_0^1=\frac{5}{2}.$$

练习 6-3

1. 回答下列问题.

(1) 运算“$\dfrac{\mathrm{d}}{\mathrm{d}x}\displaystyle\int_a^b f(x)\mathrm{d}x=0$”是否正确？为什么？

(2) 运算“$\displaystyle\int_{-1}^1\frac{1}{x^2}\mathrm{d}x=-\left[\frac{1}{x}\right]\Big|_{-1}^1=-[1-(-1)]=-2$”是否正确？为什么？

(3) 运算“$\dfrac{\mathrm{d}}{\mathrm{d}x}\displaystyle\int_0^{x^2}\frac{\sqrt{1-t^3}}{\cos t}\mathrm{d}t=\frac{\sqrt{1-(x^2)^3}}{\cos x^2}=\frac{\sqrt{1-x^6}}{\cos x^2}$”是否正确？为什么？

2. 计算下列各导数.

(1) $\dfrac{\mathrm{d}}{\mathrm{d}x}\displaystyle\int_0^x\sqrt{1+t}\,\mathrm{d}t$； (2) $\dfrac{\mathrm{d}}{\mathrm{d}x}\displaystyle\int_0^{\cos x}\cos(\pi t^2)\mathrm{d}t$； (3) $\dfrac{\mathrm{d}}{\mathrm{d}x}\displaystyle\int_{\sin x}^{\cos x}t\,\mathrm{d}t$.

3. 计算下列各定积分.

(1) $\displaystyle\int_{-\frac{1}{2}}^{\frac{1}{2}}\frac{1}{\sqrt{1-x^2}}\mathrm{d}x$； (2) $\displaystyle\int_{-1}^1\frac{1}{1+x^2}\mathrm{d}x$； (3) $\displaystyle\int_0^1(2x^2-\sqrt[3]{x}+1)\mathrm{d}x$；

(4) $\displaystyle\int_4^9\sqrt{x}(1+\sqrt{x})\mathrm{d}x$； (5) $\displaystyle\int_0^a(3x^2-x+1)\mathrm{d}x$； (6) $\displaystyle\int_0^{\frac{\pi}{2}}2\sin^2\frac{x}{2}\mathrm{d}x$；

(7) $\displaystyle\int_{-1}^0\frac{3x^4+3x^2+1}{x^2+1}\mathrm{d}x$； (8) $\displaystyle\int_0^{\frac{\pi}{2}}\frac{\cos 2x}{\cos x-\sin x}\mathrm{d}x$； (9) $\displaystyle\int_0^3|2-x|\mathrm{d}x$；

(10) $\displaystyle\int_0^2 f(x)\mathrm{d}x$，其中 $f(x)=\begin{cases}x+1, & x\leqslant 1,\\ \dfrac{1}{2}x^2, & x>1.\end{cases}$

§6-4 定积分的换元积分法和分部积分法

根据牛顿-莱布尼茨公式，只要求出被积函数的原函数就能求出定积分. 上一章已经学习了求原函数(不定积分)的换元法，其中变量的回代过程往往相当复杂. 把求原函数的换元法应用到定积分上来，在实施换元时相应地改变积分限，就可以避免复杂的回代，这

就构成了定积分的换元法.至于定积分的分部积分法,就是求原函数(不定积分)分部积分法的直接应用.

一、定积分的换元法

例 1 计算$\int_0^{\frac{\pi}{2}} \sin^2 x\cos x\mathrm{d}x$.

解 $$\int \sin^2 x\cos x\mathrm{d}x \xlongequal{令 u=\sin x} \int u^2\mathrm{d}u = \frac{1}{3}u^3 + C \xlongequal{u=\sin x 回代} \frac{1}{3}\sin^3 x + C. \tag{6-6}$$

于是 $$\int_0^{\frac{\pi}{2}} \sin^2 x\cos x\mathrm{d}x = \frac{1}{3}\sin^3 x\Big|_0^{\frac{\pi}{2}} = \frac{1}{3}(1-0) = \frac{1}{3}. \tag{6-7}$$

分析解题过程:(6-6)式先求出 u^2 的原函数$\frac{1}{3}u^3$,然后作变量回代得到原函数$\frac{1}{3}\sin^3 x$,最后在(6-7)式中作双重代换,在 $x=0$,$x=\frac{\pi}{2}$时以 $\sin 0=0$,$\sin\frac{\pi}{2}=1$ 代入得到定积分$\frac{1}{3}$.注意当 $x=0,\frac{\pi}{2}$时,$u=\sin 0=0$,$u=\sin\frac{\pi}{2}=1$,如果直接对 u^2 的原函数$\frac{1}{3}u^3$作 u 从 0 到 1 的双重代换,与变量回代后对 $\sin x$ 从 0 到$\frac{\pi}{2}$的双重代换完全是等效的.可见在求定积分时变量回代实属多余,其实在实施换元(令 $u=\sin x$)的同时,也改变 x 的积分限 $0,\frac{\pi}{2}$为 u 的对应限 0,1,即

$$\int_0^{\frac{\pi}{2}} \sin^2 x\cos x\mathrm{d}x \xlongequal{令 u=\sin x} \int_0^1 u^2\mathrm{d}u = \frac{1}{3}u^3\Big|_0^1 = \frac{1}{3},$$

能得到同样的结果.

在一定条件下,把"换元⇒新元的原函数⇒回代⇒作双重代换"得定积分的过程,改为"换元、换积分限⇒新元的原函数⇒在新积分限上作双重代换"得定积分,是可以得到相同结果的.

定理 1 设(1) $f(x)$在$[a,b]$上连续;(2) $\varphi'(x)$在$[a,b]$上连续,且 $\varphi'(x)\neq 0$,$x\in(a,b)$;(3) $\varphi(a)=\alpha$,$\varphi(b)=\beta$.则

$$\int_a^b f[\varphi(x)]\mathrm{d}\varphi(x) \xlongequal[x=a\leftrightarrow u=\alpha;x=b\leftrightarrow u=\beta]{令 u=\varphi(x),\mathrm{d}u=\mathrm{d}\varphi(x)} \int_\alpha^\beta f(u)\mathrm{d}u.$$

定理 2 设(1) $f(x)$在$[a,b]$上连续;(2) $\varphi'(t)$在$[\alpha,\beta]$上连续,且 $\varphi'(t)\neq 0$,$t\in(\alpha,\beta)$;(3) $\varphi(\alpha)=a$,$\varphi(\beta)=b$.则

$$\int_a^b f(x)\mathrm{d}x \xlongequal[t=\alpha\leftrightarrow x=a;t=\beta\leftrightarrow x=b]{令 x=\varphi(t),\mathrm{d}x=\varphi'(t)\mathrm{d}t} \int_\alpha^\beta f[\varphi(t)]\varphi'(t)\mathrm{d}t.$$

注意 两个定理中 $\varphi'\neq 0$ 的条件,是新、老积分区间一一对应的保障,不可忽视,缺少这个条件可能会出现错误结果.例如,

$$\int_{-1}^1 x^4\mathrm{d}x \xlongequal{令 u=x^2;x=\pm 1,u=1} \frac{1}{2}\int_1^1 u^{\frac{3}{2}}\mathrm{d}u = 0.$$

实际上，$\int_{-1}^{1}x^4\mathrm{d}x=\frac{1}{5}x^5\Big|_{-1}^{1}=\frac{2}{5}$. $\varphi(x)=x^2$，$\varphi'(x)=2x$ 在$(-1,1)$内有零点 $x=0$，是产生错误的原因.

例 2 计算下列定积分.

(1) $\int_0^1 x\mathrm{e}^{-x^2}\mathrm{d}x$；　(2) $\int_0^2\frac{x}{1+x^2}\mathrm{d}x$；　(3) $\int_0^{\frac{\pi}{2}}\cos^2x\sin x\mathrm{d}x$；

(4) $\int_1^{\mathrm{e}}\frac{\ln x}{x}\mathrm{d}x$；　(5) $\int_1^4\frac{1}{x+\sqrt{x}}\mathrm{d}x$；　(6) $\int_0^a\sqrt{a^2-x^2}\mathrm{d}x$.

解 (1) $\int_0^1 x\mathrm{e}^{-x^2}\mathrm{d}x=\frac{1}{2}\int_0^1\mathrm{e}^{-x^2}\mathrm{d}(x^2)\xlongequal{\text{令 }u=x^2;x=0,u=0;x=1,u=1}\frac{1}{2}\int_0^1\mathrm{e}^{-u}\mathrm{d}u$

$$=-\frac{1}{2}\mathrm{e}^{-u}\Big|_0^1=\frac{\mathrm{e}-1}{2\mathrm{e}}.$$

(2) $\int_0^2\frac{x}{1+x^2}\mathrm{d}x=\frac{1}{2}\int_0^2\frac{\mathrm{d}(1+x^2)}{1+x^2}\xlongequal{\text{令 }u=1+x^2;x=0,u=1;x=2,u=5}\frac{1}{2}\int_1^5\frac{\mathrm{d}u}{u}$

$$=\frac{1}{2}\ln u\Big|_1^5=\frac{1}{2}\ln 5.$$

如果对不定积分换元法很熟悉，那么未必非要写出换元过程，可以直接写成

$$\int_0^2\frac{x}{1+x^2}\mathrm{d}x=\frac{1}{2}\int_0^2\frac{\mathrm{d}(1+x^2)}{1+x^2}=\frac{1}{2}\ln(1+x^2)\big|_0^2=\frac{1}{2}\ln 5.$$

因为没有换元，当然也不存在换积分限问题.

(3) $\int_0^{\frac{\pi}{2}}\cos^2x\sin x\mathrm{d}x=-\int_0^{\frac{\pi}{2}}\cos^2x\mathrm{d}(\cos x)\xlongequal{\text{令 }u=\cos x;x=0,u=1;x=\frac{\pi}{2},u=0}-\int_1^0u^2\mathrm{d}u$

$$=\frac{1}{3}u^3\big|_0^1=\frac{1}{3}.$$

如果对不定积分换元法熟悉，可以省去换元和换积分限的过程，直接写成

$$\int_0^{\frac{\pi}{2}}\cos^2x\sin x\mathrm{d}x=-\int_0^{\frac{\pi}{2}}\cos^2x\mathrm{d}(\cos x)=-\frac{1}{3}\cos^3x\Big|_0^{\frac{\pi}{2}}=\frac{1}{3}.$$

须记住“**换元变限，不换元限不变**”的原则.

(4) $\int_1^{\mathrm{e}}\frac{\ln x}{x}\mathrm{d}x=\int_1^{\mathrm{e}}\ln x\mathrm{d}(\ln x)=\frac{1}{2}(\ln x)^2\Big|_1^{\mathrm{e}}=\frac{1}{2}$.

(5) 令 $t=\sqrt{x}$，即 $x=t^2$，$\mathrm{d}x=2t\mathrm{d}t$. 当 $x=1$，$t=1$，当 $x=4$，$t=2$，即 x 从 $1\to4\Leftrightarrow t$ 从 $1\to2$.

应用定理 2 得

$$\int_1^4\frac{1}{x+\sqrt{x}}\mathrm{d}x=\int_1^2\frac{2t\mathrm{d}t}{t^2+t}=2\int_1^2\frac{\mathrm{d}t}{t+1}=2\ln(t+1)\Big|_1^2=2\ln\frac{3}{2}.$$

(6) 令 $x=a\sin t$，$\mathrm{d}x=a\cos t\mathrm{d}t$. 当 $x=0$，$t=0$，当 $x=a$，$t=\frac{\pi}{2}$，即 x 从 $0\to a\Leftrightarrow t$ 从 $0\to\frac{\pi}{2}$.

应用定理 2 得

$$\int_0^a \sqrt{a^2-x^2}\,\mathrm{d}x = \int_0^{\frac{\pi}{2}} a\cos t \cdot a\cos t\,\mathrm{d}t = \frac{a^2}{2}\int_0^{\frac{\pi}{2}}(1+\cos 2t)\,\mathrm{d}t$$

$$= \frac{a^2}{2}\left(t+\frac{1}{2}\sin 2t\right)\Big|_0^{\frac{\pi}{2}} = \frac{1}{4}\pi a^2.$$

例 3 设函数 $f(x)$ 在闭区间 $[-a,a]$ 上连续，证明：

(1) 当 $f(x)$ 为奇函数时，$\int_{-a}^{a} f(x)\,\mathrm{d}x = 0$；

(2) 当 $f(x)$ 为偶函数时，$\int_{-a}^{a} f(x)\,\mathrm{d}x = 2\int_0^a f(x)\,\mathrm{d}x$.

证明 $\int_{-a}^{a} f(x)\,\mathrm{d}x = \int_{-a}^{0} f(x)\,\mathrm{d}x + \int_0^a f(x)\,\mathrm{d}x$.

对 $\int_{-a}^{0} f(x)\,\mathrm{d}x$ 换元：令 $x=-t$，则 $\mathrm{d}x=-\mathrm{d}t$，x 从 $-a\to 0 \Leftrightarrow t$ 从 $a\to 0$. 于是

$$\int_{-a}^{0} f(x)\,\mathrm{d}x = \int_a^0 f(-t)\,\mathrm{d}(-t) = \int_0^a f(-t)\,\mathrm{d}t,$$

从而
$$\int_{-a}^{a} f(x)\,\mathrm{d}x = \int_0^a f(-t)\,\mathrm{d}t + \int_0^a f(x)\,\mathrm{d}x = \int_0^a [f(-x)+f(x)]\,\mathrm{d}x.$$

(1) 当 $f(x)$ 为奇函数时，有 $f(-x)+f(x)=0$，所以 $\int_{-a}^{a} f(x)\,\mathrm{d}x = 0$；

(2) 当 $f(x)$ 为偶函数时，有 $f(-x)+f(x)=2f(x)$，所以 $\int_{-a}^{a} f(x)\,\mathrm{d}x = 2\int_0^a f(x)\,\mathrm{d}x$.

本例所证明的等式，称为奇、偶函数在对称区间上的积分性质. 在理论和计算中经常会用这个结论. 从直观上看，该性质反映了对称区间上奇函数的正负面积相消(图 6-11)，偶函数的面积是半区间上面积的两倍(图 6-12).

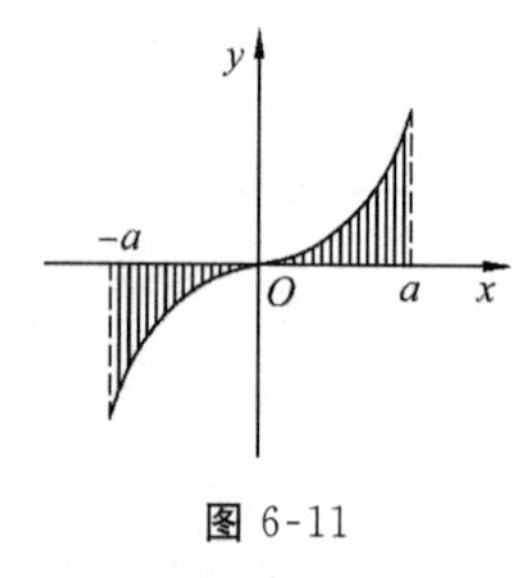

图 6-11

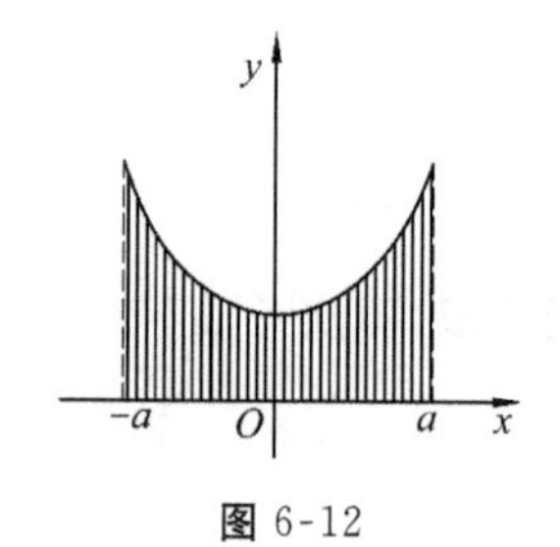

图 6-12

例 4 计算下列各定积分.

(1) $\int_{-\frac{\pi}{4}}^{\frac{\pi}{4}} \frac{1+x^3}{\cos^2 x}\,\mathrm{d}x$；　　(2) $\int_{-1}^{1} x^2\,|x|\,\mathrm{d}x$.

解 (1) 由于 $\frac{1}{\cos^2 x}$ 是 $\left[-\frac{\pi}{4},\frac{\pi}{4}\right]$ 上的偶函数，$\frac{x^3}{\cos^2 x}$ 是 $\left[-\frac{\pi}{4},\frac{\pi}{4}\right]$ 上的奇函数，所以

$$\int_{-\frac{\pi}{4}}^{\frac{\pi}{4}} \frac{1+x^3}{\cos^2 x}\,\mathrm{d}x = \int_{-\frac{\pi}{4}}^{\frac{\pi}{4}} \frac{1}{\cos^2 x}\,\mathrm{d}x + \int_{-\frac{\pi}{4}}^{\frac{\pi}{4}} \frac{x^3}{\cos^2 x}\,\mathrm{d}x = 2\int_0^{\frac{\pi}{4}} \frac{1}{\cos^2 x}\,\mathrm{d}x + 0 = 2\tan x\Big|_0^{\frac{\pi}{4}} = 2.$$

(2) 由于 $x^2|x|$ 是 $[-1,1]$ 上的偶函数，所以

$$\int_{-1}^{1} x^2 \ |x| \ \mathrm{d}x = 2\int_0^1 x^3 \mathrm{d}x = 2 \times \frac{1}{4}x^4 \Big|_0^1 = \frac{1}{2}.$$

二、定积分的分部积分法

例 5 计算$\int_0^{\pi} x\cos x \mathrm{d}x$.

解 先用分部积分法求 $x\cos x$ 的原函数.

$$\int x\cos x \mathrm{d}x = \int x \mathrm{d}(\sin x) = x\sin x - \int \sin x \mathrm{d}x = x\sin x + \cos x + C,$$

$$\int_0^{\pi} x\cos x \mathrm{d}x = [x\sin x + \cos x]_0^{\pi} = -1 - 1 = -2.$$

分部与双重代换同时进行，即以下面的方式完成.

$$\int_0^{\pi} x\cos x \mathrm{d}x = [x\sin x]_0^{\pi} - \int_0^{\pi} \sin x \mathrm{d}x = 0 + \cos x \Big|_0^{\pi} = -2.$$

定理 3（定积分的分部积分公式） 设 $u'(x)$，$v'(x)$在区间$[a,b]$上连续，则

$$\int_a^b u(x)v'(x)\mathrm{d}x = [u(x)v(x)]_a^b - \int_a^b v(x)u'(x)\mathrm{d}x,$$

或简写为

$$\int_a^b u \mathrm{d}v = [uv]_a^b - \int_a^b v \mathrm{d}u.$$

例 6 求定积分：(1) $\int_0^{\frac{\pi}{2}} x^2 \sin x \mathrm{d}x$；(2) $\int_0^{2\pi} \mathrm{e}^x \cos x \mathrm{d}x$.

解 (1) $\int_0^{\frac{\pi}{2}} x^2 \sin x \mathrm{d}x = -\int_0^{\frac{\pi}{2}} x^2 \mathrm{d}(\cos x) = -x^2 \cos x \Big|_0^{\frac{\pi}{2}} + 2\int_0^{\frac{\pi}{2}} x\cos x \mathrm{d}x$

$$= 0 + 2\int_0^{\frac{\pi}{2}} x \mathrm{d}(\sin x) = 2x\sin x \Big|_0^{\frac{\pi}{2}} - 2\int_0^{\frac{\pi}{2}} \sin x \mathrm{d}x$$

$$= \pi + 2\cos x \Big|_0^{\frac{\pi}{2}} = \pi - 2.$$

(2) $\int_0^{2\pi} \mathrm{e}^x \cos x \mathrm{d}x = \int_0^{2\pi} \cos x \mathrm{d}(\mathrm{e}^x) = \mathrm{e}^x \cos x \Big|_0^{2\pi} - \int_0^{2\pi} \mathrm{e}^x \mathrm{d}(\cos x)$

$$= (\mathrm{e}^{2\pi} - 1) + \int_0^{2\pi} \sin x \mathrm{d}(\mathrm{e}^x) = (\mathrm{e}^{2\pi} - 1) + \mathrm{e}^x \sin x \Big|_0^{2\pi} - \int_0^{2\pi} \mathrm{e}^x \mathrm{d}(\sin x)$$

$$= (\mathrm{e}^{2\pi} - 1) - \int_0^{2\pi} \mathrm{e}^x \cos x \mathrm{d}x,$$

移项得 $2\int_0^{2\pi} \mathrm{e}^x \cos x \mathrm{d}x = \mathrm{e}^{2\pi} - 1$,

所以 $\int_0^{2\pi} \mathrm{e}^x \cos x \mathrm{d}x = \frac{1}{2}(\mathrm{e}^{2\pi} - 1)$.

练习 6-4

1. 思考并回答下列问题.

(1) 应用定积分的换元法时，强调要同步换积分限. 把不定积分凑微分法应用于定积分换元，是否一定要同步换积分限？

(2) 在定积分 $\int_{-1}^{1}\frac{\mathrm{d}x}{1+x^2}$ 中作如下换元：令 $x=\frac{1}{t}$，$\mathrm{d}x=-\frac{1}{t^2}\mathrm{d}t$，$x$ 从 $-1\to1 \Leftrightarrow t$ 从 $-1\to1$. 所以 $\int_{-1}^{1}\frac{\mathrm{d}x}{1+x^2}=-\int_{-1}^{1}\frac{\mathrm{d}t}{1+t^2}=-\int_{-1}^{1}\frac{\mathrm{d}x}{1+x^2}$，移项得 $\int_{-1}^{1}\frac{\mathrm{d}x}{1+x^2}=0$. 以上运算是否正确？为什么？

(3) 若 $\int_{-a}^{a}f(x)\mathrm{d}x=0$，则 $f(x)$ 必定是奇函数. 这个结论正确吗？

2. 计算下列定积分.

(1) $\int_{1}^{\mathrm{e}}\frac{\ln^4 x}{x}\mathrm{d}x$；

(2) $\int_{0}^{1}\frac{x^2}{1+x^6}\mathrm{d}x$；

(3) $\int_{0}^{\frac{\pi}{2}}\cos x\sin x\mathrm{d}x$；

(4) $\int_{-\frac{\sqrt{2}}{2}}^{0}\frac{x}{\sqrt{1-x^2}}\mathrm{d}x$；

(5) $\int_{4}^{9}\frac{\sqrt{x}}{\sqrt{x}-1}\mathrm{d}x$；

(6) $\int_{0}^{1}\frac{1}{\sqrt{4+5x}-1}\mathrm{d}x$；

(7) $\int_{1}^{\sqrt{3}}\frac{1}{x^2\sqrt{1+x^2}}\mathrm{d}x$；

(8) $\int_{1}^{\mathrm{e}}x\ln x\mathrm{d}x$；

(9) $\int_{0}^{1}x\mathrm{e}^x\mathrm{d}x$；

(10) $\int_{0}^{1}\arctan\sqrt{x}\mathrm{d}x$.

3. 求下列定积分.

(1) $\int_{-1.5}^{1.5}\frac{x^8\tan x}{3-\sin x^4}\mathrm{d}x$；

(2) $\int_{-\frac{1}{2}}^{\frac{1}{2}}\frac{2+\sin^5 x}{\sqrt{1-x^2}}\mathrm{d}x$.

§6-5 广义积分

我们在定义定积分 $\int_{a}^{b}f(x)\mathrm{d}x$ 时有下列两个条件：

(1) 积分区间为有限区间；

(2) 被积函数在积分区间上有定义且有界.

然而，在一些实际问题中，还常遇到积分区间为无穷区间，或被积函数为无界函数的积分. 因此，需要对定积分进行推广，形成广义积分的概念.

一、无穷区间上的广义积分

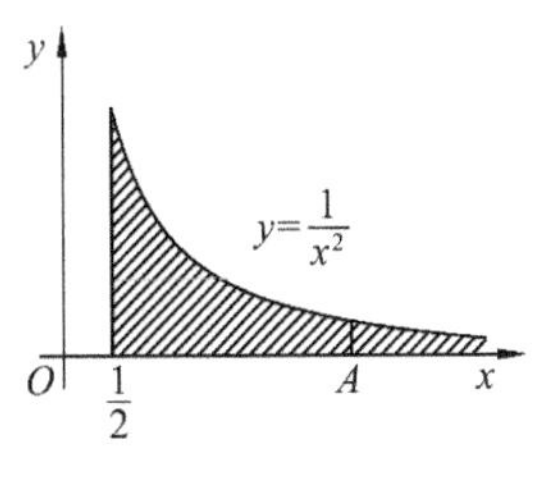

图 6-13

例 1 如图 6-13 所示，求以 $y=\frac{1}{x^2}$ 为曲顶、$\left[\frac{1}{2},A\right]$ 为底的单曲边梯形的面积 $S(A)$，这是一个典型的定积分问题.

$$S(A)=\int_{\frac{1}{2}}^{A}\frac{1}{x^2}\mathrm{d}x=2-\frac{1}{A}.$$

现在若要求由 $x=\frac{1}{2}$，$y=\frac{1}{x^2}$ 和 x 轴所"界定"的区域的"面积"S，则因为面积累积区域是 $\left[\frac{1}{2},+\infty\right)$，这已经不是定积分问题了，也就是说，它不能再通过区间分划、局部近似、无限加细求极限的步骤来处理. 但可以通过求 $S(A)$，即定积分的极限来得到 S.

$$S=\lim_{A\to+\infty}\int_{\frac{1}{2}}^{A}\frac{1}{x^2}\mathrm{d}x=\lim_{A\to+\infty}S(A)=\lim_{A\to+\infty}\left(2-\frac{1}{A}\right)=2.$$

定义 1 设函数 $f(x)$ 在 $[a,+\infty)$ 内有定义，对任意 $A\in[a,+\infty)$，$f(x)$ 在 $[a,A]$ 上可积 $\left[\text{即定积分}\int_a^A f(x)\mathrm{d}x\text{ 存在}\right]$，称极限 $\lim\limits_{A\to+\infty}\int_a^A f(x)\mathrm{d}x$ 为函数 $f(x)$ 在 $[a,+\infty)$ 上的无穷区间广义积分（简称无穷积分），记作 $\int_a^{+\infty}f(x)\mathrm{d}x$，即

$$\int_a^{+\infty}f(x)\mathrm{d}x=\lim_{A\to+\infty}\int_a^A f(x)\mathrm{d}x. \tag{6-8}$$

若(6-8)式右边的极限存在，则称无穷积分 $\int_a^{+\infty}f(x)\mathrm{d}x$ 收敛；否则，就称为发散.

例 1 的问题可以用无穷积分表示为 $S=\int_{\frac{1}{2}}^{+\infty}\frac{1}{x^2}\mathrm{d}x$，而且这个无穷积分是收敛的.

同样可以定义

$$\int_{-\infty}^{b}f(x)\mathrm{d}x=\lim_{A\to+\infty}\int_{-A}^{b}f(x)\mathrm{d}x\ \text{（极限号下的积分存在）}, \tag{6-9}$$

$$\int_{-\infty}^{+\infty}f(x)\mathrm{d}x=\lim_{A\to+\infty}\int_{-A}^{a}f(x)\mathrm{d}x+\lim_{B\to+\infty}\int_{a}^{B}f(x)\mathrm{d}x. \tag{6-10}$$

上式中两个极限号下的积分都存在，$a\in(-\infty,+\infty)$.

上面两式也称为无穷积分. 所谓收敛，表示(6-9)、(6-10)式右边的极限都存在，否则就是发散.

例 2 计算无穷广义积分.

(1) $\int_0^{+\infty}x\mathrm{e}^{-x^2}\mathrm{d}x$； (2) $\int_{-\infty}^{-1}\frac{1}{x^3}\mathrm{d}x$； (3) $\int_{-\infty}^{+\infty}\frac{1}{1+x^2}\mathrm{d}x$.

解 (1) $\int_0^{A}x\mathrm{e}^{-x^2}\mathrm{d}x=-\frac{1}{2}\int_0^{A}\mathrm{e}^{-x^2}\mathrm{d}(-x^2)=-\frac{1}{2}\mathrm{e}^{-x^2}\Big|_0^A=-\frac{1}{2}(\mathrm{e}^{-A^2}-1)$，

$$\int_0^{+\infty}x\mathrm{e}^{-x^2}\mathrm{d}x=\lim_{A\to+\infty}\int_0^{A}x\mathrm{e}^{-x^2}\mathrm{d}x=-\frac{1}{2}\lim_{A\to+\infty}(\mathrm{e}^{-A^2}-1)=\frac{1}{2}.$$

(2) $\int_{-A}^{-1}\frac{1}{x^3}\mathrm{d}x=-\frac{1}{2x^2}\Big|_{-A}^{-1}=-\frac{1}{2}+\frac{1}{2A^2}$，

$$\int_{-\infty}^{-1} \frac{1}{x^3}\mathrm{d}x = \lim_{A\to+\infty}\int_{-A}^{-1} \frac{1}{x^3}\mathrm{d}x = \lim_{A\to+\infty}\left(-\frac{1}{2}+\frac{1}{2A^2}\right) = -\frac{1}{2}.$$

(3) $\int_{-A}^{B} \frac{1}{1+x^2}\mathrm{d}x = \int_{-A}^{0} \frac{1}{1+x^2}\mathrm{d}x + \int_{0}^{B} \frac{1}{1+x^2}\mathrm{d}x = \arctan A + \arctan B$,

$$\begin{aligned}\int_{-\infty}^{+\infty} \frac{1}{1+x^2}\mathrm{d}x &= \lim_{A\to+\infty}\int_{-A}^{0} \frac{1}{1+x^2}\mathrm{d}x + \lim_{B\to+\infty}\int_{0}^{B} \frac{1}{1+x^2}\mathrm{d}x \\ &= \lim_{A\to+\infty}\arctan A + \lim_{B\to+\infty}\arctan B = \frac{\pi}{2}+\frac{\pi}{2} = \pi.\end{aligned}$$

在第(3)题中我们取 0 来分割 $\int_{-A}^{B} \frac{1}{1+x^2}$ 为两个积分，取任意 $a\in(-\infty,+\infty)$ 分割会改变结果吗?

对无穷积分首先要判定它的敛散性，然后才能求其值. 但若能求出被积函数的一个原函数，则可以通过极限，同时解决敛散问题和求值问题. 设 $F(x)$ 是函数 $f(x)$ 的原函数，为了方便起见，无穷积分也可以根据牛顿-莱布尼茨公式简记为

$\int_{a}^{+\infty} f(x)\mathrm{d}x = F(x)\Big|_{a}^{+\infty} = \lim_{x\to+\infty}F(x) - F(a)$，极限 $\lim_{x\to+\infty}F(x)$ 存在时，无穷积分收敛，否则发散；

$\int_{-\infty}^{b} f(x)\mathrm{d}x = F(x)\Big|_{-\infty}^{b} = F(b) - \lim_{x\to-\infty}F(x)$，极限 $\lim_{x\to-\infty}F(x)$ 存在时，无穷积分收敛，否则发散；

$\int_{-\infty}^{+\infty} f(x)\mathrm{d}x = F(x)\Big|_{-\infty}^{+\infty} = \lim_{x\to+\infty}F(x) - \lim_{x\to-\infty}F(x)$，极限 $\lim_{x\to+\infty}F(x)$，$\lim_{x\to-\infty}F(x)$ 都存在时，无穷积分收敛，否则发散.

例如，

$$\int_{-\infty}^{+\infty} \frac{1}{1+x^2}\mathrm{d}x = \arctan x\Big|_{-\infty}^{+\infty} = \lim_{x\to+\infty}\arctan x - \lim_{x\to-\infty}\arctan x = \frac{\pi}{2} - \left(-\frac{\pi}{2}\right) = \pi.$$

例 3 证明：无穷积分 $\int_{1}^{+\infty} \frac{\mathrm{d}x}{x^p}\ (p>0)$ 当 $p>1$ 时收敛，当 $0<p\leqslant 1$ 时发散.

证明 (1) 当 $p=1$ 时，$\int_{1}^{A} \frac{\mathrm{d}x}{x^p} = \int_{1}^{A} \frac{\mathrm{d}x}{x} = \ln x\Big|_{1}^{A} = \ln A$,

$$\int_{1}^{+\infty} \frac{\mathrm{d}x}{x^p} = \lim_{A\to+\infty}\int_{1}^{A} \frac{\mathrm{d}x}{x} = \lim_{A\to+\infty}\ln A = +\infty,$$

所以 $\int_{1}^{+\infty} \frac{\mathrm{d}x}{x}$ 发散.

(2) 当 $p>0, p\neq 1$ 时，$\int_{1}^{A} \frac{\mathrm{d}x}{x^p} = \left(\frac{x^{1-p}}{1-p}\right)\Big|_{1}^{A} = \frac{1}{1-p}(A^{1-p}-1)$.

(3) 若 $0<p<1$，则 $1-p>0$，所以 $\lim_{A\to+\infty}\int_{1}^{A} \frac{\mathrm{d}x}{x^p} = \frac{1}{1-p}\lim_{A\to+\infty}(A^{1-p}-1) = +\infty$，即 $\int_{1}^{+\infty} \frac{\mathrm{d}x}{x^p}$ 发散；

(4) 若 $p>1$，则 $1-p<0$，所以 $\lim_{A\to+\infty}\int_{1}^{A} \frac{\mathrm{d}x}{x^p} = \frac{1}{1-p}\lim_{A\to+\infty}(A^{1-p}-1) = \frac{1}{p-1}$，即

$\int_{1}^{+\infty}\frac{\mathrm{d}x}{x^{p}}$ 收敛，且$\int_{1}^{+\infty}\frac{\mathrm{d}x}{x^{p}}=\frac{1}{p-1}$.

综上可知，$\int_{1}^{+\infty}\frac{\mathrm{d}x}{x^{p}}$ 当 $p>1$ 时收敛于$\frac{1}{p-1}$，当 $0<p\leqslant 1$ 时发散.

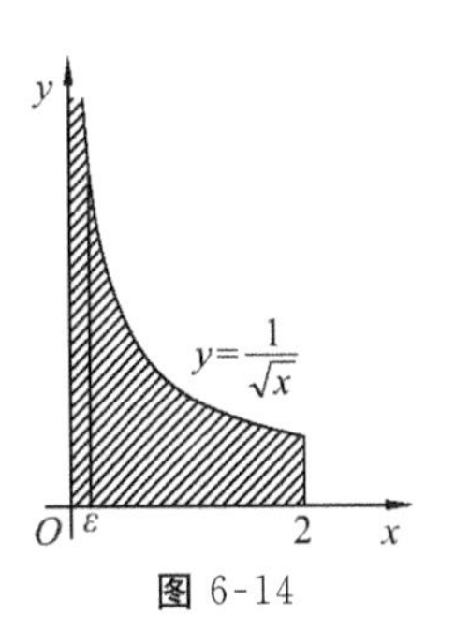

图 6-14

二、无界函数的广义积分

例 4 如图 6-14 所示，求以 $y=\frac{1}{\sqrt{x}}$ 为曲顶、$[\varepsilon,2](\varepsilon>0)$ 为底的单曲边梯形的面积 $S(\varepsilon)$，这是一个典型的定积分问题.

$$S(\varepsilon)=\int_{\varepsilon}^{2}\frac{1}{\sqrt{x}}\mathrm{d}x=(2\sqrt{x})\Big|_{\varepsilon}^{2}=2(\sqrt{2}-\sqrt{\varepsilon}).$$

现在若要求由 $x=2$，$y=\frac{1}{\sqrt{x}}$，x 轴和 y 轴所"界定"的区域的"面积"S，则因为函数 $y=\frac{1}{\sqrt{x}}$ 在 $x=0$ 处无定义，且在$(0,2)$内无界，与例 1 类似，它已经不是定积分问题了. 可以通过求 $S(\varepsilon)$，即定积分的极限来得到 S.

$$S=\lim_{\varepsilon\to 0^{+}}\int_{\varepsilon}^{2}\frac{1}{\sqrt{x}}\mathrm{d}x=\lim_{\varepsilon\to 0^{+}}S(\varepsilon)=\lim_{\varepsilon\to 0^{+}}2(\sqrt{2}-\sqrt{\varepsilon})=2\sqrt{2}.$$

定义 2 设函数 $f(x)$在$(a,b]$上有定义，$\lim\limits_{x\to a^{+}}f(x)=\infty$. 对任意$\varepsilon(b-a>\varepsilon>0)$，$f(x)$在$[a+\varepsilon,b]$上可积，即 $\int_{a+\varepsilon}^{b}f(x)\mathrm{d}x$ 存在，则称极限$\lim\limits_{\varepsilon\to 0^{+}}\int_{a+\varepsilon}^{b}f(x)\mathrm{d}x$ 为无界函数 $f(x)$ 在$(a,b]$ 上的广义积分，即

$$\int_{a}^{b}f(x)\mathrm{d}x=\lim_{\varepsilon\to 0^{+}}\int_{a+\varepsilon}^{b}f(x)\mathrm{d}x. \tag{6-11}$$

若(6-11)式右边的极限存在，则称无界函数广义积分 $\int_{a}^{b}f(x)\mathrm{d}x$ 收敛，否则为发散.

例 4 的"面积"S 可以表示成 $S=\int_{0}^{2}\frac{1}{\sqrt{x}}\mathrm{d}x$，而且无界函数广义积分收敛于 $2\sqrt{2}$.

无界函数广义积分 $\int_{a}^{b}f(x)\mathrm{d}x$ 也称为**瑕积分**，且称使 $f(x)$的极限为无穷的那个点 a 为瑕点.

瑕点也可以是区间的右端点 b 或$[a,b]$中间的点，并且可以类似于(6-11)式定义瑕积分：

$$\int_{a}^{b}f(x)\mathrm{d}x=\lim_{\varepsilon\to 0^{+}}\int_{a}^{b-\varepsilon}f(x)\mathrm{d}x \tag{6-12}$$

(b 为瑕点，极限号下的积分存在)，

$$\int_{a}^{b}f(x)\mathrm{d}x=\lim_{\varepsilon_1\to 0^{+}}\int_{a}^{c-\varepsilon_1}f(x)\mathrm{d}x+\lim_{\varepsilon_2\to 0^{+}}\int_{c+\varepsilon_2}^{b}f(x)\mathrm{d}x \tag{6-13}$$

[$c\in(a,b)$为瑕点，两个极限号下的积分都存在].

所谓收敛，表示(6-12)、(6-13)式右边的极限都存在，否则就是发散.

例 5 求无界函数广义积分(即瑕积分)$\int_0^1 \frac{dx}{\sqrt{1-x^2}}$.

解 这是一个以 $x=1$ 为瑕点的瑕积分.

$$\int_0^{1-\varepsilon} \frac{dx}{\sqrt{1-x^2}} = \arcsin x \Big|_0^{1-\varepsilon} = \arcsin(1-\varepsilon),$$

$$\int_0^1 \frac{dx}{\sqrt{1-x^2}} = \lim_{\varepsilon \to 0^+} \int_0^{1-\varepsilon} \frac{dx}{\sqrt{1-x^2}} = \lim_{\varepsilon \to 0^+} \arcsin(1-\varepsilon) = \frac{\pi}{2}.$$

例 6 当 $p>0$ 时,$\int_0^1 \frac{dx}{x^p}$ 是以 $x=0$ 为瑕点的瑕积分. 证明:它在 $0<p<1$ 时收敛,在 $p \geqslant 1$ 时发散.

证明 当 $p=1$ 时,$\int_\varepsilon^1 \frac{dx}{x^p} = \int_\varepsilon^1 \frac{dx}{x} = (\ln x) \Big|_\varepsilon^1 = -\ln\varepsilon\ (\varepsilon > 0)$,

$$\int_0^1 \frac{dx}{x} = \lim_{\varepsilon \to 0^+} \int_\varepsilon^1 \frac{dx}{x} = \lim_{\varepsilon \to 0^+} (-\ln \varepsilon) = +\infty.$$

当 $p>0, p \neq 1$ 时,$\int_\varepsilon^1 \frac{dx}{x^p} = \frac{x^{1-p}}{1-p} \Big|_\varepsilon^1 = \frac{1}{1-p}(1-\varepsilon^{1-p})$.

若 $p<1$,则 $1-p>0$,$\int_0^1 \frac{dx}{x^p} = \lim_{\varepsilon \to 0^+} \int_\varepsilon^1 \frac{dx}{x^p} = \lim_{\varepsilon \to 0^+} \frac{1}{1-p}(1-\varepsilon^{1-p}) = \frac{1}{1-p}$;

若 $p>1$,则 $1-p<0$,$\int_0^1 \frac{dx}{x^p} = \lim_{\varepsilon \to 0^+} \int_\varepsilon^1 \frac{dx}{x^p} = \lim_{\varepsilon \to 0^+} \frac{1}{1-p}(1-\varepsilon^{1-p}) = +\infty$.

所以 $\int_0^1 \frac{dx}{x^p}$ 当 $0 < p < 1$ 时收敛于 $\frac{1}{1-p}$,当 $p \geqslant 1$ 时发散.

对瑕积分首先要判定它的敛散性,然后才能求其值. 但若能求出被积函数的一个原函数,则可以通过极限,同时解决敛散问题和求值问题. 设 $F(x)$ 是函数 $f(x)$ 的一个原函数,为了方便起见,瑕积分也可以根据牛顿-莱布尼茨公式简记为:

若 a 为瑕点,$\int_a^b f(x)dx = F(x) \Big|_a^b = F(b) - \lim_{x \to a^+} F(x)$,极限 $\lim_{x \to a^+} F(x)$ 存在时,瑕积分收敛,否则发散;

若 b 为瑕点,$\int_a^b f(x)dx = F(x) \Big|_a^b = \lim_{x \to b^-} F(x) - F(a)$,极限 $\lim_{x \to b^-} F(x)$ 存在时,瑕积分收敛,否则发散;

若 $c \in (a,b)$ 为瑕点,

$$\begin{aligned} \int_a^b f(x)dx &= \int_a^c f(x)dx + \int_c^b f(x)dx = F(x) \Big|_a^c + F(x) \Big|_c^b \\ &= \lim_{x \to c^-} F(x) - F(a) + F(b) - \lim_{x \to c^+} F(x), \end{aligned}$$

极限 $\lim_{x \to c^-} F(x)$,$\lim_{x \to c^+} F(x)$ 都存在时,瑕积分收敛,否则发散.

练习 6-5

1. 下面的运算对吗?

(1) 因为 $f(x)=\dfrac{x}{\sqrt{1+x^2}}$ 是$(-\infty,+\infty)$内的奇函数,所以$\displaystyle\int_{-\infty}^{+\infty}\frac{x}{\sqrt{1+x^2}}\mathrm{d}x=0$;

(2) $$\int_1^{+\infty}\left(\frac{1}{x}-\frac{x}{1+x^2}\right)\mathrm{d}x=\int_1^{+\infty}\frac{1}{x}\mathrm{d}x-\int_1^{+\infty}\frac{x}{1+x^2}\mathrm{d}x$$
$$=\lim_{A\to+\infty}\ln A-\frac{1}{2}[\lim_{B\to+\infty}\ln(1+B^2)-\ln 2],$$

由于$\displaystyle\int_1^{+\infty}\frac{1}{x}\mathrm{d}x$,$\displaystyle\int_1^{+\infty}\frac{x}{1+x^2}\mathrm{d}x$均发散,所以$\displaystyle\int_1^{+\infty}\left(\frac{1}{x}-\frac{x}{1+x^2}\right)\mathrm{d}x$发散;

(3) $$\int_0^2\frac{\mathrm{d}x}{\sqrt[3]{x-1}}=\frac{3}{2}(x-1)^{\frac{2}{3}}\Big|_0^2=\frac{3}{2}(1-1)=0.$$

2. 计算下列广义积分.

(1) $\displaystyle\int_1^{+\infty}\frac{1}{x^2}\mathrm{d}x$;

(2) $\displaystyle\int_{-\infty}^{0}\frac{1}{1-x}\mathrm{d}x$;

(3) $\displaystyle\int_{-\infty}^{+\infty}\frac{1}{x^2+2x+2}\mathrm{d}x$;

(4) $\displaystyle\int_{\frac{1}{e}}^{+\infty}\frac{\ln x}{x}\mathrm{d}x$;

(5) $\displaystyle\int_{-\infty}^{0}\frac{2x}{x^2+1}\mathrm{d}x$;

(6) $\displaystyle\int_{-\infty}^{+\infty}x\mathrm{e}^{-\frac{x^2}{2}}\mathrm{d}x$;

(7) $\displaystyle\int_1^2\frac{x}{\sqrt{x-1}}\mathrm{d}x$;

(8) $\displaystyle\int_{\frac{\pi}{4}}^{\frac{\pi}{2}}\frac{1}{\cos^2 x}\mathrm{d}x$.

§6-6 定积分在几何中的应用

前面已经讲了定积分的基本理论和计算方法,本节将应用这些学过的知识来分析和解决一些实际问题.定积分的应用很广泛,在自然科学和生产实践中,有许多问题最后都可归结为定积分问题.

一、定积分的元素法

一般来说,如果在某一个实际问题中所求的量U满足下列条件:

(1) U是与某一变量x的变化区间$[a,b]$有关的量;

(2) U对区间$[a,b]$具有可加性,即若把区间$[a,b]$分成许多部分区间,则U相应地分成许多部分量,而U等于所有部分量之和;

(3) 在$[a,b]$的任一小区间$[x,x+\mathrm{d}x]$上,对应的部分量可近似表示为$\Delta U\approx f(x)\mathrm{d}x$.

那么,就可考虑用定积分来表达并计算量U.其一般步骤为:

(1) 确定积分变量和积分区间.根据实际情况,选取一个相关的变量,如x为积分变量,并确定其变化区间$[a,b]$.

(2) 确定所求量的微元素.在任一小区间$[x,x+\mathrm{d}x]$上,将部分量ΔU近似地用$[a,b]$上的一个连续函数$f(x)$在x处的值与$\mathrm{d}x$的积$f(x)\mathrm{d}x$来表示,从而求得量U的微元素

$$\mathrm{d}U=f(x)\mathrm{d}x.$$

(3) 建立U的积分表达式$U=\int_a^b \mathrm{d}U=\int_a^b f(x)\mathrm{d}x$.

(4) 计算定积分,求得所求量U的值.

这种方法叫作元素法.

下面通过具体问题来谈谈该方法的应用.

二、直角坐标系下平面图形的面积

把由直线$x=a,x=b(a<b)$及两条连续曲线$y=f_1(x),y=f_2(x)[f_1(x)\leqslant f_2(x)]$所围成的平面图形称为X-型图形;把由直线$y=c,y=d(c<d)$及两条连续曲线$x=g_1(y)$,$x=g_2(y)[g_1(y)\leqslant g_2(y)]$所围成的平面图形称为Y-型图形.

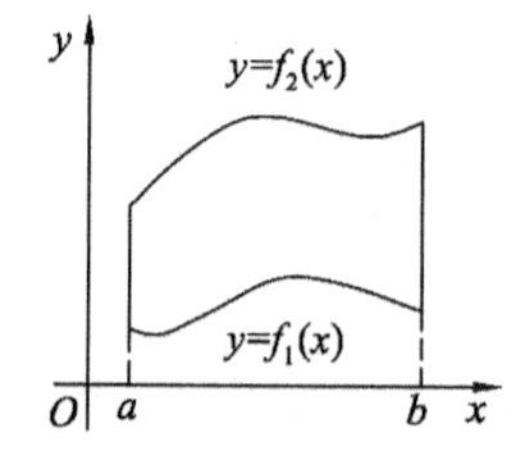

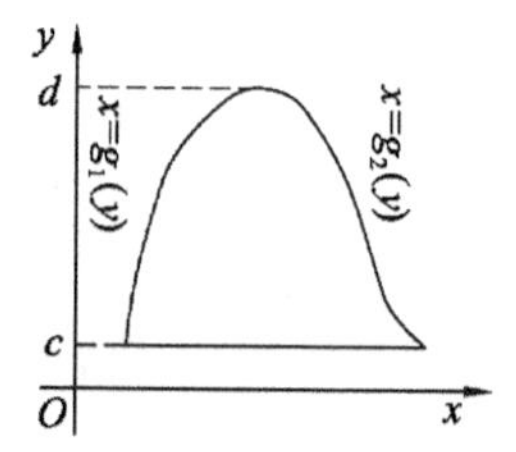

图 6-15

注意 构成图形的两条直线,有时也可能蜕化为点.把X-型图形称为X-型双曲边梯形,把Y-型图形称为Y-型双曲边梯形.

1. 用微元法分析X-型平面图形的面积

取横坐标x为积分变量,$x\in[a,b]$.在区间$[a,b]$上任取一微段$[x,x+\mathrm{d}x]$,该微段上的图形的面积$\mathrm{d}A$可以用高为$f_2(x)-f_1(x)$、底为$\mathrm{d}x$的矩形的面积近似代替.因此

$$\mathrm{d}A=[f_2(x)-f_1(x)]\mathrm{d}x,$$

从而

$$A=\int_a^b [f_2(x)-f_1(x)]\mathrm{d}x. \tag{6-14}$$

2. 用微元法分析Y-型图形的面积

类似可得

$$A=\int_c^d [g_2(y)-g_1(y)]\mathrm{d}y. \tag{6-15}$$

对于非X-型、非Y-型平面图形,我们可以进行适当的分割,先划分成若干个X-型图形和Y-型图形,然后利用前面介绍的方法求面积.

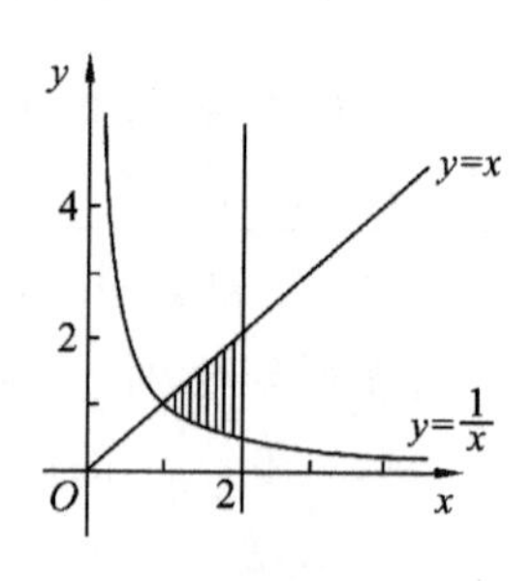

图 6-16

例 1 求由曲线$y=\dfrac{1}{x}$,$y=x$,$x=2$所围成图形的面积.

解 画出图形,如图6-16所示,容易求得交点坐标为(1,1)和

(2,2)，可以看出图形为 X-型图形，代入面积公式，得

$$A=\int_1^2\left(x-\frac{1}{x}\right)\mathrm{d}x=\left(\frac{1}{2}x^2-\ln|x|\right)\Big|_1^2=\frac{3}{2}-\ln 2.$$

例 2 求由两条抛物线 $y^2=x, y=x^2$ 所围成图形的面积 A.

解 画出图形，如图 6-17 所示，容易求得交点坐标为(1,1)和(0,0)，可以看出图形既可以看成 X-型图形，也可以看成 Y-型图形，代入面积公式，得

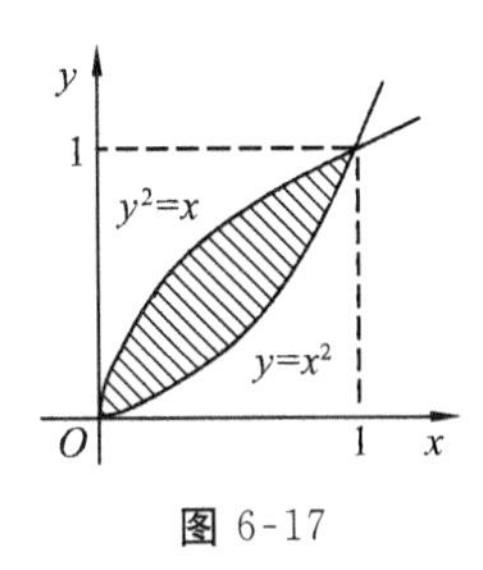

图 6-17

$$A=\int_0^1(\sqrt{x}-x^2)\mathrm{d}x=\left(\frac{2}{3}x^{\frac{3}{2}}-\frac{1}{3}x^3\right)\Big|_0^1=\frac{1}{3}$$

或 $$A=\int_0^1(\sqrt{y}-y^2)\mathrm{d}y=\left(\frac{2}{3}y^{\frac{3}{2}}-\frac{1}{3}y^3\right)\Big|_0^1=\frac{1}{3}.$$

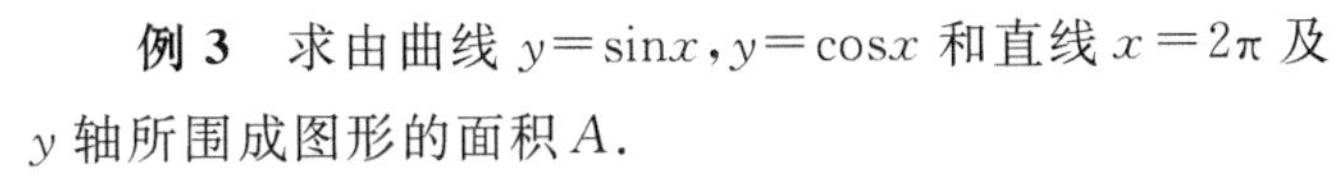

例 3 求由曲线 $y=\sin x, y=\cos x$ 和直线 $x=2\pi$ 及 y 轴所围成图形的面积 A.

解 画出图形，如图 6-18 所示，显然图形由三部分构成，容易求得交点坐标为 $\left(\frac{\pi}{4},\frac{\sqrt{2}}{2}\right)$ 和 $\left(\frac{5\pi}{4},-\frac{\sqrt{2}}{2}\right)$，可以看出三部分图形都是 X-型图形，代入面积公式，得

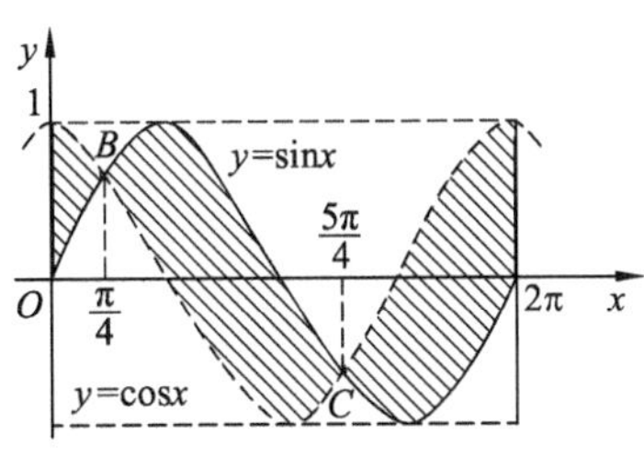

图 6-18

$$A=\int_0^{\frac{\pi}{4}}(\cos x-\sin x)\mathrm{d}x+\int_{\frac{\pi}{4}}^{\frac{5\pi}{4}}(\sin x-\cos x)\mathrm{d}x+\int_{\frac{5\pi}{4}}^{2\pi}(\cos x-\sin x)\mathrm{d}x$$
$$=4\sqrt{2}+1.$$

三、空间立体的体积

1. 一般情形

设有一个立体块，它夹在垂直于 x 轴的两个平面 $x=a$，$x=b$ 之间(包括只与平面交于一点的情况)，其中 $a<b$，如图 6-19 所示. 如果用任意垂直于 x 轴的平面去截它，所得的截交面面积 A 可设为 $A=A(x)$，则用微元法可以得到立体的体积 V 的计算公式.

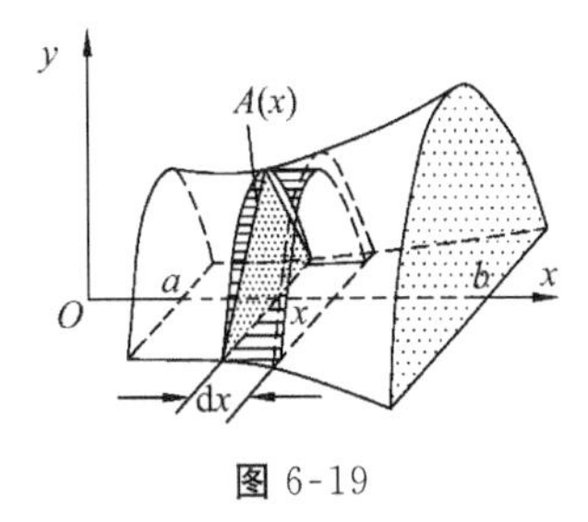

图 6-19

过微段 $[x,x+\mathrm{d}x]$ 两端作垂直于 x 轴的平面，截得立体的一微片，对应体积微元 $\mathrm{d}V=A(x)\mathrm{d}x$.

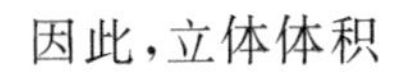

因此，立体体积

$$V=\int_a^b A(x)\mathrm{d}x. \tag{6-16}$$

例 4 经过如图 6-20 所示的椭圆柱体的底面的短轴、与底面交成角 α 的一平面，可截圆柱体得一块楔形块，求此楔形块的体积 V.

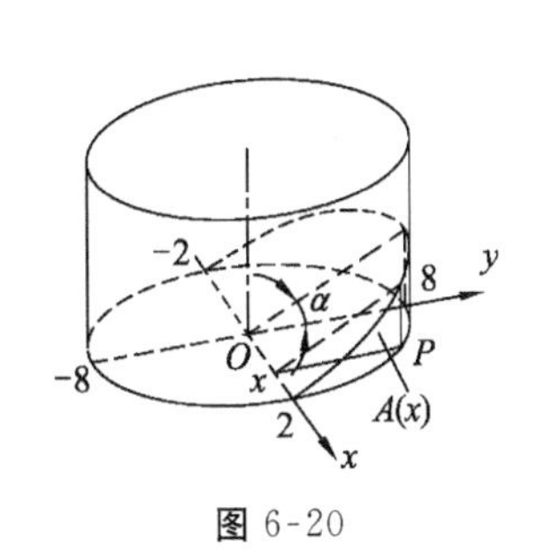

图 6-20

解 易知椭圆方程为 $\frac{x^2}{4}+\frac{y^2}{64}=1$.

过任意 $x\in[-2,2]$ 处作垂直于 x 轴的平面，与楔形块所得截交面为图示直角三角形，其面积为

$$A(x)=\frac{1}{2}y\cdot y\tan\alpha=\frac{1}{2}y^2\tan\alpha=32\left(1-\frac{x^2}{4}\right)\tan\alpha$$
$$=8(4-x^2)\tan\alpha,$$

所以

$$V=\int_{-2}^{2}8\tan\alpha(4-x^2)\mathrm{d}x=16\tan\alpha\int_{0}^{2}(4-x^2)\mathrm{d}x=\frac{256}{3}\tan\alpha.$$

2. 旋转体的体积

旋转体就是由一个平面图形绕该平面内的一条直线 l 旋转一周而成的空间几何体，其中直线 l 称为该旋转体的旋转轴.

把 X-型单曲边梯形绕 x 轴旋转得到旋转体，则公式(6-16)中的截面面积 $A(x)$ 容易得到. 如图 6-21 所示，设曲边方程为 $y=f(x)$，$x\in[a,b](a<b)$，旋转体体积记作 V_x.

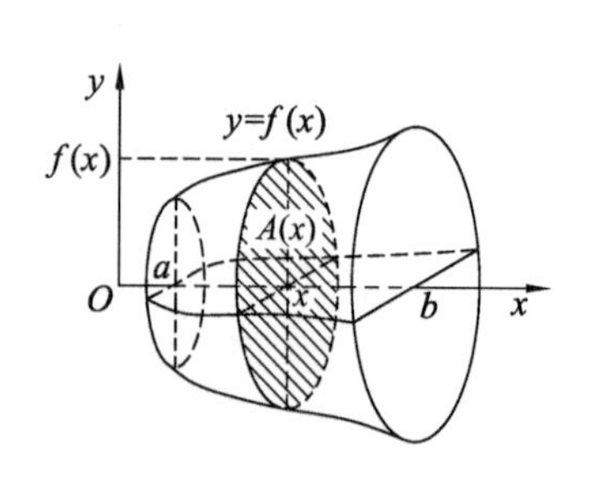

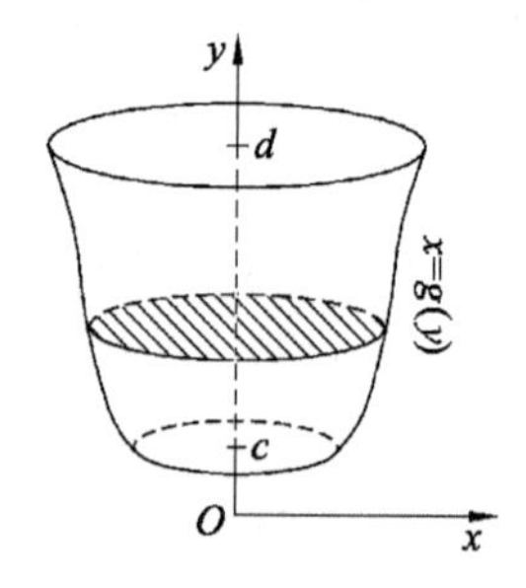

图 6-21

过任意 $x\in[a,b]$ 处作垂直于 x 轴的截面，所得截面是半径为 $|f(x)|$ 的圆，因此截面面积 $A(x)=\pi|f(x)|^2$. 应用公式(6-16)，即得

$$V_x=\pi\int_a^b[f(x)]^2\mathrm{d}x. \tag{6-17}$$

类似可得 Y-型单曲边梯形绕 y 轴旋转所得旋转体的体积 V_y 的计算公式

$$V_y=\pi\int_c^d[g(y)]^2\mathrm{d}y, \tag{6-18}$$

其中 $x=g(y)$ 是曲边方程，$c,d(c<d)$ 分别为曲边梯形的下界和上界.

例 5 求曲线 $y=\sin x(0\leqslant x\leqslant\pi)$ 绕 x 轴旋转一周所得旋转体的体积 V_x.

解 画出平面图形，如图 6-22 所示，代入体积公式，得

$$V_x=\pi\int_0^{\pi}\sin^2x\mathrm{d}x=\frac{\pi}{2}\int_0^{\pi}(1-\cos2x)\mathrm{d}x$$
$$=\frac{\pi}{2}\left(x-\frac{1}{2}\sin2x\right)\Big|_0^{\pi}=\frac{\pi^2}{2}.$$

图 6-22

例 6 计算椭圆 $\frac{x^2}{a^2}+\frac{y^2}{b^2}=1(a>b>0)$ 绕 x 轴及 y 轴旋转而成的椭球体的体积 V_x 和 V_y.

解 如图 6-23 所示，椭圆绕 x 轴旋转可看作是由上半椭圆线 $y=\frac{b}{a}\sqrt{a^2-x^2}$，直线 $x=-a, x=a$ 及 x 轴围成的曲边梯形绕 x 轴旋转一周而成的旋转体；椭圆绕 y 轴旋转可看作是由右半椭圆线 $x=\frac{a}{b}\sqrt{b^2-y^2}$，直线 $y=-b, y=b$ 及 y 轴围成的曲边梯形绕 y 轴旋转一周而成的旋转体. 由体积公式有

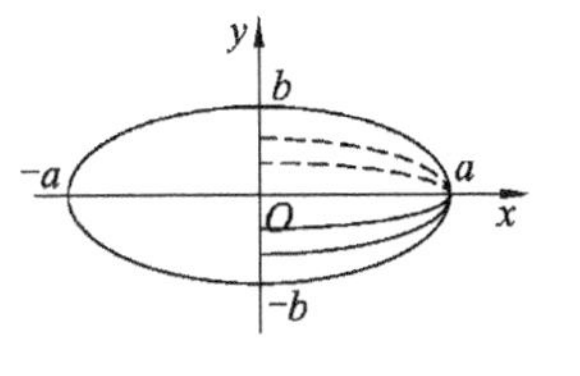

图 6-23

$$V_x=\pi\int_{-a}^{a}\frac{b^2}{a^2}(a^2-x^2)\mathrm{d}x=\frac{\pi b^2}{a^2}\left(a^2x-\frac{1}{3}x^3\right)\Big|_{-a}^{a}=\frac{4}{3}\pi ab^2,$$

$$V_y=\pi\int_{-b}^{b}\frac{a^2}{b^2}(b^2-y^2)\mathrm{d}x=\frac{\pi a^2}{b^2}\left(b^2y-\frac{1}{3}y^3\right)\Big|_{-b}^{b}=\frac{4}{3}\pi a^2b.$$

例 7 求由抛物线 $y=\sqrt{x}$ 与直线 $y=0, y=1$ 和 y 轴围成的平面图形，绕 y 轴旋转而成的旋转体的体积 V_y.

解 画出平面图形，如图 6-24 所示，代入体积公式，得

$$V_y=\pi\int_0^1 y^4\mathrm{d}y=\frac{\pi}{5}y^5\Big|_0^1=\frac{\pi}{5}.$$

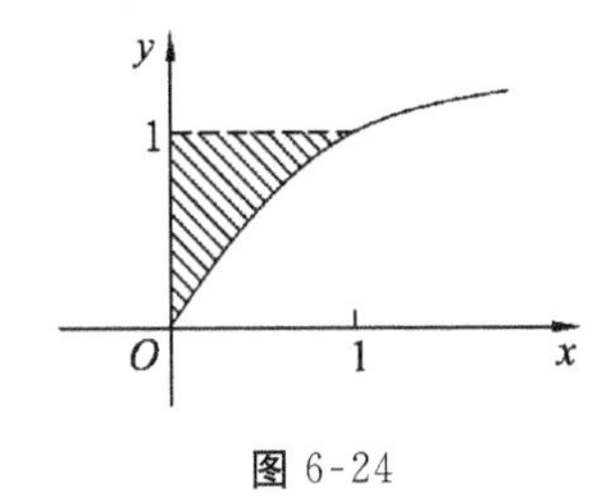

图 6-24

练习 6-6

1. 求由下列各组曲线所围平面图形的面积.

(1) $xy=1, y=2x, x=2$； (2) $y=\mathrm{e}^x, y=\mathrm{e}^{-x}, x=1$；

(3) $y=x^3, y=1, y=2, x=0$； (4) $y=\ln x, y=\ln 2, y=\ln 7, x=0$；

(5) $y=x^2, x+y=2$； (6) $y=0, y=1, y=\ln x, x=0$.

2. 求由下列曲线所围图形绕指定轴旋转所得旋转体的体积.

(1) $y=2x-x^2, y=0$，绕 x 轴；

(2) $2x-y+4=0, x=0, y=0$，绕 y 轴；

(3) $y=x^2-4, y=0$，绕 x 轴；

(4) $y^2=x, x^2=y$，绕 y 轴.

§ 6-7 简单优化模型

存储模型问题

工厂定期订购原料，存入仓库供生产之用；车间一次加工出一批零件，供装配线每天生产之需；商店成批购进各种商品，放在货柜里以备零售；水库在雨季蓄水，用于旱季的灌溉和发电. 显然，这些情况下都有一个储存量多大才合适的问题. 储存量过大，储存费用太高；储存量太小，会导致一次性订购费用增加，或不能及时满足需求. 讨论一个简单的存储

模型:不允许缺货模型适用于一旦出现缺货会造成重大损失的情况(如炼铁厂对原料的需求),缺货模型适用于像商店购货之类的情形,缺货造成的损失可以允许和估计.

不允许缺货的存储模型

问题:产品需求稳定不变,生产准备费和产品储存费为常数,生产能力无限,且不允许缺货.确定生产周期和产量,使总费用最小.

1. 模型假设

为了方便处理,考虑连续模型,即设生产周期 T 和产量 Q 为连续变量.根据问题性质做如下假设:

(1) 产品每天的需求量为常数 r.

(2) 每次生产准备费为 c_1,每天每件产品储存费为 c_2.

(3) 生产周期为 T,每次生产量为 Q,且生产能力无限(相对于需求量).

(4) 当储存量降到零时,Q 件产品立即生产出来供给需求,即不允许缺货.

2. 模型建立

将储存量表示为时间 t 的函数 $q(t)$,$t=0$ 时生产 Q 件,储存量为 $q(0)=Q$,$q(t)$ 以需求速率 r 递减,直到 $q(t)=0$,如图 6-25 所示.显然有 $Q=rT$.

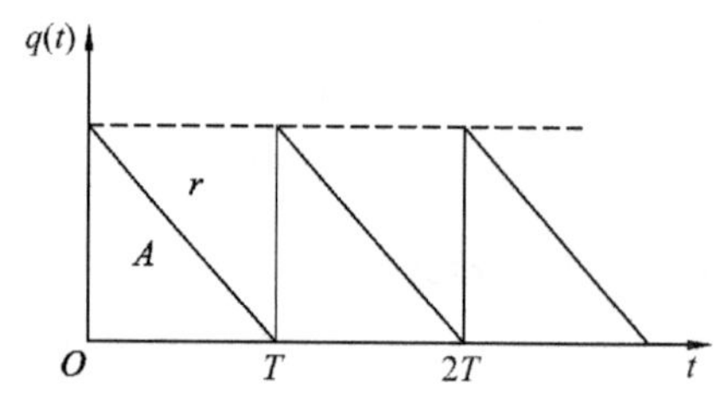

图 6-25　不允许缺货模型的储存量 $q(t)$

一个周期内的储存费是 $c_2\int_0^T q(t)\mathrm{d}t$,其中积分恰等于图 6-25 中三角形 A 的面积$\frac{QT}{2}$.因为一个周期的准备费是 c_1,得到一个周期的总费用为

$$\overline{C}=c_1+\frac{1}{2}c_2QT=c_1+\frac{1}{2}c_2rT^2. \tag{6-19}$$

于是每天的平均费用是

$$C(T)=\frac{\overline{C}}{T}=\frac{c_1}{T}+\frac{1}{2}c_2Q=\frac{c_1}{T}+\frac{1}{2}c_2rT. \tag{6-20}$$

式(6-20)为这个优化模型的目标函数.

3. 模型求解

求 T 使式(6-20)的 $C(T)$最小.令$\frac{\mathrm{d}}{\mathrm{d}T}C(T)=0$,容易得到

$$T=\sqrt{\frac{2c_1}{c_2r}}, \tag{6-21}$$

进而

$$Q=\sqrt{\frac{2c_1r}{c_2}}.\tag{6-22}$$

由式(6-20)算出最小总费用为

$$C=\sqrt{2c_1c_2r}.\tag{6-23}$$

式(6-21)和式(6-23)是经济学中著名的经济订货批量公式(EOQ 公式).

4. 结果解释

由式(6-21)和式(6-23)可以看到,当准备费 c_1 增加时,生产周期和生产量都变大;当储存费 c_2 增加时,生产周期和生产量都变小;当需求量 r 增加时,生产周期变小而生产量变大.这些定性结果都是符合常识的.当然,式(6-21)和式(6-23)的定量关系(如平方根、系数 2 等)凭常识是无法猜出的,只能由数学模型计算得到.

5. 敏感性分析

讨论当参数 c_1,c_2,r 有微小变化时对生产周期 T 的影响.用相对改变量衡量结果对参数的敏感程度,T 对 c_1 的敏感度记作 $S(T,c_1)$,定义为

$$S(T,c_1)=\frac{\Delta T/T}{\Delta c_1/c_1}\approx\frac{\mathrm{d}T}{\mathrm{d}c_1}\cdot\frac{c_1}{T}.\tag{6-24}$$

由式(6-21)容易得到 $S(T,c_1)=\frac{1}{2}$.类似地可得到 $S(T,c_2)=-\frac{1}{2}$,$S(T,r)=-\frac{1}{2}$.即 c_1 增加 1%,T 增加 0.5%,而 c_2 或 r 增加 1%时,T 减少 0.5%.参数 c_1,c_2,r 有微小变化时对生产周期 T 的影响是很小的.

总结·拓展

一、知识小结

1. 定积分的概念及重要结论

(1) 定积分的实际背景是解决已知变量的变化率,求它在某范围内的累积问题.通过"分割,局部以不变代变得微量近似,求和得总量近似,取极限得精确总量"的一般解决过程,最后抽象得到定积分的概念.即

$$\int_a^b f(x)\mathrm{d}x=\lim_{\|\Delta x\|\to 0}\sum_{i=1}^{n}f(\xi_i)\Delta x_i.$$

(2) 据定积分的定义,在$[a,b]$上连续非负函数的定积分表示由 $y=f(x)$,$x=a$,$x=b$ 与 x 轴围成的单曲边梯形的面积,得到定积分 $\int_a^b f(x)\mathrm{d}x$ 的几何意义是:由 $y=f(x)$,$x=a$,$x=b$ 与 x 轴围成区域的代数面积.

(3) 定积分是一个数,不定积分是一个函数的原函数的全体.因此,定积分和不定积分是两个完全不同的概念.但据定积分的实际背景,定积分必定是被积函数的原函数在积分限的函数值之差,因此定积分与原函数之间又存在内在联系.这种内在联系被微积分学基本定理所证实:若 $f(x)$在$[a,b]$上连续,则

$$\left[\int_a^x f(t)\mathrm{d}t\right]' = f(x),$$

即积分上限函数是连续被积函数的一个原函数，并由此导出牛顿-莱布尼茨公式：

$$\int_a^b f(x)\mathrm{d}x = F(x)\Big|_a^b = F(b) - F(a),\ F(x)\text{为 } f(x)\text{的任一原函数}.$$

2. 定积分的计算

(1) 直接积分法：求出被积函数的一个原函数后，使用牛顿-莱布尼茨公式计算积分.

(2) 换元法：若 f,φ,φ' 在相关区间内连续，则有

第一类换元积分法：

$$\int_a^b f[\varphi(x)]\mathrm{d}\varphi(x) \xlongequal[\varphi(a)=\alpha,\varphi(b)=\beta]{u=\varphi(x),} \int_\alpha^\beta f(u)\mathrm{d}u;$$

第二类换元积分法：

$$\int_a^b f(x)\mathrm{d}x \xlongequal[\varphi(\alpha)=a,\varphi(\beta)=b]{x=\varphi(t),} \int_\alpha^\beta f[\varphi(t)]\varphi'(t)\mathrm{d}t.$$

(3) 定积分的分部积分法：若 u',v' 在 $[a,b]$ 上连续，则

$$\int_a^b u\mathrm{d}v = uv\Big|_a^b - \int_a^b v\mathrm{d}u.$$

3. 广义积分

(1) 无穷区间广义积分(无穷积分).

$$\int_a^{+\infty} f(x)\mathrm{d}x = \lim_{A\to+\infty}\int_a^A f(x)\mathrm{d}x,$$

$$\int_{-\infty}^b f(x)\mathrm{d}x = \lim_{A\to+\infty}\int_{-A}^b f(x)\mathrm{d}x,$$

$$\int_{-\infty}^{+\infty} f(x)\mathrm{d}x = \int_{-\infty}^c f(x)\mathrm{d}x + \int_c^{+\infty} f(x)\mathrm{d}x[\text{其中 } c\in(-\infty,+\infty)\text{ 为常数}].$$

(2) 无界函数广义积分(瑕积分).

$$\int_a^b f(x)\mathrm{d}x = \lim_{\varepsilon\to0^+}\int_{a+\varepsilon}^b f(x)\mathrm{d}x(a\text{ 为瑕点}),$$

$$\int_a^b f(x)\mathrm{d}x = \lim_{\varepsilon\to0^+}\int_a^{b-\varepsilon} f(x)\mathrm{d}x(b\text{ 为瑕点});$$

$$\int_a^b f(x)\mathrm{d}x = \int_a^c f(x)\mathrm{d}x + \int_c^b f(x)\mathrm{d}x\ [c\in(a,b)\text{ 为瑕点}].$$

4. 定积分的应用

(1) 平面图形的面积.

X-型图形的面积 $A = \int_a^b [f_2(x) - f_1(x)]\mathrm{d}x$；

Y-型图形的面积 $A = \int_c^d [g_2(y) - g_1(y)]\mathrm{d}y$.

(2) 旋转体的体积.

X-型图形绕 x 轴旋转一周，$V_x = \pi\int_a^b f^2(x)\mathrm{d}x$；

Y -型图形绕 y 轴旋转一周，$V_y=\pi\int_c^d g^2(y)\mathrm{d}y$.

二、要点解析

1. 定积分定义的理解

(1) 实际背景.

已知某量 F 关于另一个量 x 的变化率 $\dfrac{\mathrm{d}F}{\mathrm{d}x}=f(x)$，求当 x 从 a 变到 b 时 F 的累积量 S.

(2) 解决过程.

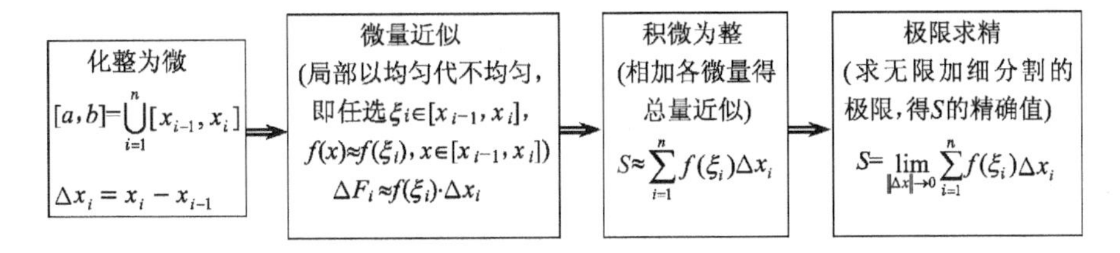

(3) 抽象归纳.

设函数 $f(x)$ 在 $[a,b]$ 上有界，则

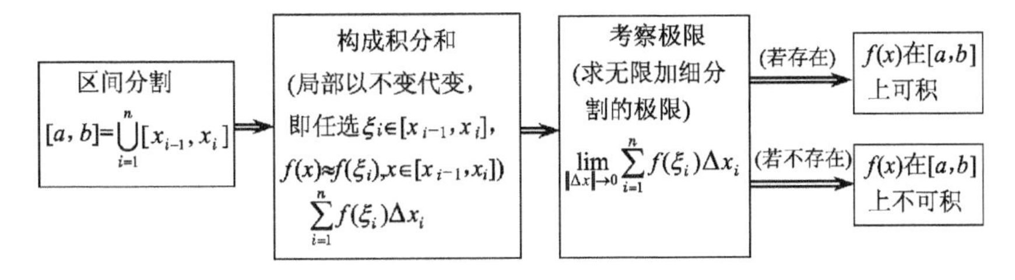

(4) 定积分定义的简洁叙述.

对 $[a,b]$ 上的有界函数 $f(x)$，若存在极限 $\lim\limits_{\|\Delta x\|\to 0}\sum\limits_{i=1}^{n}f(\xi_i)\Delta x_i$，则称 $f(x)$ 在 $[a,b]$ 上可积，称极限为 $f(x)$ 在 $[a,b]$ 上的定积分，记作 $\int_a^b f(x)\mathrm{d}x$.

例 1 估计定积分 $\int_0^{2\pi}\sqrt{\dfrac{1}{2}(5+3\sin x)}\mathrm{d}x$ 的取值范围.

解 因为 $-1\leqslant\sin x\leqslant 1$，$x\in[0,2\pi]$，所以 $1\leqslant\sqrt{\dfrac{1}{2}(5+3\sin x)}\leqslant 2$. 由定积分的估值定理得 $1\times 2\pi\leqslant\int_0^{2\pi}\sqrt{\dfrac{1}{2}(5+3\sin x)}\mathrm{d}x\leqslant 2\times 2\pi$，即 $2\pi\leqslant\int_0^{2\pi}\sqrt{\dfrac{1}{2}(5+3\sin x)}\mathrm{d}x\leqslant 4\pi$.

例 2 设 $f(x)=\int_0^{\sin x}t^2\mathrm{d}t$，$g(x)=x^3+x^4$，证明：当 $x\to 0$ 时，$f(x)$ 与 $g(x)$ 是同阶无穷小.

证明 因为

$$\lim_{x\to0}\frac{f(x)}{g(x)}=\lim_{x\to0}\frac{\int_0^{\sin x}t^2\mathrm{d}t}{x^3+x^4}\xlongequal{\text{(罗必塔法则)}}\lim_{x\to0}\frac{\sin^2x\cos x}{3x^2+4x^3}$$

$$=\lim_{x\to0}\frac{\sin^2x}{x^2}\cdot\lim_{x\to0}\frac{\cos x}{3+4x}=1\times\frac{1}{3}=\frac{1}{3}.$$

所以当 $x\to0$ 时，$f(x)$ 与 $g(x)$ 是同阶无穷小.

2. 定积分的计算

(1) 直接法.

使用牛顿-莱布尼茨公式时，要注意公式适用的条件：

① 被积函数 $f(x)$ 在区间 $[a,b]$ 上连续，否则可能导致错误的结果；

② 若被积函数在积分区间上仅有有限个第一类间断点，或被积函数在积分区间上是分段函数，则可以以间断点或分段点把积分区间分成几段，逐段计算后相加；

③ 被积函数带有绝对值符号时，一般也可以化为分段函数来处理.

(2) 换元法.

在利用换元法时要注意：

① 在设代换 $x=\varphi(t)$ 或 $u=\varphi(x)$ 时，函数 φ 在相应区间上必须单调，且具有连续的导数；

② 换元的同时换限；

③ 在新的变量下求出原函数后，不必再还原到原来的积分变量，只要把新变量的上、下限直接代入计算即可.

(3) 分部积分法.

在不定积分中要用分部积分法求解的被积函数的类型，在定积分中一般用分部积分法求也比较有效；利用分部积分法计算定积分时，积分的上、下限不需改变.

例 3 计算下列定积分.

(1) $\int_0^{\pi}\frac{\sin x\mathrm{d}x}{1+\cos^2x}$；　(2) $\int_0^4\cos(\sqrt{x}-1)\mathrm{d}x$；　(3) $\int_{-2}^{-\sqrt{2}}\frac{\mathrm{d}x}{x\sqrt{x^2-1}}$；

(4) $\int_0^{\pi}\sqrt{1-\sin x}\mathrm{d}x$；　(5) $\int_{-1}^{1}\frac{2+\sin x}{\sqrt{4-x^2}}\mathrm{d}x$.

解 (1) $\int_0^{\pi}\frac{\sin x\mathrm{d}x}{1+\cos^2x}=-\int_0^{\pi}\frac{\mathrm{d}(\cos x)}{1+\cos^2x}=-\arctan(\cos x)\Big|_0^{\pi}$

$$=-\arctan(-1)+\arctan1=\frac{\pi}{4}+\frac{\pi}{4}=\frac{\pi}{2}.$$

(2) 令 $\sqrt{x}-1=t$，则 $x=(t+1)^2$，$\mathrm{d}x=2(t+1)\mathrm{d}t$.

当 x 从 $0\to4$ 时，t 从 $-1\to1$. 于是

$$\int_0^4\cos(\sqrt{x}-1)\mathrm{d}x=2\int_{-1}^{1}(t+1)\cos t\mathrm{d}t=2\int_{-1}^{1}t\cos t\mathrm{d}t+2\int_{-1}^{1}\cos t\mathrm{d}t$$

$$=0+2\times2\int_0^1\cos t\mathrm{d}t=4\sin1.$$

(3) 令 $x=-\sec t$，则 $\mathrm{d}x=-\sec t\tan t\mathrm{d}t$.

当 x 从 $-2\to-\sqrt{2}$ 时，t 从 $\frac{\pi}{3}\to\frac{\pi}{4}$，因此 $\sqrt{x^2-1}=\tan t$.

于是
$$\int_{-2}^{-\sqrt{2}}\frac{\mathrm{d}x}{x\sqrt{x^2-1}}=\int_{\frac{\pi}{3}}^{\frac{\pi}{4}}\frac{-\sec t\tan t\mathrm{d}t}{-\sec t\tan t}=-\frac{\pi}{12}.$$

(4)
$$\int_0^{\pi}\sqrt{1-\sin x}\mathrm{d}x=\int_0^{\pi}\sqrt{\left(\sin\frac{x}{2}-\cos\frac{x}{2}\right)^2}\mathrm{d}x=\int_0^{\pi}\left|\sin\frac{x}{2}-\cos\frac{x}{2}\right|\mathrm{d}x$$
$$=\int_0^{\frac{\pi}{2}}\left(\cos\frac{x}{2}-\sin\frac{x}{2}\right)\mathrm{d}x+\int_{\frac{\pi}{2}}^{\pi}\left(\sin\frac{x}{2}-\cos\frac{x}{2}\right)\mathrm{d}x$$
$$=2\left(\sin\frac{x}{2}+\cos\frac{x}{2}\right)\Big|_0^{\frac{\pi}{2}}-2\left(\cos\frac{x}{2}+\sin\frac{x}{2}\right)\Big|_{\frac{\pi}{2}}^{\pi}$$
$$=4(\sqrt{2}-1).$$

(5) 因为 $\frac{2}{\sqrt{4-x^2}}$，$\frac{\sin x}{\sqrt{4-x^2}}$ 分别是 $[-1,1]$ 上的偶函数和奇函数，所以
$$\int_{-1}^{1}\frac{2+\sin x}{\sqrt{4-x^2}}\mathrm{d}x=2\int_0^1\frac{2\mathrm{d}x}{\sqrt{4-x^2}}=2\int_0^1\frac{2\mathrm{d}\left(\frac{x}{2}\right)}{\sqrt{1-\left(\frac{x}{2}\right)^2}}=4\left(\arctan\frac{x}{2}\right)\Big|_0^1=\frac{2\pi}{3}.$$

例 4 设函数 $f(x)$ 在 $[0,2]$ 上有二阶连续导数，$f(0)=f(2)$，$f'(2)=1$，求 $\int_0^1 2xf''(2x)\mathrm{d}x$.

解
$$\int_0^1 2xf''(2x)\mathrm{d}x=\int_0^1 x\mathrm{d}[f'(2x)]=xf'(2x)\Big|_0^1-\int_0^1 f'(2x)\mathrm{d}x$$
$$=f'(2)-\frac{1}{2}f(2x)\Big|_0^1=1-\frac{1}{2}[f(2)-f(0)]=1.$$

三、拓展提高

周期函数的积分性质 设 $f(x)$ 是一个周期为 T 的连续函数，则对任意常数 a，有 $\int_a^{a+T}f(x)\mathrm{d}x=\int_0^T f(x)\mathrm{d}x$.

结论表明周期函数在任一个长度为一个周期 T 的区间上的积分都相等.

证明
$$\int_a^{a+T}f(x)\mathrm{d}x=\int_a^0 f(x)\mathrm{d}x+\int_0^T f(x)\mathrm{d}x+\int_T^{a+T}f(x)\mathrm{d}x$$
$$=-\int_0^a f(x)\mathrm{d}x+\int_0^T f(x)\mathrm{d}x+\int_T^{a+T}f(x)\mathrm{d}x.$$

在积分 $\int_T^{a+T}f(x)\mathrm{d}x$ 中作变换 $x=t+T$，则
$$\int_T^{a+T}f(x)\mathrm{d}x=\int_0^a f(t+T)\mathrm{d}t$$
$$=\int_0^a f(t)\mathrm{d}t=\int_0^a f(x)\mathrm{d}x,$$

代入即得
$$\int_a^{a+T}f(x)\mathrm{d}x=\int_0^T f(x)\mathrm{d}x.$$

例 5 证明：积分 $\int_0^{\frac{\pi}{2}} \sin^n x\mathrm{d}x = \int_0^{\frac{\pi}{2}} \cos^n x\mathrm{d}x$，并求其中一个积分．

证明 (1) 证明两个积分相等.

对 $\int_0^{\frac{\pi}{2}} \cos^n x\mathrm{d}x$ 换元，令 $x = \frac{\pi}{2} - t, \mathrm{d}x = -\mathrm{d}t, x$ 从 $0 \to \frac{\pi}{2}$ 时，t 从 $\frac{\pi}{2} \to 0$. 所以

$$\int_0^{\frac{\pi}{2}} \cos^n x\mathrm{d}x = \int_{\frac{\pi}{2}}^0 \cos^n\left(\frac{\pi}{2} - t\right)(-\mathrm{d}t) = \int_0^{\frac{\pi}{2}} \sin^n t\mathrm{d}t = \int_0^{\frac{\pi}{2}} \sin^n x\mathrm{d}x.$$

(2) 求积分 $\int_0^{\frac{\pi}{2}} \sin^n x\mathrm{d}x$. 记 $I_n = \int_0^{\frac{\pi}{2}} \sin^n x\mathrm{d}x$，则有

$$\begin{aligned} I_n &= -\int_0^{\frac{\pi}{2}} \sin^{n-1} x\mathrm{d}(\cos x) = -\sin^{n-1} x\cos x\Big|_0^{\frac{\pi}{2}} + \int_0^{\frac{\pi}{2}} \cos x\mathrm{d}(\sin^{n-1} x) \\ &= (n-1)\int_0^{\frac{\pi}{2}} \sin^{n-2} x\cos^2 x\mathrm{d}x = (n-1)\left(\int_0^{\frac{\pi}{2}} \sin^{n-2} x\mathrm{d}x - \int_0^{\frac{\pi}{2}} \sin^n x\mathrm{d}x\right) \\ &= (n-1)I_{n-2} - (n-1)I_n, \end{aligned}$$

解出 I_n，即得由 I_{n-2} 计算 I_n 的公式

$$I_n = \frac{n-1}{n} I_{n-2} (n \geqslant 2, n \in \mathbf{N}). \tag{6-25}$$

当 n 为偶数 $2k$ 时，则

$$I_{2k} = \frac{2k-1}{2k} \cdot \frac{2k-3}{2k-1} \cdot \cdots \cdot \frac{3}{4} \cdot \frac{1}{2} I_0;$$

当 n 为奇数 $2k-1$ 时，则

$$I_{2k-1} = \frac{2k-2}{2k-1} \cdot \frac{2k-4}{2k-3} \cdot \cdots \cdot \frac{4}{5} \cdot \frac{2}{3} I_1.$$

注意 $I_0 = \int_0^{\frac{\pi}{2}} 1\mathrm{d}x = \frac{\pi}{2}, I_1 = \int_0^{\frac{\pi}{2}} \sin x\mathrm{d}x = -\cos x\Big|_0^{\frac{\pi}{2}} = 1$，所以

$$\int_0^{\frac{\pi}{2}} \sin^n x\mathrm{d}x = \begin{cases} \frac{2k-1}{2k} \cdot \frac{2k-3}{2k-1} \cdot \cdots \cdot \frac{3}{4} \cdot \frac{1}{2} \cdot \frac{\pi}{2}, & n = 2k, \\ \frac{2k-2}{2k-1} \cdot \frac{2k-4}{2k-3} \cdot \cdots \cdot \frac{4}{5} \cdot \frac{2}{3}, & n = 2k-1. \end{cases} \tag{6-26}$$

本例说明：

(1) 公式(6-25)的特点是由 I_{n-2} 可以得到 I_n，即由前一个可以求出后一个. 数学上把具有这种特性的公式形象地称为递推公式. 在定积分计算中，有时不能直接求出定积分，但如本例那样可以导出一个递推公式，那么只要连续使用公式，直到不能递推的首项(即本例中的 I_0, I_1)，计算出首项，就得到了积分. 这是求定积分的一个技巧.

(2) 本例最后得到的结果书写比较麻烦. 数学上使用一个被称为双阶乘的记号“!!”表示奇数或偶数连续相乘. 分别称 $(2k-1)!!$，$(2k)!!$ 为 $2k-1$ 的双阶乘、$2k$ 的双阶乘，依次表示从 1 到 $2k-1$ 的连续 k 个奇数的乘积与从 2 到 $2k$ 的连续 k 个偶数的乘积，即

$$(2k-1)!! = 1 \times 3 \times 5 \times \cdots \times (2k-1), (2k)!! = 2 \times 4 \times 6 \times \cdots \times 2k.$$

使用双阶乘记号后，本例结果最终可以简洁地表示为

$$\int_0^{\frac{\pi}{2}} \sin^n x\,dx = \int_0^{\frac{\pi}{2}} \cos^n x\,dx = \begin{cases} \dfrac{(2k-2)!!}{(2k-1)!!}, & n = 2k-1, \\ \dfrac{(2k-1)!!}{(2k)!!} \cdot \dfrac{\pi}{2}, & n = 2k \end{cases} \quad (n \in \mathbf{N}). \quad (6\text{-}27)$$

下面用公式(6-26)或(6-27)来具体地计算两个积分.

例 6 求定积分:(1) $\int_{-\frac{\pi}{2}}^{\frac{\pi}{2}} \cos^7 x\,dx$; (2) $\int_0^{\pi} \sin^8 x\,dx$.

解 (1) 由于 $\cos^7 x$ 是 $\left[-\frac{\pi}{2}, \frac{\pi}{2}\right]$ 上的偶函数,所以

$$\int_{-\frac{\pi}{2}}^{\frac{\pi}{2}} \cos^7 x\,dx = 2\int_0^{\frac{\pi}{2}} \cos^7 x\,dx = 2 \cdot \frac{6}{7} \cdot \frac{4}{5} \cdot \frac{2}{3} \cdot 1 = \frac{32}{35}.$$

(2) 由于 $\sin^8 x$ 是周期为 π 的偶函数,所以

$$\int_0^{\pi} \sin^8 x\,dx = \int_{-\frac{\pi}{2}}^{\frac{\pi}{2}} \sin^8 x\,dx = 2\int_0^{\frac{\pi}{2}} \sin^8 x\,dx = 2 \cdot \frac{7}{8} \cdot \frac{5}{6} \cdot \frac{3}{4} \cdot \frac{1}{2} \cdot \frac{\pi}{2} = \frac{35\pi}{128}.$$

定积分专项训练

一、填空题

1. 已知 $\int_0^5 f(x)\,dx = 4, \int_2^5 f(x)\,dx = -5$,则 $\int_0^2 f(x)\,dx =$ ____________.

2. $\int_a^b f(x)\,dx + \int_a^a f(x)\,dx + \int_b^a f(x)\,dx =$ ____________.

3. $\int_a^b \frac{f(x)}{f(x)+g(x)}\,dx = 1$,则 $\int_a^b \frac{g(x)}{f(x)+g(x)}\,dx =$ ____________.

4. $\int_0^1 \frac{x^2}{1+x^2}\,dx =$ ____________.

5. $\int_{\frac{1}{2}}^1 \frac{1}{x^2} e^{\frac{1}{x}}\,dx =$ ____________.

6. 设 $F(x) = \int_0^x t\cos^2 t\,dt$,则 $F'(x) =$ ____________,$F'\left(\frac{\pi}{4}\right) =$ ____________.

7. $\int_1^{+\infty} x^{-\frac{4}{3}}\,dx =$ ____________.

8. $\int_e^{+\infty} \frac{dx}{x\ln x} =$ ____________.

二、选择题

1. 下列式子正确的是( ).

A. $\int_0^1 e^x\,dx \leqslant \int_0^1 e^{x^2}\,dx$　　　　B. $\int_0^1 e^x\,dx \geqslant \int_0^1 e^{x^2}\,dx$

C. $\int_0^1 e^x dx = \int_0^1 e^{x^2} dx$　　D. 以上都不对

2. $\frac{d}{dx}\int_a^b \arctan x dx =$(　　).

A. $\arctan x$　B. $\frac{1}{1+x^2}$　C. $\arctan b - \arctan a$　D. 0

3. 设函数 $f(x)=x^3+x$,则 $\int_{-2}^2 f(x)dx =$(　　).

A. 2　B. -1　C. 0　D. 1

4. $\int_{-\pi}^{\pi} \frac{x^2 \sin x}{1+x^2} dx =$(　　).

A. 2　B. -1　C. 0　D. 1

5. $\int_0^a \sqrt{a^2 - x^2} dx =$(　　).

A. $-\frac{\pi a^4}{16}$　B. $\frac{\pi a^4}{16}$　C. $-\frac{\pi a^4}{4}$　D. $\frac{\pi a^4}{4}$

6. 下列各式可直接使用牛顿-莱布尼茨公式求值的是(　　).

A. $\int_0^2 \frac{1}{(x-1)^2} dx$　　B. $\int_{\frac{1}{e}}^{e} \frac{1}{x \ln x} dx$

C. $\int_{-1}^1 \frac{x}{\sqrt{1-x^2}} dx$　　D. $\int_{-1}^1 x|x| dx$

7. 下列各式错误的是(　　).

A. $\int_a^a f(x)dx = 0$　　B. $\int_a^b f(x)dx = \int_a^b f(y)dy$

C. $\int_a^b f'(x)dx = f(b) - f(a)$　　D. $\int_a^b f(x)dx = 2\int_a^b f(2t)dt$

8. $\int_0^{\frac{\pi}{2}} \sin x \cos^3 x dx =$(　　).

A. $\frac{1}{4}$　B. $-\frac{1}{4}$　C. $-\frac{\pi^4}{64}$　D. $\frac{\pi^4}{64}$

三、求定积分

1. $\int_2^4 |x-3| dx$;　　2. $\int_0^{\ln 2} e^{-2x} dx$;

3. $\int_1^e \frac{dx}{x(2x+1)}$;　　4. $\int_0^1 \frac{x^3}{x^2+1} dx$;

5. $\int_1^e \frac{x^2 + \ln x}{x} dx$;　　6. $\int_0^4 \frac{1}{1+\sqrt{x}} dx$;

7. $\int_0^{\frac{\sqrt{3}}{2}} \frac{x}{\sqrt{1-x^2}} dx$;　　8. $\int_0^{\pi} x \sin x dx$;

9. $\int_0^{+\infty} \frac{x}{2+x^2} dx$;　　10. $\int_{-1}^{+\infty} \frac{1}{\sqrt[3]{x}} dx$.

四、求由下列曲线围成的图形的面积

1. $y=2-x^2, y=-x$；　　　　2. $y=x^2, y=\frac{x^2}{2}, y=2x$.

五、计算题

求由曲线 $xy=2, y=\frac{x^2}{4}$ 及 $x=4$ 所围成的平面图形绕 x 轴旋转所得的旋转体的体积.

六、证明题

设函数 $f(x)$ 在区间 $[a,b]$ 上连续，证明 $\int_a^b f(x)\mathrm{d}x=\int_a^b f(a+b-x)\mathrm{d}x$.

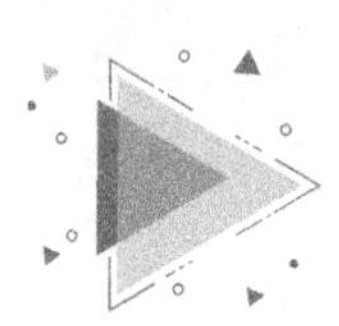

附录 初等数学中的常用公式

一、代数

1. 乘法和因式分解

(1) $(a\pm b)^2=a^2\pm 2ab+b^2$；

(2) $(a\pm b)^3=a^3\pm 3a^2b+3ab^2\pm b^3$；

(3) $a^2-b^2=(a-b)(a+b)$；

(4) $a^3\pm b^3=(a\pm b)(a^2\mp ab+b^2)$；

(5) $(a+b)^n=a^n+na^{n-1}b+\frac{n(n-1)}{2!}a^{n-2}b^2+\cdots+\frac{n(n-1)(n-2)\cdots(n-k+1)}{k!}a^{n-k}\cdot b^k+\cdots+nab^{n-1}+b^n$.

2. 阶乘和有限项级数

(1) $n!=1\cdot 2\cdot 3\cdot \cdots \cdot (n-1)\cdot n$（$n$ 为正整数），规定 $0!=0$；

(2) $(2n-1)!!=1\cdot 3\cdot 5\cdot 7\cdot \cdots \cdot (2n-3)\cdot (2n-1)$；

(3) $(2n)!!=2\cdot 4\cdot 6\cdot 8\cdot \cdots \cdot (2n-2)\cdot (2n)$；

(4) $1+2+3+4+\cdots+(n-1)+n=\frac{n(n+1)}{2}$；

(5) $1^2+2^2+3^2+\cdots+(n-1)^2+n^2=\frac{n(n+1)(2n+1)}{6}$；

(6) $a+(a+d)+(a+2d)+\cdots+(a+nd)=(n+1)\left(a+\frac{n}{2}d\right)$；

(7) $a+aq+aq^2+\cdots+aq^{n-1}=a\,\frac{1-q^n}{1-q}\ (q\neq 1)$.

3. 指数运算（a 为常数，$a>0$ 且 $a\neq 1$）

(1) $a^m\cdot a^n=a^{m+n}$；

(2) $\frac{a^m}{a^n}=a^{m-n}$；

(3) $(a^m)^n=a^{mn}$；

(4) $\left(\frac{a}{b}\right)^m=\frac{a^m}{b^m}\ (b\neq 0)$；

(5) $(ab)^m=a^mb^m$（其中 a,b 是正整数，m,n 是任意实数）.

4. 对数

(1) 恒等式：$a^{\log_a N}=N$（a 为常数，$a>0,a\neq 1$）.

(2) 运算：

① $\log_a(MN)=\log_a M+\log_a N$；

② $\log_a \dfrac{M}{N}=\log_a M-\log_a N$；

③ $\log_a M^n=n\log_a M$.

(3) 换底公式：$\log_a M=\dfrac{\log_b M}{\log_b a}(b>0,b\neq1)$.

5. 不等式

(1) 性质：

① 若 $a>b$，则 $a\pm c>b\pm c$；

② 若 $a>b,c>0$，则 $ac>bc,\dfrac{a}{c}>\dfrac{b}{c}$；

③ 若 $a>b,c<0$，则 $ac<bc,\dfrac{a}{c}<\dfrac{b}{c}$；

④ 若 $a>b>0$，n 是正整数，则 $a^n>b^n,\sqrt[n]{a}>\sqrt[n]{b}$.

(2) 绝对值：

$|a|=\begin{cases}a, & a\geqslant0,\\ -a, & a<0,\end{cases}$ 由此可知 $|a|=\sqrt{a^2}$；

$|ab|=|a|\cdot|b|,\left|\dfrac{a}{b}\right|=\dfrac{|a|}{|b|}(b\neq0)$.

(3) 绝对值不等式：

① $|a+b|\leqslant|a|+|b|$；

② $|a-b|\leqslant|a|+|b|$；

③ $|a-b|\geqslant|a|-|b|$；

④ $-|a|\leqslant a\leqslant|a|$；

⑤ $|a|\leqslant k(k\geqslant0)$ 与 $-k\leqslant a\leqslant k$ 等价.

二、三角函数

1. 基本公式

(1) $\sin^2\alpha+\cos^2\alpha=1$；

(2) $1+\tan^2\alpha=\sec^2\alpha$；

(3) $1+\cot^2\alpha=\csc^2\alpha$；

(4) $\tan\alpha=\dfrac{\sin\alpha}{\cos\alpha}$；

(5) $\cot\alpha=\dfrac{\cos\alpha}{\sin\alpha}$；

(6) $\cot\alpha=\dfrac{1}{\tan\alpha}$；

(7) $\sec\alpha=\dfrac{1}{\cos\alpha}$；

(8) $\csc\alpha=\dfrac{1}{\sin\alpha}$.

2. 和差公式

(1) $\sin(\alpha\pm\beta)=\sin\alpha\cos\beta\pm\cos\alpha\sin\beta$；

(2) $\cos(\alpha\pm\beta)=\cos\alpha\cos\beta\mp\sin\alpha\sin\beta$；

(3) $\tan(\alpha\pm\beta)=\dfrac{\tan\alpha\pm\tan\beta}{1\mp\tan\alpha\tan\beta}$；

(4) $\cot(\alpha\pm\beta)=\dfrac{\cot\alpha\cot\beta\mp1}{\cot\beta\pm\cot\alpha}$.

3. 倍角和半角公式

(1) $\sin2\alpha=2\sin\alpha\cos\alpha$；

(2) $\cos2\alpha=2\cos^2\alpha-1=1-2\sin^2\alpha=\cos^2\alpha-\sin^2\alpha$;

(3) $\tan2\alpha=\dfrac{2\tan\alpha}{1-\tan^2\alpha}$;

(4) $\cot2\alpha=\dfrac{\cot^2\alpha-1}{2\cot\alpha}$;

(5) $\sin\dfrac{\alpha}{2}=\pm\sqrt{\dfrac{1-\cos\alpha}{2}}$;

(6) $\cos\dfrac{\alpha}{2}=\pm\sqrt{\dfrac{1+\cos\alpha}{2}}$;

(7) $\tan\dfrac{\alpha}{2}=\pm\sqrt{\dfrac{1-\cos\alpha}{1+\cos\alpha}}=\dfrac{1-\cos\alpha}{\sin\alpha}=\dfrac{\sin\alpha}{1+\cos\alpha}$;

(8) $\cot\dfrac{\alpha}{2}=\pm\sqrt{\dfrac{1+\cos\alpha}{1-\cos\alpha}}=\dfrac{\sin\alpha}{1-\cos\alpha}=\dfrac{1+\cos\alpha}{\sin\alpha}$.

4. 和差化积公式

(1) $\sin A+\sin B=2\sin\dfrac{A+B}{2}\cos\dfrac{A-B}{2}$;

(2) $\sin A-\sin B=2\cos\dfrac{A+B}{2}\sin\dfrac{A-B}{2}$;

(3) $\cos A+\cos B=2\cos\dfrac{A+B}{2}\cos\dfrac{A-B}{2}$;

(4) $\cos A-\cos B=-2\sin\dfrac{A+B}{2}\sin\dfrac{A-B}{2}$.

5. 积化和差公式

(1) $\cos A\cos B=\dfrac{1}{2}[\cos(A-B)+\cos(A+B)]$;

(2) $\sin A\sin B=\dfrac{1}{2}[\cos(A-B)-\cos(A+B)]$;

(3) $\sin A\cos B=\dfrac{1}{2}[\sin(A-B)+\sin(A+B)]$.

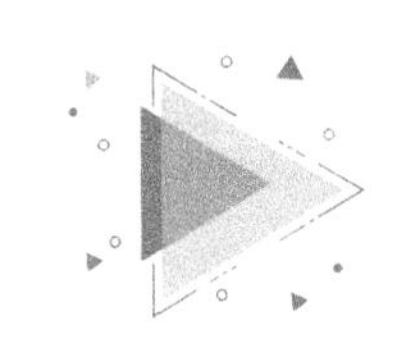

课后习题参考答案 ☆☆☆

练习 1-1

1. $f(0)=0^3-3\times0-4=0-0-4=-4$；$f(1)=1^3-3\times1-4=1-3-4=-6$；$f(-1)=(-1)^3-3\times(-1)-4=-1+3-4=-2$；$f(a)=a^3-3\times a-4=a^3-3a-4$；$f(-x)=(-x)^3-3\cdot(-x)-4=-x^3+3x-4$；$f(2)=2^3-3\times2-4=8-6-4=-2$，$f[f(2)]=f(-2)=(-2)^3-3\times(-2)-4=-8+6-4=-6$.

2. $f(-1)=2\times(-1)^2+1=2+1=3$；$f(0)=2\times0^2+1=0+1=1$；$f(1)=0$；$f(2)=2-1=1$.

3. (1) $\sqrt{-2x+5}$有意义要求$-2x+5\geqslant0$，得$-2x\geqslant-5$，即$x\leqslant\frac{5}{2}$；$\frac{x+3}{x-2}$有意义要求$x-2\neq0$，得$x\neq2$. 则 $f(x)=\sqrt{-2x+5}+\frac{x+3}{x-2}$的定义域为$\left\{x\,\middle|\,x\leqslant\frac{5}{2}，且\ x\neq2\right\}$.

解题格式可简写为$\begin{cases}-2x\geqslant-5,\\x-2\neq0,\end{cases}$即$\begin{cases}x\leqslant\frac{5}{2},\\x\neq2.\end{cases}$

则 $f(x)=\sqrt{-2x+5}+\frac{x+3}{x-2}$的定义域为$\left\{x\,\middle|\,x\leqslant\frac{5}{2}，且\ x\neq2\right\}$.

(2) $\sqrt{4-x}$ 有意义要求 $4-x\geqslant0$，得$-x\geqslant-4$，即 $x\leqslant4$；$\sqrt{x}$有意义要求$x\geqslant0$，而$\frac{1}{\sqrt{x}}$有意义要求$\sqrt{x}\neq0$，即$\frac{1}{\sqrt{x}}$有意义要求 $x>0$. 则 $f(x)=\sqrt{4-x}+\frac{1}{\sqrt{x}}$的定义域为$\{x\mid0<x\leqslant4\}$.

解题格式可简写为$\begin{cases}4-x\geqslant0.\\x>0,\end{cases}$即 $0<x\leqslant4$.

则 $f(x)=\sqrt{4-x}+\frac{1}{\sqrt{x}}$的定义域为$\{x\mid0<x\leqslant4\}$.

(3) $\sqrt[3]{x-1}$中 x 可以取一切实数；$\log_2(1-x^2)$有意义要求 $1-x^2>0$，得$-x^2>-1$，即 $x^2<1$，则$-1<x<1$. 则 $f(x)=\sqrt[3]{x-1}+\log_2(1-x^2)$的定义域为$\{x\mid-1<x<1\}$.

4. (1) 对于 $f(x)=(x-1)^0$，它的定义域为$\{x\mid x\neq1\}$，而 $g(x)=1$ 的定义域为 **R**. $f(x)$与 $g(x)$的定义域是不一样的，所以它们表示不同的函数.

(2) $f(x)=x$，且 x 可以取一切实数，那么 $f(x)$的取值也是一切实数.

$g(x)=\sqrt{x^2}=|x|=\begin{cases}x, & x\geqslant0,\\-x, & x<0,\end{cases}$且 x 可以取一切实数，但是它们的对应法则不同.

因而，$f(x)$与$g(x)$是不同的函数.

(3) $f(x)=x^2$ 且 x 可以取一切实数，$g(x)=(x+1)^2$ 且 x 可以取一切实数，但是 $f(x)=x^2$ 与 $g(x)=(x+1)^2$ 的对应法则不同，则 $f(x)=x^2$ 与 $g(x)=(x+1)^2$ 是不同的函数.

(4) $f(x)=|x|$ 且 x 可以取一切实数，$g(x)=\sqrt{x^2}=|x|$ 且 x 可以取一切实数，又 $f(x)=|x|$ 与 $g(x)=\sqrt{x^2}=|x|$ 的对应法则实际是一样的，且 x 的定义域是相同的，则 $f(x)=|x|$ 与 $g(x)=\sqrt{x^2}$ 是相同的函数.

5. (1) $f(x)=x^4+2\cos x$ 的定义域为 $\mathbf{R}$，$f(-x)=(-x)^4+2\cos(-x)=x^4+2\cos x$，即 $f(-x)=f(x)$，则 $f(x)=x^4+2\cos x$ 是偶函数.

(2) $f(x)=x^3-2\sin x$ 的定义域为 $\mathbf{R}$，$f(-x)=(-x)^3-2\sin(-x)=-x^3+2\sin x$，即 $f(-x)=-f(x)$，所以 $f(x)$ 为奇函数.

(3) $f(x)=2x\tan x$ 的定义域为 $D=\left\{x\,\middle|\,x\in\mathbf{R}\text{，且 }x\neq k\pi+\frac{\pi}{2},k\in\mathbf{Z}\right\}$，对于 $x\in D$，都有 $-x\in D$，而 $f(-x)=2(-x)\tan(-x)=2(-x)(-\tan x)=2x\tan x$，即 $f(-x)=f(x)$，则 $f(x)=2x\tan x$ 是偶函数.

(4) $f(x)=x^2\cos x, x\in(0,+\infty)$，由于 $f(x)$ 的定义域为 $(0,+\infty)$，关于原点不对称，所以 $f(x)=x^2\cos x, x\in(0,+\infty)$ 为非奇非偶函数.

(5) 因为 $3^x-3^{-x}\neq0$，所以 $x\neq0$，即 $f(x)=\dfrac{3^x+3^{-x}}{3^x-3^{-x}}$ 的定义域为 $\{x|x\neq0\}$.

又 $f(-x)=\dfrac{3^{-x}+3^{-(-x)}}{3^{-x}-3^{-(-x)}}=\dfrac{3^{-x}+3^x}{3^{-x}-3^x}=-\dfrac{3^x+3^{-x}}{3^x-3^{-x}}$，即 $f(-x)=-f(x)$，则 $f(x)=\dfrac{3^x+3^{-x}}{3^x-3^{-x}}$ 为奇函数.

(6) 由 $\dfrac{1-x}{1+x}>0$ 得 $-1<x<1$，即 $f(x)=\ln\dfrac{1-x}{1+x}$ 的定义域为 $\{x|-1<x<1\}$.

又 $f(-x)=\ln\dfrac{1-(-x)}{1+(-x)}=\ln\dfrac{1+x}{1-x}=\ln\left(\dfrac{1-x}{1+x}\right)^{-1}=-\ln\dfrac{1-x}{1+x}$，即 $f(-x)=-f(x)$，则 $f(x)=\ln\dfrac{1-x}{1+x}$ 是奇函数.

6. 解法一：令 $x+1=t$，解得 $x=t-1$. 把 $f(x+1)=x^2-x+1$ 中的 x 替换成 $t-1$，则 $f(x+1)=f(t)=(t-1)^2-(t-1)+1=t^2-2t+1-t+1+1=t^2-3t+3$，即 $f(t)=t^2-3t+3$.

把 $f(t)=t^2-3t+3$ 中的 t 替换成 $2x-1$，得 $f(2x-1)=(2x-1)^2-3(2x-1)+3=4x^2-4x+1-6x+3+3=4x^2-10x+7$.

解法二：令 $x+1=2t-1$，解得 $x=2t-2$.

把 $f(x+1)=x^2-x+1$ 中的 x 替换成 $2t-2$，即 $f(x+1)=f(2t-1)=(2t-2)^2-(2t-2)+1=4t^2-8t+4-2t+2+1=4t^2-10t+7$，即 $f(2t-1)=4t^2-10t+7$. 将字母 t 换成 x，有 $f(2x-1)=4x^2-10x+7$.

7. 由 $y=\frac{1-x}{1+2x}$，得 $y(1+2x)=1-x$，整理得 $y+2xy=1-x$，解出 x 由 y 来表示的式子，即 $2xy+x=1-y$，整理得 $x(2y+1)=1-y$，解得 $x=\frac{1-y}{2y+1}$. 则 $y=\frac{1-x}{1+2x}$ 的反函数为 $y=\frac{1-x}{2x+1}$.

练习 1-2

1. 略.

2. (1) $\sqrt{a\sqrt{a\sqrt{a}}}=\left(a\sqrt{a\sqrt{a}}\right)^{\frac{1}{2}}=\left[a\left(a\sqrt{a}\right)^{\frac{1}{2}}\right]^{\frac{1}{2}}=\{a\left[a\left(a\right)^{\frac{1}{2}}\right]^{\frac{1}{2}}\}^{\frac{1}{2}}$

$$=\left[a\left(a^{1+\frac{1}{2}}\right)^{\frac{1}{2}}\right]^{\frac{1}{2}}=\left[a\left(a^{\frac{3}{2}}\right)^{\frac{1}{2}}\right]^{\frac{1}{2}}=\left(a\cdot a^{\frac{3}{4}}\right)^{\frac{1}{2}}$$

$$=\left(a^{\frac{7}{4}}\right)^{\frac{1}{2}}=a^{\frac{7}{8}}=\sqrt[8]{a^7}.$$

或 $\sqrt{a\sqrt{a\sqrt{a}}}=\left(a\sqrt{a\sqrt{a}}\right)^{\frac{1}{2}}=a^{\frac{1}{2}}\left(\sqrt{a\sqrt{a}}\right)^{\frac{1}{2}}=a^{\frac{1}{2}}\left[a^{\frac{1}{2}}\left(\sqrt{a}\right)^{\frac{1}{2}}\right]^{\frac{1}{2}}$

$$=a^{\frac{1}{2}}\left[a^{\frac{1}{2}}\left(a^{\frac{1}{2}}\right)^{\frac{1}{2}}\right]^{\frac{1}{2}}=a^{\frac{1}{2}}\left(a^{\frac{1}{2}}\cdot a^{\frac{1}{4}}\right)^{\frac{1}{2}}=a^{\frac{1}{2}}\left(a^{\frac{1}{2}+\frac{1}{4}}\right)^{\frac{1}{2}}$$

$$=a^{\frac{1}{2}}\left(a^{\frac{3}{4}}\right)^{\frac{1}{2}}$$

$$=a^{\frac{1}{2}}\cdot a^{\frac{3}{8}}=a^{\frac{1}{2}+\frac{3}{8}}=a^{\frac{7}{8}}=\sqrt[8]{a^7}.$$

(2) $\frac{\sqrt{m}\cdot\sqrt[4]{m}\cdot\sqrt[8]{m}}{\left(\sqrt[5]{m}\right)^5\cdot m^{\frac{1}{2}}}=\frac{m^{\frac{1}{2}}\cdot m^{\frac{1}{4}}\cdot m^{\frac{1}{8}}}{m^{\frac{5}{5}}\cdot m^{\frac{1}{2}}}=\frac{m^{\frac{1}{2}+\frac{1}{4}+\frac{1}{8}}}{m^{1+\frac{1}{2}}}=\frac{m^{\frac{7}{8}}}{m^{\frac{3}{2}}}=m^{\frac{7}{8}-\frac{3}{2}}=m^{-\frac{5}{8}}=\frac{1}{\sqrt[8]{m^5}}.$

3. (1) $a^{\frac{1}{3}}a^{\frac{3}{4}}a^{\frac{7}{12}}=a^{\frac{1}{3}+\frac{3}{4}+\frac{7}{12}}=a^{\frac{4+9+7}{12}}=a^{\frac{20}{12}}=a^{\frac{5}{3}}=a\sqrt[3]{a^2}$;

(2) $a^{\frac{2}{3}}a^{\frac{3}{4}}\div a^{\frac{1}{4}}=a^{\frac{2}{3}+\frac{3}{4}-\frac{1}{4}}=a^{\frac{7}{6}}=a\sqrt[6]{a}$;

(3) $(x^{\frac{1}{3}}y^{-\frac{3}{4}})^{12}=x^{\frac{1}{3}\times 12}y^{-\frac{3}{4}\times 12}=x^4y^{-9}=\frac{x^4}{y^9}$;

(4) $4a^{\frac{2}{3}}b^{-\frac{1}{3}}\div\left(-\frac{2}{3}a^{-\frac{1}{3}}b^{-\frac{1}{3}}\right)=4\times\left(-\frac{3}{2}\right)a^{\frac{2}{3}-\left(-\frac{1}{3}\right)}b^{-\frac{1}{3}-\left(-\frac{1}{3}\right)}=-6a^1b^0=-6a$.

4. 幂函数的数学表达式是 $y=x^a$. A,B,C 是由幂函数与常数进行运算后得到的函数，故选 D.

5. 四个函数的定义域都为 $(-\infty,+\infty)$，A. $f(x)=x^{\frac{3}{5}}$，$f(-x)=(-x)^{\frac{3}{5}}=-x^{\frac{3}{5}}=-f(x)$. B,C,D 都是偶函数，故选 A.

6. (1) 0.3^a 与 3^a 用 $y=x^a$ 在第一象限的单调性比较大小.

当 $a<0$ 时，$y=x^a$ 在第一象限单调递减，即由 $0.3<3$，故 $0.3^a>3^a$.

(2) 3^a 与 3^{-a} 用 $y=3^x$ 的单调性比较大小.

$y=3^x$ 单调递增，当 $a<0$ 时，$a<-a$，即 $3^a<3^{-a}$.

(3) 因为 $3^{-a}=\frac{1}{3^a}=\left(\frac{1}{3}\right)^a$，所以 0.3^a 与 3^{-a} 的大小关系就是 0.3^a 与 $\left(\frac{1}{3}\right)^a$ 的大小关系. 0.3^a 与 $\left(\frac{1}{3}\right)^a$ 用 $y=x^a$ 在第一象限的单调性比较大小. 当 $a<0$ 时，$y=x^a$ 在第一象限

单调递减. 即由 $0.3<\frac{1}{3}$，故$0.3^a>\left(\frac{1}{3}\right)^a$. 综上，$0.3^a>\left(\frac{1}{3}\right)^a>3^a$. 答案：D.

7. 令幂函数为 $f(x)=x^a$，由于 $f(x)=x^a$ 的图象过点$\left(3,\frac{\sqrt{3}}{3}\right)$，即 $3^a=\frac{\sqrt{3}}{3}$，而$\frac{\sqrt{3}}{3}=\frac{3^{\frac{1}{2}}}{3}=3^{\frac{1}{2}-1}=3^{-\frac{1}{2}}$. 所以 $3^a=3^{-\frac{1}{2}}$，$a=-\frac{1}{2}$. 所以，$y=x^{-\frac{1}{2}}=\frac{1}{\sqrt{x}}$，$f(9)=\frac{1}{\sqrt{9}}=\frac{1}{3}$.

8. (1) $\left(\frac{5}{3}\right)^0=1$.

(2) $y=x^{\frac{1}{2}}$是单调递增函数，而$\frac{1}{5}<\frac{2}{5}<1$，所以$\left(\frac{1}{5}\right)^{\frac{1}{2}}<\left(\frac{2}{5}\right)^{\frac{1}{2}}<1$.

(3) $y=x^{-\frac{1}{3}}$在第一象限是单调递减函数，而$\frac{2}{3}<1$，所以$\left(\frac{2}{3}\right)^{-\frac{1}{3}}>1^{-\frac{1}{3}}=1$.

综上，$\left(\frac{2}{3}\right)^{-\frac{1}{3}}>\left(\frac{5}{3}\right)^0>\left(\frac{2}{5}\right)^{\frac{1}{2}}>\left(\frac{1}{5}\right)^{\frac{1}{2}}$.

练习 1-3

1. 指数函数表达式为 $y=a^x$(下方的数即底数是常数，上方的数即指数是变量).

因此，有① $y=2^x$，⑤ $y=\left(\frac{1}{3}\right)^x$ 是指数函数.

2.

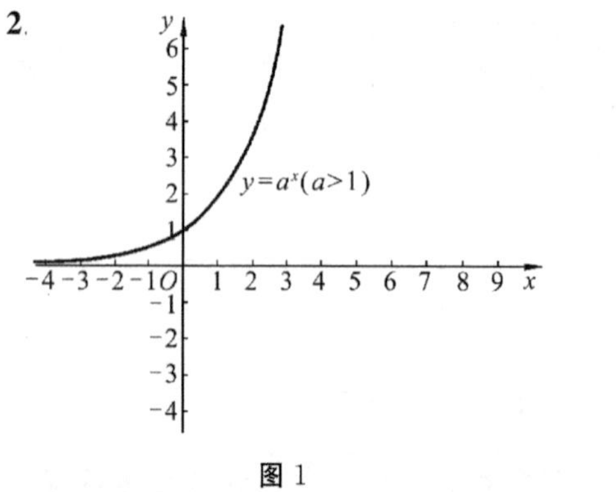

图 1

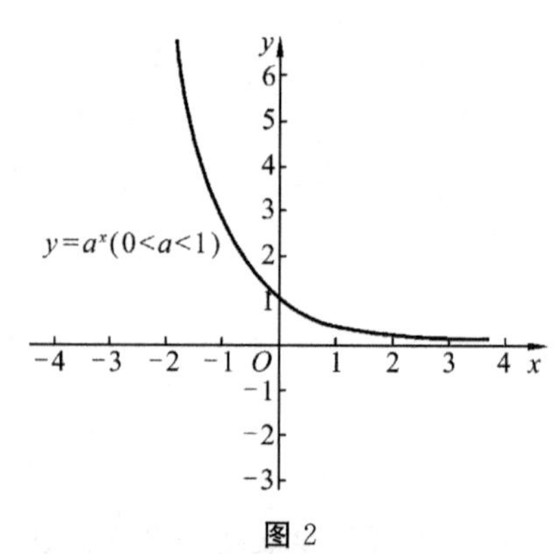

图 2

由图 1 可知，(1) $y=5^x$，(3) $y=\left(\frac{5}{3}\right)^x$ 在$(-\infty,+\infty)$上单调递增；

同时，$y=2^x$ 在$(-\infty,+\infty)$上单调递增，所以，(4) $y=-2^x$ 在$(-\infty,+\infty)$上单调递减.

由图 2 可知，(2) $y=0.5^x$，(5) $y=\left(\frac{2}{3}\right)^x$ 在$(-\infty,+\infty)$上单调递减.

3. 由 $f(x)=(a-1)^x$ 是 **R** 上的单调减函数，可知 $0<a-1<1$，所以 $1<a<2$. 答案：C.

4. 对于(1)和(3)，由上面的图 1 可知，$y=3.2^x$ 与 $y=1.01^x$ 在$(-\infty,+\infty)$上单调递增，所以有$0.8>0.7$ 时，则 $3.2^{0.8}>3.2^{0.7}$；$2.7<3.5$ 时，则 $1.01^{2.7}<1.01^{3.5}$.

对于(2)和(4)，由上面的图 2 可知，$y=0.75^x$ 与 $y=0.99^x$ 在$(-\infty,+\infty)$上单调递

减，所以有$-0.1<0.1$时，则$0.75^{-0.1}>0.75^{0.1}$；$3.3<4.5$时，则$0.99^{3.3}>0.99^{4.5}$.

5. 由前面的图象可知，$y=2^x$，$y=3^x$与$y=5^x$在$(-\infty,+\infty)$上单调递增，$y=0.5^x$在$(-\infty,+\infty)$上单调递减.

(1) 由$2^x>8$得$2^x>2^3$，由单调性可知$x>3$；

(2) 由$3^x<\frac{1}{27}$得$3^x<3^{-3}$，由单调性可知$x<-3$；

(3) $0.5=\frac{1}{2}$，$\sqrt{2}=2^{\frac{1}{2}}=\left(\frac{1}{2}\right)^{-\frac{1}{2}}$，即$0.5^x>\sqrt{2}$等价于$\left(\frac{1}{2}\right)^x>\left(\frac{1}{2}\right)^{-\frac{1}{2}}$，由单调性知$x<-\frac{1}{2}$.

(4) 由$5^x<0.2$得$5^x<5^{-1}$，由单调性可知$x<-1$.

6. 由题意可知

(1) $y=\left(1-\frac{3}{4}\right)^x=\left(\frac{1}{4}\right)^x$；

(2) $\left(\frac{1}{4}\right)^x\leqslant 0.01$，由于$\left(\frac{1}{4}\right)^3=\frac{1}{64}$，$\left(\frac{1}{4}\right)^4=\frac{1}{128}$，所以$x=4$.

要使存留的污垢不超过原有的1%，则至少要漂洗4次.

练习 1-4

1. (1) $\log_3 9=2$；(2) $\log_7\frac{1}{49}=-2$；(3) $\log_4 9=n$；(4) $\log_4 32=\frac{5}{2}$.

2. (1) $2^3=8$；(2) $49^{-\frac{1}{2}}=\frac{1}{7}$；(3) $10^{0.7782}=6$；(4) $e^{2.3026}=10$.

3. (1) $\log_3 27=\log_3 3^3=3$；(2) $\log_{49}1=\log_{49}49^0=0$；(3) $\log_{3.5}3.5=\log_{3.5}3.5^1=1$；(4) $\lg125+\lg16-\lg2=\lg(125\times16\div2)=\lg1\ 000=\lg10^3=3$；(5) $\log_3(9\times27)=\log_3(3^2\times3^3)=\log_3 3^5=5$. (6) $\log_{\frac{1}{3}}27-\log_{\frac{1}{3}}9=\log_{\frac{1}{3}}\frac{27}{9}=\log_{\frac{1}{3}}3=\log_{\frac{1}{3}}\left(\frac{1}{3}\right)^{-1}=-1$.

4. 对数的真数要大于0.

(1) $5-2x>0$，$x<\frac{5}{2}$，所求的定义域为$\left(-\infty,\frac{5}{2}\right)$.

(2) $3x-2>0$，$x>\frac{2}{3}$，所求的定义域为$\left(\frac{2}{3},+\infty\right)$.

(3) $5+2x>0$，$x>-\frac{5}{2}$，所求的定义域为$\left(-\frac{5}{2},+\infty\right)$.

(4) $x-1>0$，$x>1$，所求的定义域为$(1,+\infty)$.

5. 由图1可知，$a>1$时，$y=\log_a x$单调递增.

(1)(3)(4)题中a都是大于1的，所以(1)(3)(4)中的函数都是单调递增函数.

由图2可知，$0<a<1$时，$y=\log_a x$是单调递减函数.(2)为单调递减函数.

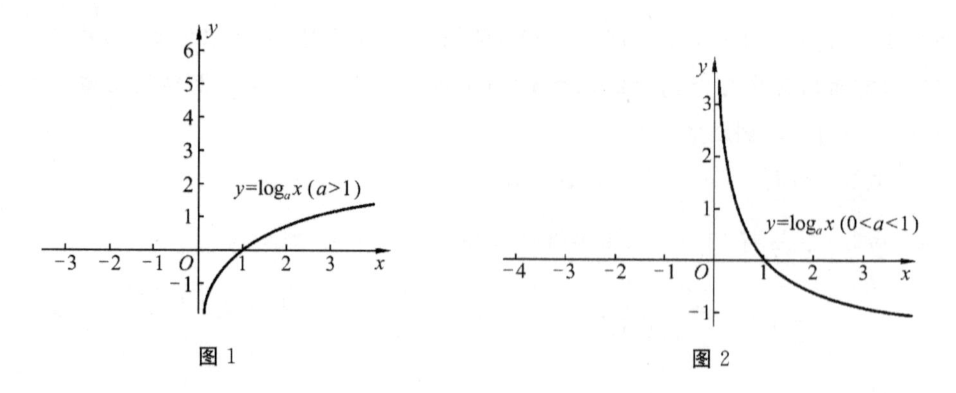

图 1　　　　图 2

6. 由上题图 1 可知，$a>1$ 时，$y=\log_a x$ 单调递增，所以(1)(3)(4)中的函数都是单调递增函数.

(1) $3.2>2.3$，故 $\log_5 3.2>\log_5 2.3$；

(3) $0.2<2$，故 $\lg 0.2<\lg 2$；

(4) $0.52>0.45$，故 $\ln 0.52>\ln 0.45$.

由上题图 2 可知，$0<a<1$ 时，$y=\log_a x$ 是单调递减函数.

故(2) $y=\log_{0.65}x$ 为单调递减函数，由 $5<7$，得 $\log_{0.65}5>\log_{0.65}7$.

7. (1) 由 $\log_2(3x)=\log_2(2x+1)$ 得 $3x=2x+1$，即 $x=1$.

(2) 由 $\log_5(2x+1)=\log_5(x^2-2)$ 得 $2x+1=x^2-2$，整理，得 $x^2-2x-3=0$，得 $x=3$，$x=1$(舍去).

练习 1-5

1. (1) 正确.

因为 $k=2n$，$n\in\mathbf{Z}$，$\alpha=2n\pi-\dfrac{\pi}{4}$，$-\dfrac{\pi}{4}$在第四象限，即 $n\in\mathbf{Z}$，$\alpha=2n\pi-\dfrac{\pi}{4}$在第四象限，所以 $\alpha=k\pi-\dfrac{\pi}{4}$，$k\in\mathbf{Z}$ 有可能在第四象限.

(2) 正确.

因为 $y=\cos x$ 在$\left(-\dfrac{\pi}{2},0\right)\cup\left(0,\dfrac{\pi}{2}\right)$上是偶函数，同时，$y=\cos x$ 在$\left(0,\dfrac{\pi}{2}\right)$上是单调递减的.

(3) 错误.

例如，$\theta=\dfrac{7\pi}{4}$是第四象限角，而 $2\theta=\dfrac{7\pi}{2}=3\pi+\dfrac{\pi}{2}$，$\sin 2\theta<0$.

(4) 错误.

因为 $\sin 210^\circ=\sin(180^\circ+30^\circ)=-\sin 30^\circ=-\dfrac{1}{2}$.

2. 由 $5x+12y=0$ 得 $y=-\dfrac{5}{12}x$，则有 $\tan\alpha=-\dfrac{5}{12}$，$\alpha$ 是第二或第四象限角.

令 θ 为直角三角形中的锐角，$\tan\theta=\frac{5}{12}$，$\sqrt{12^2+5^2}=13$，$\sin\theta=\frac{5}{13}$，$\cos\theta=\frac{12}{13}$.

若 α 为第二象限角，则 $\sin\alpha=\frac{5}{13}$，$\cos\alpha=-\frac{12}{13}$，$\tan\alpha=-\frac{5}{12}$.

若 α 是第四象限角，则 $\sin\alpha=-\frac{5}{13}$，$\cos\alpha=\frac{12}{13}$，$\tan\alpha=-\frac{5}{12}$.

3. 由斜率的定义（倾斜角的正切值）可知，直线的斜率为 $\tan\frac{\pi}{4}=1$.

由点斜式方程可知，直线方程为 $y-1=1\cdot[x-(-1)]$，整理，得方程为 $x-y+2=0$.

4. (1) 方法一：$\frac{2\sin^2\alpha-1}{\sin2\alpha}=\frac{2\sin^2\alpha-1}{2\sin\alpha\cos\alpha}$

$$=\frac{\frac{2\sin^2\alpha}{\cos^2\alpha}-\frac{1}{\cos^2\alpha}}{\frac{2\sin\alpha\cos\alpha}{\cos^2\alpha}}\text{（说明：分子、分母同除以 }\cos^2\alpha\text{）}$$

$$=\frac{2\tan^2\alpha-\sec^2\alpha}{2\tan\alpha}$$

$$=\frac{2\tan^2\alpha-(\tan^2\alpha+1)}{2\tan\alpha}\text{（说明：}\sec^2\alpha=\tan^2\alpha+1\text{）}$$

$$=\frac{\tan^2\alpha-1}{2\tan\alpha}=\frac{1}{2}\tan\alpha-\frac{1}{2\tan\alpha}\xlongequal{\tan\alpha=2}1-\frac{1}{4}=\frac{3}{4}.$$

方法二：$\frac{2\sin^2\alpha-1}{\sin2\alpha}=\frac{-\cos2\alpha}{\sin2\alpha}$（说明：$\cos2\alpha=1-2\sin^2\alpha$）

$$=-\left(\frac{\sin2\alpha}{\cos2\alpha}\right)^{-1}=-(\tan2\alpha)^{-1}=-\frac{1-\tan^2\alpha}{2\tan\alpha}=\frac{3}{4}.$$

(2) $\frac{2\sin^2\alpha-1}{\sin2\alpha}=\frac{-\cos2\alpha}{\sin2\alpha}$（说明：$\cos2\alpha=1-2\sin^2\alpha$）

$$=-\left(\frac{\sin2\alpha}{\cos2\alpha}\right)^{-1}=-(\tan2\alpha)^{-1}\xlongequal{\tan2\alpha=2}-\frac{1}{2}.$$

5. $\alpha\in\left[\frac{5\pi}{2},\frac{7\pi}{2}\right]$时，$\frac{\alpha}{2}\in\left[\frac{5\pi}{4},\frac{7\pi}{4}\right]$，即$\frac{\alpha}{2}\in\left[\pi+\frac{\pi}{4},\pi+\frac{3\pi}{4}\right]$.

易知 $\sin\frac{\alpha}{2}+\cos\frac{\alpha}{2}\leqslant0$，$\cos\frac{\alpha}{2}-\sin\frac{\alpha}{2}\geqslant0$.

$\sqrt{1+\sin\alpha}-\sqrt{1-\sin\alpha}$

$$=\sqrt{\sin^2\frac{\alpha}{2}+\cos^2\frac{\alpha}{2}+2\sin\frac{\alpha}{2}\cos\frac{\alpha}{2}}-\sqrt{\sin^2\frac{\alpha}{2}+\cos^2\frac{\alpha}{2}-2\sin\frac{\alpha}{2}\cos\frac{\alpha}{2}}$$

$$=\sqrt{\left(\sin\frac{\alpha}{2}+\cos\frac{\alpha}{2}\right)^2}-\sqrt{\left(\sin\frac{\alpha}{2}-\cos\frac{\alpha}{2}\right)^2}$$

$$=\left|\sin\frac{\alpha}{2}+\cos\frac{\alpha}{2}\right|-\left|\sin\frac{\alpha}{2}-\cos\frac{\alpha}{2}\right|$$

$$=-\left(\sin\frac{\alpha}{2}+\cos\frac{\alpha}{2}\right)-\left(\cos\frac{\alpha}{2}-\sin\frac{\alpha}{2}\right)$$

$=-2\cos\dfrac{\alpha}{2}$.

6. (1) 由公式 $2\cos^2\alpha-1=\cos2\alpha,\sin^2\alpha+\cos^2\alpha=1$,得

$3\cos^2\dfrac{\pi}{8}+\sin^2\dfrac{\pi}{8}-2=2\cos^2\dfrac{\pi}{8}-1+\sin^2\dfrac{\pi}{8}+\cos^2\dfrac{\pi}{8}-1=\cos\dfrac{\pi}{4}=\dfrac{\sqrt{2}}{2}$.

(2) 由公式 $\cos^2\alpha-\sin^2\alpha=\cos2\alpha,\sin^2\alpha+\cos^2\alpha=1$,得

$\cos^4\alpha-\sin^4\alpha=(\cos^2\alpha+\sin^2\alpha)(\cos^2\alpha-\sin^2\alpha)=\cos2\alpha$.

7. $\dfrac{\sin\alpha+\cos\alpha}{2\sin\alpha-\cos\alpha}=\dfrac{\dfrac{\sin\alpha}{\cos\alpha}+\dfrac{\cos\alpha}{\cos\alpha}}{\dfrac{2\sin\alpha}{\cos\alpha}-\dfrac{\cos\alpha}{\cos\alpha}}=\dfrac{\tan\alpha+1}{2\tan\alpha-1}$,即 $\dfrac{\tan\alpha+1}{2\tan\alpha-1}=2,4\tan\alpha-2=\tan\alpha+1$,

化简,整理得 $\tan\alpha=1$.

练习 1-6

1. (1) A. 不成立,$\arcsin\dfrac{\pi}{3}$ 无意义,因为 $y=\arcsin x,x\in[-1,1],\dfrac{\pi}{3}>1$.

B. 不成立,$\arcsin x\in\left[-\dfrac{\pi}{2},\dfrac{\pi}{2}\right],\arcsin1=\dfrac{\pi}{2}$.

C. 不成立,同 A.

D. 不成立,$\arccos0=\dfrac{\pi}{2}$.

E. 不成立,$\tan\dfrac{\pi}{6}=\dfrac{\sqrt{3}}{3}$.

F. 成立.

综上,成立的有 1 个.

(2) $\arctan\sqrt{3}=\dfrac{\pi}{3},\operatorname{arccot}\sqrt{3}=\dfrac{\pi}{6},\arctan\sqrt{3}+\operatorname{arccot}\sqrt{3}=\dfrac{\pi}{3}+\dfrac{\pi}{6}=\dfrac{\pi}{2}$.

(3) $(\arcsin x)^{\frac{1}{2}}$ 有意义要求 $\arcsin x\geqslant0$,所以 $0\leqslant x\leqslant1$,$(\arctan x)^{\frac{1}{3}}$ 中的 $x\in\mathbf{R}$,所以,所求函数的定义域为$[0,1]$.

(4) 由 $|\sin x|=1$,得 $\sin x=\pm1$.

$\sin x=1$ 时,解集为 $\left\{x\left|x=2k\pi+\dfrac{\pi}{2},k\in\mathbf{Z}\right.\right\}$;$\sin x=-1$ 时,解集为 $\left\{x\left|x=2k\pi-\dfrac{\pi}{2},k\in\mathbf{Z}\right.\right\}$.

故 $|\sin x|=1$ 的解集为 $\left\{x\left|x=k\pi+\dfrac{\pi}{2},k\in\mathbf{Z}\right.\right\}$.

2. $-1\leqslant\dfrac{x}{3}\leqslant1$,即 $-3\leqslant x\leqslant3,-\dfrac{\pi}{2}\leqslant\arcsin\dfrac{x}{3}\leqslant\dfrac{\pi}{2},-\pi\leqslant2\arcsin x\leqslant\pi$.

所以 $y=2\arcsin\dfrac{x}{3}$ 的定义域为$[-3,3]$,值域为$[-\pi,\pi]$.

3. $y=\frac{1}{3}\arcsin 3x+\arctan\sqrt{3}x$ 的定义域为$\left[-\frac{1}{3},\frac{1}{3}\right]$.

(1) $-\frac{\pi}{2}\leqslant\arcsin 3x\leqslant\frac{\pi}{2}$,则$-\frac{\pi}{6}\leqslant\frac{1}{3}\arcsin 3x\leqslant\frac{\pi}{6}$;

(2) $-\frac{\pi}{6}\leqslant\arctan\sqrt{3}x\leqslant\frac{\pi}{6}$,所以,$-\frac{\pi}{6}+\left(-\frac{\pi}{6}\right)\leqslant\frac{1}{3}\arcsin 3x+\arctan\sqrt{3}x\leqslant\frac{\pi}{6}+\frac{\pi}{6}$.

故$-\frac{\pi}{3}\leqslant\frac{1}{3}\arcsin 3x+\arctan\sqrt{3}x\leqslant\frac{\pi}{3}$.

4. (1) $y=\arccos x$ 在$[-1,1]$上是单调递减的.

由$-\frac{1}{4}<\frac{1}{3}$,得 $\arccos\left(-\frac{1}{4}\right)>\arccos\frac{1}{3}$.

(2) $y=\arctan x$ 在$(-\infty,+\infty)$上单调递增.

由$-4<-\pi$,得 $\arctan(-4)<\arctan(-\pi)$.

(3) 由 $\sin\frac{\pi}{4}=\cos\frac{\pi}{4}=\frac{\sqrt{2}}{2}$知 $\arcsin\frac{\sqrt{2}}{2}=\arccos\frac{\sqrt{2}}{2}=\frac{\pi}{4}$. 又 $y=\arcsin x$ 在$[-1,1]$上单调递增,$y=\arccos x$ 在$[-1,1]$上单调递减,$\frac{1}{4}<\frac{\sqrt{2}}{2}<1$,所以 $\arcsin\frac{1}{4}<\arcsin\frac{\sqrt{2}}{2}$,$\arccos\frac{\sqrt{2}}{2}<\arccos\frac{1}{4}$,故 $\arcsin\frac{1}{4}<\arccos\frac{1}{4}$.

5. (1) $\arctan 1=\frac{\pi}{4}$;

(2) $\operatorname{arccot}(-1)=\pi-\operatorname{arccot}1=\pi-\frac{\pi}{4}=\frac{3\pi}{4}$;

(3) $\arcsin\left(-\frac{\sqrt{2}}{2}\right)=-\arcsin\left(\frac{\sqrt{2}}{2}\right)=-\frac{\pi}{4}$;

(4) $\arccos\left(-\frac{\sqrt{3}}{2}\right)=\pi-\arccos\left(\frac{\sqrt{3}}{2}\right)=\pi-\frac{\pi}{6}=\frac{5\pi}{6}$;

(5) $\arcsin\frac{1}{2}+\arccos\left(-\frac{1}{2}\right)=\frac{\pi}{6}+\pi-\arccos\left(\frac{1}{2}\right)=\frac{\pi}{6}+\pi-\frac{\pi}{3}=\frac{5\pi}{6}$;

(6) $\arctan\frac{\sqrt{3}}{3}+\operatorname{arccot}\left(-\frac{\sqrt{3}}{3}\right)=\frac{\pi}{6}+\pi-\frac{\pi}{3}=\frac{5\pi}{6}$.

练习 1-7

1. (1) 错误.

令 $y=f(u)$,$u=\varphi(x)$,内层函数的值域与外层函数的定义域的交集要非空才能复合.

(2) 正确.

$u=\varphi(x)$是奇函数,则 $\varphi(-x)=-\varphi(x)$,$y=f(u)$是偶函数,则 $f(-u)=f(u)$.

故 $f[\varphi(-x)]=f[-\varphi(x)]=f[\varphi(x)]$,即 $y=f[\varphi(x)]$为偶函数.

(3) 错误.

$f(x)$是由两个函数组成的分段函数,而初等函数的定义要求初等函数是只用一个解析式来表示的函数.

(4) 错误.

$y=\arcsin x$ 要求 $x\in[-1,1]$,而 $x^2+3>1$.

2. 由$\frac{1}{\sqrt{x^2-4}}$有意义可知 $x^2-4>0$,由 $\lg(x+3)$有意义可知 $x+3>0$.

即$\begin{cases}x^2-4>0,\\x+3>0,\end{cases}$得$\begin{cases}x<-2\text{ 或 }x>2,\\x>-3,\end{cases}$解得$-3<x<-2$ 或 $x>2$.

所以函数的定义域为$(-3,-2)\cup(2,+\infty)$.

3. 令 $1-2x=t$,解得 $x=\frac{1-t}{2}$.

$$f(t)=1-\frac{1}{2\times\frac{1-t}{2}}=1-\frac{1}{1-t}=\frac{t}{t-1}.$$

故 $f(x)=\frac{x}{x-1}$.

4. (1) $f(-x)=(-x)^5-\sin(-x)+\tan(-x)=-x^5+\sin x-\tan x$

$=-(x^5-\sin x+\tan x)=-f(x)$,$f(x)$是奇函数.

(2) $f(-x)=f(-x)+f(x)=f(x)$,$f(x)$是偶函数.

(3) $f(-x)=\frac{\cos(-x)\cdot(e^{-x}-1)}{e^{-x}+1}=\frac{\cos(-x)\cdot(e^{-x}-1)\cdot e^x}{(e^{-x}+1)\cdot e^x}$

$=\frac{\cos x\cdot(1-e^x)}{1+e^x}=-\frac{\cos x\cdot(e^x-1)}{1+e^x}=-f(x)$,$f(x)$是奇函数.

(4) $f(-x)=(-x)^4+2^{-x}-3=x^4+\frac{1}{2^x}-3$,

$f(-x)\neq f(x)$,$f(-x)\neq -f(x)$,$f(x)$不是奇函数也不是偶函数.

5. (1) $y=\lg(\cos x^2)$是由函数 $y=\lg u$,$u=\cos v$,$v=x^2$ 复合而成的复合函数.

(2) $y=\arccos\sqrt{x^2-1}$是由函数 $y=\arccos u$,$u=\sqrt{v}$,$v=x^2-1$ 复合而成的复合函数.

6. (1) 复合函数为 $y=\sin[\ln(x+1)]$.

(2) 复合函数为 $y=(1-2\tan x)^2$.

练习 1-8

1. 令此山高为 x m.

由题意,得$\frac{x}{100}\times0.6=26-14.6$,解得 $x=1\,900$.

所以,此山高为 1 900 m.

2. 慢车行驶的时间为 t min,慢车行驶的路程为 $y_{慢}$,快车行驶的路程为 $y_{快}$.

慢车的速度为$\frac{7.2}{16}=0.45$,快车的速度为$\frac{7.2}{10}=0.72$,$y_{慢}=0.45t$,$y_{快}=0.72(t-3)$.

令 $y_{快}=y_{慢}$，即 $0.45t=0.72(t-3)$，得 $t=8$，$y_{慢}=0.45\times8=3.6$.

所以，$y_{慢}=0.45t$，$y_{快}=0.72(t-3)$，慢车行驶 8 min 后相遇，距始发站 3.6 km.

3. $S=\begin{cases}\left(-\dfrac{1}{3}t+\dfrac{109}{3}\right)\left(\dfrac{1}{4}t+22\right),1\leqslant t\leqslant40,t\in\mathbf{N},\\ \left(-\dfrac{1}{3}t+\dfrac{109}{3}\right)\left(-\dfrac{1}{2}t+52\right),41\leqslant t\leqslant100,t\in\mathbf{N},\end{cases}$

整理得 $S=\begin{cases}-\dfrac{t^2}{12}+\dfrac{7}{4}t+\dfrac{2\,398}{3},1\leqslant t\leqslant40,t\in\mathbf{N},\\ \dfrac{1}{6}t^2-\dfrac{213t}{6}+\dfrac{5\,668}{3},41\leqslant t\leqslant100,t\in\mathbf{N}.\end{cases}$

4. 设椰子成本为 x 元/个.

由题意，得 $\left(\dfrac{300}{x}-12\right)(x+1)=300+78$，解得 $x_1=2.5$，$x_2=-10$（舍去）.

则有 $\dfrac{300}{2.5}=120$，两筐椰子共有 120 个.

练习 2-1

1. (1) $n\to\infty$，$5^n\to+\infty$，$\dfrac{1}{5^n}\to0$，$\lim\limits_{n\to\infty}\dfrac{1}{5^n}=0$，数列 $\{a_n\}$ 收敛.

(2) $n\to\infty$，$(-1)^{2n}n\to+\infty$，$(-1)^{2n+1}n\to-\infty$，$(-1)^n n\to\infty$，$\lim\limits_{n\to\infty}(-1)^n n=\infty$，数列 $\{a_n\}$ 发散.

(3) $n\to\infty$，$n^3\to\infty$，$\dfrac{1}{n^3}\to0$，$5+\dfrac{1}{n^3}\to5$，$\lim\limits_{n\to\infty}\left(5+\dfrac{1}{n^3}\right)=5$，数列 $\{a_n\}$ 收敛.

(4) $n\to\infty$，$\dfrac{n}{n+2}=\dfrac{\frac{n}{n}}{\frac{n}{n}+\frac{2}{n}}=\dfrac{1}{1+\frac{2}{n}}$，$\dfrac{2}{n}\to0$，$\dfrac{n}{n+2}\to1$，$\lim\limits_{n\to\infty}\dfrac{n}{n+2}=1$，数列 $\{a_n\}$ 收敛.

(5) $n\to\infty$，$\cos2n\pi=1$，$\cos(2n+1)\pi=-1$，$\lim\limits_{n\to\infty}\cos n\pi$ 不存在，数列 $\{a_n\}$ 发散.

(6) $n\to\infty$，$\sin n\pi=0$，所以，$\lim\limits_{n\to\infty}\sin n\pi=0$，因此，数列 $\{a_n\}$ 收敛.

2. (1) $n\to\infty$，$0<\dfrac{1}{3}<1$，$\left(\dfrac{1}{3}\right)^n\to0$，$\lim\limits_{n\to\infty}\left(\dfrac{1}{3}\right)^n=0$.

(2) $n\to\infty$，$\dfrac{2n-3}{n}=\dfrac{2n}{n}-\dfrac{3}{n}=2-\dfrac{3}{n}\to2$. $\lim\limits_{n\to\infty}\dfrac{2n-3}{n}=\lim\limits_{n\to\infty}\left(\dfrac{2n}{n}-\dfrac{3}{n}\right)=\lim\limits_{n\to\infty}\left(2-\dfrac{3}{n}\right)=2$.

(3) $n\to\infty$，$n^2\to+\infty$，$\dfrac{1}{n^2}\to0$，$\dfrac{1}{3^n}\to0$，$\dfrac{2}{3^n}\to0$，$\dfrac{1}{n^2}-\dfrac{2}{3^n}\to0$，$\lim\limits_{n\to\infty}\left(\dfrac{1}{n^2}-\dfrac{2}{3^n}\right)=0$.

(4) $\lim\limits_{n\to\infty}\dfrac{2n^2+3}{n^2}=\lim\limits_{n\to\infty}\left(\dfrac{2n^2}{n^2}+\dfrac{3}{n^2}\right)=\lim\limits_{n\to\infty}\left(2+\dfrac{3}{n^2}\right)=2$（因为 $n\to\infty$，$\dfrac{3}{n^2}\to0$）.

(5) $\lim\limits_{n\to\infty}\dfrac{2n^3+n^2}{4n^3-2}=\lim\limits_{n\to\infty}\dfrac{\frac{2n^3}{n^3}+\frac{n^2}{n^3}}{\frac{4n^3}{n^3}-\frac{2}{n^3}}=\lim\limits_{n\to\infty}\dfrac{2+\frac{1}{n}}{4-\frac{2}{n^3}}=\dfrac{2}{4}=\dfrac{1}{2}$（因为 $n\to\infty$，$\dfrac{1}{n}\to0$，$\dfrac{2}{n^3}\to0$）.

练习 2-2

1. (1) $x\to\infty$ 时，$1+x\to\infty$，所以 $\frac{2}{1+x}\to 0$，即 $\lim\limits_{x\to\infty}\frac{2}{1+x}=0$.

(2) $x\to\infty$，当 $x=2n\pi(n\in\mathbf{Z}_+)$ 时，$\cos x=1$；

当 $x=(2n+1)\pi(n\in\mathbf{Z}_+)$ 时，$\cos x=-1$.

故 $\lim\limits_{x\to\infty}\cos x$ 不存在.

(3) $x\to 2$ 时，$x^2\to 4$，故 $x^2+x-3\to 4+2-3=3$. $\lim\limits_{x\to 2}(x^2+x-3)=4+2-3=3$.

(4) $0<\frac{2}{7}<1$，根据指数函数 $y=a^x\ (0<a<1)$ 可知当 $x\to+\infty$ 时，$\left(\frac{2}{7}\right)^x\to 0$；当 $x\to-\infty$ 时，$\left(\frac{2}{7}\right)^x\to+\infty$. 故 $\lim\limits_{x\to\infty}\left(\frac{2}{7}\right)^x$ 不存在.

(5) 由 $y=\ln x$ 可知当 $x\to 1$ 时，$\ln x\to 0$，$\lim\limits_{x\to 1}\ln x=0$.

(6) 当 $x\to 0$ 时，$3x^2\to 0$，$2\sin x\to 0$，$3\tan x\to 0$，$\lim\limits_{x\to 0}(3x^2+2\sin x-3\tan x+2)=0+0+0+2=2$.

2. $f(x)=\begin{cases}1, & x>0,\\ -1, & x<0.\end{cases}$

$\lim\limits_{x\to 0^-}f(x)=\lim\limits_{x\to 0^-}(-1)=-1$，$\lim\limits_{x\to 0^+}f(x)=\lim\limits_{x\to 0^+}1=1$.

所以 $\lim\limits_{x\to 0}f(x)$ 不存在.

3. $x\to 0^-$ 时，$f(x)=2^x$，$\lim\limits_{x\to 0^-}2^x=2^0=1$；

$x\to 0^+$ 时，$f(x)=2$，$\lim\limits_{x\to 0^+}f(x)=\lim\limits_{x\to 0^+}2=2$.

所以 $\lim\limits_{x\to 0}f(x)$ 不存在.

$x\to 1^-$，$f(x)=2$，$\lim\limits_{x\to 1^-}f(x)=\lim\limits_{x\to 1^-}2=2$；

$x\to 1^+$，$f(x)=-x+3$，$\lim\limits_{x\to 1^+}f(x)=\lim\limits_{x\to 1^+}(-x+3)=2$.

所以 $\lim\limits_{x\to 1}f(x)=2$，即 $\lim\limits_{x\to 1}f(x)$ 存在.

4. 要使 $\lim\limits_{x\to 1}f(x)$ 存在，则有 $\lim\limits_{x\to 1^-}f(x)=\lim\limits_{x\to 1^+}f(x)$.

而 $\lim\limits_{x\to 1^-}f(x)=\lim\limits_{x\to 1^-}(2+x)=2+1=3$，

$\lim\limits_{x\to 1^+}f(x)=\lim\limits_{x\to 1^+}(a-x^2)=a-1$.

所以有 $a-1=3$，得 $a=4$.

即当 $a=4$ 时，$\lim\limits_{x\to 1}f(x)$ 存在.

练习 2-3

1. (1) 不对，因为分母为零是无意义的.

正确解法为：

$$\lim_{x\to 2}\frac{x-2}{x^3-8}=\lim_{x\to 2}\frac{x-2}{(x-2)(x^2+2x+4)}=\lim_{x\to 2}\frac{1}{x^2+2x+4}=\frac{1}{4+4+4}=\frac{1}{12}.$$

(2) 不对,分母为零是无意义的. 正确解法为:用倒数法.

因为 $\lim\limits_{x\to 3}\frac{x-3}{x^2-4}=\frac{3-3}{3^2-4}=\frac{0}{5}=0$,所以 $\lim\limits_{x\to 3}\frac{x^2-4}{x-3}=\infty$.

2. (1) $\lim\limits_{x\to 0}\frac{x^3+5x}{x^2-3}=\frac{0+5\times 0}{0-3}=\frac{0}{-3}=0$.

(2) 因为分母的极限为零,所以不能直接代入.

$$\lim_{x\to 3}\frac{x-3}{x^2-9}=\lim_{x\to 3}\frac{x-3}{(x-3)(x+3)}=\lim_{x\to 3}\frac{1}{x+3}=\frac{1}{3+3}=\frac{1}{6}.$$

(3) $\lim\limits_{x\to 1}\frac{x^2+3x+2}{x^2-3x-4}=\frac{1+3\times 1+2}{1-3\times 1-4}=-\frac{6}{6}=-1$.

(4) 因为当 $x\to 2$ 时,分母极限为零,所以要约去分母中的零因子.

$$\lim_{x\to 2}\frac{x^2-x-2}{x^2-3x+2}=\lim_{x\to 2}\frac{(x+1)(x-2)}{(x-1)(x-2)}=\lim_{x\to 2}\frac{x+1}{x-1}=\frac{2+1}{2-1}=3.$$

(5) 因为当 $x\to 2$ 时,分母的极限为零,所以要约去分母中的零因子. 因为有根式,考虑有理化的方法.

$$\lim_{x\to 2}\frac{\sqrt{x+2}-2}{x-2}=\lim_{x\to 2}\frac{(\sqrt{x+2}-2)(\sqrt{x+2}+2)}{(x-2)(\sqrt{x+2}+2)}=\lim_{x\to 2}\frac{x+2-4}{(x-2)(\sqrt{x+2}+2)}$$

$$=\lim_{x\to 2}\frac{1}{\sqrt{x+2}+2}=\frac{1}{2+2}=\frac{1}{4}.$$

(6) 因为分子、分母都无限趋近于∞,所以不能直接用四则运算法则计算极限. 选择方法改变无穷的数值走势,分子、分母同除以 x 的最高次幂.

$$\lim_{x\to\infty}\frac{3-x^2}{2x^2-3}=\lim_{x\to\infty}\frac{\frac{3}{x^2}-\frac{x^2}{x^2}}{\frac{2x^2}{x^2}-\frac{3}{x^2}}=\lim_{x\to\infty}\frac{\frac{3}{x^2}-1}{2-\frac{3}{x^2}}=\frac{0-1}{2-0}=-\frac{1}{2}.$$

(7) $\lim\limits_{x\to\infty}\frac{5x^2+3x-5}{2x^3+x^2-3}=\lim\limits_{x\to\infty}\frac{\frac{5x^2}{x^3}+\frac{3x}{x^3}-\frac{5}{x^3}}{\frac{2x^3}{x^3}+\frac{x^2}{x^3}-\frac{3}{x^3}}=\lim\limits_{x\to\infty}\frac{\frac{5}{x}+\frac{3}{x^2}-\frac{5}{x^3}}{2+\frac{1}{x}-\frac{3}{x^3}}=\frac{0+0-0}{2+0-0}=0$.

(8) $\lim\limits_{x\to\infty}\frac{5x^3-3x+2}{x^4+1}=\lim\limits_{x\to\infty}\frac{\frac{5x^3}{x^4}-\frac{3x}{x^4}+\frac{2}{x^4}}{\frac{x^4}{x^4}+\frac{1}{x^4}}=\lim\limits_{x\to\infty}\frac{\frac{5}{x}-\frac{3}{x^3}+\frac{2}{x^4}}{1+\frac{1}{x^4}}=\frac{0}{1}=0$,

故 $\lim\limits_{x\to\infty}\frac{x^4+1}{5x^3-3x+2}=\infty$.

(9) $\lim\limits_{x\to\infty}\left(1-\frac{3}{x}\right)\left(2+\frac{7}{x^2}\right)=\lim\limits_{x\to\infty}\left(1-\frac{3}{x}\right)\cdot\lim\limits_{x\to\infty}\left(2+\frac{7}{x^2}\right)=(1-0)\times(2+0)=2$.

(10) $\lim\limits_{x\to 1}\frac{1}{1-x}=\infty$,$\lim\limits_{x\to 1}\frac{3}{1-x^3}=\infty$,即原式为$\infty-\infty$型,不能直接使用极限的四则运算法则.

$$\lim_{x\to1}\left(\frac{1}{1-x}-\frac{3}{1-x^3}\right)=\lim_{x\to1}\left[\frac{1+x+x^2}{(1-x)(1+x+x^2)}-\frac{3}{1-x^3}\right]$$

$$=\lim_{x\to1}\frac{1+x+x^2-3}{1-x^3}\left(\frac{0}{0}\text{型}\right)=\lim_{x\to1}\frac{x^2+x-2}{(1-x)(1+x+x^2)}$$

$$=\lim_{x\to1}\frac{(x-1)(x+2)}{(1-x)(1+x+x^2)}=-\lim_{x\to1}\frac{x+2}{1+x+x^2}=-1.$$

(11) $\lim\limits_{x\to\infty}\sqrt{x^2+2x}=+\infty$，$\lim\limits_{x\to\infty}x=\infty$，即$\infty-\infty$型，不能直接使用极限的四则运算法则.

$$\lim_{x\to-\infty}(\sqrt{x^2+2x}-x)=+\infty,$$

$$\lim_{x\to+\infty}(\sqrt{x^2+2x}-x)=\lim_{x\to+\infty}\frac{(\sqrt{x^2+2x}-x)(\sqrt{x^2+2x}+x)}{\sqrt{x^2+2x}+x}$$

$$=\lim_{x\to+\infty}\frac{x^2+2x-x^2}{\sqrt{x^2+2x}+x}=\lim_{x\to+\infty}\frac{2x}{\sqrt{x^2+2x}+x}\left(\frac{\infty}{\infty}\text{型}\right)$$

$$=\lim_{x\to+\infty}\frac{\frac{2x}{x}}{\sqrt{\frac{x^2}{x^2}+\frac{2x}{x^2}}+\frac{x}{x}}=\lim_{x\to+\infty}\frac{2}{\sqrt{1+\frac{2}{x}}+1}=1.$$

故$\lim\limits_{x\to\infty}(\sqrt{x^2+2x}-x)$不存在.

(12) $\lim\limits_{x\to+\infty}(\sqrt{9x+1}-3\sqrt{x})$（$\infty-\infty$型，因为有根式，考虑有理化）

$$=\lim_{x\to+\infty}\frac{(\sqrt{9x+1}-3\sqrt{x})(\sqrt{9x+1}+3\sqrt{x})}{\sqrt{9x+1}+3\sqrt{x}}$$

$$=\lim_{x\to+\infty}\frac{9x+1-9x}{\sqrt{9x+1}+3\sqrt{x}}=\lim_{x\to+\infty}\frac{1}{\sqrt{9x+1}+3\sqrt{x}}=0.$$

(13) $$\lim_{x\to\infty}\frac{(2x-1)^{10}(3x-2)^6}{(2x+1)^{16}}=\lim_{x\to\infty}\frac{\frac{(2x-1)^{10}(3x-2)^6}{x^{16}}}{\frac{(2x+1)^{16}}{x^{16}}}$$

$$=\lim_{x\to\infty}\frac{\frac{(2x-1)^{10}}{x^{10}}\cdot\frac{(3x-2)^6}{x^6}}{\left(\frac{2x+1}{x}\right)^{16}}$$

$$=\lim_{x\to\infty}\frac{\left(\frac{2x-1}{x}\right)^{10}\cdot\left(\frac{3x-2}{x}\right)^6}{\left(2+\frac{1}{x}\right)^{16}}=\frac{2^{10}\times3^6}{2^{16}}=\left(\frac{3}{2}\right)^6.$$

(14) $$\lim_{n\to\infty}\frac{1+2+3+\cdots+(n-1)}{n^2}=\lim_{n\to\infty}\frac{\frac{(n-1)(1+n-1)}{2}}{n^2}=\lim_{n\to\infty}\frac{n^2-n}{2n^2}$$

$$=\lim_{n\to\infty}\frac{\frac{n^2}{n^2}-\frac{n}{n^2}}{\frac{2n^2}{n^2}}=\lim_{n\to\infty}\frac{1-\frac{1}{n}}{2}=\frac{1}{2}.$$

(15) $\lim\limits_{x\to\frac{\pi}{4}}\ln\tan x=0$.

(16) 利用 $\lim\limits_{x\to x_0}f[\varphi(x)]=f[\lim\limits_{x\to x_0}\varphi(x)]$.

$\lim\limits_{x\to 1}\arctan(2x^2-1)=\arctan[\lim\limits_{x\to 1}(2x^2-1)]=\arctan 1=\dfrac{\pi}{4}$.

3. 因为 $\lim\limits_{x\to 1}(x^2-3x+2)=0$，则 $\lim\limits_{x\to 1}(x^2+ax+b)=1+a+b=0$. 同时，$x^2-3x+2=(x-1)(x-2)$，$x\to 1$ 时，$x-1\to 0$，则 $x^2+ax+b=(x-1)(x-b)$，亦即 $\lim\limits_{x\to 1}\dfrac{x^2+ax+b}{x^2-3x+2}=\lim\limits_{x\to 1}\dfrac{(x-1)(x-b)}{(x-1)(x-2)}=\lim\limits_{x\to 1}\dfrac{x-b}{x-2}=2$，$\dfrac{1-b}{1-2}=2$，解得 $b=3$，$a=-4$.

练习 2-4

1. (1) 错误. $\lim\limits_{x\to\infty}\dfrac{\sin 2x}{x}=\lim\limits_{x\to\infty}\dfrac{1}{x}\cdot\sin 2x=0$.

($\sin 2x$ 为有界变量，当 $x\to\infty$ 时，$\dfrac{1}{x}$ 为无穷小量，有界变量与无穷小的积仍为无穷小)

(2) 正确. $\lim\limits_{x\to\infty}\dfrac{\sin x}{x+1}=\lim\limits_{x\to\infty}\dfrac{1}{x+1}\cdot\sin x=0$.

($\sin x$ 为有界变量，当 $x\to\infty$ 时，$\dfrac{1}{x+1}$ 为无穷小量，有界变量与无穷小的积仍为无穷小)

(3) 错误. 第二重要极限公式 $\lim\limits_{x\to 0}(1+x)^{\frac{1}{x}}=\mathrm{e}$，注意公式与此题目表达式的不同.

同时，第二重要极限公式适用于 1^∞ 型. $x\to 0$ 时，$1+\dfrac{1}{x}\to\infty$，该题是 ∞^0 型.

$$\lim_{x\to 0}\left(1+\frac{1}{x}\right)^x=\mathrm{e}^{\ln\lim\limits_{x\to 0}\left(1+\frac{1}{x}\right)^x}=\mathrm{e}^{\lim\limits_{x\to 0}\ln\left(1+\frac{1}{x}\right)^x}=\mathrm{e}^{\lim\limits_{x\to 0}x\ln\left(1+\frac{1}{x}\right)}$$

$$=\mathrm{e}^{\lim\limits_{x\to 0}\frac{\ln\left(1+\frac{1}{x}\right)}{\frac{1}{x}}}=\mathrm{e}^{\lim\limits_{x\to 0}\frac{\left(1+\frac{1}{x}\right)^{-1}\cdot\left(-\frac{1}{x^2}\right)}{-\frac{1}{x^2}}}=\mathrm{e}^{\lim\limits_{x\to 0}\frac{x}{x+1}}=\mathrm{e}^0=1.$$

(4) 错误. $x\to 0$ 时，$1+x\to 1$，$(1+x)^0\to 1$，所以，$\lim\limits_{x\to 0}(1+x)^x=1$.

(5) 错误. $x\to 0$ 时，$1-x\to 1$，$(1-x)^0\to 1$，所以，$\lim\limits_{x\to 0}(1-x)^x=1$.

(6) 错误. 第二重要极限公式 $\lim\limits_{x\to\infty}\left(1+\dfrac{1}{x}\right)^x=\mathrm{e}$，注意公式与此题目表达式的不同. 同时，第二重要极限公式适用于 1^∞ 型.

$$\lim_{x\to\infty}(1+x)^{\frac{1}{x}}=\mathrm{e}^{\ln\lim\limits_{x\to\infty}(1+x)^{\frac{1}{x}}}=\mathrm{e}^{\lim\limits_{x\to\infty}\ln(1+x)^{\frac{1}{x}}}=\mathrm{e}^{\lim\limits_{x\to\infty}\frac{1}{x}\ln(1+x)}=\mathrm{e}^{\lim\limits_{x\to\infty}\frac{\ln(1+x)}{x}}=\mathrm{e}^{\lim\limits_{x\to\infty}\frac{\frac{1}{1+x}}{1}}$$

$$=\mathrm{e}^0=1.$$

2. (1) $\lim\limits_{x\to 0}\dfrac{\sin 5x}{x}=\lim\limits_{x\to 0}\dfrac{5\sin 5x}{5x}=5\lim\limits_{x\to 0}\dfrac{\sin 5x}{5x}=5$.

(2) $\lim\limits_{x\to -1}\dfrac{\sin(x^2-1)}{x+1}=\lim\limits_{x\to -1}\dfrac{(x-1)\sin(x^2-1)}{(x+1)(x-1)}$

$$=\lim_{x\to -1}(x-1)\cdot\lim_{x\to -1}\frac{\sin(x^2-1)}{x^2-1}=-2.$$

(3) 令 $u=\arcsin x, x=\sin u, x\to 0, u\to 0$.

将原式中所有关于 x 的表达式替换为关于 u 的表达式.

$$\lim_{x\to 0}\frac{x}{\arcsin x}=\lim_{u\to 0}\frac{\sin u}{u}=1.$$

(4) $$\lim_{x\to 0}\frac{\sin 3x}{\sin 2x}=\lim_{x\to 0}\frac{\frac{\sin 3x}{3x}\cdot 3x}{\frac{\sin 2x}{2x}\cdot 2x}=\frac{3}{2}\frac{\lim\limits_{x\to 0}\frac{\sin 3x}{3x}}{\lim\limits_{x\to 0}\frac{\sin 2x}{2x}}=\frac{3}{2}.$$

(5) $$\lim_{x\to\infty}\left[(x+1)\sin\frac{1}{x}\right]=\lim_{x\to\infty}\left[(x+1)\frac{\sin\frac{1}{x}}{\frac{1}{x}\cdot x}\right]=\lim_{x\to\infty}\left[\frac{(x+1)}{x}\cdot\frac{\sin\frac{1}{x}}{\frac{1}{x}}\right]$$

$$=\lim_{x\to\infty}\frac{x+1}{x}\cdot\lim_{x\to\infty}\frac{\sin\frac{1}{x}}{\frac{1}{x}}=\lim_{x\to\infty}\frac{x+1}{x}=1.$$

(6) $$\lim_{x\to 0}\frac{2x-\sin x}{3x+\sin x}=\lim_{x\to 0}\frac{\frac{2x}{x}-\frac{\sin x}{x}}{\frac{3x}{x}+\frac{\sin x}{x}}=\lim_{x\to 0}\frac{2-\frac{\sin x}{x}}{3+\frac{\sin x}{x}}=\frac{2-\lim\limits_{x\to 0}\frac{\sin x}{x}}{3+\lim\limits_{x\to 0}\frac{\sin x}{x}}=\frac{2-1}{3+1}=\frac{1}{4}.$$

(7) $$\lim_{x\to\frac{\pi}{2}}(1+\cos x)^{3\sec x}=\lim_{x\to\frac{\pi}{2}}(1+\cos x)^{\frac{1}{\cos x}\cdot 3}=\lim_{x\to\frac{\pi}{2}}\left[(1+\cos x)^{\frac{1}{\cos x}}\right]^3=\mathrm{e}^3.$$

(8) $$\lim_{x\to\infty}\left(1-\frac{3}{x}\right)^x=\lim_{x\to\infty}\left[1+\left(-\frac{3}{x}\right)\right]^{-\frac{x}{3}\cdot(-3)}=\lim_{x\to\infty}\left\{\left[1+\left(-\frac{3}{x}\right)\right]^{-\frac{x}{3}}\right\}^{-3}=\mathrm{e}^{-3}.$$

(9) $$\lim_{x\to 0}(1-2x)^{\frac{1}{x}}=\lim_{x\to 0}[1+(-2x)]^{\frac{1}{-2x}\cdot(-2)}=\lim_{x\to 0}\left\{[1+(-2x)]^{\frac{1}{-2x}}\right\}^{-2}=\mathrm{e}^{-2}.$$

(10) $$\lim_{x\to\infty}\left(\frac{x+1}{x-1}\right)^x=\lim_{x\to\infty}\left[1+\left(\frac{x+1}{x-1}-1\right)\right]^x=\lim_{x\to\infty}\left[1+\left(\frac{2}{x-1}\right)\right]^x$$

$$=\lim_{x\to\infty}\left[1+\left(\frac{2}{x-1}\right)\right]^{\frac{x-1}{2}\cdot\frac{2}{x-1}\cdot x}=\lim_{x\to\infty}\left\{\left[1+\left(\frac{2}{x-1}\right)\right]^{\frac{x-1}{2}}\right\}^{\frac{2x}{x-1}}$$

$$=\mathrm{e}^{\lim\limits_{x\to\infty}\frac{2x}{x-1}}=\mathrm{e}^2.$$

(11) $$\lim_{x\to 2}(3-x)^{\frac{1}{2-x}}=\lim_{x\to 2}[1+(2-x)]^{\frac{1}{2-x}}=\mathrm{e}.$$

(12) $$\lim_{x\to\infty}\left(\frac{1-2x}{4-2x}\right)^x=\lim_{x\to\infty}\left[1+\left(\frac{1-2x}{4-2x}-1\right)\right]^x=\lim_{x\to\infty}\left[1+\left(\frac{-3}{4-2x}\right)\right]^x$$

$$=\lim_{x\to\infty}\left[1+\left(\frac{-3}{4-2x}\right)\right]^{\frac{4-2x}{-3}\cdot\frac{-3}{4-2x}\cdot x}$$

$$=\lim_{x\to\infty}\left\{\left[1+\left(\frac{-3}{4-2x}\right)\right]^{\frac{4-2x}{-3}}\right\}^{\frac{-3x}{4-2x}}$$

$$=\mathrm{e}^{\lim\limits_{x\to\infty}\frac{-3x}{4-2x}}=\mathrm{e}^{\frac{3}{2}}.$$

3. $$\lim_{x\to 0}(1-kx)^{\frac{1}{x}}=\lim_{x\to 0}[1+(-kx)]^{\frac{1}{-kx}\cdot(-k)}=\mathrm{e}^{-k}=2, -k=\ln 2, k=-\ln 2.$$

练习 2-5

1. (1) 错误.无穷小中只有一个常数,它是 0,其余的无穷小都是变量.

(2) 正确.

(3) 正确.

(4) 正确. $\lim\limits_{x \to x_0} f(x)=0$, $\lim\limits_{x \to x_0} g(x)=0$, $\lim\limits_{x \to x_0} f(x)g(x)=\lim\limits_{x \to x_0} f(x)\lim\limits_{x \to x_0} g(x)=0$.

(5) 错误.因为 0 是无穷小,分母是无穷小时,可能为 0.

(6) 错误.

$\lim\limits_{x \to 0^+} \dfrac{1}{x}=+\infty$, $\lim\limits_{x \to 0^+}\left(-\dfrac{1}{x}\right)=-\infty$, $\lim\limits_{x \to 0^+}\left(\dfrac{1}{x}-\dfrac{1}{x}\right)=0$.

2. (1) $\because \lim\limits_{x \to \frac{3}{2}}(2x-3)=2\times\dfrac{3}{2}-3=0$, $\therefore$ 当 $x \to \dfrac{3}{2}$ 时, $2x-3$ 是无穷小.

(2) $\because \lim\limits_{x \to 1}\dfrac{1}{x^2-1}=\infty$, $\therefore$ 当 $x \to 1$ 时, $\dfrac{1}{x^2-1}$ 是无穷大.

(3) $\because \lim\limits_{x \to 4}\ln(x-3)=\ln[\lim\limits_{x \to 4}(x-3)]=\ln 1=0$, $\therefore$ 当 $x \to 4$ 时, $\ln(x-3)$ 是无穷小.

(4) $\because \lim\limits_{x \to -\infty} e^x=0$, $\therefore$ 当 $x \to -\infty$ 时, e^x 是无穷小.

(5) $\because \lim\limits_{x \to \infty}\dfrac{1}{x}=0$, $\therefore$ 当 $x \to \infty$ 时, $\dfrac{1}{x}$ 是无穷小.

(6) $\because \lim\limits_{x \to 0}\dfrac{\arcsin x}{1+\cos x}=\dfrac{\lim\limits_{x \to 0}\arcsin x}{\lim\limits_{x \to 0}(1+\cos x)}=\dfrac{0}{2}=0$,

$\therefore$ 当 $x \to 0$ 时, $\dfrac{\arcsin x}{1+\cos x}$ 是无穷小.

3. (1) 因为有界变量与无穷小的积仍为无穷小.

$x \to 0$ 时, x^2 是无穷小, $\sin\dfrac{10}{x}$ 为有界变量, $\lim\limits_{x \to 0} x^2 \sin\dfrac{10}{x}=0$.

(2) 因为有界变量与无穷小的积仍为无穷小.

$x \to \infty$ 时, $\dfrac{1}{x}$ 是无穷小, $\arctan x$ 为有界变量, $\lim\limits_{x \to \infty}\dfrac{\arctan x}{x}=\lim\limits_{x \to \infty}\dfrac{1}{x}\cdot\arctan x=0$.

(3) 因为有界变量与无穷小的积仍为无穷小.

$x \to \infty$ 时, $\dfrac{1}{x}$ 是无穷小, $\sin x^2$ 为有界变量,所以, $\lim\limits_{x \to \infty}\dfrac{1}{x}\cdot\sin x^2=0$.

(4) $\because \lim\limits_{x \to 2}\dfrac{x-2}{x-1}=0$, $\therefore \lim\limits_{x \to 2}\dfrac{x-1}{x-2}=\infty$.

4. (1) $\lim\limits_{x \to 1}\dfrac{x^3-1}{x-1}=\lim\limits_{x \to 1}\dfrac{(x-1)(x^2+x+1)}{x-1}=\lim\limits_{x \to 1}(x^2+x+1)=3$.

当 $x \to 1$ 时, x^3-1 与 $x-1$ 是同阶无穷小.

(2) $\lim\limits_{x \to 0}\dfrac{e^{x^3}-1}{x}=\lim\limits_{x \to 0}\dfrac{x^3}{x}=0$,所以,当 $x \to 0$ 时, $e^{x^3}-1$ 是比 x 高阶的无穷小.

5. (1) $\lim\limits_{x \to 0}\dfrac{\arcsin 3x}{5x}=\lim\limits_{x \to 0}\dfrac{3x}{5x}=\dfrac{3}{5}$.

(2) $\lim\limits_{x\to 0}\dfrac{\ln(x+1)}{x}=\lim\limits_{x\to 0}\dfrac{x}{x}=1$.

(3) $\lim\limits_{x\to 0}\dfrac{e^{5x}-1}{\tan x}=\lim\limits_{x\to 0}\dfrac{5x}{x}=5$.

(4) $\lim\limits_{x\to 0}\dfrac{\sqrt{1+x\sin x}-1}{x\arctan x}=\lim\limits_{x\to 0}\dfrac{\frac{1}{2}x\sin x}{x^2}=\lim\limits_{x\to 0}\dfrac{\frac{1}{2}x^2}{x^2}=\dfrac{1}{2}$.

6. 因为当 $x\to 0$ 时 $\sin^n x$ 是 $1-\cos x$ 的高阶无穷小，则 $\lim\limits_{x\to 0}\dfrac{\sin^n x}{1-\cos x}=\lim\limits_{x\to 0}\dfrac{x^n}{\frac{1}{2}x^2}=$ $\lim\limits_{x\to 0}2x^{n-2}=0$，所以 $n-2>0$，$n>2$.

又因为 $\ln(1+x^4)$ 是 $\sin^n x$ 的高阶无穷小，则 $\lim\limits_{x\to 0}\dfrac{\ln(1+x^4)}{\sin^n x}=\lim\limits_{x\to 0}\dfrac{x^4}{x^n}=\lim\limits_{x\to 0}x^{4-n}=0$，所以 $4-n>0$，$n<4$. 综上，$n=3$.

练习 2-6

1. (1) $\lim\limits_{x\to 0}\sqrt{x^3+3x^2+5x+4}=\sqrt{\lim\limits_{x\to 0}(x^3+3x^2+5x+4)}=\sqrt{0^3+3\times 0^2+5\times 0+4}=2$.

(2) $\lim\limits_{x\to\frac{\pi}{3}}\ln\left(2\sin\dfrac{1}{2}x\right)=\ln\lim\limits_{x\to\frac{\pi}{3}}\left(2\sin\dfrac{1}{2}x\right)=\ln\left(2\sin\dfrac{\pi}{6}\right)=\ln 1=0$.

(3) $\lim\limits_{x\to 0}\ln\dfrac{\sin x}{x}=\ln\lim\limits_{x\to 0}\dfrac{\sin x}{x}=\ln 1=0$.

(4) $\lim\limits_{x\to 0}\dfrac{\ln(1+x^2)}{a^x+1}=\dfrac{\ln(1+0^2)}{a^0+1}=\dfrac{0}{2}=0$.

2. $\lim\limits_{x\to 1^-}f(x)=\lim\limits_{x\to 1^-}(1+2x^2)=1+2\times 1^2=3$，$\lim\limits_{x\to 1^+}f(x)=\lim\limits_{x\to 1^+}(4-x)=3$，又 $f(1)=1+2\times 1^2=3$，由 $\lim\limits_{x\to 1^-}f(x)=\lim\limits_{x\to 1^+}f(x)=f(1)$ 可知，函数 $f(x)=\begin{cases}1+2x^2, & x\leqslant 1,\\ 4-x, & x>1\end{cases}$ 在 $x=1$ 处连续.

3. 求初等函数的连续区间就是求其定义区间.

令 $x^2+x-6=0$ 得 $x_1=2$，$x_2=-3$.

所以函数 $f(x)=\dfrac{x-2}{x^2+x-6}$ 的连续区间为 $(-\infty,-3)\cup(-3,2)\cup(2,+\infty)$.

$\lim\limits_{x\to 0}\dfrac{x-2}{x^2+x-6}=\dfrac{0-2}{0^2+0-6}=\dfrac{1}{3}$，

$\lim\limits_{x\to 2}\dfrac{x-2}{x^2+x-6}=\lim\limits_{x\to 2}\dfrac{x-2}{(x-2)(x+3)}=\lim\limits_{x\to 2}\dfrac{1}{x+3}=\dfrac{1}{2+3}=\dfrac{1}{5}$，

$\lim\limits_{x\to -3}\dfrac{x-2}{x^2+x-6}=\lim\limits_{x\to -3}\dfrac{x-2}{(x-2)(x+3)}=\lim\limits_{x\to -3}\dfrac{1}{x+3}=\infty$.

4. $\lim\limits_{x\to 0^-}(3-e^x)=3-e^0=3-1=2$，$\lim\limits_{x\to 0^+}(a+x)=a+0=a$.

函数要在点 $x=0$ 处连续，则有 $\lim\limits_{x\to 0^-}(3-e^x)=\lim\limits_{x\to 0^+}(a+x)$.

所以，$a=2$ 时，函数 $f(x)=\begin{cases}3-e^x, & x<0,\\ a+x, & x\geqslant 0\end{cases}$ 在 $(-\infty,+\infty)$ 上连续.

5. (1) 因为 $\lim\limits_{x\to 5}\frac{(x-5)^3}{2}=\frac{(5-5)^3}{2}=0$，所以 $\lim\limits_{x\to 5}\frac{2}{(x-5)^3}=\infty$，则 $x=5$ 为第二类无穷间断点.

(2) $\lim\limits_{x\to 2}\frac{x+2}{x^2-4}=\lim\limits_{x\to 2}\frac{x+2}{(x+2)(x-2)}=\lim\limits_{x\to 2}\frac{1}{(x-2)}=\infty$，所以 $x=2$ 为第二类无穷间断点.

(3) $\lim\limits_{x\to 0}\sin\frac{1}{x}$ 不存在，所以，$x=0$ 为第二类振荡间断点.

(4) $y=\begin{cases}1, & |x|>1,\\ x, & |x|\leqslant 1\end{cases}=\begin{cases}1, & x<-1 \text{ 或 } x>1,\\ x, & -1\leqslant x\leqslant 1,\end{cases}$ $\lim\limits_{x\to -1^-}y=\lim\limits_{x\to -1^-}1=1$，$\lim\limits_{x\to -1^+}y=\lim\limits_{x\to -1^+}x=-1$，所以，$x=-1$ 为第一类跳跃间断点.

6. 令 $F(x)=x^3-3x-1$，$x\in[0,2]$，则

(1) $F(x)=x^3-3x-1$ 的定义区间为 $(-\infty,+\infty)$，所以 $F(x)=x^3-3x-1$ 在区间 $[0,2]$ 上连续；

(2) $F(0)=-1$，$F(2)=1$，$F(0)\cdot F(2)<0$.

所以，由零点定理可知，方程 $x^3-3x=1$ 在区间 $(0,2)$ 内至少有一个实根.

练习 3-1

1. (1) 不成立. $f'(x_0)$ 是函数的导函数在 x_0 处的值，$[f(x_0)]'$ 是函数值 $f(x_0)$ 的导数，常数的导数为 0，两者不相等.

(2) 导数不存在，不一定就没有切线. 举例，$y=\sqrt[3]{x}$ 在 $x=0$ 时没有导数，但是有切线，为 $x=0$.

(3) 可导必然连续，连续不一定可导，且不连续一定不可导.

2. (1) $\bar{v}=\frac{[3(t_0+\Delta t)^2-5(t_0+\Delta t)]-(3t_0^2-5t_0)}{\Delta t}$.

(2) $\lim\limits_{\Delta t\to 0}\bar{v}=\lim\limits_{\Delta t\to 0}\frac{[3(t_0+\Delta t)^2-5(t_0+\Delta t)]-(3t_0^2-5t_0)}{\Delta t}=6t_0-5$.

3. (1) $y'=\lim\limits_{\Delta x\to 0}\frac{\Delta y}{\Delta x}=\lim\limits_{\Delta x\to 0}\frac{f(x+\Delta x)-f(x)}{\Delta x}$

$$=\lim_{\Delta x\to 0}\frac{[2(x+\Delta x)^2-3(x+\Delta x)+1]-(2x^2-3x+1)}{\Delta x}=4x-3.$$

当 $x=-1$，$y'=-7$.

(2) $y'|_{x=x_0}=\lim\limits_{\Delta x\to 0}\frac{\Delta y}{\Delta x}=\lim\limits_{\Delta x\to 0}\frac{f(x_0+\Delta x)-f(x_0)}{\Delta x}$

$$=\lim_{\Delta x\to 0}\frac{(\sqrt{x_0+\Delta x}-1)-(\sqrt{x_0}-1)}{\Delta x}$$

$$=\lim_{\Delta x\to 0}\frac{\sqrt{x_0+\Delta x}-\sqrt{x_0}}{\Delta x}$$

$$=\lim_{\Delta x\to 0}\frac{(\sqrt{x_0+\Delta x}-\sqrt{x_0})\cdot(\sqrt{x_0+\Delta x}+\sqrt{x_0})}{\Delta x\cdot(\sqrt{x_0+\Delta x}+\sqrt{x_0})}$$

$$=\lim_{\Delta x\to 0}\frac{\Delta x}{\Delta x\cdot(\sqrt{x_0+\Delta x}+\sqrt{x_0})}=\lim_{\Delta x\to 0}\frac{1}{(\sqrt{x_0+\Delta x}+\sqrt{x_0})}=\frac{1}{2\sqrt{x_0}}.$$

当 $x_0=4, y'=\frac{1}{4}$.

4. $\lim\limits_{x\to 1^-}f(x)=3$ 而 $\lim\limits_{x\to 1^+}f(x)=2$. 函数在 $x=1$ 处不连续,所以不可导.

练习 3-2

1. (1) 不成立. $(uv)'=u'v+uv'$.

(2) 不成立. $\left(\frac{u}{v}\right)'=\frac{u'v-uv'}{v^2}$.

(3) 成立.

(4) 不成立. 举例, $f(x)=|x|$, $g(x)=-|x|$, 两个函数在 0 点处都不可导, $g(x)+f(x)=0$ 是常值函数,在 0 点处可导.

2. (1) $y'=\frac{1}{x}-3\sin x-5$;

(2) $y'=(x^2+x^{\frac{7}{3}})'=2x+\frac{7}{3}x^{\frac{4}{3}}$;

(3) $y'=\frac{x\cos x-\sin x}{x^2}$;

(4) $y'=(x)'\arctan x\cdot\csc x+x\ (\arctan x)'\csc x+x\arctan x(\csc x)'$

$=\arctan x\cdot\csc x+\frac{x\csc x}{1+x^2}-x\arctan x\cdot\csc x\cdot\cot x$;

(5) $y'=(10^x)'\ln x+10^x(\ln x)'=10^x\ln 10\ln x+\frac{10^x}{x}$;

(6) $y'=(x)'e^x\arcsin x+x(e^x)'\arcsin x+xe^x(\arcsin x)'$

$=e^x\arcsin x+xe^x\arcsin x+\frac{xe^x}{\sqrt{1-x^2}}$;

(7) $y'=(4x^{-5}+7x^{-4}-3x^{-1}+\ln 2)'=-20x^{-6}-28x^{-5}+3x^{-2}$;

(8) $y'=(2\cot x+1-2\log_3 x+x^{\frac{2}{3}})'=-2\csc^2 x-\frac{2}{x\ln 3}+\frac{2}{3}x^{-\frac{1}{3}}$.

3. $y'=\cos x\cos x-\sin x\sin x=\cos 2x$. 当 $x=\frac{\pi}{6}$ 时, $y'=\frac{1}{2}$; 当 $x=\frac{\pi}{4}$ 时, $y'=0$.

4. $y'=2ax+b$. 令 $y'=0$, 得 $x=-\frac{b}{2a}$. 因此,在点 $\left(-\frac{b}{2a},0\right)$ 处有水平切线.

练习 3-3

1. (1) $(2^{\sin^2 2x})'=2^{\sin^2 2x}\ln 2\cdot 2\sin 2x\cos 2x\cdot 2=4\cdot 2^{\sin^2 2x}\ln 2\cdot\sin 2x\cos 2x$，所以错误.

(2) $\left(x+\sqrt{x+\sqrt{x}}\right)'=1+\left(\sqrt{x+\sqrt{x}}\right)'=1+\dfrac{1+\dfrac{1}{2\sqrt{x}}}{2\sqrt{x+\sqrt{x}}}$，所以错误.

(3) $(\ln\cos\sqrt{2x})'=\dfrac{1}{\cos\sqrt{2x}}\cdot(-\sin\sqrt{2x})\cdot\dfrac{\sqrt{2x}}{2x}$，所以错误.

(4) $\left[\ln\left(\dfrac{2}{x}-\ln 2\right)\right]'=\dfrac{1}{\dfrac{2}{x}-\ln 2}\cdot\left(\dfrac{2}{x}-\ln 2\right)'=\dfrac{-2x^{-2}}{\dfrac{2}{x}-\ln 2}$，所以错误.

2. (1) $y'=-\sin\left(2x-\dfrac{\pi}{5}\right)\cdot\left(2x-\dfrac{\pi}{5}\right)'=-2\sin\left(2x-\dfrac{\pi}{5}\right)$；

(2) $y=5(2x+5)^4\cdot(2x+5)'=10(2x+5)^4$；

(3) $y'=\sec^2\left(2x+\dfrac{\pi}{6}\right)\cdot\left(2x+\dfrac{\pi}{6}\right)'=2\sec^2\left(2x+\dfrac{\pi}{6}\right)$；

(4) $y'=5(3x^3-2x^2+x-5)^4\cdot(3x^3-2x^2+x-5)'$

$=5(3x^3-2x^2+x-5)^4\cdot(9x^2-4x+1)$；

(5) $y'=\dfrac{1}{\sin 2x+2^x}\cdot(\sin 2x+2^x)'=\dfrac{2\cos 2x+2^x\ln 2}{\sin 2x+2^x}$；

(6) $y'=-\dfrac{1}{2}(1-x^2)^{-\frac{3}{2}}\cdot(1-x^2)'=-\dfrac{1}{2}(1-x^2)^{-\frac{3}{2}}\cdot(-2x)=(1-x^2)^{-\frac{3}{2}}x$；

(7) $y'=-\sin[\cos(\cos x)]\cdot[\cos(\cos x)]'=\sin[\cos(\cos x)]\cdot\sin(\cos x)\cdot(\cos x)'$

$=-\sin[\cos(\cos x)]\cdot\sin(\cos x)\cdot\sin x$；

(8) $y'=\left(\sqrt{x+\sqrt{x}}\right)'=\dfrac{1}{2}(x+\sqrt{x})^{-\frac{1}{2}}\cdot(x+\sqrt{x})'=\dfrac{1+\dfrac{1}{2\sqrt{x}}}{2\sqrt{x+\sqrt{x}}}$；

(9) $y'=(\ln|\sec x+\tan x|)'=\dfrac{1}{\sec x+\tan x}\cdot(\sec x+\tan x)'=\dfrac{\sec x\tan x+\sec^2 x}{\sec x+\tan x}$

$=\dfrac{\sec x(\tan x+\sec x)}{\sec x+\tan x}=\sec x$；

(10) $y'=(2^{x\sin x})'=2^{x\sin x}\ln 2\cdot(x\sin x)'=2^{x\sin x}\ln 2\cdot(\sin x+x\cos x)$；

(11) $y'=[\sin^2 x\cos(x^2)]'=(\sin^2 x)'\cos(x^2)+\sin^2 x[\cos(x^2)]'$

$=2\sin x\cos x\cos(x^2)-2x\sin^2 x\sin(x^2)$；

(12) $y'=\dfrac{1}{\sqrt{1-x}}\cdot(\sqrt{x})'=\dfrac{1}{2\sqrt{1-x}\sqrt{x}}$.

练习 3-4

1. (1) 错误. 正解如下：

两边对 x 求导，得 $3x^2+3y^2y'-3a(y+xy')=0$，故 $y'=\dfrac{ay-x^2}{y^2-ax}$.

(2) 错误. 正解如下：

$y=x^{\sin x}$ 两边取对数，得 $\ln y=\sin x\ln x$；两边对 x 求导后解出 y，得

$$y'=\left(\cos x\ln x+\frac{\sin x}{x}\right)x^{\sin x}.$$

(3) 错误. 正解如下：

$$y'=\frac{\frac{\mathrm{d}y}{\mathrm{d}t}}{\frac{\mathrm{d}x}{\mathrm{d}t}}=\frac{(\mathrm{e}^t\cos t)'_t}{(\mathrm{e}^t\sin t)'_t}=\frac{\mathrm{e}^t\cos t-\mathrm{e}^t\sin t}{\mathrm{e}^t\sin t+\mathrm{e}^t\cos t}=\frac{\cos t-\sin t}{\sin t+\cos t}.$$

2. (1) 两边对 x 求导，得 $y+xy'-\mathrm{e}^x+\mathrm{e}^y y'=0$，故 $y'=\dfrac{\mathrm{e}^x-y}{x+\mathrm{e}^y}$.

$$y'\big|_{(x=0,y=0)}=\frac{\mathrm{e}^0-0}{0+\mathrm{e}^0}=1.$$

(2) 两边取对数，得

$$\ln y=\ln\sqrt{\frac{(x-1)(x-2)}{(x-3)(x-4)}}=\frac{1}{2}\ln\frac{(x-1)(x-2)}{(x-3)(x-4)}$$

$$=\frac{1}{2}[\ln(x-1)+\ln(x-2)-\ln(x-3)-\ln(x-4)].$$

两边对 x 求导后解出 y'，得

$$\frac{y'}{y}=\frac{1}{2}[\ln(x-1)+\ln(x-2)-\ln(x-3)-\ln(x-4)]',$$

$$\frac{y'}{y}=\frac{1}{2}\left(\frac{1}{x-1}+\frac{1}{x-2}-\frac{1}{x-3}-\frac{1}{x-4}\right),$$

$$y'=\frac{1}{2}\left(\frac{1}{x-1}+\frac{1}{x-2}-\frac{1}{x-3}-\frac{1}{x-4}\right)\cdot\sqrt{\frac{(x-1)(x-2)}{(x-3)(x-4)}}.$$

(3) 两边取对数，得 $\ln y=x\ln\left(1+\dfrac{1}{x}\right)$.

两边对 x 求导后解出 y'，得

$$\frac{y'}{y}=\left[x\ln\left(1+\frac{1}{x}\right)\right]'=\ln\left(1+\frac{1}{x}\right)+x\frac{-x^{-2}}{1+\frac{1}{x}}=\ln\left(1+\frac{1}{x}\right)-\frac{1}{x+1},$$

$$y'=\left[\ln\left(1+\frac{1}{x}\right)-\frac{1}{x+1}\right]\left(1+\frac{1}{x}\right)^x.$$

(4) $$y'=\frac{\frac{\mathrm{d}y}{\mathrm{d}t}}{\frac{\mathrm{d}x}{\mathrm{d}t}}=\frac{(\cos 2t)'_t}{(2\sin t)'_t}=\frac{-2\sin 2t}{2\cos t}=\frac{-2\sin t\cos t}{\cos t}=-2\sin t,$$

$y'|_{t=\frac{\pi}{4}}=-2\sin\frac{\pi}{4}=-\sqrt{2}$，当 $t=\frac{\pi}{4}$，$x=2\sin\frac{\pi}{4}=\sqrt{2}$，$y=\cos\frac{\pi}{2}=0$.

切线方程为 $y=-\sqrt{2}x+2$.

练习 3-5

1. (1) 错误. 把 y' 代入，得 $y''=-\frac{x^2+y^2}{y^3}$.

(2) 错误. $\frac{d^2y}{dx^2}=\frac{\frac{d\frac{dy}{dx}}{dt}}{\frac{dx}{dt}}=\frac{1}{2}$.

(3) 错误. $y''=e^{x^2}2x(1+2x^2)+e^{x^2}\cdot 4x=e^{x^2}2x(3+2x^2)$.

2. $y^{(n)}=[y^{(n-2)}]''=(\sin^2x)''=(2\sin x\cos x)'=(\sin 2x)'=2\cos 2x$.

3. (1) 两边同时对 x 求导，得

$2x+2(y+xy')+2yy'-4+4y'=0$，得 $y'=-\frac{x+y-2}{x+y+2}$.

再对 y' 求导得 $y''=-\frac{4(1+y')}{(x+y+2)^2}$，将 y' 代入得 $y''=-\frac{16}{(x+y+2)^3}$.

(2) 已知 $f(x)$ 的二阶导数存在，$y'=\frac{2xf'(x^2)}{f(x^2)}$，再对 y' 求导得

$$y''=\frac{2f'(x^2)f(x^2)+4x^2f''(x^2)f(x^2)-4x^2f'^2(x^2)}{f^2(x^2)}.$$

(3) $\frac{dy}{dx}=\frac{\frac{dy}{dt}}{\frac{dx}{dt}}=\frac{3t^2}{2t}=\frac{3t}{2}$，$\frac{d^2y}{dx^2}=\frac{\frac{d\frac{dy}{dx}}{dt}}{\frac{dx}{dt}}=\frac{\frac{3}{2}}{2t}=\frac{3}{4t}$.

4. $s'(t)=t^3+4t$，$s''(t)=3t^2+4$.

$t=1$ s 时的速度即 $s'(1)=5$；$t=1$ 时的加速度即 $s''(t)=7$.

练习 3-6

1. (1) 正确. 可导必可微，可微必可导.

(2) 正确.

(3) 正确.

2. (1) $dy=(x^3a^x)'dx=(3x^2a^x+x^3a^x\ln a)dx$.

(2) $dy=\left(\frac{\sin x}{\ln x}\right)'dx=\frac{\cos x\ln x-\frac{\sin x}{x}}{(\ln x)^2}dx$.

(3) $dy=[\cos(2-x^2)]'dx=-\sin(2-x^2)\cdot(-2x)dx=2x\sin(2-x^2)dx$.

(4) $dy=(\arctan\sqrt{1-\ln x})'dx=\frac{1}{1+(1-\ln x)}\cdot(\sqrt{1-\ln x})'dx$

$$=\frac{-1}{(2-\ln x)2x\sqrt{1-\ln x}}dx.$$

(5) $dy=(e^{\tan x})'dx=e^{\tan x}\sec^2 x dx$.

(6) $dy=(e^{-x}\cos x)'dx=(-e^{-x}\cos x-e^{-x}\sin x)dx$.

(7) $dy=(\arcsin\sqrt{x})'dx=\frac{1}{\sqrt{1-x}}\cdot\frac{1}{2}x^{-\frac{1}{2}}dx=\frac{1}{2\sqrt{x-x^2}}dx$.

(8) $dy=\left(x^3+\frac{1}{x^2}\right)'dx=(3x^2-2x^{-3})dx$.

3. (1) $f(x_0+\Delta x)\approx f(x_0)+f'(x_0)\Delta x$,

$x_0=1,\Delta x=0.03,f(x)=x^{\frac{1}{3}},f'(x)=\frac{1}{3}x^{-\frac{2}{3}},f'(1)=\frac{1}{3}x^{-\frac{2}{3}}=\frac{1}{3}$,

$f(1+0.03)\approx f(1)+f'(1)\cdot 0.03=1+\frac{1}{3}\times 0.03=1.01$.

(2) $f(x_0+\Delta x)\approx f(x_0)+f'(x_0)\Delta x$,

$x_0=1\,000,\Delta x=-4,f(x)=x^{\frac{1}{3}},f'(x)=\frac{1}{3}x^{-\frac{2}{3}},f'(1\,000)=\frac{1}{3}x^{-\frac{2}{3}}=\frac{1}{300}$.

$f(1\,000-4)\approx f(1\,000)-f'(1\,000)\cdot 4=10-\frac{1}{300}\times 4=9\frac{74}{75}$.

(3) $f(x_0+\Delta x)\approx f(x_0)+f'(x_0)\Delta x$,

$x_0=1,\Delta x=0.01,f(x)=\ln x,f'(x)=\frac{1}{x},f'(1)=1$.

$f(1+0.01)\approx f(1)+f'(1)\cdot 0.01=0+1\times 0.01=0.01$.

(4) $f(x_0+\Delta x)\approx f(x_0)+f'(x_0)\Delta x$,

$x_0=1,\Delta x=0.02,f(x)=\arctan x,f'(x)=\frac{1}{1+x^2},f'(1)=\frac{1}{2}$.

$f(1+0.02)\approx f(1)+f'(1)\cdot 0.02=\frac{\pi}{4}+\frac{1}{2}\times 0.02=\frac{\pi}{4}+0.01$.

(5) $f(x_0+\Delta x)\approx f(x_0)+f'(x_0)\Delta x$,

$x_0=1,\Delta x=0.01,f(x)=e^x,f'(x)=e^x,f'(1)=e$.

$f(1+0.01)\approx f(1)+f'(1)\cdot 0.01=e+e\times 0.01=1.01\times e$.

(6) $f(x_0+\Delta x)\approx f(x_0)+f'(x_0)\Delta x,x_0=\frac{\pi}{6},\Delta x=\frac{\pi}{180},f(x)=\tan x,f'(x)=\sec^2 x$,

$\tan 29^\circ=\tan\left(\frac{\pi}{6}-\frac{\pi}{180}\right)\approx\tan\frac{\pi}{6}-\sec^2\frac{\pi}{6}\cdot\frac{\pi}{180}=\frac{\sqrt{3}}{3}-\frac{\pi}{45}$.

练习 4-1

1. (1) 错误.罗尔定理要求函数 $f(x)$在$[a,b]$上连续.

(2) 正确.

(3) 错误.例如,$y=x^2$ 在区间$[-1,2]$上,$x=0$ 时,导数为 0.

2. (1) 不满足，$x=\pm 1$ 时函数不连续.

(2) 不满足，$x=2$ 时函数不可导.

3. (1) $f'(\xi)=\dfrac{f(4)-f(1)}{4-1}=\dfrac{1}{3}$，即 $f'(\xi)=\dfrac{1}{2\sqrt{\xi}}=\dfrac{1}{3}$，$\xi=\dfrac{9}{4}$.

(2) $f'(\xi)=\dfrac{f(1)-f(0)}{1-0}=\dfrac{\pi}{4}$，即 $f'(\xi)=\dfrac{1}{1+\xi^2}=\dfrac{\pi}{4}$，$\xi=\dfrac{\sqrt{4\pi-\pi^2}}{\pi}$.

4. (1) 不妨设 $x>y$，初等函数 $f(x)=\sin x$ 显然满足拉格朗日中值定理的条件，故 $\dfrac{\sin x-\sin y}{x-y}=f'(\xi)$，$\xi\in(-\infty,+\infty)$.

$f'(\xi)=\cos\xi$，$\xi\in(-\infty,+\infty)$ 且 $|\cos\xi|\leqslant 1$，则 $\left|\dfrac{\sin x-\sin y}{x-y}\right|\leqslant 1$，所以 $|\sin x-\sin y|\leqslant|x-y|$.

若 $y>x$，同理可证.

(2) 设 $f(t)=\arctan t$，则 $f(t)$ 在区间 $[0,x]$ 上满足拉格朗日中值定理的条件，故

$f(x)-f(0)=f'(\xi)(x-0)\ (0<\xi<x)$，即 $f(x)=f'(\xi)x=\dfrac{x}{1+\xi^2}\ (0<\xi<x)$，

即 $\arctan x=\dfrac{x}{1+\xi^2}\ (0<\xi<x)$，所以 $\dfrac{x}{1+x^2}<\arctan x<x$.

练习 4-2

1. (1) $\lim\limits_{x\to 1^+}\dfrac{\ln x}{x-1}=\lim\limits_{x\to 1^+}\dfrac{\frac{1}{x}}{1}=1$.

(2) $\lim\limits_{x\to\pi}\dfrac{\sin 3x}{\tan 5x}=\lim\limits_{x\to\pi}\dfrac{3\cos 3x}{5\sec^2 5x}=-\dfrac{3}{5}$.

(3) $\lim\limits_{x\to+\infty}\dfrac{\ln(\ln x)}{x}=\lim\limits_{x\to+\infty}\dfrac{\frac{1}{\ln x}\cdot\frac{1}{x}}{1}=0$.

(4) $\lim\limits_{x\to 1^+}\left(\dfrac{2}{x^2-1}-\dfrac{1}{x-1}\right)=\lim\limits_{x\to 1^+}\left(\dfrac{1-x}{x^2-1}\right)=\lim\limits_{x\to 1^+}\left(\dfrac{-1}{2x}\right)=-\dfrac{1}{2}$.

(5) 令 $y=\lim\limits_{x\to 0}(1+x)^{\cot x}$，两边同时取对数，得

$\ln y=\lim\limits_{x\to 0}\ln[(1+x)^{\cot x}]=\lim\limits_{x\to 0}\cot x\cdot\ln(1+x)=\lim\limits_{x\to 0}\dfrac{\ln(1+x)}{\tan x}=\lim\limits_{x\to 0}\dfrac{\frac{1}{1+x}}{\sec^2 x}=1$，

$\ln y=1$，$y=\mathrm{e}$，所以 $\lim\limits_{x\to 0}(1+x)^{\cot x}=\mathrm{e}$.

(6) $\lim\limits_{x\to 0}\dfrac{x^4}{x^2+x-\sin x}=\lim\limits_{x\to 0}\dfrac{4x^3}{2x+1-\cos x}=\lim\limits_{x\to 0}\dfrac{12x^2}{2+\sin x}=0$.

(7) $\lim\limits_{x\to\infty}x(\mathrm{e}^{\frac{1}{x}}-1)=\lim\limits_{x\to\infty}\dfrac{\mathrm{e}^{\frac{1}{x}}-1}{\frac{1}{x}}=\lim\limits_{x\to\infty}\dfrac{\mathrm{e}^{\frac{1}{x}}\left(-\frac{1}{x^2}\right)}{-\frac{1}{x^2}}=\lim\limits_{x\to\infty}\mathrm{e}^{\frac{1}{x}}=1$.

(8) 令 $y=\lim\limits_{x\to0^+}(\cos\sqrt{x})^{\frac{1}{x}}$，两边同时取对数，得

$$\ln y=\lim_{x\to0^+}\ln(\cos\sqrt{x})^{\frac{1}{x}}=\lim_{x\to0^+}\frac{1}{x}\ln(\cos\sqrt{x})=\lim_{x\to0^+}\frac{\ln(\cos\sqrt{x})}{x}$$

$$=\lim_{x\to0^+}\frac{\frac{1}{\cos\sqrt{x}}\cdot(-\sin\sqrt{x})\cdot\frac{1}{2\sqrt{x}}}{1}=\lim_{x\to0^+}\frac{\frac{-1}{\cos\sqrt{x}}\cdot\frac{1}{2}\cdot\frac{\sin\sqrt{x}}{\sqrt{x}}}{1}=-\frac{1}{2},$$

$\ln y=-\frac{1}{2}$，$y=e^{-\frac{1}{2}}$.

2. (1) $\lim\limits_{x\to+\infty}\dfrac{x}{\sqrt{1+x^2}}=\lim\limits_{x\to+\infty}\dfrac{1}{\sqrt{\frac{1}{x}+1}}=1.$

用罗必塔法则，原式$=\lim\limits_{x\to+\infty}\dfrac{1}{\frac{x}{\sqrt{1+x^2}}}=\lim\limits_{x\to+\infty}\dfrac{\sqrt{1+x^2}}{x}=\lim\limits_{x\to+\infty}\dfrac{\frac{x}{\sqrt{1+x^2}}}{1}$，出现循环.

(2) $\lim\limits_{x\to\infty}\dfrac{x-\sin x}{2x+\cos x}=\lim\limits_{x\to\infty}\dfrac{1-\frac{\sin x}{x}}{2+\frac{\cos x}{x}}=\dfrac{1}{2}.$

用罗必塔法则，原式$=\lim\limits_{x\to\infty}\dfrac{1-\cos x}{2-\sin x}$，分子、分母极限均不存在，无法计算下去.

练习 4-3

1. (1) 错误. $f(x_0)$是极大值但不一定是区间上的最大值.

(2) 错误. 例如，$y=x^3$ 在 $x=0$ 处导数为零但 0 不是极值.

(3) 错误. 例如，$y=|x|$在 $x=0$ 处取得极值，但该点处导数不存在.

2. (1) 令 $y'=3x^2-4x^3=0$，得 $x=0$ 或 $\frac{3}{4}$，则 $\left(-\infty,\frac{3}{4}\right)$是单调增区间，$\left(\frac{3}{4},+\infty\right)$是单调减区间.

(2) 令 $y'=\dfrac{1-x^2}{(1+x^2)^2}=0$，得 $x=\pm1$，则$(-1,1)$是单调增区间，$(-\infty,-1)$和$(1,+\infty)$是单调减区间.

(3) 令 $y'=-3x^2+3=0$，得 $x=\pm1$，则$(-1,1)$是单调增区间，$(-\infty,-1)$和$(1,+\infty)$是单调减区间.

(4) 令 $y'=4x-\frac{1}{x}=0$，得 $x=\pm\frac{1}{2}$. 因为 $x>0$，故 $\left(\frac{1}{2},+\infty\right)$是单调增区间，$\left(0,\frac{1}{2}\right)$是单调减区间.

3. (1) 令 $y'=3x^2-3x^{-2}=0$，得 $x=\pm1$. $y''=6x+6x^{-3}$，由极值存在的第二充分条件

可得 $y''|_{x=1}=12>0$，$y|_{x=1}=4$ 是极小值，$y''|_{x=-1}=-12<0$，$y|_{x=-1}=-4$ 是极大值.

(2) 由题意知 $1-x^2\geqslant 0$，则 $-1\leqslant x\leqslant 1$. 令 $y'=1-\dfrac{x}{\sqrt{1-x^2}}=0$，得 $x=\pm\dfrac{\sqrt{2}}{2}$.

$\left(-1,-\dfrac{\sqrt{2}}{2}\right)$和$\left(-\dfrac{\sqrt{2}}{2},\dfrac{\sqrt{2}}{2}\right)$是函数的单调增区间，$\left(\dfrac{\sqrt{2}}{2},1\right)$是函数的单调减区间.

$y|_{x=\frac{\sqrt{2}}{2}}=\sqrt{2}$是极大值.

(3) 令 $y'=e^x-e^{-x}=0$，得 $x=0$. $y''=e^x+e^{-x}$，由极值存在的第二充分条件可得 $y''|_{x=0}=2>0$，$y|_{x=0}=2$ 是极小值.

(4) 由题意知 $2x-x^2\geqslant 0$，则 $0\leqslant x\leqslant 2$. 令 $y'=\dfrac{1-x}{\sqrt{2x-x^2}}=0$，得 $x=1$. 函数在$(0,1)$上单调递增，在$(1,2)$上单调递减. $y|_{x=1}=1$ 是极大值.

4. (1) 令 $y=f(x)=\ln(1+x)-\dfrac{x}{1+x}$，$y'=\dfrac{x}{(1+x)^2}>0(x>0)$，函数 y 在$(0,+\infty)$上是增函数. 又 $f(0)=0$，$y=\ln(1+x)-\dfrac{x}{1+x}>0(x>0)$. 故 $\ln(1+x)>\dfrac{x}{1+x}$ $(x>0)$.

(2) 令 $y=f(x)=x-\sin x$，$y'=1-\cos x\geqslant 0(x>0)$，函数 y 在$(0,+\infty)$上是增函数. 又 $f(0)=0$，$y=x-\sin x>0(x>0)$. 故 $\sin x<x(x>0)$.

练习 4-4

1. (1) 令 $y'=5x^4-20x^3+15x^2=0$，得 $x_1=0$，$x_2=1$，$x_3=3$(舍去).

$f(0)=1$，$f(1)=2$，$f(-1)=-10$，$f(2)=-7$. 最大值为 2，最小值为 -10.

(2) 令 $y'=1-\sin x=0$，得 $x=\dfrac{\pi}{2}$.

$f(0)=1$，$f\left(\dfrac{\pi}{2}\right)=\dfrac{\pi}{2}$，$f(2\pi)=2\pi+1$. 最大值为 $2\pi+1$，最小值为 1.

(3) 令 $y'=6x^2-6x=0$，得 $x_1=0$，$x_2=1$.

$f(0)=0$，$f(1)=-1$，$f(-1)=-5$，$f(4)=80$. 最大值为 80，最小值为 -5.

(4) 令 $y'=\dfrac{2x}{x^2+1}=0$，得 $x=0$.

$f(-1)=\ln 2$，$f(0)=0$，$f(2)=\ln 5$. 最大值为 $\ln 5$，最小值为 0.

2. 设矩形长为 x，宽为$\dfrac{S}{x}$，周长 $L=2\left(x+\dfrac{S}{x}\right)$.

令 $L'=2(1-Sx^{-2})=0$，得 $x=\sqrt{S}$. 周长最小为 $L=4\sqrt{S}$.

3. 设剪去的小正方块边长为 x，则方盒容积为 $V=(a-2x)^2x$.

令 $V'=12x^2-8ax+a^2=0$，得 $x_1=\dfrac{a}{2}$(舍去)，$x_2=\dfrac{a}{6}$. 最大容积为 $V=\dfrac{2a^3}{27}$.

4. 设晒谷场的宽为 x，长为$\dfrac{512}{x}$，周长 $L=2x+\dfrac{512}{x}$.

令 $L'=2-512x^{-2}=0$,得 $x=\pm16$.晒谷场的长为 32 m,宽为 16 m,才能使所用材料最省.

练习 4-5

1. (1) 错误.如果 $x=0$ 不是连续点,就不是拐点.

(2) 错误.例如,$y=x^4$ 在 $x=0$ 处 $f''(0)=0$,但 $x=0$ 不是拐点.

(3) 错误.例如,$y=\sin\dfrac{1}{x}$有水平渐近线 $y=0$,但函数与 $y=0$ 有交点.

2. (1) $y'=3x^2-10x+3$,令 $y''=6x-10=0$,得 $x=\dfrac{5}{3}$. $\left(-\infty,\dfrac{5}{3}\right)$是凸区间,$\left(\dfrac{5}{3},+\infty\right)$是凹区间.

(2) $y'=\dfrac{2x}{1+x^2}$,令 $y''=\dfrac{2-2x^2}{(1+x^2)^2}=0$,得 $x=\pm1$.$(-\infty,-1)$和$(1,+\infty)$是凸区间,$(-1,1)$是凹区间.

(3) $y'=\dfrac{4+4x^2}{(1-x^2)^2}$,令 $y''=\dfrac{8x(1-x^2)(3+x^2)}{(1-x^2)^4}=0$,得 $x=0,\pm1$.$(-1,0)$和$(1,+\infty)$是凸区间,$(-\infty,-1)$和$(0,1)$是凹区间.

(4) $y'=2x\mathrm{e}^{x^2}$,$y''=(4x^2+2)\mathrm{e}^{x^2}>0$.函数的定义域是凹区间.

3. (1) $\lim\limits_{x\to\infty}\dfrac{1}{x^2-4x+3}=0$,函数有水平渐近线 $y=0$.

$\lim\limits_{x\to1}\dfrac{1}{(x-3)(x-1)}=\infty$,$\lim\limits_{x\to3}\dfrac{1}{(x-3)(x-1)}=\infty$,函数有垂直渐近线 $x=1$,$x=3$.

(2) $\lim\limits_{x\to\infty}\mathrm{e}^{\frac{1}{x}}=1$,函数有水平渐近线 $y=1$.

$\lim\limits_{x\to0^-}\mathrm{e}^{\frac{1}{x}}=0$,$\lim\limits_{x\to0^+}\mathrm{e}^{\frac{1}{x}}=\infty$,函数有垂直渐近线 $x=0$.

(3) $\lim\limits_{x\to\infty}\left(\dfrac{x+1}{x-1}\right)^4=\lim\limits_{x\to\infty}\left(\dfrac{1+\dfrac{1}{x}}{1-\dfrac{1}{x}}\right)^4=1$,函数有水平渐近线 $y=1$.

$\lim\limits_{x\to1}\left(\dfrac{x+1}{x-1}\right)^4=\infty$,函数有垂直渐近线 $x=1$.

(4) $\lim\limits_{x\to\infty}x\ln\left(1+\dfrac{1}{x}\right)=\lim\limits_{x\to\infty}\dfrac{\ln\left(1+\dfrac{1}{x}\right)}{\dfrac{1}{x}}=\lim\limits_{x\to\infty}\dfrac{\dfrac{1}{x}}{\dfrac{1}{x}}=1$,函数有水平渐近线 $y=1$.

$\lim\limits_{x\to-1}x\ln\left(1+\dfrac{1}{x}\right)=+\infty$,函数有垂直渐近线 $x=-1$.

4. $y'=3ax^2+2bx$,令 $y''=6ax+2b=0$,得 $x=\dfrac{-b}{3a}=1$.又有 $y|_{x=1}=a+b=3$,得 $a=-\dfrac{3}{2}$,$b=\dfrac{9}{2}$.

5. (1) 函数的定义域为$(-\infty,+\infty)$,与 x 轴的交点为$(0,0)$,$\left(\frac{3}{2},0\right)$,与 y 轴的交点为$(0,0)$. 令 $y'=6x^2-6x=0$,得驻点 $x=0,1$. 令 $y''=12x-6=0$,得 $x=\frac{1}{2}$.

列表讨论如下:

x	$(-\infty,0)$	0	$\left(0,\frac{1}{2}\right)$	$\frac{1}{2}$	$\left(\frac{1}{2},1\right)$	1	$(1,+\infty)$
y'	$+$	0	$-$	$-$	$-$	0	$+$
y''	$-$	$-$	$-$	0	$+$	$+$	$+$
y	╭	极大值 0	╮	拐点$\left(\frac{1}{2},-\frac{1}{2}\right)$	╰	极小值-1	╯

注:“╭”表示曲线单调递增且是凸的,“╮”表示曲线单调递减且是凸的,“╰”表示曲线单调递减且是凹的,“╯”表示曲线单调递增且是凹的.

无水平和垂直渐进线.

(图象略)

(2) 函数的定义域为$(-\infty,+\infty)$,与坐标轴的交点为$(0,0)$.

令 $y'=\frac{2x}{1+x^2}=0$,得驻点 $x=0$. 令 $y''=\frac{2-2x^2}{(1+x^2)^2}=0$,得 $x=\pm 1$.

列表讨论如下:

x	$(-\infty,-1)$	-1	$(-1,0)$	0	$(0,1)$	1	$(1,+\infty)$
y'	$-$	$-$	$-$	0	$+$	$+$	$+$
y''	$-$	0	$+$	$+$	$+$	0	$-$
y	╮	拐点$(-1,\ln 2)$	╯	极小值 0	╯	拐点$(1,\ln 2)$	╭

无水平和垂直渐进线.

(图象略)

练习 4-6

1. (1) 曲率 $K=\frac{|y''|}{(1+y'^2)^{\frac{3}{2}}}$,曲率半径 $\rho=\frac{1}{K}$.

$y'\Big|_{x=1}=\frac{1}{x}\Big|_{x=1}=1$,$y''\Big|_{x=1}=\frac{-1}{x^2}\Big|_{x=1}=-1$,$K=\frac{\sqrt{2}}{4}$,$\rho=2\sqrt{2}$.

(2) $y'|_{t=\frac{\pi}{2}}=-2\cot t\Big|_{t=\frac{\pi}{2}}=0$,$y''|_{t=\frac{\pi}{2}}=\frac{-2}{\sin^3 t}\Big|_{t=\frac{\pi}{2}}=-2$,$K=2$,$\rho=\frac{1}{2}$.

2. $y'=8x$,$y''=8$. $K=\frac{8}{(1+64x^2)^{\frac{3}{2}}}$,令 $K'=0$,得曲率最大的点 $x=0$,最大曲率为 $K=8$.

3. $y'=\dfrac{\psi'(t)}{\varphi'(t)}$, $y''=\dfrac{\varphi'(t)\psi''(t)-\varphi''(t)\psi'(t)}{\varphi'^{3}(t)}$, $K=\dfrac{|\varphi'(t)\psi''(t)-\varphi''(t)\psi'(t)|}{[\varphi'^{2}(t)+\psi'^{2}(t)]^{\frac{3}{2}}}$.

练习 4-7

1. (1) 正确.(2) 正确.

2. 弹性$\dfrac{EQ}{Ep}=\dfrac{p}{Q}Q'=\dfrac{p}{\frac{1-p}{p}}\left(\dfrac{1-p}{p}\right)'$. 当 $p=\dfrac{1}{2}$, $\dfrac{EQ}{Ep}=-2$.

3. 设 L 为利润,R 为收入,C 为成本.

设每年生产 x(百台)产品,则 $L=R-C=4x-\dfrac{1}{2}x^2-2-x$.

令 $L'=-x+3=0$,得 $x=3$. 每年生产 300 台产品总利润最大,最大利润为 2.5 万元.

练习 5-1

1. 若 $F'(x)=f(x)$,则称 $F(x)$ 为 $f(x)$ 的原函数;$f(x)$ 的所有原函数称为 $f(x)$ 的不定积分;一族平行的曲线,曲线上横坐标为 x_0 的切线的斜率为 $f(x_0)$.

2. (1) 是的,因为$\left(-\dfrac{1}{x}\right)'=\dfrac{1}{x^2}$.

(2) 不是,因为$(2x)'=2\neq x^2$.

(3) 是的,因为$\left(\dfrac{1}{2}e^{2x}+\pi\right)'=e^{2x}$.

(4) 不是,因为$(\sin5x)'=5\cos5x\neq\cos5x$.

3. (1) 根据积分与微分是互逆运算,正确答案是 D.

(2) 两个函数的导数相同,则两个函数是同一个函数的原函数,两个函数之间相差一个常数,再由积分与微分互为逆运算,本题的正确答案是 D.

4. 不矛盾,因为同一个函数的不同原函数之间相差一个常数,$\sin^2x=-\cos^2x+1$.

5. (1) $\dfrac{1}{2}\sin2x+C$; (2) $\dfrac{1}{\sin x}dx$; (3) $\sqrt{a^2+x^2}+C$; (4) $e^x(\sin x+\cos x)$.

6. 由题意可知 $F'(x)=4x^3-1$,所以 $F(x)=\int(4x^3-1)dx=x^4-x+C$.

又因为曲线经过点(1,3),所以 $3=1-1+C$,解得 $C=3$.

所以 $F(x)=x^4-x+3$.

7. 由于变速直线运动的路程 $s(t)$ 的导数是速度 $v(t)$,所以 $s'(t)=3\cos t$.

$s(t)=\int3\cos t\,dt=3\sin t+C$,又因为 $s(0)=4$,所以 $C=4$,$s(t)=3\sin t+4$.

练习 5-2

1. (1) 原式$=\int x^2dx+\int2^xdx+\int\dfrac{2}{x}dx=\dfrac{x^3}{3}+\dfrac{2^x}{\ln2}+2\ln|x|+C$.

(2) 原式$=\int x^3\mathrm{d}x+3\int\sqrt{x}\mathrm{d}x+\int\ln 2\mathrm{d}x=\dfrac{x^4}{4}+2x^{\frac{3}{2}}+(\ln2)x+C.$

(3) 原式$=\int(3\mathrm{e})^x\mathrm{d}x=\dfrac{(3\mathrm{e})^x}{\ln(3\mathrm{e})}+C.$

(4) 原式$=\int\left(2^x-\dfrac{1}{\sqrt{x}}\right)\mathrm{d}x=\int 2^x\mathrm{d}x-\int\dfrac{1}{\sqrt{x}}\mathrm{d}x=\dfrac{2^x}{\ln2}-2\sqrt{x}+C.$

(5) 原式$=\sqrt{2}\int x^{-\frac{5}{2}}\mathrm{d}x=\sqrt{2}\times\dfrac{x^{1-\frac{5}{2}}}{1-\dfrac{5}{2}}+C=-\dfrac{2\sqrt{2}}{3}x^{-\frac{3}{2}}+C.$

(6) 原式$=\int\left(\dfrac{7}{4}x^{\frac{3}{4}}+x^{-\frac{5}{4}}\right)\mathrm{d}x=x^{\frac{7}{4}}-4x^{-\frac{1}{4}}+C.$

(7) 原式$=\int\dfrac{1+x^2-1}{1+x^2}\mathrm{d}x=\int\left(1-\dfrac{1}{1+x^2}\right)\mathrm{d}x=x-\arctan x+C.$

(8) 原式$=\int\dfrac{3x^2(x^2+1)+1}{x^2+1}\mathrm{d}x=\int\left(3x^2+\dfrac{1}{1+x^2}\right)\mathrm{d}x=x^3+\arctan x+C.$

(9) 原式$=\int\dfrac{(x-3)(x^2+3x+9)}{x-3}\mathrm{d}x=\int(x^2+3x+9)\mathrm{d}x=\dfrac{x^3}{3}+\dfrac{3x^2}{2}+9x+C.$

(10) 原式$=\int\dfrac{\sqrt{1+x^2}}{\sqrt{(1+x^2)(1-x^2)}}\mathrm{d}x=\int\dfrac{1}{\sqrt{1-x^2}}\mathrm{d}x=\arcsin x+C.$

(11) 原式$=\int\left(\dfrac{1}{x^2}-\dfrac{1}{x^2+1}\right)\mathrm{d}x=-\dfrac{1}{x}-\arctan x+C.$

(12) 原式$=\int\dfrac{(\sqrt{x}-2)(\sqrt{x}+2)}{\sqrt{x}-2}\mathrm{d}x=\int(\sqrt{x}+2)\mathrm{d}x=\dfrac{2}{3}x^{\frac{3}{2}}+2x+C.$

(13) 原式$=\int\left(\sin\dfrac{x}{2}\cos\dfrac{x}{2}+\sin^2\dfrac{x}{2}\right)\mathrm{d}x=\int\left(\dfrac{1}{2}\sin x+\dfrac{1-\cos x}{2}\right)\mathrm{d}x$

$=-\dfrac{1}{2}\cos x+\dfrac{1}{2}x-\dfrac{1}{2}\sin x+C.$

(14) 原式$=\int\dfrac{\cos^2x-\sin^2x}{\cos^2x\sin^2x}\mathrm{d}x=\int\left(\dfrac{1}{\sin^2x}-\dfrac{1}{\cos^2x}\right)\mathrm{d}x=-\cot x-\tan x+C.$

(15) 原式$=\int\dfrac{1}{1+2\cos^2x-1}\mathrm{d}x=\dfrac{1}{2}\int\dfrac{1}{\cos^2x}\mathrm{d}x=\dfrac{1}{2}\tan x+C.$

(16) 原式$=\int\dfrac{\dfrac{1}{\cos x}-\dfrac{\sin x}{\cos x}}{\cos x}\mathrm{d}x=\int\dfrac{1-\sin x}{\cos^2x}\mathrm{d}x$

$=\int(\sec^2x-\sec x\tan x)\mathrm{d}x=\tan x-\sec x+C.$

(17) 原式$=\int\left(1-\dfrac{2}{u}+\dfrac{1}{u^2}\right)\mathrm{d}u=u-2\ln|u|-\dfrac{1}{u}+C.$

(18) 原式$=\int\left[\left(\dfrac{2}{5}\right)^t-\left(\dfrac{3}{5}\right)^t\right]\mathrm{d}t=\dfrac{\left(\dfrac{2}{5}\right)^t}{\ln\left(\dfrac{2}{5}\right)}-\dfrac{\left(\dfrac{3}{5}\right)^t}{\ln\left(\dfrac{3}{5}\right)}+C.$

(19) 原式 $=\int\left(\frac{1}{\sqrt{1-\theta^2}}-1\right)\mathrm{d}\theta=\arcsin\theta-\theta+C.$

(20) 原式 $=\frac{1}{\sqrt{2g}}\int\frac{1}{\sqrt{h}}\mathrm{d}h=\frac{2\sqrt{h}}{\sqrt{2g}}+C=\sqrt{\frac{2h}{g}}+C.$

2. 设该函数为 $F(x)$，由题意可知 $F'(x)=3\sin x-2\cos x$.

所以 $F(x)=\int(3\sin x-2\cos x)\mathrm{d}x=-3\cos x-2\sin x+C.$

又因为当 $x=\frac{\pi}{2}$ 时，$F(x)=4$，故 $C=6$.

所以 $F(x)=-3\cos x-2\sin x+6$.

3. 因为 $[\arcsin(2x-1)]'=\frac{2}{\sqrt{1-(2x-1)^2}}=\frac{1}{\sqrt{x-x^2}}=\frac{1}{\sqrt{x(1-x)}}$,

$[\arccos(1-2x)]'=\frac{2}{\sqrt{1-(1-2x)^2}}=\frac{1}{\sqrt{x-x^2}}=\frac{1}{\sqrt{x(1-x)}}$,

$(2\arcsin\sqrt{x})'=\frac{2}{\sqrt{1-x}}\cdot\frac{1}{2\sqrt{x}}=\frac{1}{\sqrt{x(1-x)}}$,

$\left(2\arctan\sqrt{\frac{x}{1-x}}\right)'=\frac{2}{1+\frac{x}{1-x}}\cdot\frac{1}{2\sqrt{\frac{x}{1-x}}}\cdot\frac{1}{(1-x)^2}=\frac{1}{\sqrt{x(1-x)}}$.

所以命题得证.

练习 5-3

1. (1) 5; (2) $\frac{1}{2}$; (3) $2x$; (4) $\frac{1}{2a}$; (5) $\frac{1}{3}$; (6) $\frac{1}{2}$; (7) -1; (8) $\frac{1}{2}$.

2. (1) 原式 $=\frac{1}{3}\int(1+3x)^4\mathrm{d}(1+3x)=\frac{1}{15}(1+3x)^5+C.$

(2) 原式 $=-\frac{1}{2}\int\sqrt[3]{5-2x}\,\mathrm{d}(5-2x)=-\frac{3}{8}(5-2x)^{\frac{4}{3}}+C.$

(3) 原式 $=\frac{1}{2}\int\frac{1}{2x-1}\mathrm{d}(2x-1)=\frac{1}{2}\ln|(2x-1)|+C.$

(4) 原式 $=-\int\sin(2-x)\mathrm{d}(2-x)=\cos(2-x)+C.$

(5) 原式 $=\frac{1}{4}\int\frac{1}{1+\left(\frac{x}{2}\right)^2}\mathrm{d}x=\frac{1}{2}\arctan\frac{x}{2}+C.$

(6) 原式 $=\int\frac{1}{2+(1+x)^2}\mathrm{d}x=\frac{1}{2}\int\frac{1}{1+\left(\frac{1+x}{\sqrt{2}}\right)^2}\mathrm{d}x$

$$=\frac{1}{\sqrt{2}}\int\frac{1}{1+\left(\frac{1+x}{\sqrt{2}}\right)^2}\mathrm{d}\left(\frac{1+x}{\sqrt{2}}\right)$$

$$=\frac{1}{\sqrt{2}}\arctan\left(\frac{1+x}{\sqrt{2}}\right)+C.$$

(7) 原式 $=\int\sqrt{\ln x}\,\mathrm{d}(\ln x)=\frac{2}{3}(\ln x)^{\frac{3}{2}}+C.$

(8) 原式 $=\int \mathrm{e}^{\sin x}\mathrm{d}(\sin x)=\mathrm{e}^{\sin x}+C.$

(9) 原式 $=\int\frac{1}{1+\mathrm{e}^x}\mathrm{d}(\mathrm{e}^x)=\ln(1+\mathrm{e}^x)+C.$

(10) 原式 $=2\int\frac{1}{1+x}\mathrm{d}(\sqrt{x})=2\arctan\sqrt{x}+C.$

(11) 原式 $=\int\frac{1-\cos 2x}{2}\mathrm{d}x=\frac{x}{2}-\frac{1}{4}\sin 2x+C.$

(12) 原式 $=-\int\sin^2 x\,\mathrm{d}(\cos x)=\int(\cos^2 x-1)\mathrm{d}\cos x=\frac{1}{3}\cos^3 x-\cos x+C.$

(13) 原式 $=\int\arcsin x\,\mathrm{d}(\arcsin x)=\frac{1}{2}(\arcsin x)^2+C.$

(14) 原式 $=\int\frac{1}{\arcsin x}\mathrm{d}(\arcsin x)=\ln|\arcsin x|+C.$

(15) 原式 $=\frac{1}{2}\int(\cos 2x-\cos 8x)\mathrm{d}x=\frac{1}{4}\sin 2x-\frac{1}{16}\sin 8x+C.$

(16) 原式 $=\frac{1}{2}\int\frac{2x+3}{x^2+3x+4}\mathrm{d}x+\frac{5}{2}\int\frac{1}{x^2+3x+4}\mathrm{d}x$

$$=\frac{1}{2}\ln|x^2+3x+4|+\frac{5}{2}\int\frac{1}{\left(x+\frac{3}{2}\right)^2+\frac{7}{4}}\mathrm{d}x$$

$$=\frac{1}{2}\ln|x^2+3x+4|+\frac{5}{2}\times\frac{4}{7}\times\frac{2}{\sqrt{7}}\int\frac{1}{\left[\left(x+\frac{3}{2}\right)\Big/\frac{\sqrt{7}}{2}\right]^2+1}\mathrm{d}\left[\left(x+\frac{3}{2}\right)\Big/\frac{\sqrt{7}}{2}\right]$$

$$=\frac{1}{2}\ln|x^2+3x+4|+\frac{20}{7\sqrt{7}}\arctan\left[\left(x+\frac{3}{2}\right)\Big/\frac{\sqrt{7}}{2}\right]+C.$$

(17) 原式 $=-\int\frac{1}{1+\cos x}\mathrm{d}(\cos x)=-\ln|1+\cos x|+C.$

(18) 原式 $=\int\frac{1}{\sin^2 x}\mathrm{d}(\sin x)=-\frac{1}{\sin x}+C.$

练习 5-4

(1) 令 $\sqrt{2x+1}=t\Rightarrow x=\frac{t^2-1}{2}\Rightarrow\mathrm{d}x=t\mathrm{d}t.$

原式 $=\int\frac{t}{1-t}\mathrm{d}t=\int\left(-1+\frac{1}{1-t}\right)\mathrm{d}t=-t-\ln|1-t|+C$

$$=-\sqrt{2x+1}-\ln\left|1-\sqrt{2x+1}\right|+C.$$

(2) 令 $\sqrt[3]{2-x}=t\Rightarrow x=2-t^3\Rightarrow dx=-3t^2dt$.

$$原式=-\int\frac{(2-t^3)^2}{t}3t^2dt=-3\int(4t-4t^4+t^7)dt$$

$$=-6t^2+\frac{12}{5}t^5-\frac{3}{8}t^8+C=-6(2-x)^{\frac{2}{3}}+\frac{12}{5}(2-x)^{\frac{5}{3}}-\frac{3}{8}(2-x)^{\frac{8}{3}}+C.$$

(3) 令 $\sqrt{x}=t\Rightarrow x=t^2\Rightarrow dx=2tdt$.

$$原式=2\int\frac{t^2}{1+t^2}dt=2\int\left(1-\frac{1}{1+t^2}\right)dt$$

$$=2t-2\arctan t+C=2\sqrt{x}-2\arctan\sqrt{x}+C.$$

(4) 令 $\sqrt{2x-3}=t\Rightarrow x=\frac{t^2+3}{2}\Rightarrow dx=tdt$.

$$原式=\frac{1}{2}\int(t^2+3)t^2dt=\frac{1}{2}\int(t^4+3t^2)dt$$

$$=\frac{1}{10}t^5+\frac{1}{2}t^3+C=\frac{1}{10}(2x-3)^{\frac{5}{2}}+\frac{1}{2}(2x-3)^{\frac{3}{2}}+C.$$

(5) 令 $x=\sqrt{2}\sin t\Rightarrow dx=\sqrt{2}\cos tdt$.

$$原式=\sqrt{2}\int\frac{\cos t}{2\sin^2t}\cos tdt=\frac{\sqrt{2}}{2}\int\cot^2tdt=\frac{\sqrt{2}}{2}\int(\csc^2t-1)dt$$

$$=-\frac{\sqrt{2}}{2}\cot t-\frac{\sqrt{2}}{2}t+C=-\frac{\sqrt{4-2x^2}}{2x}-\frac{\sqrt{2}}{2}\arcsin\frac{x}{\sqrt{2}}+C.$$

(6) 令 $x=2\tan t\Rightarrow dx=2\sec^2tdt$.

$$原式=\int\frac{1}{4\tan^2t\cdot 2\sec t}2\sec^2tdt=\frac{1}{4}\int\cot t\csc tdt$$

$$=-\frac{1}{4}\csc t+C=-\frac{\sqrt{4+x^2}}{4x}+C.$$

(7) 令 $x=3\sec t\Rightarrow dx=3\sec t\tan tdt$.

$$原式=\int\frac{3\tan t}{3\sec t}3\sec t\tan tdt=3\int\tan^2tdt=3\int(\sec^2t-1)dt$$

$$=3(\tan t-t)+C=3\left(\frac{\sqrt{x^2-9}}{3}-\arccos\frac{3}{x}\right)+C.$$

(8) 令 $x=\frac{5}{2}\sin t\Rightarrow dx=\frac{5}{2}\cos tdt$.

$$原式=\int\frac{\frac{25}{4}\sin^2t}{5\cos t}\cdot\frac{5}{2}\cos tdt=\frac{25}{8}\int\sin^2tdt=\frac{25}{16}\int(1-\cos 2t)dt$$

$$=\frac{25}{16}\left(t-\frac{1}{2}\sin 2t\right)+C=\frac{25}{16}\arcsin\frac{2x}{5}-\frac{1}{8}x\sqrt{25-4x^2}+C.$$

(9) 令 $x=\frac{3}{2}\sin t\Rightarrow dx=\frac{3}{2}\cos tdt$.

$$\text{原式}=\int\frac{3\cos t}{\frac{9}{4}\sin^2 t}\cdot\frac{3}{2}\cos t\mathrm{d}t=2\int\cot^2 t\mathrm{d}t=2\int(\csc^2 t-1)\mathrm{d}t$$

$$=-2\cot t-2t+C=-\frac{\sqrt{9-4x^2}}{x}-2\arcsin\frac{2x}{3}+C.$$

(10) 令 $x=\frac{1}{2}\tan t\Rightarrow \mathrm{d}x=\frac{1}{2}\sec^2 t\mathrm{d}t.$

$$\text{原式}=\int\frac{1}{\frac{1}{4}\tan^2 t\cdot\sec t}\frac{1}{2}\sec^2 t\mathrm{d}t=2\int\csc t\cot t\mathrm{d}t$$

$$=-2\csc t+C=-\frac{\sqrt{4x^2+1}}{x}+C.$$

(11) 令 $x=\frac{1}{4}\sec t\Rightarrow \mathrm{d}x=\frac{1}{4}\sec t\tan t\mathrm{d}t.$

$$\text{原式}=\int\frac{\tan t}{\frac{1}{4}\sec t}\cdot\frac{1}{4}\sec t\tan t\mathrm{d}t=\int\tan^2 t\mathrm{d}t$$

$$=\int(\sec^2 t-1)\mathrm{d}t=\tan t-t+C=\sqrt{16x^2-1}-\arccos\frac{1}{4x}+C.$$

(12) 令 $x=\tan t\Rightarrow \mathrm{d}x=\sec^2 t\mathrm{d}t.$

$$\text{原式}=\int\frac{\tan^2 t}{\sec^5 t}\sec^2\mathrm{d}t=\int\frac{\sec^2 t-1}{\sec^3 t}\mathrm{d}t=\int(\cos t-\cos^3 t)\mathrm{d}t$$

$$=\int\sin^2 t\mathrm{d}\sin t=\frac{1}{3}\sin^3 t+C=\frac{1}{3}\left(\frac{x}{\sqrt{1+x^2}}\right)^3+C.$$

(13) 令 $x=3\sec t\Rightarrow \mathrm{d}x=3\sec t\tan t\mathrm{d}t.$

$$\text{原式}=\int\frac{3\tan t}{3\sec t}3\sec t\tan t\mathrm{d}t=3\int\tan^2 t\mathrm{d}t=3\int(\sec^2 t-1)\mathrm{d}t$$

$$=3\tan t-3t+C=\sqrt{x^2-9}-3\arccos\frac{3}{x}+C.$$

(14) 令 $5x-1=t\Rightarrow x=\frac{t+1}{5}\Rightarrow \mathrm{d}x=\frac{1}{5}\mathrm{d}t.$

$$\text{原式}=\frac{1}{25}\int(1+t)t^{15}\mathrm{d}t=\frac{1}{25}\int(t^{15}+t^{16})\mathrm{d}t=\frac{t^{16}}{25\times16}+\frac{t^{17}}{25\times17}+C$$

$$=\frac{(5x-1)^{16}}{25\times16}+\frac{(5x-1)^{17}}{25\times17}+C.$$

(15) 令 $2-x=t\Rightarrow x=2-t\Rightarrow \mathrm{d}x=-\mathrm{d}t.$

$$\text{原式}=-\int(2-t)^2t^{10}\mathrm{d}t=\int(-4t^{10}+4t^{11}-t^{12})\mathrm{d}t=-\frac{4}{11}t^{11}+\frac{4}{12}t^{12}-\frac{1}{13}t^{13}+C$$

$$=-\frac{4}{11}(2-x)^{11}+\frac{1}{3}(2-x)^{12}-\frac{1}{13}(2-x)^{13}+C.$$

(16) 令 $3-x=t\Rightarrow x=3-t\Rightarrow \mathrm{d}x=-\mathrm{d}t.$

$$\text{原式}=-\int\frac{3-t}{t^7}\mathrm{d}t=\int(-3t^{-7}+t^{-6})\mathrm{d}t=\frac{1}{2}t^{-6}-\frac{1}{5}t^{-5}+C$$

$$=\frac{1}{2}(3-x)^{-6}-\frac{1}{5}(3-x)^{-5}+C.$$

练习 5-5

(1) 原式$=-\frac{1}{2}\int x\mathrm{d}(\cos 2x)=-\frac{1}{2}\left(x\cos 2x-\int\cos 2x\mathrm{d}x\right)$

$$=-\frac{1}{2}x\cos 2x+\frac{1}{4}\sin 2x+C.$$

(2) 原式 $=-\int x\mathrm{d}(\mathrm{e}^{-x})=-x\mathrm{e}^{-x}+\int\mathrm{e}^{-x}\mathrm{d}x=-x\mathrm{e}^{-x}-\mathrm{e}^{-x}+C.$

(3) 原式$=\frac{1}{3}\int x\mathrm{d}[\sin(3x+2)]=\frac{1}{3}\left[x\sin(3x+2)-\int\sin(3x+2)\mathrm{d}x\right]$

$$=\frac{1}{3}x\sin(3x+2)+\frac{1}{9}\cos(3x+2)+C.$$

(4) 原式$=\int x^2\mathrm{d}(\mathrm{e}^x)=x^2\mathrm{e}^x-\int\mathrm{e}^x\mathrm{d}(x^2)=x^2\mathrm{e}^x-2\int x\mathrm{e}^x\mathrm{d}x$

$$=x^2\mathrm{e}^x-2\int x\mathrm{d}(\mathrm{e}^x)=x^2\mathrm{e}^x-2\left(x\mathrm{e}^x-\int\mathrm{e}^x\mathrm{d}x\right)=x^2\mathrm{e}^x-2x\mathrm{e}^x+2\mathrm{e}^x+C.$$

(5) 原式$=\frac{1}{3}\int\ln x\mathrm{d}(x^3)=\frac{1}{3}\left[x^3\ln x-\int x^3\mathrm{d}(\ln x)\right]$

$$=\frac{1}{3}\left(x^3\ln x-\int x^2\mathrm{d}x\right)=\frac{1}{3}x^3\ln x-\frac{1}{9}x^3+C.$$

(6) 原式 $=x\ln x-\int x\mathrm{d}(\ln x)=x\ln x-\int 1\mathrm{d}x=x\ln x-x+C.$

(7) 原式$=\frac{1}{2}\int\arcsin x\mathrm{d}(x^2)=\frac{1}{2}\left[x^2\arcsin x-\int x^2\mathrm{d}(\arcsin x)\right]$

$$=\frac{1}{2}\left(x^2\arcsin x-\int\frac{x^2}{\sqrt{1-x^2}}\mathrm{d}x\right)$$

$$=\frac{1}{2}x^2\arcsin x-\frac{1}{4}\arcsin x+\frac{1}{4}x\sqrt{1-x^2}+C.$$

(8) 原式 $=x\arctan x-\int x\mathrm{d}(\arctan x)=x\arctan x-\int\frac{x}{1+x^2}\mathrm{d}x$

$$=x\arctan x-\frac{1}{2}\ln(1+x^2)+C.$$

(9) 原式 $=\int\sin x\mathrm{d}(\mathrm{e}^x)=\mathrm{e}^x\sin x-\int\mathrm{e}^x\mathrm{d}(\sin x)=\mathrm{e}^x\sin x-\int\mathrm{e}^x\cos x\mathrm{d}x$

$$=\mathrm{e}^x\sin x-\int\cos x\mathrm{d}(\mathrm{e}^x)=\mathrm{e}^x\sin x-\left[\mathrm{e}^x\cos x-\int\mathrm{e}^x\mathrm{d}(\cos x)\right]$$

$$=\mathrm{e}^x\sin x-\mathrm{e}^x\cos x-\int\mathrm{e}^x\sin x\mathrm{d}x.$$

所以$\int\mathrm{e}^x\sin x\mathrm{d}x=\frac{1}{2}(\mathrm{e}^x\sin x-\mathrm{e}^x\cos x)+C.$

(10) 原式$= x\sin(\ln x) - \int x\mathrm{d}[\sin(\ln x)] = x\sin(\ln x) - \int x\cos(\ln x)\,\frac{1}{x}\mathrm{d}x$

$= x\sin(\ln x) - \int \cos(\ln x)\mathrm{d}x = x\sin(\ln x) - x\cos(\ln x) + \int x\mathrm{d}[\cos(\ln x)]$

$= x\sin(\ln x) - x\cos(\ln x) - \int \sin(\ln x)\mathrm{d}x.$

所以$\int \sin(\ln x)\mathrm{d}x = \frac{1}{2}[x\sin(\ln x) - x\cos(\ln x)] + C.$

(11) 令$\sqrt{x}=t \Rightarrow x=t^2 \Rightarrow \mathrm{d}x=2t\mathrm{d}t.$

原式$= 2\int t\sin t\mathrm{d}t = -2\left(t\cos t - \int \cos t\mathrm{d}t\right)$

$= -2t\cos t + 2\sin t + C = -2\sqrt{x}\cos\sqrt{x} + 2\sin\sqrt{x} + C.$

(12) 令$\sqrt[3]{x}=t \Rightarrow x=t^3 \Rightarrow \mathrm{d}x=3t^2\mathrm{d}t.$

原式$= 3\int t^2\mathrm{e}^t\mathrm{d}t = 3\int t^2\mathrm{d}(\mathrm{e}^t) = 3\left(t^2\mathrm{e}^t - 2\int t\mathrm{e}^t\mathrm{d}t\right)$

$= 3t^2\mathrm{e}^t - 6\int t\mathrm{d}\mathrm{e}^t = 3t^2\mathrm{e}^t - 6\left(t\mathrm{e}^t - \int \mathrm{e}^t\mathrm{d}t\right)$

$= 3t^2\mathrm{e}^t - 6t\mathrm{e}^t + 6\mathrm{e}^t + C = 3x^{\frac{2}{3}}\mathrm{e}^{\sqrt[3]{x}} - 6\sqrt[3]{x}\mathrm{e}^{\sqrt[3]{x}} + 6\mathrm{e}^{\sqrt[3]{x}} + C.$

不定积分专项训练

一、1. $\frac{2}{1+4x^2}$.　2. $\mathrm{e}^{-x}+C$.　3. $\frac{1}{3}\cos^3 x-\cos x+C$.　4. $\frac{1-\sin x}{x+\cos x}\mathrm{d}x$.

5. $x^2\mathrm{e}^{2x}+C$.　6. $\frac{1}{3}f^3(x)+C$.　7. $\frac{1}{3}x\sqrt{x}+C$.　8. $\arcsin(\ln x)+C$.

二、1. B.　2. A.　3. C　4. B.　5. D.　6. B.

三、1. 原式 $= \int \frac{-\sin^2 x}{\sin x}\mathrm{d}x = -\int \sin x\mathrm{d}x = \cos x + C.$

2. 原式 $= \frac{1}{2}\int \frac{1}{2+x^2}\mathrm{d}(2+x^2) = \frac{1}{2}\ln(2+x^2) + C.$

3. 原式$= \int \frac{x+2}{(x+2)^2}\mathrm{d}x - \int \frac{1}{(x+2)^2}\mathrm{d}x = \int \frac{1}{x+2}\mathrm{d}(x+2) - \int \frac{1}{(x+2)^2}\mathrm{d}(x+2)$

$= \ln|x+2| + \frac{1}{x+2} + C.$

4. 原式 $= 2\int \sin(\sqrt{x}+1)\mathrm{d}(\sqrt{x}+1) = -2\cos(\sqrt{x}+1) + C.$

5. 原式 $= \int \arcsin^2 x\mathrm{d}(\arcsin x) = \frac{1}{3}\arcsin^3 x + C.$

6. 原式 $= -\int \frac{1}{\sqrt{1-\ln x}}\mathrm{d}(1-\ln x) = -2\sqrt{1-\ln x} + C.$

7. 原式 $= 2\int \frac{1}{1+(\sqrt{1+x})^2}\mathrm{d}(\sqrt{1+x}) = 2\arctan\sqrt{1+x} + C.$

8. 令 $\sqrt{x-1}=t \Rightarrow x=t^2+1 \Rightarrow \mathrm{d}x=2t\mathrm{d}t$.

原式 $=2\int \frac{t}{2+t}\mathrm{d}t=2\int\left(1-\frac{2}{2+t}\right)\mathrm{d}t=2(t-2\ln|2+t|)+C$

$=2(\sqrt{x-1}-2\ln\left|2+\sqrt{x-1}\right|)+C$.

9. 令 $x=\sin t \Rightarrow \mathrm{d}x=\cos t\mathrm{d}t$.

原式 $=\int \frac{1}{\sin^2 t\cos t}\cos t\mathrm{d}t=\int \csc^2 t\mathrm{d}t=-\cot t+C=-\frac{\sqrt{1-x^2}}{x}+C$.

10. 令 $x=\sec t \Rightarrow \mathrm{d}x=\sec t\tan t\mathrm{d}t$.

原式 $=\int \frac{\tan t}{\sec^2 t}\sec t\tan t\mathrm{d}t=\int \frac{\tan^2 t}{\sec t}\mathrm{d}t=\int(\sec t-\cos t)\mathrm{d}t$

$=\ln|\sec t+\tan t|-\sin t+C=\ln\left|x+\sqrt{x^2-1}\right|-\frac{\sqrt{1-x^2}}{x}+C$.

11. 原式 $=\frac{1}{2}\int x(1-\cos x)\mathrm{d}x=\frac{1}{4}x^2-\frac{1}{2}\int x\cos x\mathrm{d}x$

$=\frac{1}{4}x^2-\frac{1}{2}\int x\mathrm{d}(\sin x)=\frac{1}{4}x^2-\frac{1}{2}x\sin x+\frac{1}{2}\int \sin x\mathrm{d}x$

$=\frac{1}{4}x^2-\frac{1}{2}x\sin x-\frac{1}{2}\cos x+C$.

12. 原式 $=\frac{1}{4}\int x\mathrm{d}(\mathrm{e}^{4x})=\frac{1}{4}x\mathrm{e}^{4x}-\frac{1}{4}\int \mathrm{e}^{4x}\mathrm{d}x=\frac{1}{4}x\mathrm{e}^{4x}-\frac{1}{16}\mathrm{e}^{4x}+C$.

13. 原式 $=\int \mathrm{e}^{2x}\mathrm{d}(\sin x)=\mathrm{e}^{2x}\sin x-\int \sin x\mathrm{d}(\mathrm{e}^{2x})=\mathrm{e}^{2x}\sin x-2\int \sin x\mathrm{e}^{2x}\mathrm{d}x$

$=\mathrm{e}^{2x}\sin x+2\int \mathrm{e}^{2x}\mathrm{d}(\cos x)=\mathrm{e}^{2x}\sin x+2\mathrm{e}^{2x}\cos x-2\int \cos x\mathrm{d}(\mathrm{e}^{2x})$

$=\mathrm{e}^{2x}\sin x+2\mathrm{e}^{2x}\cos x-4\int \cos x\mathrm{e}^{2x}\mathrm{d}x$.

所以 $\int \mathrm{e}^{2x}\cos x\mathrm{d}x=\frac{1}{4}(\mathrm{e}^{2x}\sin x+2\mathrm{e}^{2x}\cos x)+C$.

14. 原式 $=\int \sec x\mathrm{d}(\tan x)=\sec x\tan x-\int \tan x\mathrm{d}(\sec x)=\sec x\tan x-\int \sec x\tan^2 x\mathrm{d}x$

$=\sec x\tan x-\int(\sec^3 x-\sec x)\mathrm{d}x=\sec x\tan x-\int \sec^3 x\mathrm{d}x+\int \sec x\mathrm{d}x$.

所以 $2\int \sec^3 x\mathrm{d}x=\sec x\tan x+\int \sec x\mathrm{d}x=\sec x\tan x+\ln|\sec x+\tan x|+C$,

则 $\int \sec^3 x\mathrm{d}x=\frac{1}{2}(\sec x\tan x+\ln|\sec x+\tan x|)+C$.

四、 两边同时对 x 求导得 $f'(x)+\cos x=f'(x)\sin x \Rightarrow f'(x)(\sin x-1)=\cos x \Rightarrow$
$f'(x)=\frac{\cos x}{\sin x-1} \Rightarrow f(x)=\int \frac{\cos x}{\sin x-1}\mathrm{d}x=\ln|\sin x-1|+C$.

练习 6-1

1. (1) $\int_2^5 2x^2\mathrm{d}x$; (2) $\int_1^2(3+gt)\mathrm{d}t$; (3) 4, -3, $[-3,4]$; (4) 0.

2. (1) $\int_{-\pi}^{\pi}\sin x\mathrm{d}x=0$；(2) $\int_{0}^{3}(x-1)\mathrm{d}x=\frac{3}{2}$； (3) $\int_{-3}^{3}(9-x^2)\mathrm{d}x=\frac{9}{2}\pi$.

3. (1) 正；(2) 负；(3) 正.

练习 6-2

1. (1) 错；(2) 错；(3) 正确.

2. (1) 当$\frac{\pi}{4}\leqslant x\leqslant\frac{\pi}{2}$时，$\frac{\sqrt{2}}{2}\leqslant\sin x\leqslant 1\Rightarrow\frac{1}{2}\leqslant\sin^2 x\leqslant 1\Rightarrow\frac{3}{2}\leqslant 1+\sin^2 x\leqslant 2\Rightarrow\frac{1}{2}\leqslant\frac{1}{1+\sin^2 x}\leqslant\frac{2}{3}$，所以 $\frac{\pi}{8}\leqslant\int_{\frac{\pi}{4}}^{\frac{\pi}{2}}\frac{1}{1+\sin^2 x}\mathrm{d}x\leqslant\frac{\pi}{6}$.

(2) 当$-1\leqslant x\leqslant 2$ 时，$-4\leqslant -x^2\leqslant 0\Rightarrow \mathrm{e}^{-4}\leqslant \mathrm{e}^{-x^2}\leqslant 1$，所以 $3\mathrm{e}^{-4}\leqslant\int_{-1}^{2}\mathrm{e}^{-x^2}\mathrm{d}x\leqslant 3$.

3. (1) $\int_{1}^{2}x^2\mathrm{d}x\leqslant\int_{1}^{2}x^3\mathrm{d}x$；　　(2) $\int_{1}^{\mathrm{e}}\ln^2 x\mathrm{d}x\leqslant\int_{1}^{\mathrm{e}}\ln x\mathrm{d}x$；

(3) $\int_{-1}^{0}\mathrm{e}^x\mathrm{d}x\leqslant\int_{-1}^{0}\mathrm{e}^{-x}\mathrm{d}x$；　　(4) $\int_{0}^{\frac{\pi}{4}}\sin x\mathrm{d}x\leqslant\int_{0}^{\frac{\pi}{4}}\cos x\mathrm{d}x$.

练习 6-3

1. (1) 正确，因为定积分是一个常数，常数的导数为 0.

(2) 不正确，因为$\frac{1}{x^2}$在$[-1,1]$上不连续，牛顿-莱布尼茨公式不成立.

(3) 不正确，因为$\int_{0}^{x^2}\frac{\sqrt{1-t^3}}{\cos t}\mathrm{d}t$是复合函数，要遵循复合函数求导法则.

2. (1) $\sqrt{1+x}$；　(2) $-\cos(\pi\cos^2 x)\sin x$；　(3) $-2\cos x\sin x$.

3. (1) 原式$=\arcsin x\Big|_{-\frac{1}{2}}^{\frac{1}{2}}=\arcsin\left(\frac{1}{2}\right)-\arcsin\left(-\frac{1}{2}\right)=\frac{\pi}{3}$；

(2) 原式$=\arctan x\Big|_{-1}^{1}=\arctan(1)-\arctan(-1)=\frac{\pi}{2}$；

(3) 原式 $=\int_{0}^{1}2x^2\mathrm{d}x-\int_{0}^{1}\sqrt[3]{x}\mathrm{d}x+\int_{0}^{1}1\mathrm{d}x=\frac{2}{3}x^3\Big|_{0}^{1}-\frac{3}{4}x^{\frac{4}{3}}\Big|_{0}^{1}+x\Big|_{0}^{1}=\frac{11}{12}$；

(4) 原式 $=\int_{4}^{9}(\sqrt{x}+x)\mathrm{d}x=\frac{2}{3}x^{\frac{3}{2}}\Big|_{4}^{9}+\frac{1}{2}x^2\Big|_{4}^{9}=\frac{271}{6}$；

(5) 原式$=\left(x^3-\frac{x^2}{2}+x\right)\Big|_{0}^{a}=a^3-\frac{a^2}{2}+a$；

(6) 原式 $=\int_{0}^{\frac{\pi}{2}}(1-\cos x)\mathrm{d}x=(x-\sin x)\Big|_{0}^{\frac{\pi}{2}}=\frac{\pi}{2}-1$；

(7) 原式 $=\int_{-1}^{0}\left(3x^2+\frac{1}{x^2+1}\right)\mathrm{d}x=(x^3+\arctan x)\Big|_{-1}^{0}=1+\frac{\pi}{4}$；

(8) 原式 $=\int_{0}^{\frac{\pi}{2}}\frac{\cos^2 x-\sin^2 x}{\cos x-\sin x}\mathrm{d}x=\int_{0}^{\frac{\pi}{2}}(\cos x+\sin x)\mathrm{d}x=(\sin x-\cos x)\Big|_{0}^{\frac{\pi}{2}}=2$；

(9) 原式 $=\int_0^2(2-x)\mathrm{d}x+\int_2^3(x-2)\mathrm{d}x=\left(2x-\frac{1}{2}x^2\right)\Big|_0^2+\left(\frac{1}{2}x^2-2x\right)\Big|_2^3=\frac{5}{2}$;

(10) $\int_0^2 f(x)\mathrm{d}x=\int_0^1(x+1)\mathrm{d}x-\int_1^2\frac{1}{2}x^2\mathrm{d}x=\left(\frac{x^2}{2}+x\right)\Big|_0^1-\frac{x^3}{6}\Big|_1^2=\frac{1}{3}$.

练习 6-4

1. (1) 不一定,如果没有换元,就不需要换积分限.

(2) 不正确,因为 $x=\frac{1}{t}$,$x\in[-1,1]$时,x,t 不是一一对应的,不满足换元条件.

(3) 不正确,也有可能 $f(x)=0$.

2. (1) 原式 $=\int_1^{\mathrm{e}}\ln^4 x\mathrm{d}(\ln x)=\frac{1}{5}\ln^5 x\Big|_1^{\mathrm{e}}=\frac{1}{5}$.

(2) 原式 $=\frac{1}{3}\int_0^1\frac{1}{1+x^6}\mathrm{d}(x^3)=\frac{1}{3}\arctan x^3\Big|_0^1=\frac{\pi}{12}$.

(3) 原式 $=\int_0^{\frac{\pi}{2}}\sin x\mathrm{d}(\sin x)=\frac{1}{2}\sin^2 x\Big|_0^{\frac{\pi}{2}}=\frac{1}{2}$.

(4) 原式 $=-\frac{1}{2}\int_{-\frac{\sqrt{2}}{2}}^0\frac{1}{\sqrt{1-x^2}}\mathrm{d}(1-x^2)=-\sqrt{1-x^2}\Big|_{-\frac{\sqrt{2}}{2}}^0=\frac{\sqrt{2}}{2}-1$.

(5) 令$\sqrt{x}=t\Rightarrow x=t^2\Rightarrow\mathrm{d}x=2t\mathrm{d}t$. 当 $x=4$ 时,$t=2$;当 $x=9$ 时,$t=3$.

原式 $=2\int_2^3\frac{t^2}{t-1}\mathrm{d}t=2\int_2^3\left(t+1+\frac{1}{t-1}\right)\mathrm{d}t$

$=[t^2+2t+2\ln|t-1|]_2^3=7+2\ln 2$.

(6) 令 $\sqrt{4+5x}=t\Rightarrow x=\frac{t^2-4}{5}\Rightarrow\mathrm{d}x=\frac{2t}{5}\mathrm{d}t$. 当 $x=0$ 时,$t=2$;当 $x=1$ 时,$t=3$.

原式 $=\frac{2}{5}\int_2^3\frac{t}{t-1}\mathrm{d}t=\frac{2}{5}\int_2^3\left(1+\frac{1}{t-1}\right)\mathrm{d}t=\frac{2}{5}[t+\ln|t-1|]_2^3=\frac{2}{5}(1+\ln 2)$.

(7) 令 $x=\tan t\Rightarrow\mathrm{d}x=\sec^2 t\mathrm{d}t$. 当 $x=1$ 时,$t=\frac{\pi}{4}$;当 $x=\sqrt{3}$时,$t=\frac{\pi}{3}$.

原式 $=\int_{\frac{\pi}{4}}^{\frac{\pi}{3}}\frac{1}{\tan^2 t\sec t}\sec^2 t\mathrm{d}t=\int_{\frac{\pi}{4}}^{\frac{\pi}{3}}\frac{\cos t}{\sin^2 t}\mathrm{d}t=\int_{\frac{\pi}{4}}^{\frac{\pi}{3}}\frac{1}{\sin^2 t}\mathrm{d}(\sin t)$

$=-\frac{1}{\sin t}\Big|_{\frac{\pi}{4}}^{\frac{\pi}{3}}=-\frac{2}{\sqrt{3}}+\frac{2}{\sqrt{2}}$.

(8) 原式 $=\frac{1}{2}\int_1^{\mathrm{e}}\ln x\mathrm{d}x^2=\frac{1}{2}x^2(\ln x)\Big|_1^{\mathrm{e}}-\frac{1}{2}\int_1^{\mathrm{e}}x^2\mathrm{d}(\ln x)=\frac{\mathrm{e}^2}{2}-\frac{1}{2}\int_1^{\mathrm{e}}x\mathrm{d}x=\frac{1}{4}(\mathrm{e}^2+1)$.

(9) 原式 $=\int_0^1 x\mathrm{d}\mathrm{e}^x=x\mathrm{e}^x\Big|_0^1-\int_0^1\mathrm{e}^x\mathrm{d}x=1$.

(10) 令$\sqrt{x}=t\Rightarrow x=t^2\Rightarrow\mathrm{d}x=2t\mathrm{d}t$. 当 $x=0$ 时,$t=0$;当 $x=1$ 时,$t=1$.

原式 $=2\int_0^1 t\arctan t\mathrm{d}t=\int_0^1\arctan t\mathrm{d}(t^2)=t^2\arctan t\Big|_0^1-\int_0^1 t^2\mathrm{d}(\arctan x)$

$$= \frac{\pi}{4} - \int_0^1 \frac{t^2}{1+t^2}\mathrm{d}t = \frac{\pi}{4} - [t - \arctan t]_0^1 = \frac{\pi}{2} - 1.$$

3. (1) 因为$\frac{x^8\tan x}{3-\sin x^4}$是奇函数，所以$\int_{-1.5}^{1.5} \frac{x^8\tan x}{3-\sin x^4}\mathrm{d}x = 0$.

(2) 原式$= \int_{-\frac{1}{2}}^{\frac{1}{2}} \frac{2}{\sqrt{1-x^2}}\mathrm{d}x + \int_{-\frac{1}{2}}^{\frac{1}{2}} \frac{\sin^5 x}{\sqrt{1-x^2}}\mathrm{d}x = 4\int_0^{\frac{1}{2}} \frac{1}{\sqrt{1-x^2}}\mathrm{d}x = 4\arcsin x\Big|_0^{\frac{1}{2}}$

$$= \frac{2}{3}\pi.$$

练习 6-5

1. (1) 不对，$\int_{-\infty}^{+\infty} \frac{x}{\sqrt{1+x^2}}\mathrm{d}x$是无穷积分，定积分的结论不适用.

(2) 正确.

(3) 不正确，$\int_0^2 \frac{\mathrm{d}x}{\sqrt[3]{x-1}}$是瑕积分，不能直接使用牛顿-莱布尼茨公式.

2. (1) 原式$= -\frac{1}{x}\Big|_1^{+\infty} = \lim\limits_{x\to+\infty}\left(-\frac{1}{x}\right) - (-1) = 1$.

(2) 原式$= -[\ln|1-x|]_{-\infty}^{0} = \lim\limits_{x\to-\infty}\ln|1-x| = +\infty$.

(3) 原式$= \int_{-\infty}^{+\infty} \frac{1}{(x+1)^2+1}\mathrm{d}x = [\arctan(x+1)]_{-\infty}^{+\infty}$

$$= \lim_{x\to+\infty}\arctan(x+1) - \lim_{x\to-\infty}\arctan(x+1) = \pi.$$

(4) 原式$= \int_{\frac{1}{e}}^{+\infty} \ln x\,\mathrm{d}(\ln x) = \frac{1}{2}\ln^2 x\Big|_{\frac{1}{e}}^{+\infty} = +\infty$.

(5) 原式$= [\ln|x^2+1|]_{-\infty}^{0} = 0 - \lim\limits_{x\to-\infty}\ln|x^2+1| = \infty$.

(6) 原式$= -\int_{-\infty}^{+\infty} e^{-\frac{x^2}{2}}\mathrm{d}\left(-\frac{x^2}{2}\right) = \lim\limits_{x\to+\infty}(-e^{-\frac{x^2}{2}}) - \lim\limits_{x\to-\infty}(-e^{-\frac{x^2}{2}}) = 0$.

(7) 令$\sqrt{x-1} = t \Rightarrow x = t^2+1 \Rightarrow \mathrm{d}x = 2t\mathrm{d}t$. 当$x\to1$时，$t\to0$；当$x\to2$时，$t\to1$.

原式$= \int_0^1 \frac{t^2+1}{t}2t\mathrm{d}t = 2\int_0^1 (t^2+1)\mathrm{d}t = \left(\frac{2}{3}t^3+2t\right)_0^1 = \frac{8}{3} - \lim\limits_{t\to0^+}\left(\frac{2}{3}t^3+2t\right) = \frac{8}{3}$.

(8) 原式$= \tan x\Big|_{\frac{\pi}{4}}^{\frac{\pi}{2}} = \lim\limits_{x\to\frac{\pi}{2}^-}\tan x - 1 = \infty$.

练习 6-6

1. (1) $A = \int_{\frac{\sqrt{2}}{2}}^{2}\left(2x - \frac{1}{x}\right)\mathrm{d}x = (x^2 - \ln x)\Big|_{\frac{\sqrt{2}}{2}}^{2} = \frac{7}{2} - \ln\frac{\sqrt{2}}{4}$.

(2) $A = \int_0^1 (e^x - e^{-x})\mathrm{d}x = [e^x + e^{-x}]_0^1 = e + e^{-1} - 2$.

(3) $A = \int_1^2 \sqrt[3]{y}\mathrm{d}y = \frac{3}{4}y^{\frac{4}{3}}\Big|_1^2 = \frac{3}{4}(\sqrt[3]{16} - 1)$.

(4) $A=\int_{\ln2}^{\ln7}e^y\mathrm{d}y=e^y\Big|_{\ln2}^{\ln7}=5.$

(5) $A=\int_{-2}^{1}(2-x-x^2)\mathrm{d}x=\left(2x-\dfrac{x^2}{2}-\dfrac{x^3}{3}\right)\Big|_{-2}^{1}=\dfrac{9}{2}.$

(6) $A=\int_0^1e^y\mathrm{d}y=e^y\Big|_0^1=e-1.$

2. (1) $V_x=\pi\int_0^2(2x-x^2)^2\mathrm{d}x=\pi\left(\dfrac{4}{3}x^3-x^4+\dfrac{x^5}{5}\right)\Big|_0^2=\dfrac{16}{15}\pi.$

(2) $V_y=\pi\int_0^4\left(\dfrac{y}{2}-2\right)^2\mathrm{d}y=\pi\left(\dfrac{1}{12}y^3-y^2+4y\right)\Big|_0^4=\dfrac{16}{3}\pi.$

(3) $V_x=\pi\int_{-2}^{2}(x^2-4)^2\mathrm{d}x=\pi\left(\dfrac{1}{5}x^5-\dfrac{8}{3}x^3+16x\right)\Big|_{-2}^{2}=\dfrac{512}{15}\pi.$

(4) $V_y=\pi\int_0^1(y-y^4)\mathrm{d}y=\pi\left(\dfrac{1}{2}y^2-\dfrac{1}{5}y^5\right)\Big|_0^1=\dfrac{3}{10}\pi.$

定积分专项训练

一、1. 9.　**2.** 0.　**3.** $b-a-1$.　**4.** $1-\dfrac{\pi}{4}$.　**5.** e^2-e.　**6.** $x\cos^2x$，$\dfrac{\pi}{8}$.

7. 3.　**8.** $+\infty$.

二、1. B.　**2.** D.　**3.** C.　**4.** C.　**5.** D.　**6.** D.　**7.** D.　**8.** A.

三、1. 原式 $=\int_2^3(3-x)\mathrm{d}x+\int_3^4(x-3)\mathrm{d}x=\left[3x-\dfrac{1}{2}x^2\right]_2^3+\left[\dfrac{1}{2}x^2-3x\right]_3^4=1.$

2. 原式$=-\dfrac{1}{2}e^{-2x}\Big|_0^{\ln2}=\dfrac{3}{8}.$

3. 原式$=\int_1^e\dfrac{\mathrm{d}x}{x(2x+1)}=\int_1^e\left(\dfrac{1}{x}-\dfrac{2}{2x+1}\right)\mathrm{d}x=[\ln|x|-\ln|2x+1|]_1^e$

$=1-\ln\dfrac{2e+1}{3}.$

4. 原式 $=\int_0^1\left(x-\dfrac{x}{x^2+1}\right)\mathrm{d}x=\left[\dfrac{1}{2}x^2-\dfrac{1}{2}\ln(x^2+1)\right]_0^1=\dfrac{1}{2}-\dfrac{1}{2}\ln2.$

5. 原式 $=\int_1^e\left(x+\dfrac{\ln x}{x}\right)\mathrm{d}x=\left[\dfrac{1}{2}x^2+\dfrac{1}{2}\ln^2x\right]_1^e=\dfrac{1}{2}e^2.$

6. 令$\sqrt{x}=t\Rightarrow x=t^2\Rightarrow \mathrm{d}x=2t\mathrm{d}t$. 当 $x=0$ 时，$t=0$；当 $x=4$ 时，$t=2$.

原式$=2\int_0^2\dfrac{t}{1+t}\mathrm{d}t=2[t-\ln|1+t|]_0^2=4-2\ln3.$

7. 令 $x=\sin t\Rightarrow \mathrm{d}x=\cos t\mathrm{d}t$. 当 $x=0$ 时，$t=0$；当 $x=\dfrac{\sqrt{3}}{2}$时，$t=\dfrac{\pi}{3}$.

原式$=\int_0^{\frac{\pi}{3}}\dfrac{\sin t}{\cos t}\cos t\mathrm{d}t=\int_0^{\frac{\pi}{3}}\sin t\mathrm{d}t=-\cos t\Big|_0^{\frac{\pi}{3}}=\dfrac{1}{2}.$

8. 原式$=-\int_0^{\pi}x\mathrm{d}\cos x=-x\cos x\Big|_0^{\pi}+\int_0^{\pi}\cos x\mathrm{d}x=\pi.$

9. 原式 $=\int_{0}^{+\infty}\frac{x}{2+x^{2}}\mathrm{d}x=\frac{1}{2}\left[\ln(2+x^{2})\right]_{0}^{+\infty}=+\infty$.

10. 原式 $=\int_{-1}^{+\infty}\frac{1}{\sqrt[3]{x}}\mathrm{d}x=\frac{3}{2}x^{\frac{2}{3}}\Big|_{-1}^{+\infty}=+\infty$.

四、1. $A=\int_{-1}^{2}(2-x^{2}+x)\mathrm{d}x=\left[2x-\frac{x^{3}}{3}+\frac{x^{2}}{2}\right]_{-1}^{2}=\frac{9}{2}$.

2. $A=\int_{0}^{4}\left(2x-\frac{x^{2}}{2}\right)\mathrm{d}x-\int_{0}^{2}(2x-x^{2})\mathrm{d}x=4$.

五、$V_{x}=\pi\int_{2}^{4}\left(\frac{x^{4}}{16}-\frac{4}{x^{2}}\right)\mathrm{d}x=\pi\left[\frac{x^{5}}{80}+\frac{4}{x}\right]_{2}^{4}=\frac{3\ 013}{80}\pi$.

六、令 $a+b-x=t\Rightarrow x=a+b-t\Rightarrow \mathrm{d}x=-\mathrm{d}t$.

当 $x=a$ 时，$t=b$；当 $x=b$ 时，$t=a$.

$\int_{a}^{b}f(a+b-x)\mathrm{d}x=\int_{b}^{a}f(t)(-\mathrm{d}t)=\int_{a}^{b}f(t)\mathrm{d}t=\int_{a}^{b}f(x)\mathrm{d}x$.